国学经典文库　图文珍藏版

道德经

春秋·老聃⊙原著

马松源⊙主编

线装書局

第十节 明白四达

【题解】

老子在本章中讲述的主要是修身之道。在这里,他用了六个问句,对"道"在修身治国方面所起的作用进行了一个总结。这几个问句的后半句看起来都是表示疑问,其实疑问本身就给出了最好的答案。老子认为,纯真、自然才是人类最美好的品德,人们只有恢复到至纯的心理状态才能够体会到"道"的真意。

同时,他说明人们无论是形体还是精神,无论是主观努力还是客观实际,都不可能是完全一致的。但是在现实生活中,人们应该将精神和形体合一而不是让二者之间有所偏离,即使肉体生活与精神生活保持和谐一致。要想达到这个效果,就必须做到心境极其静定、洗清杂念、摒除妄见。也只有认识到自然规律,加深对自身的道德修养,才能够"爱民治国"。

老子修身之道

【原文】

载营魄抱一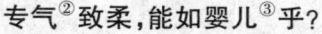,能无离乎?

王弼《道德真经注》:载,犹处也。营魄,人之常居处也,一人之真夜。言人能处常居之宅,抱一清神,能常无离乎,则万物自宾矣。

王夫之《老子衍》:营魄者,魂也。载者,魄载。三五一。载,则与所载者二,而离矣。

专气^②致柔,能如婴儿^③乎?

河上公《老子章句》:专守精气使不乱,则形体能应之而柔顺,能如婴儿内无思虑,外无政事,则精神不去也。

明太祖《御解道德真经》:若使魂常在身不妄游,是为专气。

王夫之《老子衍》:专之,致之,则不婴儿矣。

涤除玄鉴④,能无疵⑤乎?

王夫之《老子衍》:有所涤,有所除,早有疵矣。

唐玄宗《御解道德真经》:玄鉴,心照也。疵,暇病也。涤除心照,使令清净,能无疵病。

爱民治国,能无为乎?

河上公《老子章句》:治身者,爱气则身全;治国者,爱民则国安。能无为。治身者呼吸精气,无令耳闻;治国者,布施惠德,无令下知也。

王弼《道德真经注》:任术以求成,运数以求匿者,智也。玄览无疵,犹绝圣也。治国无以智,犹弃智也。能无以智乎,则民不辟而国治之也。

天门开阖⑥,能为雌⑦乎?

王夫之《老子衍》:生之所自出为天门。阖伏开启,将失雌矣。化至乃受之。

明白四达,能无知⑧乎?

河上公《老子章句》:言达明白,如日月四通,满於天下八极之外。故曰:视之不见,听之不闻,彰布之於十方,焕焕煌煌也。能无知。无有能知道满於天下者。

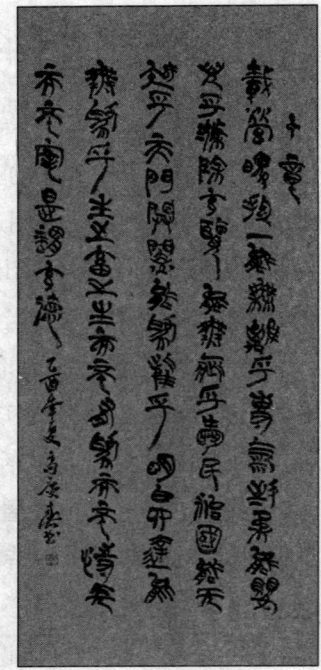

《道德经》十章书法

王夫之《老子衍》:明白在中,而达在四隅,则有知矣。

生之畜之,生而不有,为而不恃,长而不宰,是谓玄德。

司马光《道德真经论》:长谓下知有之,宰谓有所制割。

王夫之《老子衍》:此不常之道,倚以为名,而两俱无猜,妙德之至也。

河上公《老子章句》:道生万物而畜养之。生而不有,道生万物,无所取有。为而不恃,道所施为,不恃望其报也。长而不宰,道长养万物,不宰割以为器用。是谓玄德。言道行德,玄冥不可得见,欲使人如道也。

【注释】

①载:语气助词,相当于"夫",无实意。营:维护、谋求。魄:形气,这里指精神。抱:守。一:指这里"道"。抱一:就是抱守自然之道。

②专:集中而不分散。气:精气,指生命的活力。专气:就是指集中精气,排除杂念。

③婴儿:这是老子经常使用的一个概念,指当人心灵处于自然柔顺、平和宁静的状态时,像无欲的婴儿一般真纯。能如婴儿:指的是老子所追求的自然真朴的境界。

④涤:洗涤。玄:奥妙深邃。鉴:镜子。玄鉴:指在心灵处以道德的自鉴自察,除去污垢。

⑤疵:瑕疵。

⑥天门:指目、耳、鼻、口,这些是人的身体上天赋的自然门户。开阖:打开和关闭,这里指动静变化,即感官进行视、听、嗅、言、食等生命活动的动作。

⑦为雌:即守雌,直译为像母性生殖器官那样保持安静柔弱。

⑧知:同“智”,指心机、心术的意思。

【译文】

精神和形体合二为一,抱守单纯自然的境界,能不分离吗?聚集精气以致柔和,能达到像初生婴儿那种无欲的状态吗?荡涤杂念而深入观察人心,能没有瑕疵吗?爱民治国,能自然无为吗?感官在接触外界,进行生命运动时,能够保持宁静吗?广知万事,通达事理,能不用心机吗?促使万物生长和繁育,生养万物而不据为己有,推动了万物发展而自恃功绩,作为万物的首领而不主宰它们,这就是最深远的“德”。

【解析】

在前几章的基础上,本章继续阐述有关修身的问题。老子在本章开头提出六种情况即六个疑问:“能无离乎?”“能无为乎?”“能如婴儿乎?”“能无疵乎?”“能为雌乎?”“能无知乎?”其实,这六个问题阐述的是有关修身、善性、为学、治国等诸多方面的内容。

有关这一章的解释,学术界存在着一些分歧。一是对“生之畜之,生而不有,为而不恃,长而不宰,是谓玄德”这句话的判定,有些人认为这句话与第五十一章“道生之,德畜之”等相同,因而系错简;还有些人认为,第五十一章是就道本身而言,本章则是就圣人而言,文句虽然相同,但其对象存在很大的不同。在《道德经》一书中,文句相同或者近似的情况,前后重复出现都是非常常见的现象,不应当认定为错简。

此外对于"载营魄抱一"中的"一",有的学者认为这个"一"是指"一身"的意思,即精神与躯体合二为一身,不可分离;也有人认为"一"说的是"道","抱一"即指统一于道;还有人认为"一"可以做"专一"解释,此句应当译为人要安居于常居之所,专一慎独,一刻也不能受到物欲的诱惑。一般说来,人们多遵从前者的观点。

【名句品读】

专气致柔,能如婴儿乎?

老子一直非常推崇婴儿的状态,因为婴儿无私无欲,朴素自然。现实生活中,如果一个人能够达到"载营魄抱一而无离,专气致柔如婴儿"的境界,这个人必定已经进入一个内圣的境界。

一位作家在创作的过程中,因为没有灵感,便到户外散步。他躺在草丛中,凝望天空,突然听到一句"您能帮我提提这个袋子吗",这时一只美丽的蝴蝶正衔着一只大袋子来到作家面前。作家立即答应了它的要求,帮蝴蝶拎到它想要去的地方。到了那个地方之后,蝴蝶问他:"你为何什么都不问,就直接帮助我了呢?你难道不怕我是妖怪吗?"作家腼腆地笑了,他说:"当时哪有时间考虑那么多的问题啊,遇到需要帮忙的事情就帮呗!"蝴蝶听了它的话,高兴地飞走了,并给作家留下了一个小纸条,上面写着:"这一袋子全是灵感,送给天真、直率的人。"

【经典故事】

从政之道

楚庄王大智若愚治国有方

楚庄王即位之初,有三年的时间将国家大事抛在一旁置之不理,成天纵情欢乐。

一开始,大臣们觉得他刚登基,便没有说什么。但时间一长,大家便开始对庄王担忧起来。尽管庄王张贴过"谏者处以死刑"(有敢提意见者处死)的告示,仍有些忠心耿耿的大臣敢于冒死求见庄王,直言进谏,但都没有好的结果。

有一天,大臣伍举求见庄王,对庄王说:"大王,臣想请您猜一个谜语。"

"哦,爱卿好兴致呀,快说与寡人听听。"庄王表现得很有兴趣。伍举道:"山冈上有一只鸟,但三年时间它既不叫也不飞,请问大王,这还能算是鸟吗?"

庄王一听,心中已有数,表面却不动声色。沉吟了一会儿,他才说道:"三年不飞,一飞冲天;三年不鸣,一鸣惊人。寡人明白你的意思,你先回去吧。"

伍举便退了出来,心想:莫非大王知道我的意思了? 如果真是这样,那可太好了。

可是,几个月过去了,庄王依然如故,不仅没有收敛,反而变本加厉。奸臣们暗自窃喜,忠臣们则忧心如焚。

楚庄王画像

这一日,大臣苏从再也忍不住了,他直言不讳地对庄王说:"大王,臣认为您是一国之君,不能终日只知纵情享乐,而应该专于朝政,治理国家。"庄王未置可否,反而提醒他:"苏爱卿,你应该看到寡人贴出的告示了吧,进谏的人将被处死,你不知道吗?"

"臣知道,但如果大王能因此而觉悟,臣甘愿一死。"

"好了,大家都下去吧,寡人累了,想休息一下,好好想一想。"

退朝后,大臣们聚在一起,面面相觑,谁也不知道庄王葫芦里卖的是什么药。而被庄王宠幸的那些奸臣则暗自窃喜:没准儿这次把那些老顽固们一块处死呢,谁让他们多管闲事。

然而,他们的如意算盘打错了。庄王此后不再纵情享乐,而是开始致力于政治革新。他首先把那些鼓动他吃喝玩乐的谄媚之人严加处分,接着又重用曾经冒死进谏的伍举、苏从等人,励精图治,使整个国家的面貌焕然一新。

为人之道

坐怀不乱

柳下惠(公元前 720~公元前 621),展氏,名获,字禽,春秋时期鲁国人,是鲁孝公的儿子公子展的后裔。"柳下"是他的食邑,"惠"则是他的谥号,所以后人称他"柳下惠"。据说他又字"季",所以有时也称"柳下季"。他做过鲁国大夫,后来隐

图文珍藏版

遁,成为"逸民"。柳下惠被认为是遵守中国传统道德的典范,他"坐怀不乱"的故事为中国历代广为传颂。

相传在一个寒冷的夜晚,柳下惠宿于郭门,有一个没有住处的女子来投宿,柳下惠怕她冻死,叫她坐在怀里,解开外衣把她裹紧,同坐了一夜,并没发生非礼行为。于是柳下惠就被誉为"坐怀不乱"的正人君子。

柳下惠画像

也有传说是:某年夏天,柳下惠外出访友,途遇大雨,直奔郊外古庙暂避,但一踏进门槛,见一裸体女子正在里面拧衣,他急忙退出,立于古槐之下,任暴雨浇注。庙内妇女发觉他躲在门后,忙着湿衣。此事传为佳话,故有"柳下惠坐怀(槐)不乱"之美名。

后来,鲁国又发生了一个类似的故事:鲁国一个独处一室的男子,邻居是一位独处一室的寡妇。一天夜里暴风雨大作,寡妇的房子被摧毁,妇人来到男子这里请求庇护。男子不让妇人进门。妇人从窗户里对他说:"你为何不让我进来呢?"男子说:"我听说男女不到六十岁不能同居。现在还年轻,你也一样,所以不能让你进来。"妇人说:"你为何不像柳下惠那样,能够用身体温暖来入门避寒的女子,而别人也不认为他有非礼行为。"男子说:"柳下惠可以开门,我不能开门。所以我要以我的'不开门',来向柳下惠的'开门'学习。"

柳下惠的人格,正是老子所推崇的。因为这样的人格就像"婴儿"那样,没有任何非分之想,心灵上没有一点瑕疵。在常人难以抵挡的诱惑面前,他们能够毫不动心,根本无视这种诱惑的存在。可以说,这样的人,才是品德高尚的真正君子。

【古为今用】

去除杂念,获得心安

老子认为,人们的行为受自己心念的控制,只要自己没有那些杂念,就不会产生那些有失德行的行为。因此,在现实生活中,我们就应该以道德规范约束自己,不妄想、不狂想、不放纵,这样就有利于自己的心得到安宁。

但现实生活中,很多人都有各种各样的杂念,例如有些人抱怨自己的长相、出身不好、怀才不遇等。其实,有抱怨的时间还不如比别人多付出一些,这样才能够离目标更近。思考得太多,只会让自己的负担变得更为沉重;思考过度时,还有可能会患上抑郁症。因此,奉劝大家不要去想那么多杂七杂八的事情,因为有些事情不可改变,与其抱怨,不如改变自己的观念,去除杂念,使自己的心变得安静、平和。

第十一节　无之为用

【题解】

现实生活中,人们往往只注意实有的东西及其作用,而忽略了虚空的东西及其作用。在本章中,老子强调了极容易被人们忽视的虚空之物的作用,同时也论述了"有"与"无",即实在之物与空虚部分之间的相互关系。

通过举例,老子说明"有"和"无"是相互依存的、相互作用的。在本章中,老子共列举出三个例子:车子用于载人运货;器皿用于盛装物品;房屋用于供人居住,它们都给人们的生活带来了极大的便利。

此外,车子是由辐和毂等部件构成的,这些部件是实实在在的"有",而毂中空虚的部分是"无";"有"和"无"如果不能相互作用,车子不但无法行驶,当然就更没有办法载人运货了。因此,其"有"的作用也就难以发挥出来了。器皿也是这样,如果全是实实在在的"有",没有任何空虚的部分,即没有"无",它根本就起不到装盛东西的作用;这个时候,其外壁的"有"也就没有办法发挥作用了。房屋更是如此,如果人们想要自由出入、居住等,房子恐怕就发挥不了它应有的作用了。

无之为用

通过这些例子,老子很好地阐述了"无用而有大用"的思想。其实,老子对于实有和虚无的认识,都是从它们各自的实际出发。排除了二者的外部形式对于认知的影响,这其中蕴涵着精妙的辩证法思想。

【原文】

三十辐①,共一毂②,当其无③,有车之用。

司马光《道德真经论》:以其虚中受物,故能以寡统众。

宋徽宗《御解道德真经》:有无以致,利用出入,是谓至神。有无异相,在有为体,在无为用,阴阳之运万物之理也。车之用在运。

埏埴以为器④,当其无,有器之用。

王弼《道德真经注》:木埴,壁之所以成。

唐玄宗《御解道德真经》:埏,和也,埴,土也。陶匠和土,为瓦缶之器。

凿户牖⑤以为室,当其无,有室之用。

河上公《老子章句》:谓作屋室。言户牖空虚,人得以出入观视;室中空虚,人得以居处,是其用。

王弼《道德真经注》:三者而皆以无为用也。

故有之以为利,无之以为用⑥。

王夫之《老子衍》:造有者,求其有也。孰知夫求其有者,所以保其无也?经营以有,而但为其无,岂乐无哉?无者,用之藏也。物立于我前,固非我之所得执矣。象数立于道前,而道不居之以自碍矣。阴凝阳融以为人,而冲气俱其间;不倚于火,不倚于符者遇之。仁义刚柔以为教,而大朴俱其间;不倚于性,不倚于情者遇之。胜负得失以为变,而事会俱其间;不倚于治,不倚于乱者遇之。故避其坚,攻其瑕,去其名,就其实,俟之俄顷,而万机合于一。

明太祖《御解道德真经》:所以经云:有之以为利,无之以为用。盖圣人教人,务要诸事必欲表里如法,事不倾覆,人王臣庶,可不体之?

【注释】

①辐:指车轮中连接轴心和轮圈的木条,古时代的车轮由三十根辐条所构成。此数取法于每月三十日的历次。

②毂:是车轮中心的木制圆圈,中有圆孔,即插轴的地方。

③无:指毂的中间空的地方。正因为有了车毂中空的地方,车轴能在里面转动,才使车有了运载作用。

④埏:和,揉。埴:黏土。埏埴以为器:即和陶土做成供人饮食使用的器皿。

⑤户牖:门窗。

⑥有：指事物的实体。无：指中空的地方。"有"给人便利，"无"也发挥了作用。

【译文】

三十根辐条汇集到一根毂中的孔洞当中，有了车毂中空的地方，才有车的作用。糅和陶土做成器皿，有了器具中空的地方，才有器皿的作用。开凿门窗建造房屋，有了门窗四壁内的空虚部分，才有房屋的作用。所以，"有"给人便利，全靠"无"使它发挥作用。

【解析】

宋徽宗曾对此章评价说："有则实，无则虚，实故具貌象声色而有质，虚故能运量酬酢而不穷。天地之间，道以器显，故无不废有，器以道妙，故有必归于无。"王弼也评价说："以其无能受物之故，故能以寡率众也。"

所谓"有"，指的是实实在在的事物，看得见，摸得着，有形、有状。但很多时候，这些实有之物的实有之例，却需要凭借它们中间的虚空——"无"发挥出作用。例如本章所列举到的车、器、室等。

其实，老子在《道德经》的开始，就用了大部分的篇章，通过认识天地、刍狗、风箱、山谷、水、土、容器、锐器、车轮、房屋等具体的东西去发现抽象的道理。老子的学说也往往是从具体到抽象、从感性认识到理性认识，并没有故弄玄虚。

冯友兰先生曾说："老子所说的'道'，是'有'与'无'的统一，因此它虽然是以'无'为主，但是也不轻视'有'，它实在也很重视'有'，不过不把它放在第一位就是了。"

"三十辐，共一毂，当其无，有车之用。埏埴以为器，当其无，有器之用。凿户牖以为室，当其无，有室之用。故有之以为利，无之以为用。"老子通过这段话就很巧妙地说明了"有"和"无"的辩证关系。一个碗或茶盅中间是空的，可正是那个空的部分起了碗或茶盅的作用。房子里面是空的，正因为这样，才能够供人居住。因此，老子做出结论说"有之以为利，无之以为用"，它把"无"作为主要的对立面。

世界著名现代建筑大师赖特就非常推崇老子，他常常引用"凿户牖以为室，当其无，有室之用"来阐述自己的空间概念。他曾经直言相告梁思成说："回去！最好的建筑理论在中国。"接着就背诵了这段话，并赞誉这句话为"最好的建筑理论"，后来，他甚至把这段话作为校训，写在他创办的校园的墙壁上。

【名句品读】

有之以为利,无之以为用

很多时候,事物之所以能够给人们带来效益,正是因为其空虚处的存在所发挥的作用。正如拳头要想施展出力气,就需要凭借中间握着的空间;国画的高深意境,也正是蕴藏在画面中的留白处。大多数情况下,空白之处,即"无"中才蕴涵着发展的机会。

一家鞋厂想要向海外拓展商机,于是分别派了两位业务员前往非洲进行实际的研究勘察。一段时间之后,两位业务员分别传来了消息。第一个业务员情绪低落地在报告中指出,因为非洲人都不穿鞋,所以鞋厂开拓海外业务的计划恐怕很难如愿;而第二个业务员却兴致勃勃地说,正因为当地人都没有鞋子穿,所以业务的拓展到处都是商机,他也因此兴奋不已。

【经典故事】

为人之道

痴心妄想

世界上所用的事物,好像都是以"有"的形式存在着的。我们都见过"有",可是谁又见过"无"呢? 老子却通过上面的例子,发现了"有"和"无"之间的微妙关系。然而,把"无"的东西硬当作是"有",为它烦恼,为它生出恶念,也是相当愚蠢的。

从前有个人非常贫穷,每天都过着吃了上顿不知道下顿的生活。即使是这样,他还是不愿意脚踏实地地干活,一天到晚做着发财的美梦。

一天,他出去的时候偶然在草堆里拾到一个鸡蛋,这下他简直大喜过望,兴冲冲地奔回去,还没进门就大叫:"我有家产了,我有家产了!"

妻子忙问:"家产在什么地方?"

他小心翼翼地拿出拾来的鸡蛋给妻子看,说:"喏,这个就是。只不过必须等到十年之后,家产才能有呢。"

于是,他便和妻子商量说:"我拿这个鸡蛋去找邻居,借他家正在抱窝的母鸡孵它。等小鸡孵出来,我从中挑个母鸡。小鸡长大后可以下蛋,一个月又可以孵出15 只鸡。两年之内,鸡生蛋,蛋生鸡,这样可以得到300 只鸡,300 只鸡能够换来 10

金。我用这 10 金可以买来 5 头母牛,母牛又生母牛,3 年以后可以得到 25 头母牛。母牛生下的小母牛,又可以再生母牛,再过 3 年又可以得到 150 头牛,这样,又可以换得 300 金了。我拿着这 300 金去放高利贷,3 年之中又可以得 500 金。这 500 金中,用三分之二买田产房屋,用三分之一买僮仆、小妾,我便可以与你一起快乐自在地度过晚年了,这不是很快活的事吗?"

妻子开始还好,听到末几句话,不由勃然大怒:"什么,你还敢买小妾!"一下子气不打一处来,趁着丈夫不注意,扑过去一下把鸡蛋打碎了,说:"那就不要留下这个祸根!"丈夫一看鸡蛋和梦想一起被打碎了,气极了,取过鞭子狠狠地抽打妻子。打完了还不解气,又到衙门去告状,说:"这个恶妇,偌大的家业败得一文不剩,我请求杀了她。"官老爷奇怪地问:"你的家业在哪里呢? 现在又败成了什么样子?"

这个人便从拾到一个鸡蛋说起,一直说到要买小妾,原原本本地告诉了官老爷。官老爷想了想,就命令衙役把他妻子抓了起来,呵斥她说:"这么大的一个家业,被你这个恶妇一拳就毁尽了,不杀了你不足以抵罪!"接着就下令架起油锅,将油烧得滚开。

那妻子见了吓得面无人色,号啕大哭起来:"官老爷啊,你可得做主啊,我是冤枉的啊!"

"说,你还有什么冤枉!"

"我丈夫说的一切都是还没有成为事实的事,为什么要烹我呢?"

官老爷说:"你丈夫说买妾,也是没有成为事实的事,你为什么要嫉妒呢?"

妻子说:"道理是这样,但是铲除祸根要早啊!"

官老爷听了笑了笑,放她走了。

在这个故事中,丈夫煞有介事地将"无"当作"有",妻子竟还为了这个被丈夫片面夸大了的、实际上根本就不存在的"无"而大发脾气,丈夫和妻子真是又愚蠢又可笑。在现实生活中也是一样,我们不管做什么事,都要踏实,不能学这对夫妻把原本属于"无"的东西作为"有"来看。

为人之道

实心葫芦

战国时期,齐国有一个名叫陈仲子的隐士。

早些年，陈仲子的哥哥陈戴任齐国的卿相，每年他都会从封地收税粮几万石，因此十分富有，住宅修筑得宽大宏伟，富丽堂皇，吃穿方面更是奢侈无度。陈仲子认为，哥哥陈戴的俸禄属于不义之财，房舍更是不义之产。因此他拒绝与哥哥住在一起，随后就带领妻子逃到於陵，过起了隐居的生活。

因为哥哥身份的特殊性，这件事情很快就传开了，所有人都认为他淡泊名利，纷纷称赞他是位品德高尚的人。这件事也很快就传到了楚国，楚王听到了陈仲子的事迹后，觉得他实在是一个不可多得的人才，就想让他来辅佐自己。想要任命他为卿相，帮助自己治理楚国。

于是，楚王派遣使者带着万两黄金，诚恳聘请陈仲子出山辅政。看到了万两黄金之后，陈仲子十分偏执地认为楚王和齐王都是一样的。始终认为哥哥辅佐齐王是不义的行为，自己如果辅佐楚王，也就是不义的行为。于是，陈仲子就找了个理由说："我还有个妻子，并非独身一人，至于出不出山，我说了不算，还要容我同她商量商量。"

过了一会儿，他从内室出来，对使者说："你们请回吧，妻子不同意我从政做官，况且我已经疏懒惯了，根本担当不了卿相的重任，请你们回复大王，让他另请贤才吧！"使者走后，他仍然过着隐居生活。

后来，杰出的思想家韩非子认为，陈仲子和古代的隐士务光、卞随、鲍焦、介子推一样，是实心葫芦，中看不中用。他还形象地讲述了一则《实心葫芦》的寓言故事：

宋国人屈谷去拜见陈仲子。陈仲子说："我隐居在家，从来不过问外界的事情，您来找我有什么事呢？"

屈谷诚恳地说："我久闻先生气节高尚，不依靠别人生活。现在我有一个大葫芦，坚硬得像石头，皮厚而且中间没有空洞，我愿意把它献给先生。"

陈仲子笑了笑，说："葫芦的可贵之处，是在于它可以盛东西。现在你的葫芦，皮很厚而中间没有空洞，那就不可能装东西。况且它坚硬得像石头，也不能剖开，不能做成葫芦瓢用来斟酒，我要这样的大葫芦有什么用处呢！"

屈谷说："对啊，所以我要把这个中看不中用的实心葫芦扔掉，问您要不要？"陈仲子听了屈谷的话之后，很长时间都没有说出话来。

实心葫芦打不开，不开窍，就形同虚设，没有任何用处，人也是如此。所谓人在开窍，即不要违背基本的原则，更要对社会有用，还要审时度势。有才有力量的人，一定要发挥自己对社会的作用，如果只做一个实心葫芦，对自己、对他人、对社会都是没有丝毫用处的。

【古为今用】

管理下属,有无结合

"有"和"无"只有相辅相成才能够发挥作用。一个水杯的壁就是"有",杯壁圈起来的空间就是"无",如果杯壁太厚,以至于其中没有任何空间,那么这个杯子也就失去了它本应该发挥的作用,也就没有了存在的意义。但是,如果杯壁太薄,以至于薄到没有,那么这个杯子也就不存在了。事实上,对于一个领导者而言,也需要有为和无为相结合。

例如,领导为下属谋福利是天经地义的事情,这是作为一个领导者应尽的责任和义务,这就属于管理阶层的"有"。但只注重"有"也是远远不够的,还应该发挥"无"的作用,给员工足够的生活空间,让员工们自由发挥、自由创造,这远比管理得天衣无缝要强得多。因为任何政策和规定都是死的,而人则是活的,如果能够将"有"和"无"相结合,学会变通,管理者才能够将领导的权利和义务发挥到极致。

第十二节 去彼取此

【题解】

在本章中,老子主要是针对奴隶主贵族贪欲奢侈、纵情声色而写的,是揭露和劝诫,更是严正警告。老子认为,物欲文明对人们有很大的伤害,例如本章中他列举了色彩、声音、味道、狩猎、稀有之物对人们身心的种种伤害,进而阐述了自己的观点:一味沉湎于感官上的享乐只会导致人们的感触功能减退,使人们的品行偏离正常的轨道。

老子是坚决排斥这种生活的,他所坚持的是"为腹不为目"的生活。认为只有养成清心寡欲的生活习惯,才能够让人们的感官保持住为维持基本生存而服务的功能。这也就提醒现代社会的我们:在注重物质文明发展的同时,更应该重视精神文明的发展,坚决反对物欲横流引起的精神腐蚀。

【原文】

五色令人目盲[1]**；五音令人耳聋**[2]**；五味令人口爽**[3]**；驰骋畋猎**[4]**，令人心发狂**[5]**；**

司马光《道德真经论》：爽，失也。

明太祖《御解道德真经》：此专戒好贪欲，绝游玩，美声色，贵货财者。此文非深，即是外作禽荒，酣酒嗜音，峻宇雕墙是也。

难得之货，令人行妨[6]**。**

河上公《老子章句》：妨，伤也。难得之货，谓金银珠玉，心贪意欲，不知餍足，则行伤身辱也。

王弼《道德真经注》：难得之货，塞人正路，故令人行妨也。

是以圣人为腹不为目[7]**，故去彼取此**[8]**。**

王弼《道德真经注》：为腹者以物养己，为目者以物役己，故圣人不为目也。

司马光《道德真经论》：腹内守，目外慕。

【注释】

①五色：指青、黄、赤、白、黑，此指色彩多样。目盲：比喻眼花缭乱。

②五音：指宫、商、角、徵、羽，这里指多种多样的音乐声。耳聋：比喻听觉不灵敏，分不清五音。

③五味：指酸、苦、甘、辛、咸，这里指多种多样的美味。口爽：意思是味觉失灵，生了口病。古代以"爽"为口病的专用名词。

④驰骋：马奔跑，比喻纵情放荡。畋猎：打猎获取动物。

⑤心发狂：心旌放荡而不可制止。

⑥妨：妨害、伤害。行妨：伤害操行。

⑦为腹不为目：只求温饱安宁，而不为纵情声色之娱。"腹"在这里代表一种简朴宁静的生活方式；"目"代表一种巧伪多欲的生活方式。

⑧去彼取此：摒弃物欲的诱惑，而保持安定知足的生活。彼：指"为目"的生活；此：指"为腹"的生活。

去彼取此

【译文】

缤纷的色彩,使人眼花缭乱;嘈杂的音调,使人听觉失灵;丰盛的食物,使人味觉迟钝;纵情狩猎,使人心情放荡发狂;稀有的物品,使人行为不轨。因此,圣人只求吃饱肚子而不追逐声色之娱,所以能够摒弃物欲的诱惑而保持安定知足的生活方式。

【解析】

老子生活的时代,正处于新旧制度相交替、社会动荡不安之际,奴隶主贵族生活日趋腐朽糜烂。目睹了上层社会的生活状况之后,他认为社会的正常生活应当是为"腹"不为"目",务内而不逐外,但求安饱,不求纵情声色之娱。

例如,本章中提到"五色令人目盲",这里的"五"并不是一个确切的数字,而是泛指五颜六色、五彩缤纷。"目盲"也不是指眼睛瞎了,而是说令人眼花缭乱的事物,使我们的眼睛丧失了辨别事物本原的能力。眼睛的功能主要是用来观察事物的,一旦我们观察到的事物真假难辨时,就会陷入目盲的境地。由此,我们也不难理解"五音令人耳聋"了。因为多种声音叠加起来,即使是再优美的音乐,也会变成痛苦的煎熬。同理,过多地品尝各种风味的美味佳肴,就会使人们的口舌变得麻木,无法辨别各种美味了。

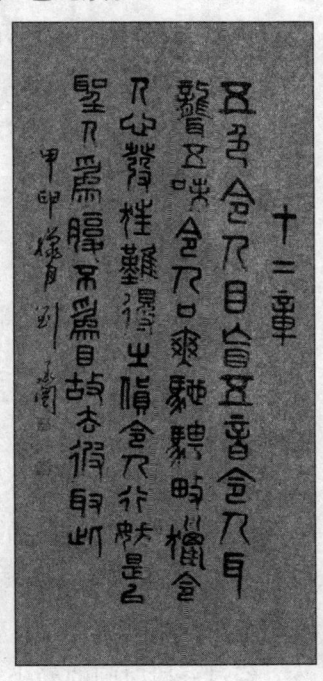

《道德经》十二章书法

而"驰骋畋猎"是一种带有血腥和暴力性质的杀戮和掠夺行为,它是充满野性的不文明行为,经常从事这类行为,会使人们的精神变得疯狂和残忍。而疯狂和残忍的心理状态则是滋生社会动乱的根源。再者,为了一些"难得之货",人们经常会做出各种怪异反常的行为,爬房越脊、穿窬走户,甚至不惜草菅人命;权臣互相倾轧、钩心斗角、尔虞我诈等。

最后,老子提出"是以圣人为腹不为目",明确说明了圣人的生活方式:只满足吃饱肚子这一基本需求,而不满足眼睛欣赏外物的欲求。至此,老子才提醒人们要摒弃外界物欲的诱惑,保持内心的安足清静,确保固有的天性。现代社会,文明高度发达,许多人只求声色物欲的满足,为此不惜一切代价,他们的价值观和世界观严重地扭曲、变形。所以说，老子的这种观点是非常具有先见之明的。

【名句品读】

圣人为腹不为目，故去彼取此。

在本章中，老子列举了困扰人们幸福生活的五大因素：五色、五音、五味、畋猎和难得之货。事实上，这五大因素就是人们趋之若鹜的欲望。而老子认为，要想成为圣人，最重要的一点就是要"无为"，做到这点，首先就要求人们摒弃这些欲望，例如圣人的要求只是温饱而已。

所谓"去彼取此"，是说此消彼长。意思是说，如果对感官的享乐增长了，心必然不会清静。但社会中的人们，常常会陷入享乐的误区，把握不好生存条件的度。温饱解决以后，他们就会开始享受，随之而来的便是永无止境的贪欲。后来的庄子是极力推崇这一点的，他曾经拒绝给楚威王当卿相，同时还指出"忘我"才能"无欲"，才能真正"清静无为"，尽享生活。

【经典故事】

为人之道

孟浩然——白首卧松云

孟浩然是唐代颇有名气的文人，富有灵气，其文采卓尔不凡。他年轻时，和其他人一样，希望靠着自己的诗书和才华求取功名，光耀门楣。但是，年轻气盛的他锋芒太盛，结果因为一首诗惹怒了唐玄宗，从此仕途不济。孟浩然见做官无门，就怅然地离开了古城长安。

经过一段时间的静坐冥思，他大半参透了人生之味和宦海沉浮，于是归隐田园，寄情于山水，过着逍遥自在的生活。

当时，朝中有一位清官韩朝宗，身兼数职：既是荆州大都督府长史，又担任着襄州刺史，还是山南东道来访处置使。他久闻孟浩然的才华和名气，并且深知孟浩然的遭遇，于是有心举荐他。韩朝宗深得皇上信赖，曾经为朝廷发掘了许多栋梁之材，如果这次孟浩然和他一同去长安，应该有很大的希望。在韩朝宗的一番劝说之下，孟浩然答应了，并和他约好出发的时间。

可在临行前，有一个和他意气相投的朋友前来拜访，孟浩然兴致勃勃地和他把酒谈笑，竟然把去长安的事抛到了九霄云外。韩朝宗左等也不见人来，右等还是没有半个人影，大失所望，只好一个人走了。

孟浩然画像

从此，孟浩然彻底地脱离了仕途的俗念，忘情于变幻多姿的大自然中，从中汲取灵感，并以山峦、树木、松月、飞鸟和鸣蝉等为素材，创造了意象万千的诗歌。

一天，孟浩然与一位朋友走在乡村的小道上。道旁修竹幽篁，别有一番风韵，孟浩然禁不住驻足观赏。远处的渔夫收拾好渔网，在暮色中归来。孟浩然赶忙上前，询问渔夫的收获，然后仔细端详篓子里的鱼儿，看完后，莫名其妙地笑了。朋友觉得他的举止有些怪异，问："你在想什么呢？有什么好笑的事情吗？"

孟浩然开心地说："刚才看到那翠竹，诗兴大发，琢磨出两句，其中有竹和鱼。只是平时没有注意竹有多少节，鱼有多少鳞，所以刚才看了个明白，心中甚是高兴！"说完就爽朗地笑了。

孟浩然在淳朴的田园中生活了大半辈子，以山水为伴，浑然忘我，创作了许多流传后世的名篇佳作。这位隐逸之士一直隐居至终老，诗人李白专门有诗称赞他为"白首卧松云"。

处世之道

和自己的心灵对话

小区的门口新开了一家花店，店主是一位坐在轮椅上的小姑娘。花店开业已经有几个月的时间了，生意一直都很清淡，但是小姑娘脸上一直都挂满了快乐和满足，丝毫看不出担心和忧虑，有时候甚至让人怀疑这花店是不是她开的。每次闲下来的时候，姑娘就会自己转动着轮椅走在花丛当中，不时地去闻一下那些开得正艳的花朵；有时候她也会拿本书，坐在花丛当中静静地看；或者是悠然地练习插花技术……不管怎样，她的脸上始终挂满微笑，如同一位花仙子。

国学经典文库

《道德经》译解

图文珍藏版

她的闲适、恬静、知足、快乐,让小区里每一个人都羡慕不已。他们在背地里经常猜测着小姑娘一定有着显赫的家庭背景,要么她何以支撑如此惨淡的生意?而且,她穿的衣服质地良好,高雅而有气质;她经常翻看的也都是一些世界名著。

又过了一段时间,小姑娘的朋友告诉别人说:"她很小的时候,父亲就去世了,与母亲相依为命。从小到大,她勤奋好学,大学毕业之后任一家花卉公司的销售部经理,拿着不菲的薪水,过着忙碌的生活。但不幸的是,一次上班的路上,意想不到的车祸夺去了她的双腿,而她的母亲也因听到消息后突发心脏病死亡。不过,坚强的她没有在厄运面前低头,她说,既然生命已经遭受到了不幸,就不能让心情再遭受同样的不幸,所以,要以从容的姿态来过好生命中的每一天。"朋友的话解除了很多人的疑问,但也给很多人留下了深刻的感悟。

一次,一位看起来心灰意冷的青年男子走进了姑娘的花店,因为不堪忍受生活的紧张和忙碌,而且总是难以得到自己想要得到的,例如富丽堂皇的豪宅、价值百万的名车、倾国倾城的妻子、风生水起的事业等。但现在,他什么都没有,对此,他已经对生活失去了希望。

姑娘笑着对他说:"我不知道你到底想要追求、享受什么样的生活,也不知道在这个追求的过程中遭受到了怎样的挫折。我今天就是想请你静下心来,什么都不要想,听一下花开的声音。"

"花开的声音?难道花开还有声音?"青年人十分疑惑地看着她。

"是啊,而且每一种花开的声音都是不一样的!"

"奇怪,我以前怎么没有听到过呢?"

"那是因为你从来没有和自己的心灵谈过话?你不知道轻松愉悦的心才能听得见花开的声音。而且能够听见花开的声音的人一定是幸福快乐的!"

青年人听后,沉默良久,然后朝女孩深深地鞠了一躬,离开了花店。因为他知道自己已经找到了调节心情的法宝——静下心来,和心灵对话,问清自己到底需要的是什么。

从政之道

陈后主沉迷酒色终误国

陈后主(553~604年),即陈叔宝,字元秀,南北朝之南朝陈皇帝。公元582~

589年在位,史称陈后主。

陈朝自武帝开国以来,国泰民安,江南之地号称富庶。但后主陈叔宝却是"生于深宫之中,长于妇人之手",他即位之后耽于诗酒,专喜声色。后宫有一美人,名叫张丽华,在后主还是太子的时候就被选入宫中,任东宫孔妃侍婢。当时后主的龚、孔二妃,可谓是倾国倾城,两者相比,孔妃略占上风。后主曾对孔妃说:"古称王昭君、西施长得美丽,以我来看,爱妃你比她们更美。"

张丽华入宫后偶被后主遇见,后主对孔妃感叹说:"此国色也。卿为何藏此佳丽,而不令我见?"但因为张丽华年龄尚小后主不忍强与交欢。随着年龄的增长,张丽华越发出落得轻盈婀娜,深得后主喜爱。终于在一个月光如水般的夜里,后主借着酒意挽张丽华同寝共枕。从此,后主对其宠爱不已。不久宣帝崩,后主正式即位,册张丽华为贵妃。

后来,后主被砍伤,张贵妃不离左右。后主病愈之后,对她更为爱怜。于是决定在临光殿的前面,起临春、结绮、望仙三阁。阁高数十丈,袤延数十间,穷土木之奇,极人工之巧。窗牖墙壁栏槛,都是以沉檀木制作,以金玉珠翠装饰。门口垂着珍珠帘,里面设有宝床宝帐。服玩珍奇,器物瑰丽,皆近古未有。阁下积石为山,引水为池,植以奇树名花。每当微风吹过,香闻数十里。

张丽华不但相貌极佳,同时也是极为聪明之人。对于政事,她看过之后能够逐条裁答,不会有丝毫遗漏,时间久了,就开始干预外政。而陈后主对张丽华一日比一日更加宠爱,"耽荒为长夜之饮,嬖宠同艳妻之孽",以致到了国家大事也"置张贵妃于膝上共决之"的地步。

陈后主不仅沉迷于美色,还热衷于诗文。他的周围,聚集了一大批的文人骚客,而且多是朝廷命官。这些人整天不理政治,终日与陈叔宝一起饮酒作诗听曲,通宵达旦,并习以为常。以致所有军国政事,都一概不问。在这种风气的影响下,带兵的将帅稍有过失,就会被夺兵权,而这些文人骚客却越来越得势。如此一来,边疆戒备越来越松弛。而陈后主依旧与美人、文人过着穷奢极欲的生活,国力逐渐衰弱下来。后来,隋文帝听到这一消息,计划灭了陈朝。但陈叔宝依旧深居高阁,整日里花天酒地,不闻政事。听到这一消息之后,并不以为然,依旧与大臣歌妓纵酒、赋诗如故。

后来,隋兵渡江时,如入无人之境。那些守在江边的将士,听到这个消息之后,都逃走了。而陈后主向来怯懦,不谙军事,等到隋兵的百万大师压境之时,才开始害怕。但这个时候,所有的大臣都已经只顾自己的身家性命了,没有人愿意再为陈后主卖命。

隋兵入宫之后,陈后主与张丽华、孔贵妃三人并作一束,同投井中。后来,执内侍问后主藏到哪里去了。内侍指着井说道:"这里。"只见里面漆黑一团,任凭隋兵怎么呼喊,里面都没有人答应。后来,隋兵开始从上面往下扔石头,这才听到里面有求饶的声音。用绳子拉上来时,士兵奇怪怎么这么重,本来以为后主体胖,出来后才发现后主与张丽华、孔贵嫔同束而上。隋兵哈哈大笑。据说三人被提上来时,张丽华的胭脂蹭在井口,后人就把这口井叫"胭脂井"。

而陈后主的好日子就像玉树后庭花一样短暂,仁寿四年,死于隋大兴城,时年五十二岁。

【古为今用】

静心无为,方得闲适

老子认为,清静无为是人心纯净的最高状态。生活中,不管是统治者还是普通老百姓,都很有必要保持这份心境。而摆脱那些劳心费神的欲望,就会有希望获得闲适的心境。

现代社会,随着经济的发展,人们的生活水平也变得越来越高了。吃饱穿暖之后,很多人就想方设法地去休闲、娱乐,还有人会花大量的金钱去从事一些刺激的活动,如跑马狩猎、飙车等,为的是寻找刺激。但这种过分的娱乐活动,可能会因为一时的不慎,导致家破人亡。繁忙、沉重的生活中,偶尔的放松是很有必要的,但放松变成放纵时,就会深受其害。当温饱已经解决时,我们就更应该时刻警惕贪欲的诱惑,声色犬马只会使自己更加沉沦。一味地放纵自己就等于是毁灭自己。

第十三节　宠辱若惊

【题解】

在本章中,老子主要阐述了人的尊严和个人修养问题,强调了"贵身"的思想,还指明了"宠"和"辱"对人身的危害。在老子看来,一个真正有理想的统治者,首要在于"贵身",不胡作妄为。因为只有珍重自己生命的人,才会懂得去珍重他人的生命,人们也才会放心地把治理天下的重任交给你。

上一章中,老子说到圣人都是"为腹不为目",才能够"不以宠辱患损易其身",才可以担负天下重任;在本章中,他接着说"宠辱若惊",指明得宠者以得宠为殊荣,为了不失去殊荣,便在赐宠者面前诚惶诚恐,曲意逢迎。在老子看来,"宠"和"辱"对人尊严的伤害都是一样的,都会在一定程度上损害人的尊严。因为得宠者总觉得受宠是一份意外的殊荣,就会一直担心失去,因而人格上无形地就会受到损害。如果一个人没有经受任何的辱与宠,他才可以在众人面前傲然而立,保持自己完整、独立的人格。

宠辱若惊

由此,我们也不难得出以下结论:不计较自身的宠辱,才能够获得至高无上的人格尊严;以天下为"大身"的人,才能够为天下解除"大患"。

【原文】

宠辱若惊①,贵大患若身②。何谓宠辱若惊?宠为下③,得之若惊,失之若惊,是谓宠辱若惊。

王夫之《老子衍》:辱至则惊,去则洒然矣。宠至则惊,去之又惊,故较之尤劣。众人纳天下于身,至人外其身于天下。夫不见纳天下者,有必至之忧患乎?宠至若惊,辱来若惊,则是纳天下者,纳惊以自滑也。

司马光《道德真经论》:为士者以道德为上,爵禄为下。上案也,下辱也。中人乃宠荣辱,操之则粟,舍之则悲。

何谓贵大患若身?吾所以有大患者,为吾有身,及吾无身,吾有何患?

司马光《道德真经论》:由有其身。归之自然。色声味货,身之大患也。众人乃贵之甚于身,皆徇外而忘内故也。

王夫之《老子衍》:大患在天下,纳而贵之与身等。夫身且为患,而贵忠以为重累之身,是纳患以自梏也。

故贵以身为天下,若可寄天下④;爱以身为天下,若可托天下⑤。

王夫之《老子衍》:唯无身者,以耳任耳,不为天下任听;以目任目,不为天下任视;吾之耳目静,而天下之视听不荧;惊患去已,而消于天下,是以为百姓履藉而不倾。

陈致虚《道德经转语偈》:大患只为吾有身,分明得失总皆惊。没身方是出身处,大患从来亦强名。

河上公《老子章句》:言人君能爱其身,非为己也,乃欲为万民之父母。以此得为天下主者,乃可以托其身於万民之上,长无咎也。

【注释】

①宠辱:荣宠和侮辱。若:副词,于是的意思。

②贵:珍贵、重视,以……为贵。大患:大的祸患。

③宠为下:受到宠爱并不是光荣的而是低劣卑等的。

④寄:寄托,交付。此句意为以贵身的态度去对待天下事,才可以把天下托付给他。

⑤爱以身为天下,若可托天下:此句意为以爱身的态度去对待天下事,才可以把天下托付给他。

【译文】

受到宠爱和受到侮辱都好像受到惊恐,把荣辱这样的大患看得与自身生命一样珍贵。什么叫做得宠和受辱都感到惊慌失措?得宠是卑下的,得到宠爱感到格外惊喜,失去宠爱则令人惊慌不安,这就叫作得宠和受辱都感到惊恐。什么叫作重视大患像重视自身生命一样?我之所以有大患,是因为我有身体;如果我没有身体,我还会有什么祸患呢?所以,珍贵自己的身体是为了治理天下,天下就可以托付他;爱惜自己的身体是为了治理天下,天下就可以依靠他了。

【解析】

世上的人们,都希望得"宠",都害怕受"辱"。但事实是得到宠爱并不会使我们永远快乐,而受到他人的冷眼、辱骂和轻视的时候,我们却会表现出很大的惊恐和不安。人们自身患得患失的弱点决定了无论是得到宠爱还是受到屈辱都会忧心忡忡。"宠辱若惊,贵大患失神"是世间常人的普遍心态。

那么,世间人们为什么都存在着这些弱点呢?老子认为产生这种现象的主要原因就在于世间常人总是念念不忘自身利益,经常因为利益的得失而患得患失,于是老子接着又提出了他所提倡的人生精神追求观"贵以身为天下,则可以托天下,爱以身为天下,乃可以寄天下"。他认为人们应该把自身融于天下之中,没有自己的利益只有天下的利益。

现实生活中,很多人对荣辱的重视远远超过对身体、对生命的重视,这种价值观是有失偏颇的。当然,人生在世,不可避免地要与功名利禄、荣辱得失打交道;不乏有很多人,还把荣宠和功名利禄看作是人生的最高理想,为的就是要光耀门楣、庇佑子孙。他们为此不惜付出一切代价,哪怕是付出自己的生命。

的确,对于现实生活中的俗人而言,每个人都需要、都渴望功名利禄,但把他们放在一个怎样的位置上,人与人的态度就存在着很大的不同了。本章中,老子就从"贵身"的角度出发,认为生命是最重要的,功名利禄、荣辱得失根本不能与之相比;因此就应该清心寡欲,一切声色货利之事,皆无所动于众,然后可以受天下之重寄,而为万民所托命。

【名句品读】

宠辱若惊,贵大患若身。

道家讲究的是顺其自然,他们认为突然受宠或者受辱都极容易受到惊吓。而突如其来的宠或者辱一定有其产生的根源。身体正是产生大祸患的根源,时刻重视身体的变化就要像时刻提防祸患的出现一样。因为人产生的很多欲望都与身体有很大关系。很多人为了使自己生活得更加舒适,对享乐的追求就更加强烈,不知不觉间便走上了一条贪图享乐的不归路,而这正是产生祸患的初始形态。

唐太宗时期,有个负责运粮的官员一时疏忽,导致运粮的船只沉没了。到年终考核时,考功员外郎卢承庆奉命给下级官员评定等级。评定等级事关每位官员的仕途升迁,所以大家都非常紧张。因为运粮船沉没一事,卢承庆给那位运粮官评了个"中下级",那位运粮官没有流露出半点不高兴的神情。后来,卢承庆综合考虑各种因素,又将运粮官的级别改成了"中中级",运粮官也没有流露出半点高兴的神情。卢承庆赞扬他"宠辱不惊,实在难得",又将他的级别改成了"中上级"。此后,"宠辱不惊"这个词语就流传开来了。

贵以身为天下,若可寄天下;爱以身为天下,若可托天下。

这句话的意思是说,能够把天下当作自身一部分的人才可以担起天下的大任。这样的人,是自私的,也是无私的。因为天下就是自己,自己就是天下,为天下工作就等于为自己工作,而为自己工作也就是为天下工作,二者并没有太大的区别。

人生有三重境界,一是为自己,叫作自私。多数人都是自私的,这类人治理不了天下,因为他会损害人民的利益。二是为别人,叫无私。无私的人是少数的,他们可以担当大任,但他们智慧不足,而且有不忍之心,因此无私也不是长生久治之道。三是用道来治理天下,用道来奉养天下;他们不但不会损害自身,奉养天下也是绰绰有余。

【经典故事】

处世之道

李白宠辱不惊笑傲官场

天宝元年,李白到京城赶考。当时,考官杨国忠和宦官高力士都是非常贪财的人,考试不送礼,即使考得再好也会让你名落孙山。

但李白是一个十分固执的人,他偏偏一文不送。考试那天,他一挥而就,洋洋洒洒写了很多,最后考绩很好。但贪官杨国忠批道:这样的书生只配给我磨墨。一旁的高力士不屑一顾地说:"你真是抬举他,我看磨墨就算了,给我脱靴子我还得考虑一下。"随之就把李白排除在了榜外。

一年之后,有个藩使来唐朝递交国书,但国书上面密密麻麻的全是一些鸟兽图形。唐玄宗命杨国忠开读,可怜的杨国忠如见天书,根本就不认识。满朝文武也没有一个人能够辨认得出这些图形所要表达的意思。唐玄宗大怒道:"三日之内若无人认得,文武官员一律停发俸禄;六日无人问得,一概免官;九日无人认得,统统问罪。"

李白画像

后来,有人推荐李白。国难当头,李白没有计较个人恩怨,他接过藩书,一目十行,然后气愤地说:"藩国要大唐割让一百七十六个城池,否则就会起兵杀来。"群臣面面相觑,不知道应该如何是好。这时,李白又说:"这有何难,明日我面答藩书,令藩国拱手来降。"

第二天，李白上殿对唐玄宗说："臣去年应考，被杨太师批落，被高太尉赶出，今见二人在场，臣神气不旺。请万岁吩咐杨国忠给臣磨墨，高力士与臣脱靴，臣方能口代天言，不辱君命。"

唐太宗用人心急，顾不上太多，就依言传旨。杨国忠气个半死，但也只能忍气磨墨，高力士强吞怒火，也只得跪着脱靴。李白这才长长地出了一口气。写了一封陈述利害的诏书，藩使听后吓得魂飞魄散，连连叩拜谢罪。

李白受辱时不怒，受宠时亦不惊。他被拜为翰林学士后，继续受宠，但他主动上书，要求离去。他在《梦游天姥吟留别》诗中这样写道："安能摧眉折腰事权贵，使我不得开心颜？"可以说，李白真正达到了贤人君子超凡脱俗的思想境界，因为他不为一时一事的宠辱而惊恐。

为人之道

胯下之辱

"兴汉三杰"之一的韩信在投军前，是个默默无闻、性格内向之人。韩信很小的时候就失去了父母，主要靠钓鱼换钱维持生活，经常受一些靠漂洗丝绵老妇人的周济，屡屡遭到周围人的歧视和冷遇。在他的家乡淮阴，很多年轻人都看不起他。

有一天，一群恶少看到韩信身材高大、常佩带宝剑，便在闹市里拦住韩信，想当众羞辱他一番。有一个年轻的屠夫说："你虽然长得又高又大，喜欢带刀佩剑，其实你胆子小得很。你要是有胆量的话，就拔剑杀了我；如果不敢，就从我的胯下钻过去。"围观的人都知道这是故意找碴儿羞辱韩信，不知道韩信会怎么办。韩信自知形只影单，硬拼肯定会吃亏。只见韩信想了好大一会儿，一言不发，就从那人的裤裆下钻过去了，然后大踏步走了。后来，市上的人们都讥笑他，认为韩信胆子真的很小。

有传说韩信富贵之后，找到了那个屠夫，屠夫很是害怕，以为韩信要杀他报仇，没想到韩信却是很善待屠夫，并对屠夫说："谢谢你当年的胯下待遇，没有当年的'胯下之辱'就没有今天的韩信。"

正因为韩信有忍一时之辱的胸怀，才使他保全了自己，后来为汉朝的建立立下了汗马功劳，建立了伟大的功勋。学会忍受屈辱和打击，不是消极应对，相反却是一种积极的心态，正好借着屈辱和打击来锻炼自己的心性和品格，提升自己的能力和水平。感谢打击你的人,养成忍辱负重的习惯,你可以更好地提高自己、改变自己!

【古为今用】

宠辱不惊,笑对一切

平和的心态就是对人对事要看得开,想得开,不斤斤计较生活中的得失,对荣誉、金钱、利益的豁达与乐观,是人生至高的境界。"宠辱不惊,闲看庭前花开花落;去留无意,漫观天外云卷云舒。"这样的心态,不是看破红尘、心灰意冷,也不是与世无争、随波逐流,而是一种修养,一种境界。

人生是不能回头的旅程。漫漫旅途中,要以平和的心态踏踏实实地做事,坦坦荡荡地做人。始终如一,不因为工作的琐细而拒绝平凡的生活,不因为名利的诱惑而放弃做人的原则。"不雨花犹落,无风絮自飞。"不下雨,花一样会凋谢;没有风,絮也会飞下枝头。生命的进程没人能阻挡,也无法改变。拥有一颗平和的心,宠辱不惊,笑对一切,时时调整心情,保持最佳心态。

第十四节　无状之状

【题解】

本章中,老子以抽象的理解,来描述"道"的性质,并阐述了如何运用"道"的规律。在这里,"道"即是"一"。其实,在第六章和第八章中,老子分别以具体的形象——山谷和水来比喻了道的虚空和柔弱;而且说明了"道"的两种内涵:一是指物质世界或者现实事物运功变化的普遍规律;二是指物质世界的实体,即宇宙本体。这两者之间又是相互制约、相互联系的。本章的论述中,"一"也包含了上面两个方面的内涵。老子指出"道"的虚无缥缈,又确实存在,是"无状之状,无物不象";同时也说明了"道"有其自身变化的运动规律。

【原文】

视之不见名曰夷[①];听之不闻名曰希[②];搏之不得名曰微[③]。此三者不可致诘④，故混而为一。

司马光《道德真经论》：无色。无声。无体。皆归于无。

王夫之《老子衍》：固自有色声形之常名，故曰三者。緐后则有，诘之则无。李约曰：一尚不立，何况于三？

其上不皦，其下不昧⑤。绳绳兮不可名，复归于无物⑥。

王夫之《老子衍》：未有色声形以前，不可分晰。逮有色声形以后，反而溯之，了然不昧。有无相禅相续，何有初终？名有则失无，名无则失有。

是谓无状之状，无物之象，是谓惚恍⑦。

韩非子《解老》：人希见生象也，而得死象之骨，案其图以想其生也，故诸人之所以意想者皆谓之"象"也。今道虽不可得闻见，圣人执其见功以处见其形。

河上公《老子章句》：言一无形状，而能为万物作形状也。无物之象，一无物质，而为万物设形象也。是谓惚恍。一忽恍惚恍者，若存若亡，不可见之也。

迎之不见其首，随之不见其后。执古之道，以御今之有⑧。

王弼《道德真经注》：有，有其事。

司马光《道德真经论》：无始。无终。古之道，无也。

王夫之《老子衍》：古亦始也，今亦有也。李约曰：虚其心，道将自至，然后执之以御群有。

无物之象

能知古始⑨，是谓道纪⑩。

河上公《老子章句》：人能知上古本始有一，是谓知道纲纪也。

唐玄宗《御解道德真经》：能知古始所行，是谓道化之纪纲。

司马光《道德真经论》：道以无为纪。

王夫之《老子衍》：物有间；人不知其间；故合之，背之，而物皆为患。道无间，人强分其间；故执之，别之，而道仅为名。以无间乘有间，终日游，而患与名去。患与名去，斯"无物"矣。夫有物者，或轻，或重；或光，或尘；或作，或止；是谓无纪。一名为阴，一名为阳，而冲气死。一名为仁，一名为义，而太和死。道也者，生于未阴未阳，而死于仁义者与！故离朱不能察黑白之交，师旷不能审宫商之会，庆忌不能攫空尘之隙，神禹不能晢天地之分。非至常者，何足以与于斯！

【注释】

①夷：无象。

②希：无声。

③搏：击，拍打。微：无形。

以上夷、希、微三个名词都是用来形容人的感官无法把握住"道"。这三个名词都是幽而不显的意思。

④诘：追问、究问、反问。致诘：思议。

⑤皦：清白、清晰、光明。昧：阴暗，不清楚。

⑥绳绳：渺茫、幽深，不可知的样子。名：名状、描述。无物：无形状的物，即"道"。

⑦惚恍：若有若无，闪烁不定。

⑧执：依据、根据。御：驾驭，这里当支配、主宰解。今之有：指眼前的具体事物。

⑨古始：宇宙的原始、开端，或"道"的初始。

⑩纪：纲纪、规律。道纪："道"的纲纪，即"道"的规律。

【译文】

看它看不见，把它叫作"夷"；听它听不到，把它叫作"希"；摸它摸不到，把它叫作"微"。这三者的形状无从追究，它们原本就浑然一体。它的上面既不显得光明亮堂，它的下面也不显得阴暗晦涩。无头无绪、延绵不绝却又不可称名，一切运动都又回复到无形无象的状态。这就是没有形状的形状。不见物体的形象，

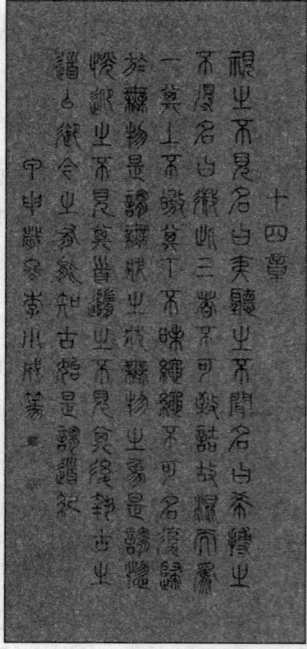

《道德经》十四章书法

这就是"惚恍"。迎着它，看不见它的前头，跟着它，也看不见它的后头。把握着早已存在的"道"，来驾驭现实存在的具体事物。能认识、了解宇宙的初始，这就叫作认识"道"的规律。

【解析】

老子认为，"道"超脱于具体事物之上，与现实世界中的万事万物有着很大的不同。因为它不像现实世界中的物质一样，能够看得见、摸得着，它无形无色，但又

若隐若现,因此难以琢磨,难以描述,难以命名。正因为如此,才反衬出"道"的深微奥秘之处。黑格尔曾这样评论"道",他说:"'道'就是'原始的理性;产生宇宙,住在宇宙,就像精神支配身体那样'。"

但是,现实世界中的具体事物都是由"道"支配着的,只有把握了"道"的运动规律和普遍原理之后,才能够把握现实世界中存在的个别事物。而圣人之所以能够驾驭现实的存在,是因为他们悟出了"道"性。

另外,本章中提到"道纪",意思是说大道的纲纪和规律。认识和理解"道纪"比认识大道本身更具意义,因为大道的规律更能够有效地指导我们日常的生活,当我们的行为顺道而行时,做事必定会一帆风顺、事事遂心;相反,如果我们逆道而行,我们的行为就会受阻,甚至会遭受祸患。

【名句品读】

迎之不见其首,随之不见其后。

老子所阐述的"道",人们是看不见的,而且它也没有具体的形象,所以称之为"夷";听不到它,所以称之为"希";摸不到它,所以称之为"微"。也正是因为大道无相、无声、无形,所以人们觉得它深不可测。那些生活在大道之中的圣人,也因为大道的神秘而蒙上了一种深不可测的感觉,这种深邃不是深奥,而是一种生活的智慧。

同时,道也支配着万事万物,但它又存在于冥冥之中,毫无踪迹可循;而且它又多变,不易被人把握。它没有前进和后退,没有运功和静止,也没有光明和黑暗,所以它是永恒的,生生不息,绵绵不绝。有的时候,你可能会感觉到它的存在,但是它很快就又可能会恢复到无迹可寻的状态,恍恍惚惚、若有若无,令人难以捉摸,既看不到它的头,又看不到它的尾。

执古之道,以御今之有。

老子所说的道虽然是玄妙精深、恍惚不定的,是虚无的,但它的虚无并不是纯粹的、绝对的虚无;它是有物混成之物,是宇宙天地万物的母亲。道与宇宙同寿,望不到"首",看不到"后",很久很久之前就存在,并且支配着世间的具体事物,统率着一切"有"的东西。而要想认识和把握世间的具体事物,就必须把握道长存的支配物质世界变化的规律,这样才能够知过去,探未来。

而老子也一直希望能够利用早就已经存在的道,来实现对当下的作用,让其在现实世界中发光发热。用现代的眼光来看,老子所希望的是"古为今用"。这也正是很多智者和圣人所坚持的原则。例如孔子作《春秋》而乱臣贼子惧，司马迁作《史记》，也是为了将历史当作一面镜子，为后世指点迷津。

【经典故事】

经商之道

胡雪岩不守一方灵活出击

胡雪岩为自己的蚕丝生意和帮办王有龄湖州官府的公事，几下湖州，结识了湖州颇有势力的民间把头并正做着湖州"户房"书办的郁四。胡雪岩凭着他的仗义和见识，也因为他帮助郁四妥善处理了家事，深得郁四敬服。为了报答胡雪岩，郁四做主，为胡雪岩娶了寡居的芙蓉姑娘做"外室"。

胡雪岩

芙蓉姑娘的娘家本来也是生意人，祖上开了一家很大的药店，牌号"刘敬德堂"。"刘敬德堂"传至芙蓉姑娘父亲一辈时也还有些规模，不想她父亲十年前到四川采办药材，舟下三峡，在新滩遇险船毁人亡。她的叔叔外号"刘不才"，本来就是一介纨绔，极尽挥霍还特别好赌，接下家业不到一年就无法维持，药店连房子带存货都典当给了别人，自己落得以借贷为生。不过这刘不才也有一项特别之处，就是俗话说的"瘦驴不倒架"，还有那么一点顾及脸面的硬气。比如自己潦倒到了极点，却还死活不同意侄女芙蓉给人做"偏房"，说是他们刘家穷是穷，哪有把女儿给人做偏房的道理？芙蓉再嫁，他死活都不想认胡家这门亲戚。再比如潦倒归潦倒，但即使到了借贷无门的地步，他都不肯押出自己手上的几张祖传秘方，认为只要秘方还在，"家底"就还在，心里还想着有一天要重振家业。

胡雪岩娶了芙蓉姑娘，这位不想认他这门亲戚的刘不才自然也是一个麻烦，不能不管，在一般人看来又确实是没法儿管。这时胡雪岩可以有两个选择，一是按郁四的想法，送刘不才一笔银子打发了，不再与他发生任何关系；二是按芙蓉的想法，由芙蓉劝说刘不才拿出那几张祖传秘方，胡雪岩帮忙卖它万把银子，让他自己去生活，他是拿去挥霍还是以此做本去做点能够糊口的小生意，由他去得了。反正刘不才不想认他这门亲，这样做自己也可以问心无愧了。

但精明的胡雪岩却不这样想，他不但要认刘不才这门亲戚，还要借刘不才开一家药店。因为凭多年的经验和自己的眼光来看，药店生意是一个不错的行业。当时属于乱世，军队行军打仗，转战奔波，需要防疫药；而且大兵过后必定有大疫出现，逃命的人们生病之后更需要有救命药。因此只要药品货真价实，创下了牌子之后，药店生意就不会很差。而且，开药店还有活人济世、行善积德的好名声，比较容易得到官府的支持，还能够为自己挣得好名声。

但是自己并不知道这门生意中的门道，可刘不才却很了解，只要能够将他收服，然后帮助他改掉身上的一些臭毛病，就可以起到很大的作用，而且他手上的祖传秘方也正好得到充分的利用。思索很久，胡雪岩认为这样做再妥当不过，于是他请郁四帮忙，摆了一桌认亲宴，当即在宴席上就谈妥了药店开办的地点、规模、资金来源等事项。

胡雪岩的"胡庆余堂"就是这样一步一步建立起来的。而且，在以后的几十年中，"胡庆余堂"成了闻名天下的老字号药店，他不仅使胡雪岩赚到了大把大把的银子，还帮助他赢得了"胡大善人"的好名声。

为人之道

混沌之死

《庄子·应帝王》中有一个混沌被凿而死的故事：

据说，南海的帝王名叫"倏"，北海的帝王名叫"忽"，中央的帝王名叫"混沌"。倏与忽很要好，经常相聚。为了方便，相聚地点选在了距离两人住地等远的中央领域。混沌作为东道主，非常热情，为倏、忽的相聚提供了优越的条件，倏与忽都特别感激他。

时间长了，倏与忽商议报答混沌的方法。二人认为，人人都有七窍。眼用来视物，耳用来闻声，口用来饮食，鼻用来呼吸，而唯独混沌上下无别，内外无分，囫囵一个，没有七窍，应该让他像常人一样享受畅快的生活。征得混沌的同意后，二人便开始工作了,每天为混沌凿通一窍。第七天七窍全部凿通了,混沌有了凡人的形态,可是却死了。

混沌为什么死了?因为破坏了他原本的样子,损害了他自身的本性。他原本是混混沌沌、无所分别的,现在有了七窍,有了分界,失去了原貌;他原本是混混沌沌的、无所分辨的,现在有了七窍,开始辨物,失去了自性。也就是说,从他有了人形以后,他自身便不再存在了。

故事中的混沌代表的是道,代表的是宇宙的原本,代表的是人类之初,代表的是人生之始。凿开七窍而混沌死,意思是说,大道本来是浑然一体,无所分界的,宇宙本来是混混沌沌、无有南北的,迷迷昏昏、无心无欲的,可是由于天地的开辟,破坏了大道的同一;由于万物的滋生,破坏了宇宙的混蒙;由于人类的开化,破坏了原始的敦厚;由于智能的开发,破坏了孩提的童真。从此大道的同一隐没了,宇宙的混沌消散了,人类的淳朴泯灭了,婴儿的童真遗失了,说得简单一些,也就是说,凿死了混沌才出现了天地,凿死了混沌才出现了凡人。而世俗之人若想为他凿开"七窍",使其"可见""可闻",结果却事与愿违。

处世之道

祢衡妄自菲薄遭杀身

曹操招安张绣之后,打算找一位有才之士去招安刘表。这时,孔融推荐了祢衡。但祢衡恃才自傲,将曹操的手下贬得一文不值。当时张辽在一旁,实在看不下去,准备抽剑杀了祢衡。曹操制止说:"我正缺少一个鼓吏,早晚朝贺享宴,可令你担任这个职责。"祢衡也不推辞,应声而去。张辽说:"此人出言不逊,为何不杀了他?"曹操说:"此人素有虚名,远近皆知,今天杀了他,天下人必然说我不能容人。他自以为有能耐,所以令他为鼓吏来羞辱他。"

第二天,曹操大宴宾客,命令鼓吏击鼓。祢衡一身旧衣而入,击《渔阳三挝》,音节殊妙,深沉辽远,在座之人听后,都慷慨流涕。这个时候,左右人喝道:"为何不更衣?"却不曾料想,祢衡当着众人的面脱下旧衣服,裸体而立,客人都感觉不好意思。但祢衡依旧慢慢穿上裤子,脸色

曹操画像

没有一点变化。

　　曹操斥责他说："庙堂之上，为何这般无礼？"祢衡却反问道："欺君罔上才叫无礼。我露父母之形，以显清白之体而已。"曹操说："你清白，那谁污浊呢？"祢衡道："你不识贤愚，眼浊；不读诗书，口浊；不纳忠言，耳浊；不通古今，身浊；不容诸侯，腹浊；常怀篡逆之意，心浊。我是天下名士，你把我用作鼓吏，这像阳货轻贱孔子。"

　　曹操忍无可忍，指着祢衡说："令你去荆州做说客，如果刘表来降，就封你做公卿。"祢衡不愿意领命，曹操便命人备足三匹马，令二人挟持着他而去。而且还命令文武官员在东门外为之置酒送行。

　　刘表自知这是曹操的借刀杀人之计，但因为对祢衡仰慕已久，还是很热情地接待了他。祢衡到荆州，见刘表之后，表面上颂扬刘表的功德，可实际上尽是讥讽。刘表非常不高兴，叫他去见黄祖。有人问刘表说："祢衡戏谑主公，为何不杀了他？"刘表说："祢衡多次羞辱曹操，曹操不杀他，是因为怕因此失去人望，所以叫他当说使到我这里来，要借我的手杀他，使我蒙受害贤的恶名。我如今让他去见黄祖，让曹操知道我刘表有见识。"众人都认为刘表说得在理。

　　祢衡与黄祖共饮，最后两人都喝醉了。黄祖问祢衡说："你在许都有什么人？"祢衡说："大儿孔融，小儿杨修。除此二人，别无人物。"黄祖说："我像什么呢？"祢衡说："你像庙中的神，虽然受祭祀，遗憾的是不灵验！"黄祖大怒，说："你把我比成是土木制作的偶像了！"于是杀了祢衡。祢衡至死骂不绝口。曹操得知祢衡受害，笑着说："腐儒舌剑，反自杀了！"

　　【古为今用】

感悟过去，探索未来

　　历史总是有很多惊人的相似，当然，这种相似之处并不是最重要的，最重要的是，在其中能够发现我们能够引以为戒的东西。如果能够将历史上的那些陈年旧事重新翻出来，去其糟粕，取其精华，历史中的真理才会熠熠生辉。例如，很多人在《孙子兵法》中找到了决胜商界的谋略，也有人在《论语》中感悟到了人生的大智慧……不过无论是过去的历史故事，还是古人的文学经典，都属于是"古"的东西，都会对"今"有所启发，有所告诫。

　　因此，千万不要忘记历史，不要做与历史割裂的人。因为一个人如果不懂得渗透过去,不懂得参考历史,就很难通过捷径走向明天。尤其是一些站在领导岗位上的人们,更应该以史为镜,少走弯路。很多聪明之人,正是尽可能地绕过曾经走过的,或者他人走过的崎岖之路,进而直奔自己的目的地。

第十五节　微妙玄通

【题解】

这一章紧接前章,对"古之善为士者"做了描写。老子称赞得"道"之人"微妙玄通,深不可识",这是因为他们明白事物发展的普遍规律,懂得运用规律来处理现实存在的具体事物。同时,他也教一般人怎么掌握和运用"道"。

在老子看来,得"道"之人沉静幽深,难以捉摸,他用人们经验世界中的直观体验来说明得"道"者的状态,由此可见,人与"道"在某种程度上是可以融合的。但老子也指出"保此道者不欲盈",即得道之士对于"道"的探求是永无止境的。

本章中"蔽而新成"四字,有的版本作"蔽不新成",这样,含义就迥然相异,前者解释为去故更新,后者则是安于陈旧,不求新成的意思。本书取"蔽而新成",大致符合上下文意。

微妙玄通

【原文】

古之善为士者①,微妙玄通,深不可识。夫唯不可识,故强为之容②:

河上公《老子章句》:古之善为士者,谓得道之君也。微妙玄通,玄,天也。言其志节玄妙,精与天通也。深不可识。道德深远,不可识知,内视若盲,反听若聋,莫知所长。夫唯不可识,故强为之容。谓下句也。

王夫之《老子衍》:择妙者众,繇微而妙者鲜。求通者多,以玄为通者希。

豫兮若冬涉川③;犹兮若畏四邻④;

王弼《道德真经注》:冬之涉川,豫然若欲度,若不欲度,其情不可得见之貌也。

四邻合攻,中央之主,犹然不知所趣向者也。上德之人,其瑞兆不可觌,得趣不可见,亦犹此也。

司马光《道德真经论》:有道之士外貌皆然。

俨兮其若客⑤;涣兮其若凌释⑥;敦兮其若朴⑦;旷兮其若谷⑧;混兮其若浊。

王夫之《老子衍》:吕吉甫曰:不为主也。章甫不可以适越,而我无入越之心,则妙不在冠不冠之中,而敢以冠尝试其身乎? 而敢以不冠尝试其首乎? 又恶知夫不敢尝试者之越不为我适也,坐以消之,则冰可燠,浊可清,以雨行而不假盖,以饥往而不裹粮。

孰能浊以静之徐清? 孰能安以动之徐生?

王弼《道德真经注》:夫晦以理物则得明,浊以静物则得清,安以动物则得生,此自然之道也。孰能者,言其难也。徐者,详慎也。

王夫之《老子衍》:夫其徐俟之也,岂果有黄河之不可澄,马角之不可生哉?

保此道者不欲盈⑨。夫唯不盈,故能蔽而新成⑩。

王弼《道德真经注》:盈必溢也。蔽,覆盖也。

唐玄宗《御解道德真经》:欲保此徐清徐生之道,当须无所执滞,若执清求生,是谓盈满,将失此道。故云不欲盈。夫唯不盈满之人,故能以新证之,行为鄙薄,不以其新成而滞着也。

【注释】

①善为士者:指得"道"之人。

②强:勉强。容:形容、描述。

③豫:原是野兽的名称,性好疑虑。豫兮:引申为迟疑慎重的意思。涉川:赤脚过河。若冬涉川:像冬天涉足江河,形容做事小心翼翼的样子。

④犹:原是野兽的名称,性警觉,此处用来形容警觉、戒备的样子。若畏四邻:好像害怕周围邻国,形容不敢妄动。

⑤俨兮:形容端谨、庄严、恭敬的样子。

⑥涣兮:形容融散和疏脱的样子。凌:冰。凌释:指冰的融化。

⑦敦兮:形容敦厚老实的样子。

⑧旷兮:形容心胸开阔、旷达的样子。

⑨盈:满。不欲盈:不求自满。

⑩蔽而新成:去故更新的意思。

【译文】

古时候善于行道的人，微妙通达，深刻玄远，不是一般人可以理解的。正因为不能认识他，所以只能勉强地形容说：他小心谨慎啊，好像冬天踩着水过河；他警觉戒备啊，好像防备着邻国的进攻；他恭敬郑重啊，好像要去赴宴做客；他行动洒脱啊，好像冰块缓缓消融；他淳朴厚道啊，好像没有经过加工的原料；他旷远豁达啊，好像深幽的山谷；他浑厚宽容，好像不清的浊水。谁能使浑浊安静下来，慢慢澄清？谁能使安静变动起来，慢慢显出生机？保持这个"道"的人不会自满。正因为他从不自满，所以能够去故更新。

【解析】

"道"是玄妙精深、恍惚不定的。一般人对"道"感到难以捉摸，而得"道"之士则与世俗之人明显不同，他们有独到的风貌、独特的人格形态。世俗之人"嗜欲深者天机浅"，他们极其浅薄，让人一眼就能够看穿；得"道"人士静谧幽深、难以测识。老子在这里也是勉强地为他们做了一番描述，即"强为容"。

再者，得道之士有良好的人格修养和心理素质，还有良好的静定功夫和内心活动。他们表面上清静无为，实际上极富创造性，即静极而动、动极而静，这是他们的生命活动过程。老子所理想的人格是敦厚朴实、静定持心，内心世界十分丰富，在特定条件下，还能够由静转入动。这种人格上的静与动同样符合"道"的变化规律。

【名句品读】

古之善为士者，微妙玄通，深不可识。

懂道之人的精神境界往往超过普通人的理解水平，因为道本身就是深微奥秘的，难以用语言面授，也是常人难以理解和琢磨的。另外，懂道之人也常常拥有谨慎、警惕、庄严、洒脱、敦厚、旷达、宽容等人格修养功夫，但他们是非常谦虚之人，常常是含而不露。在为人处世方面低调沉稳，从来不居功自傲。所以他们常常能够窥测世人"嗜欲深者天机浅"的道理。

汉朝时候，射死军臣单于，自己继位为大单于。之后，他派匈奴使者来汉宫，要求见皇帝。汉武帝心生一计，决定与韩嫣换服装，命韩嫣假扮皇帝，刘彻自己扮为武士，会见匈奴使者。匈奴使者在朝上提出无理要求的时候，刘彻示意韩嫣同意，满足匈奴的要求。后来，王恢为使者送行，询问使者对皇帝印象如何。匈奴使者说，那个按刀的武士才是真正的英雄。

夫唯不可识，故强为之容：豫兮若冬涉川；犹兮若畏四邻；俨兮其若客；涣兮其

若凌释；敦兮其若朴；旷兮其若谷；混兮其若浊。

得道之人具有很大的智慧和神通，但他们从来不会轻易展现，因为他们深谙道的朴素与严谨，所以做任何事情之前都会三思而后行、谨小慎微、诚惶诚恐；又因为他们知道道的庄重和深远，所以时时心怀敬畏，不妄自菲薄；出于对道的尊敬，所以他们表情肃穆；深知道的广博，所以行为灵巧变通；深悟道的不可欺，所以待人真诚；自惭道的无穷，所以虚怀若谷；愧于道的大智若愚，所以锋芒不露、不弃污浊。

挂在窗口笼里的金丝雀，在夜里歌唱。蝙蝠听到后，飞过来问它为什么白天默默无声，在夜间却放声歌唱。金丝雀回答说，它这样做是有道理的，因为它是在白天唱歌时被捉住的，从此它变得谨慎了。蝙蝠说："你现在才懂得谨慎已没用了，你若在被捉住之前就懂得，那该多好呀！"这个故事说明，做任何事情都应该谨小慎微、三思而后行。

【经典故事】

处世之道

曹操杀使

匈奴远踞北国，与中原一直很少有交往，时逢汉末战乱，匈奴国力发展非常迅速，于是对中原腹地也开始虎视眈眈了。但匈奴国君深知，贸然进军绝非上策，于是前派使者到魏国一探虚实。

有一天，魏武帝曹操得到快马来报，说匈奴国派使来访，两日即可来到。曹操听到这个消息后大吃一惊，暗自想到：我夜以继日谋划如何挥军南下，殊不知外族欲犯我中原，还派使者前来，看似礼尚往来，实为投石问路，怎能瞒过老夫。唉！叹我形象不够威猛，实难一镇匈奴，树我国威。如云长代我会见匈奴使者，定不负我之所望。想到这里，于是问道："云长何在？"侍者回答说："南下巡视，半月才能回来。"听了侍者的回答之后，曹操非常着急，暗暗说道："这当如何是好！"

两天之后，匈奴使者如期而至。曹操无奈之下，便派大将崔季圭代为接见。曹操则扮作侍卫持刀立于崔季圭的身旁，想要观察一下匈奴使者到底是何许人也。匈奴使者进厅之后，发现当中正坐者威猛强悍，仪表堂堂，以为他便是魏国国君，忙上前朝拜。"国君"赐座之后，双方进行会谈。会谈完毕，曹操对崔季圭的言谈举

止非常满意,但不知道对匈奴使者是否奏效,于是便派人追问其端详。

被派去的这个人扮作布衣百姓乘快马急追,追到匈奴使者之后便问:"在下欲到嵌黎镇,不知应该走哪条路?"匈奴使者回答说:"我是匈奴国子民,作为使节来访魏国国君,对贵地甚为陌生,实难相告,请谅。"

问路人听到使者的这番话,眼睛一亮,说道:"怎么,你见到了救百姓于水火的魏王,幸甚!幸甚!不知你对鄙国国君有何感觉?"匈奴使者沉思了一会儿,回答说:"贵国国君相貌堂堂,威武强悍,形象甚佳,但与其身旁之人相比,差之甚远,此乃真正英雄。""多谢!"问路人听了他的回答之后,便拱手驰马而回。匈奴使者这才恍然大悟,心想:莫非此人为魏武帝所派。"也好,我道曹操不及其身旁之人,意为其侍卫威高盖主,如曹操信之,必恐乱其朝纲,遂将此人除之,正好免我南下中原一患。"匈奴使者对自己的回答非常得意,便继续北上。

曹操听到使者的回答之后,非常惊讶,暗想:匈奴实乃野蛮之族,但竟然也有这样睿智的能人辅佐,实在是不能小觑。便急忙派数百骑兵将匈奴使者杀死。

匈奴使者能够看出假扮成侍卫的曹操的过人之处,可以称得上是一位智者;但是他却很轻易地就把自己的想法吐露了出来,以致最后惨遭杀身之祸,可以说还没有达到"深不可测"的境界。

从政之道

一鸣惊人

春秋时期,楚庄王是继晋文公、秦穆公之后的"五霸"之一,在楚国的历史上,他曾经有显赫的功业。但就是这样的一位霸主,在登基之后最初的三年里,却没有丝毫建树。当时,他不理朝政,每天只知田猎消遣,回到宫中就与宫女日夜饮酒作乐。事实上,他也知道大臣们对他的所作所为很不满意,但为了避免大臣进谏,他还在朝中颁布一道禁令:"有敢谏者,死无赦!"就这样浑浑噩噩地浪费了三年。

终于有一大,大夫伍举对庄王的所作所为实在看不下去了,求见楚庄王。当时,楚庄王正在宫中饮酒作乐,听到伍举前来求见,于是问道:"你是来喝酒、听音乐呢?还是有话要对我说?"伍举答道:"我不喝酒,也不听音乐,而是前来向大王求助。情况是这样,有个人让我猜个谜语,但我一直都猜不着,大王您是聪明人,就请您猜一猜吧。"

楚庄王听到要猜谜语，觉得十分有意思，就笑着对伍举说："那你就说出来听听吧，看看我能不能猜到。"

伍举说："有只大鸟栖山冈，它身披五彩，样子十分神奇，但是三年不飞也不叫。大王，请您猜猜是什么鸟。"庄公略一沉思，道："我明白了，这不是普通的凡鸟。三年不动，它是在决定志向；三年不飞，它是在生长翅膀。它不飞则已，一飞冲天；不鸣则已，一鸣惊人。"伍举以为楚庄王明白了自己的意思，便高兴地退了出去。

但没有想到，几个月之后，楚庄王依然和之前一样。大夫苏从又前去进谏。庄王很不高兴地问道："你难道不知道禁令吗？"

苏从回答说："臣知道您颁布的禁令。但希望大王您能够听一听我的意见，若能感悟君主，臣虽死无怨。"

楚庄王很感动，高兴地说："你们都是真心实意地为了国家好，我怎么会不明白呢？"

于是开始大刀阔斧地改革政治。他下令解散乐队，遣散舞女，而且还每天临政。此外，他还杀掉了几百名恶吏，任用了几百位贤人，还让伍举、苏从等辅佐自己处理国政。不久之后，楚国出现了政治清明、国势强盛的局面。

公元前 598 年，即周定王九年，楚庄王派兵打败了陈国。第二年，又亲率大军攻打郑国。陈、郑都是晋的保护国，于是，晋景公以荀林父为大将、先縠为副将，率兵救郑。

攻下郑国之后，楚庄王本想饮马黄河，班师回朝。正在这时，听到了晋军渡河的消息，于是就摆开了交战的阵势。令尹孙叔敖见晋军有兵车六百乘，人多势众，有些胆怯，于是对楚庄王说道："我们不妨先派人议和，若议和不成，再开战也不迟。到时候，理屈的就是晋国了。"庄王斟酌之后，采纳了这一建议，于是派蔡鸠居出使晋军。荀林父表示接受议和，可是先縠却大加反对。

蔡鸠居回到楚营之后，向庄王报告了出使的经过。楚庄王分析之后认为，可利用晋军将领之间的矛盾，于是再次派人去晋军议和，并约定了议和日期。这时晋将魏锜、赵旃请求去楚营谈判，荀林父同意后，他们却违背军令，擅自向楚挑战，结果被楚军打败。追赶魏、赵二将的楚军在邲（今河南郑州东）与晋军遭遇。荀林父本没有同楚军作战的准备，见楚军全线出击，惊慌失措，竟然下令："先渡过黄河者有赏。"结果晋军纷纷抢着上船渡河，被楚军杀死和淹死者不计其数。

邲之战是楚国称霸的转折点。战前，晋、楚两国反复攻打中原小国，迫使他们归附；中原小国夹在两国中间，归属未定。战后，楚国声威大振，许多小国依附楚

国。曾经三年不飞的楚庄王,终于一飞冲天,一鸣惊人,成了新的霸主。

【古为今用】

谨慎为之,三思而后行

一个人要想成就一番事业,雄心抱负是很重要的,但也必须拥有一颗谨慎的心,这样在做事的过程中才不至于冲动。做事情之前,还应该给自己留一条后路,因为没有任何一个人能够保证自己一生都不会犯错误。而错误是可以犯的,但绝对不能自己堵住通往正确的路口。

季文子做事情都是三思而后行,但孔子并没有因此而表扬他。这是因为季文子做事情过于谨小慎微。现代社会所讲的三思而后行并不是胆小怕事、瞻前顾后,而是成熟、负责的表现。认认真真生活的人,都不会鲁莽行事的。他们做事情都能够考虑周全、严密,不会因为马虎、粗心而使得生活乱成一团。虽然生活不需要时时都如履薄冰,但是应该谨慎的时候也一定要谨慎。

第十六节　致虚守静

【题解】

在本章中,老子特别强调了致虚守静的功夫,他提倡人们用虚寂沉静的心态去面对宇宙万物的运动变化。在本章开篇,老子就提出了"致虚""守静"的观点,他认为"虚"和"静"是一种趋于极致的状态。在老子看来,万事万物的发展变化都有其自身发展变化的规律,老子希望人们能够了解和认识这个规律,然后将它应用于社会生活中,在为人处世的过程中,时刻保持这种遵循自然、没有心机的自然状态,只有这样才能够"归根""复命"。

然后,老子层层深入地探寻了"道"的真正内涵。世间万物返回它们的本根就叫作清静,清静就叫作复归于生命,复归于生命就叫作自然,认识了自然规律就叫作聪明,只有真正聪明的人才能够称得上是有"道"之人。

主张回归到一切存在的自然根源,这是一种完全虚静的状态,也是世间万物存在的本性。

【原文】

致虚极,守静笃①。

王夫之《老子衍》:《开元疏》云:致者令必自来,如《春秋》致师之致是已。最下击实,其次邀虚。最下取动,其次执静。两实之中,虚故自然;众动之极,静原自复;不邀不执,乃极乃笃。

万物并作,吾以观复②。

王弼《道德真经注》:动作生长。以虚静观其反复。凡有起于虚,动起于静,故万物虽并动作,卒复归于虚静,是物之极笃也。

王夫之《老子衍》:何以明其然也?万物并作。

王夫之画像

夫物芸芸,各复归其根③。归根曰静,静曰复命④。复命曰常,知常曰明⑤。

王夫之《老子衍》:而芸芸者,势尽而反其所自来也。非我静之,不可复渝变。

司马光《道德真经论》:物出于无,复入于无。归根曰静,静曰复命。物静则从天命。复命曰常,谁能违天。知常曰明。动静不失其时。

不知常,妄作凶⑥。

唐玄宗《御解道德真经》:不恒其德,或承之羞,失常忘作,穷凶必至矣。

司马光《道德真经论》:违理而动。

明太祖《御解道德真经》:若或不知常,不知序,妄为则凶矣。

知常容,容乃公⑦,公乃全⑧,全乃天⑨,天乃道,道乃久,

司马光《道德真经论》:虚静则无不包。无偏无党。为天下所归注。与天合德。天法道。无疆。

明太祖《御解道德真经》:所以知常者,容。知谓知常道也。容貌悦貌也。天下既悦,乃公。若能执此公道而行之,则君天下也。善能君天下者,道也。

没身不殆^⑩。

河上公《老子章句》：能公能王，通天合道，四者纯备，道德弘远，无殃无咎，乃与天地俱没，不危殆也。

宋徽宗《御解道德真经》：故没身不殆。殆近凶，几近吉，不殆则无妄作之凶，非知常者无与。

【注释】

①致虚极，守静笃：虚和静都是形容人的心境是空明宁静的状态，但由于外界的干扰、诱惑，人的私欲开始活动。因为心灵闭塞不安，所以必须注意"致虚"和"守静"，以使其恢复心灵的清明。极、笃：意为极度、顶点。

②作：生长、发展、活动。复：循环往复。

③芸芸：纷繁茂盛的样子。归其根：根指道，归根即复归于道。

④复命：复归本性，这里指回到虚静的本性。

⑤常：指万物运动变化的永恒规律，即守常不变的规则。明：明白、了解。

⑥凶：凶险、灾殃。

⑦容：宽容、包容。公：公平。

⑧全：周到、周遍。

⑨天：指自然的天，或为自然界的代称。

⑩没身：指死亡。殆：危险。

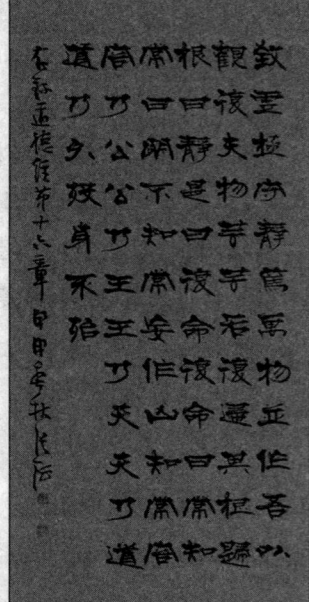

《道德经》十六章书法

【译文】

尽力使心灵的虚寂达到极点，使生活清静坚守不变。万物都一齐蓬勃生长，我从而考察其往复的道理。那万物纷繁茂盛，各自返回它的本根。返回到它的本根就叫作清静，清静就叫作复原本性。复原本性就叫作自然，认识了自然规律就叫作聪明。不认识自然规律的轻妄举止，往往会出灾凶。认识自然规律的人是无所不包的，无所不包就会坦然公正，公正就能周全，周全才能符合自然的"道"，符合自然的道才能长久，终生不会遭到危险。

【解析】

以往人们在研究老子的时候，总是用"清静无为""恬淡寡欲"这类的词语来概括老子的人生态度，但是从总体上来看，老子比较重视清静无为。这也是本章着重论述的问题。

老子认为，人的心境本来是处于一种空明宁静的状态，但因为纷繁复杂的物欲的侵袭和干扰，人的私欲开始活动，使世间人们的心灵蒙尘、闭塞不安，为了满足自己的物欲而苦苦追求，而要想使自己的行为复归于"道"，恢复心灵的清明，就需要"致虚""守静"。这一章并不是专讲的人生，还讲到认识世界，认识人生。无论是认识人生哲理，还是认识客观世界，其基本态度都应该是"致虚""清静""归根"和"复命"。

"道"是世间万物的本源，万物由"道"而生，而"道"的本质却是虚静的，因此，万物回归本源即是回归到虚静的状态。

先说"致虚"。"虚"是道的本性，但是在具体的运用过程中，其表现形式却是多种多样的。"致虚"必"守静"，因为"虚"是本体，而"静"则在于运用。"致虚极"是要人们排除物欲的诱惑，回归到虚静的本性，在日益复杂的社会中坚守住一颗澄澈的本心，只有这样才能够真正认识"道"。司马迁在《史记·太史公自序》中说道："李耳无为自化，清静自正。"可以说，这句话是对老子"静"的内涵最扼要的概括。

再说"归根"。根，是草木所由生的部分，是一切事物的起点，而万事万物又遵循一种"叶落归根"的规律，这就体现了循环归根的哲学含义。人"归根"后便可以知道自己的本性，知道哪些东西是自己必需的，哪些东西是自己在欲望的驱使下去苦苦追寻的，只有这样才能抑制某些非分之想，戒除贪念欲望，才可以回归虚静的状态。关于这一点，任继愈在《老子新译》中曾这样说："老子主张要虚心，静观万物发展和变化，他认为万物的变化是循环往复的，变来变去，又回到它原来的出发点（归根），等于不变，所以叫作静。既然静是万物变化的总原则，即是常（不变），为了遵循这一静的原则，就不要轻举妄动，变革不如保守安全。把这一原则应用到生活、政治各方面，他认为消极无为，可以不遭危险。"

"复命曰常，知常曰明。不知常，妄作凶。知常容，容乃公，公乃全，全乃天，天乃道，道乃久，没身不殆。"复原本性就叫自然，认识了自然规律就叫聪明，而不认识自然规律的轻妄举止，往往会导出灾凶。认识自然规律的人是无所不包的，无所不包就会坦然公正，公正就能周全，周全才能符合自然的"道"，符合自然的道才能长久，终生不会遭到危险。万物运行变化都有一定的规律，只有遵循这个自然规律，万物才能够获得恒常，才能循环往复。世间万物各有其"常"，只有知"常"了，才能

够摒除争强好胜、贪得无厌的恶习，才能够以一颗宽容、公正之心对待世间万事万物，这也将会有助于自己跟上"大道"的步伐，依"大道"的原则去行事。凡事能依"大道"而行，自然会逢凶化吉，避免很多祸患。

【名句品读】

致虚极，守静笃。

老子在《道德经》中多次提到"虚"和"静"，并且强调只有虚静合一，万物才能蓬勃生长，而本句也体现了老子的这一思想：尽力使心灵的虚寂达到极点，使生活清静坚守不变。

从某种意义上来说，"虚"和"空"是一个统一的整体，"虚"是"空"的前提。老子在某些章节也强调了"空"的作用，例如，在《道德经》第十一章中，老子曾用了大量篇幅来论证"空"的作用："三十辐，共一毂，当其无，有车之用。埏埴以为器，当其无，有器之用。凿户牖以为室，当其无，有室之用。"在这里，老子就指出了虚之后才会产生空，空之后才会有明。

虚极静笃

《庄子·人世间》中也曾多次提到"虚室生白"，讲的也是虚与静的作用。通过生活常识我们可以知道，越是空空的房间越是显得明亮，如果房间里堆满了东西，反而会显得昏暗，因为再强的光亮也会有照不到的地方。因此说，只有保持内心的"虚"和"空"才能看清内心的点点滴滴，才能分辨出各种想法的真正内涵。

圣人一生都能够持守虚静，所以他们才能冷眼看世界，才能以一颗平常的心面对世间的各种诱惑，才能感悟到蕴涵在天地万物之中对常人来说神秘莫测的"道"，也正因如此，他们才能领悟到某些修身养性之道。

因此，只有让心静下来，才不至于被充满诱惑的外物迷惑了双眼，才能保持内心永远的清静。

知常容，容乃公，公乃全，全乃天，天乃道，道乃久，没身不殆。

《道德经》中有很大一部分的内容都是讲虚静的，老子认为，万事万物的变化都是循环往复的，不论它们如何变化，最终都要回到它的出发点，即"归根"。从出发点与终点重合的角度来考虑，我们可以说万物是静止的。

在事物的变化过程中，什么事情都可以发生，不论这些事情是好还是坏，是福还是患，它们都会被包含在事物本身的变化过程之中，然而包含了这些事情的事物本身并没有受其影响，而是按照自己的自然规律继续变化和发展，所以，这样的事物能够顺利地实现生命的发生、发展、归根的循环往复。同样道理，只有那些能以一颗宽容、公正的心去包容世间万事万物的人才能够获得长久的发展，正如老子所说的，认识自然规律的人是无所不包的，无所不包就会坦然公正，公正就能周全，周全才能符合自然的"道"，符合自然的道才能长久，终生不会遭到危险。

世间万物各有其"常"，并且各循其常，在自由发展的同时也不去干涉其他物的生存与发展。只有知"常"，才不会争强好胜、强人所难，只有了解了这些，才能够对世间的一切报以宽容与公正之心，才能够以一颗常道之心去面对世间万事万物，只有这样，才能够让自己的一生都远离危险和祸害，顺利实现生命的循环往复。

【经典故事】

为人之道

陶渊明归去来兮回归自然

陶渊明，字元亮，号五柳先生，东晋末期南宋初期诗人、文学家、辞赋家、散文家。在年轻时期，他也曾做过几年小官，后辞官在家，过起了隐居生活，直至生命结束。田园生活也是陶渊明诗的主题，例如较有名的《归园田居》《桃花源记》《归去来兮辞》等。

陶渊明少年时期曾有"猛志逸四海，骞翮思远翥"的大志，因此，从孝武帝太元十八年（393年）开始，他怀着"大济苍生"的远大抱负踏上了为官之路，然而官场中的种种现象使他看到了实现自己理想的不可能性，因此，义熙元年（405年），在转任八十一天后他辞去了官职，仕官生活自此结束。这十三年是他为实现"大济苍生"的理想抱负而不断尝试、不断失望、最终绝望的十三年，最后写了《归去来兮辞》，表明了自己与上层统治阶级决裂，不与世俗同流合污的决心。

陶渊明辞官归里，过着"躬耕自资"的生活，归田之初，生活还很惬意，在他的一些诗词中就能明显看出，例如"方宅十余亩，草屋八九间，榆柳荫后檐，桃李罗堂前""采菊东篱下,悠然见南山"等。

陶渊明喜欢喝酒,并且每饮必醉。朋友来访,无论贵贱,只要家中有酒,一定要与其同饮,如果是他先醉,他就会对客人说:"我醉欲睡卿可去。"后来经过一场火灾之后,家迁到了其他地方,而他的生活也从此陷入了困难之中,但是他对酒的热恋却丝毫未减。

陶渊明喜欢以酒会友、以酒交友,对友和义兼俱,但是对于那些劝他出仕的朋友却毫不口软。有一次,一个老农清晨叩门,自己带酒,希望与他同饮,在饮酒的过程中劝他出仕:"褴褛屋檐下,未足为高栖。一世皆尚同(是非不分),愿君汨其泥(指同流合污)。"他则用了"和而不同"的语气谢绝了老者的劝告,他这样说:"深感老父言,禀气寡所谐。纤辔诚可学,违己讵非迷?且共欢此饮,吾驾不可回。"

他的晚年生活越来越贫困,有时他的朋友主动送钱周济他,有时他也会上门去请求借贷。他的朋友颜延之,某一年去任职时,经过浔阳,每天都要到陶渊明的家中饮酒,临走时,给陶渊明留下两万钱以接济他的日常生活,而他则将其全部送到酒家,陆续饮酒。不过,他接受周济以及向他人求贷是有原则的。宋文帝元嘉元年(424年),江州刺史檀道济亲自到陶渊明的家中访问,而这时的陶渊明又病又饿了好几天了,连下床的力气都没有了,檀道济劝他:"贤者在世,天下无道则隐,有道则至。今子生文明之世,奈何自苦如此?"他说:"潜也何敢望贤,志不及也。"檀道济没有办法,送给他了一些粮肉,但是都被他谢绝了。

陶渊明辞官回乡二十二年一直过着贫困的田园生活,但是他固穷守节的志趣却是老而益坚。公元427年,陶渊明走完了他六十三年的生命历程,与世长辞。

【古为今用】

守得恬淡,快乐永远

在这个嘈杂的社会中,事很多,人很多,诱惑很多,压力很大,面对这样的现实,很多人的生活节奏变得越来越急促,越来越匆忙,也因此,他们几乎要迷失自我,而走出迷茫、保持快乐的最好方法就是让自己的心静下来,保持内心的恬淡。

其实,现实中的很多事情本来并没有那么复杂,压力也没有想象中的巨大,只是自己一时乱了心性,才使自己陷入困境之中。在追求快节奏、满足欲望的同时,有人忽略了家庭,忽略了自己的健康,忽略了内心的恬淡与平和,殊不知这些被忽略的部分往往是能给我们带来温馨、喜悦、感动和超越的重要因素,只有调适好它们,我们才不会为事业的忙碌和沉重的压力所累,我们才能够保持一份恬淡的心境,才能"暮色苍茫看劲松,乱云飞渡仍从容",才能在繁杂的事物中保持清醒的头脑,并做出正确的判断,才能为取得更大的成功做准备,才能永葆快乐。

也许,有人觉得在这个节奏很快、竞争激烈、崇尚名利的社会,很难保持恬淡的心境,因为你要生存,就要去表现,去竞争,去发展,如果你还慢慢悠悠的话,那还不被远远甩在后面?

这其实是一种偏激的说法。保持恬淡的心境,并不是像隐士那样抛开世俗的喧嚣去隐居,去品酒赏菊。而是在紧张的工作之余,感觉累了的时候,能够暂时放下对名利的追逐,让心灵休憩一下,让自己调整一下。俗话说,磨刀不误砍柴工。这些适当的休息,对于恢复精力,保持清醒的头脑和判断力,都是有莫大益处的。

况且,我们要追求的东西有很多,金钱、地位、学识、成就等,而且很多时候这种追求是必要的。但是,如果一味盲目地追逐,难免就会感到忙,感到累。所以,我们就需要把一些追求看得淡一些,轻一些,你才能收获另一些更重要的东西。比如,在衣食无忧的前提下,不妨把财富看淡一些,多陪陪家人,多锻炼锻炼身体,就会多收获些天伦之乐,多收获些健康。这样的人生不是更有趣味,这种生活质量不是更高吗?

老子骑牛图

第十七节　功成事遂

【题解】

老子在本章中重点论述了他在本书中反复强调的"无为而治"的政治主张。

章节开篇,他把统治者按照不同的情况分为四种,即最好的统治者是人民根本

国学经典文库

《道德经》译解

图文珍藏版

意识不到他的存在；其次的统治者是人民亲近他并且称赞他；再次的统治者是人民畏惧他；最差的统治者是被人民轻蔑的。然后老子又提出了他理想中的统治政策，那就是"无为而治"。

尽管"无为而治"的统治策略，在当时看来完全是一种乌托邦式的政治幻想，但是却能充分体现老子对君主专制的贬低，对人民自由发展的肯定，从当时的社会背景来看还是有一定积极意义的。

【原文】

太上①，不知有之②；

河上公《老子章句》：太上，谓太古无名之君。下知有之者，下知上有君，而不臣事，质朴也。

王弼《道德真经注》：大上，谓大人也。大人在上，故曰大上。大人在上，居无为之事，行不言之教，万物作焉而不为始，故下知有之而已，言从上也。

其次亲而誉之③；

王弼《道德真经注》：不能以无为居事，不言为教，立善行施，使下得亲而誉之也。

司马光《道德真经论》：有迹。

其次畏之④，其次侮之。

河上公《老子章句》：设刑法以治之。禁多令烦，不可归诚，故欺侮之。

司马光《道德真经论》：强以威服。威德皆亡。

信不足焉，有不信焉。

唐玄宗《御解道德真经》：畏之侮之者，皆由君信不足，故令下有不信之人。

明太祖《御解道德真经》：此事古今明验，尚有不信者，故云信不足焉，有不信焉，即此是也。

悠兮⑤其贵言⑥。功成事遂，百姓皆谓我自然⑦。

王夫之《老子衍》：于己不自信，乃不信天下之固然。且不知惩而尚言，是以召侮。

《道德经》十七章书法

河上公《老子章句》:说太上之君,举事犹,贵重于言,恐离道失自然也。谓天下太平也。百姓不知君上之德淳厚,反以为己自当然也。

陈致虚《道德经转语偈》:上士勤行中士亲,只唯下士笑频频。曾知老子怀胎久,始浴金盆发似银。

【注释】

①太上:至上、最好,指最好的统治者。

②不知有之:人民意识不到有统治者的存在。

③亲:亲近。誉:称赞、赞美。

④畏:害怕、恐惧。

⑤悠兮:悠闲自在的样子。

⑥贵言:以言为贵,指不轻易发号施令。

⑦自然:自己本来就如此。然:……的样子。

【译文】

最好的统治者,人民根本意识不到他的存在;其次的统治者,人民亲近他并且称赞他;再次的统治者,人民畏惧他;更次的统治者,人民轻蔑他。统治者的诚信不足,人民不相信他,最好的统治者是多么悠闲。他很少发号施令,事情办成功了,老百姓说:"我们本来就是这样的。"

【解析】

在这一章中,老子主要论述了统治者治理国家的问题,这是他在本弓中的一次描画他理想王国的政治蓝图,即采用无为而治的方法,达到无为无不为。

老子在本章开篇就将统治者分为四个等级,他们分别是:太上,不知有之;其次亲而誉之;其次畏之;其次侮之。

先说第一个等级,"太上,不知有之"。最高明的统治者往往实行无为而治,在治理国家和管理人民上采取一种放任自然的政策,这种政策在实施的过程中就是要求统治者要尽量减少自己对国家和人民施加的强有力影响,不干涉人民正常的生产生活,不增加人民的经济负担,不施加苛刻的政治政策,不对外进行大规模的扩张,尽量让全国上下都按照本来的规律自行发展变化,让全国百姓活得自由快乐,因而,这样的统治者不被人民感知到他的存在,但是这并不能说明他就无所事事,其主要原因就是他能按照大道的原则去管人去治国。

"其次亲而誉之"。这是较"太上"次一等的统治者,这一等级的统治者以给人

们恩惠,不高高在上而闻名,因此,人民乐意亲近他,并会给他们很高的赞誉。这类统治者可亲可敬,能和人民和谐相处。

"其次畏之"。这种统治者经常摆出一副高高在上、盛气凌人的气势,从表面上就在自己和百姓之间建立了一层无形的不可穿透的屏障。另外,他们还制定出一些苛刻的规章制度,这些规章制度的制定会直接影响到人民的生命和财产安全,对于这样的统治者,人们是心中有怒不敢言,只有畏而远之。

"其次侮之"。这是最差的统治者,这种统治者几乎不把天下苍生放在眼里,他们专横跋扈,不但不给人民自由的权利,有时还会把他们当奴隶一样来使唤,他们的言行激起了老百姓的恼怒。尽管百姓不敢当众表达自己的不满,但是背后也会默默咒骂统治者的昏庸无道,侮辱其本不健全的人格。当统治者的压迫超过老百姓的忍耐极限的时候,他们就会起来反抗推翻统治者的压迫大山。

由此可见,只有那些坚守无为而治的统治原则、不破坏百姓的生活规律、不轻易向人民发号施令的统治者才是高明的有道之人,这样的统治者治理的国家才会呈现出一番国泰民安的景象。

除了无为而治的思想之外,老子在本章中也提到了诚信、诚心在治理国家中的重要性,如果统治者的诚信不足,人民就不会相信他,他所下达的一切命令都会被百姓认为是刮了一阵很微弱的风。俗话说"君子一言,驷马难追",最好的统治者在具体做事过程中都能体悟到这句话的真谛,因此,他们从来不随便发号施令,很多事情,按照老百姓自己的办事方式去做往往比在自己指挥之下完成得更出色,因此,最好的统治者是很悠闲的。

老子在本章最后说到的"事情办成之后,老百姓则会说'我们本来就是这样的'"这句话再次告诫统治者在治理国家时一定要采取"无为而治"的政治策略。

【名句品读】

太上,不知有之;其次亲而誉之;其次畏之;其次侮之。

在这里老子将统治者分为四个层次:第一层,也就是最好的统治者,人民根本意识不到他的存在;其次的统治者,人民亲近他并且称赞他;再次的统治者,人民畏惧他;最差的统治者,人民对其会投以轻蔑的目光。后面的三层我们都能理解,那么为什么最高明的统治者,老百姓都不知道他的存在呢?

关于这一点,有人从医生的三重境界做了解释:第一重境界的医生,他们能在病人濒临死亡时用最高超的手段,让病人起死回生;第二重境界的医生能将病扼杀在萌芽状态;第三重境界的医生能通过望闻问切等一些诊断手段观察病人,在疾病还没有显现出来时,就将其控制住了。很显然,这三重境界的医生,一重比一重的技术高,但是他们在人民中的名气却是倒过来的,第一重境界的医生能够名闻天下,第二重境界的医生名闻周边,第三重境界的医生只有和他有着同样高明技术的人才能知道,因为这三重境界的医生施医方法一个比一个隐秘,一个比一个判断高明。

同样的道理,最高明的统治者能通过正确的判断,将国家的一切祸患控制在无形之中,因此,他们当政,根本不会发生祸患,他们的判断以及决策都是在无形之中完成的,因此知道他们高明的人不多。但是那些越是想通过苛政手段控制人民,让人民知道他们的厉害的统治者,越是得不到人民的信任,结果可能会落个骂名。

信不足焉,有不信焉。

很多自认为很高明、很聪明的统治者,常常打着为老百姓好的旗号让老百姓去做很多事情,但是老百姓却习惯用怀疑的眼光观察他们,尽管嘴上不敢说出任何反对的话,但是心里却在骂这些统治者的欺人,不讲诚信。在这样的情况下,统治者还有什么理由要求人们去相信他们呢? 所以,老子说"统治者的诚信不足,人民才不相信他"。

群众的眼睛是雪亮的,统治者的一言一行他们都看在眼里,记在心里。所以统治者们在群众面前所耍的小聪明都不过是在自欺欺人。若想得到老百姓的真心拥护,只有踏踏实实、勤勤恳恳地去做事,为老百姓带来实实在在的福利.答应老百姓的就要去努力做到。这样的言行,老百姓也都看得清清楚楚,也会永远记在心中,如此一来,威信也就自然而然地树立起来了。

【经典故事】

为人之道

郭汲野亭露宿以守信

郭汲,字细侯,汉光武帝时期扶风茂陵人(今陕西省兴平东北人),官至大司空、太中大夫。他一贯注重恩德,为人处世处处讲究诚信,因此,在当时获得很高的声誉。

郭汲在并州任职时,有一次去民间考察,经过美稷县时,当地的孩子得知他要在自己的家乡经过,于是自发地聚集到一起夹道欢迎他。看到如此壮观的景象,郭汲愣住了,然后问其中的一个小孩子:"孩子,你们这是在做什么啊?"能够和郭汲说上话是孩子们想都没想过的,他们只是想能看到郭汲就知足了,于是,孩子们便高兴地回答说:"听说您要经过这里,我们特来欢迎您的。"郭汲闻言,赶紧下马,然后对孩子们一一答谢。

在美稷县办完事情后,孩子们闻讯又赶来送郭汲,并问他返回的日期,其目的是在问什么时候能再经过美稷县。郭汲立即让随从根据办事情况计算返程的日期,然后告诉了孩子们,孩子们很是高兴。

由于事情办得十分顺利,郭汲一行返回美稷县的日子比预期提前了一天,但是为了不失信于孩子们,郭汲下令在县城外的野亭露宿一晚,等第二天再入城。

经商之道

李开复之诚信论

作为一位信息产业的执行官和计算机科学的研究者——前微软副总裁李开复,在 CCTV《对话》节目中,主持人请李开复按微软聘用员工的标准给下列要素排序:创新、诚信、智慧。李开复毫不犹豫地把"诚信"排在第一位,同时,李开复向大家讲述了一个他在招聘时的真实故事,这则故事也写在了他《给中国学生的一封信》上:

有一次,李开复面试了一位应聘者,该应聘者无论在技术还是管理才能上都非常优秀。在较轻松的交谈过程中,应聘者主动向李开复表示,如果录用了他,他可以把原来公司的一项重要发明带过来。随后他似乎觉察到这样说有些不妥,然后又特作声明说:那些工作是他在下班后做的,他的老板并不知道他的这项发明。李开复说:"这一番谈话之后,对于我而言,不论他的能力和工作水平怎样,微软都不能录用他。因为他缺乏最基本的处世准则和最起码的职业道德,'诚实'和'讲信用'。如果我雇用这样的人,谁能保证他不会在这里工作一段时间后,把这里的研究成果也当作所谓的'业余之作'而变成向其他公司讨好的'贡品'呢?"最后他还强调,"一个人品不完善的人是不可能成为一个真正有所作为的人的。"

在《给中国学生的一封信》上,李开复还说到这样一种现象:在美国,中国学生的勤奋和优秀是出了名的,曾经一度是美国各名校最欢迎的留学生群体。而最近,却有一些学校和教授声称,他们再也不想招收中国学生了。理由很简单,某些中国学生拿着读博士的奖学金到了美国,可是,一旦找到工作机会,他们就会马上申请离开学校,将自己曾经承诺要完成的学位和研究抛在一边。这种言行不一的做法已经使得美国相当一部分教授对中国学生的诚信产生了怀疑。应该指出,有这种行为的中国学生是少数,然而就是这样的"少数",已经让中国学生的名誉受到了极大的损害。另外,目前美国有很多教授不理会大多数中国学生的推荐信,因为他们知道这些推荐信根本就出自学生自己之手,已无参考性可言。这也是诚信受到损害以后的必然结果。

因此,李开复在用人和经商的过程中是很注重"诚信"二字的。

从政之道

樊无期舍生守信

樊无期,战国时期秦国人,是秦国的大臣,后因秦国国君的追杀而逃亡燕国,当时秦国的国君是秦始皇——嬴政。

嬴政的父亲嬴异人是秦国的皇子,年轻时曾在赵国做过人质。赵国当时有个富商叫吕不韦,虽然他比许多王侯还富有,但是在门第观念很强的当时,没有任何社会背景的吕不韦,地位还是很低的。

吕不韦的野心很大,他对自己很低的社会地位很是不满,于是就想利用身为秦国皇子的嬴异人来提高自己的地位。为了巴结嬴异人,吕不韦送给嬴异人一个漂亮的姑娘做妻子,这个姑娘就是嬴政的母亲。

后来,吕不韦又帮助嬴异人回到了秦国,做了秦国国君后的嬴异人,立嬴政为太子,然后封吕不韦为丞相。

秦始皇画象

道德经

嬴异人死后,嬴政继位当了国君。但是后来,他却发现自己并不是嬴异人的亲生儿子,吕不韦才是他的生身之父。按照当时的规定,嬴政不是皇室子孙,不是真龙天子,不但不能继承王位,还要被处死。想到如此恶劣的后果,嬴政为了保住王位,为了封锁这个秘密,就把知道这件事的人都找了合理的借口杀掉了,最后剩下的只有大臣樊无期,但是杀掉樊无期也在嬴政的计划之内。樊无期看到这样的情形之后,就跑到燕国住到他的朋友荆轲家里去避难。

樊无期是个以大局为重的人,他知道这个秘密一旦传扬出去,肯定会引起整个秦国的动乱,嬴政能不能当皇帝是小事,嬴政下台后为了争夺王位肯定会死很多人、国家大乱是大事。于是,在嬴政一再派人追杀他的情况下,他仍旧下定决心一定要保守这个秘密。

得知樊无期逃到燕国后,嬴政喝令燕国交出樊无期的人头,不然就攻打燕国。樊无期知道这件事后,为了不给燕国带来麻烦,他主动找到自己的朋友荆轲,然后献出了自己的人头。临死前,他对荆轲说:"见到秦王后,告诉也,大后宫的秘密我没有对任何人提起过。"

秦王嬴政是一个野心很大的人,他扬言要燕国交出樊无期的人头只不过是个借口,即使燕国交出了人头,他也还是要再找其他借口去攻打燕国的。为了阻止秦国发动战争,燕太子丹决定以送樊无期的人头为借口去刺杀秦三嬴政,这个艰巨的任务就交给了樊无期的朋友荆轲。

由于种种原因,荆轲不但没有刺杀成秦王,反被秦王用剑刺穿了胸膛。荆轲在临死的时候告诉嬴政,说:"樊无期让我告诉你,大后宫的秘密他没有告诉任何人。"然后,他又断断续续地数落秦王:"想不到秦国这么不讲信誉的国家还有樊无期这样舍生守信的忠臣。我为秦国失去樊无期而悲哀。"

秦王听了之后,陷入了深深的自责之中,后悔当初不该迫害樊无期这样一个守信之忠臣。

【古为今用】

诚信是人生的通行证

从领导的角度来看,诚信是树立威信的最根本的要素之一。之所以这样说,是因为领导根本没必要费尽心机地让下属对自己言听计从,即使你使尽所有手段也不能取得理想的效果,但是如果领导能将自己的诚信与诚心展示出来,下属自然就会服从。

其实,诚信并不仅仅是领导者应该具备的品质,每一个社会中的人若想让自己的人生顺顺当当,都要保持一颗诚实的心。在历史上,曾子杀猪为一"信"字;商鞅变法首先取信于民;汉代季布"一诺千金"是诚信;同仁堂三百年金字招牌不倒是诚信;抗秦救赵,魏公子名扬四海。

美国经济学家本杰明·鲁迪亚德曾说:"没有谁必须要成为富人或成为伟人,也没有谁必须要成为一个聪明的人,但是,每一个人必须要做一个诚实的人。"

诚实在一个人的为人处世中占有很大的比重。它已经超越了人的品质范畴,它是做人的灵魂,人生的质量怎样,很大程度上取决于它。

爱耶伯劳说过:"信用仿佛一条细丝线,一时断了,想要再接起来,难上加难。"诚信是一种无形的财富。一个恪守承诺的人,能很快赢得别人的信任,而一旦别人认为你是一个值得信赖的人,他就会热情地支持你、信赖你。

无论是现在,还是未来,诚信都不再仅仅是一种美德,它已成为事业成功的法宝。诚则实,不会弄虚作假,吹牛奉承;诚则信,不会出尔反尔、撒谎骗人;诚则顺,为人真诚而办事顺利。诚信的魅力是无穷无尽的,它会使毒药化成良药,使憎恨变成友好……学会诚信,从小事做起,养成诚信的习惯,才是人生的通行证。

第十八节 大仁大义

【题解】

本章从不同的角度来分析,可以有两种解释:

第一,老子从一个全新的角度分析了仁义、贵贱、孝慈、忠臣的由来。他认为大道废,才有了仁义的出现;礼仪制定之后,人民的行为才被规范化,从此有了贵贱之分,后来,原本没有的虚伪和奸诈也就随之而来了。

第二,体现了老子的辩证法思想。老子在此章中,将辩证法思想应用于社会之中,分析了虚伪与智慧、家庭纠纷与孝慈、国家混乱与忠臣等事物间既对立又统一的关系。国家大治,六亲和顺,就显不出仁义和忠臣孝子,因此也没有提倡的必要,

只有当社会秩序混乱、六亲不和的时候人民才会感受到这些东西的重要性,才会大加倡导。这就是说,社会之所以对某种德性的倡导,就是因为社会上欠缺了这种德性。

可以说,老子从一个全新的角度对仁义、智慧、孝慈、忠臣等的产生原因做了分析,其实,老子在此是在倡导人们复归到"大道"之下真正的仁义。

【原文】

大道①废,有仁义。

河上公《老子章句》:大道之时,家有孝子,户有忠信,仁义不见也。大道废不用,恶逆生,乃有仁义可传道。

王弼《道德真经注》:失无为之事,更以施慧立善道,进物也。

智慧②出,有大伪③;

河上公《老子章句》:智慧之君贱德而贵言,贱质而贵文,下则应之以为大伪奸诈。

王弼《道德真经注》:行术用明,以察奸伪:趣睹形见,物知避之。故智慧出则大伪生也。

王夫之《老子衍》:王介甫曰:道隐于无形,名生于不足。李息斋曰:道散则降而生非,伪胜

《道德经》十八章石刻

则反而贵道;方其散则见其似而忘其全,及其衰则荡然无余而贵其似,此其所以每降而愈下也。

六亲④不和,有孝慈;国家昏乱,有忠臣。

司马光《道德真经论》:六亲,父子兄弟夫妇也。若六亲自和,国家自治,则孝慈忠臣不知其所在矣。鱼不能相忘于江湖,则濡沫之德生焉。

陈致虚《道德经转语偈》:六亲不和慈孝生,颠倒乾坤正令行,今日凤凰台上客,十年牖下读书声。

王夫之《老子衍》:杯棬成于匠,而木死于山;罂盎成于陶,而土死于邱。其器是也,而所以饮天地之和者去之也。夫土木且有以饮,而况于人乎?而况于道乎?故利在物而害在己,谓之不全;善在己而败在物,谓之不公。

【注释】

①道：在此指一种准则。大道：指社会政治制度和秩序。

②智慧：聪明、智巧。

③伪：虚伪、诡诈，不讲信义。

④六亲：父子、兄弟、夫妇。这里指家人之间的关系。

【译文】

大道被废弃了，才有提倡仁义的需要；聪明智巧的现象出现了，伪诈才盛行一时；家庭出现了纠纷，才能显出孝与慈；国家陷于混乱，才会有所谓的忠臣出现。

【解析】

从形式来看，本章是上一章"信不足焉，有不信焉"的继续，老子认为，社会上之所以出现仁义、智慧、孝慈、忠臣等，都是由统治者失去德行所致的。对于一个统治者来说，失去德行，偏离大道的直接后果就是国家自取灭亡，因此，为了避免这场悲剧的发生，人民就开始人为地制定一些道德规范、奖惩制度、政策法规等，尽管这些法规能在一定程度上缓解社会压力，但是它们却不能解决根本性的问题。

废止大道即是对"无为而治"思想的一种否定，是有所作为的开始。而有所作为也就为好与坏的出现提供了条件。好的，是我们所提倡的；而对于坏的，我们在否定的同时还要给予对应的惩治和约束，只有这样才能保证社会正气的发展和正确运用。

人类是复杂的情感动物，我们都有自己的思想和意志，能够进行思考，在处理事情的时候都有自己的想法和行为准则，但是在做事的过程中，人类又往往显示出自己聪明的一面而狂妄自大，唯我独尊，最终完全背离了事物发展变化的规律，反其道而为之，结果受到伤害的往往是自己。所以，为了沿着大道而行，为了不因背道而伤害到自己，我们人类自己只有人为地去寻找仁义、智慧、孝慈和忠臣，让它们来约束自己的行为。

遵循大道治理下的国家不是没有仁义、智慧、孝慈、忠臣等这些社会提倡的因素的存在，而是在无为的大社会背景中，它们已经潜藏在人们的内心深处，已经是实实在在存在的了，无须再去提倡，更不需要用各种法律法规来约束。只有社会中出现了不仁义、虚伪、不孝不慈、国家混乱之后，为了维护社会的有序进行，我们只有人为地去提倡，否则，国将不国，家将不家了。

在这一章中，老子把辩证法运用于社会治理之中，他主要强调了仁义与大道废、大伪与智慧、孝慈与六亲不和、忠臣与国家混乱等这些形似相反,实则相成的社会因素,老子揭示了它们之间对立统一的关系。可以说,本章表现了老子相当丰富的辩证思想。

【名句品读】

大道废,有仁义;

在此,老子从一个全新的角度阐述了仁义是如何产生的:大道被废弃了,才有提倡仁义的需要。废弃大道而行仁义在老子看来是一大退步,遵循大道的统治者总是让老百姓自由自在地生活,让他们自主安排生产和生活,一切都顺其自然。他们对老百姓的一切活动从来不加以干涉,更不会给予他们精神或身体上的压力,天下出现太平盛世,这就是聪明的统治者的垂拱而治。

若以仁义治天下又会出现什么样的境况呢?

如果统治者时时处处行仁义,常以一颗慈爱的心对待百姓,处处为百姓着想,替百姓操心,大事小事都要过问,那么时间久了百姓习惯于遇到什么问题就去找统治者,统治者都会解决得很好的话,老百姓从此形成了一种依赖心理,因此,他们没有了上进心,没有了学习的欲望,最后几乎丧失了解决问题的能力,这种能力越是退化丧失,他们对统治者的依赖服从就越强,越是依赖服从越是能力退化丧失,从而形成一种恶性循环。尽管这样的国家也是国泰民安,但是若想让这种国泰民安继续保持下去,若想让国家长久生存下去,就必须要有一个高明的统治者,并且这个统治者还得是长生不死的,如果这个统治者死了而接替他的人是个能力不如他的人的话,那么,这个国家毁灭性的灾难就要来临了。

当然老子这样说,并不是反对统治者对人民实行仁义,而是要在坚持大道的基础上对人民适当地施以仁义。

【经典故事】

为人之道

冯谖毁借约买仁义

《战国策·国策》中有一个"冯谖客孟尝君"的故事:

战国时期齐国的孟尝君好士,门下有食客数千人,冯谖就是其中一员。冯谖是一位高瞻远瞩、颇具深远眼光的战略家。冯谖以怪人的面目出现在孟尝君的面前，并且在投靠孟尝君的开始一段时间，他曾三番五次地向孟尝君提出近乎苛刻的要求，但是孟尝君都无一例外地满足了，并从不嫌弃他。当他发现孟尝君是一个不势利、很大度、值得为之出谋划策之后，毅然决定竭尽全力以事孟尝君。

有一天，孟尝君询问府里的宾客："有谁熟悉算账理财，能够替我到薛地去收债？"冯谖自告奋勇地说："我能。"于是孟尝君派冯谖去了薛地收债，辞行的时候，冯谖问孟尝君道："如果债款全部收齐，用它买些什么东西回来呢？"孟尝君说："看我家里缺少什么，就买什么吧。"冯谖赶着马车到了薛城，派出官吏召集那些应当还债的百姓都来核对借约，借约核对完了，冯谖假传孟尝君的命令，把借款赐给百姓，烧掉借约，百姓齐声欢呼万岁。

办完事的冯谖又马不停蹄地赶回齐国都城，一清早就要求进见孟尝君。孟尝君奇怪他为何回来如此之快，便穿戴好衣帽接见他，问道："债款全收齐了吗？怎么回来得这么快呀？"冯谖回答说："收齐了。"孟尝君又问："用它买了些什么回来呢？"冯谖说："您说'家里缺什么就买什么'，我考虑您府里已经堆满了珍宝，好狗好马挤满了牲口棚，堂下也站满了美女。您府里缺少的东西要算'义'了，因此我替您买了'义'。"孟尝君听着有些蹊跷，于是问道："'义'怎么个买法呢？"冯谖说："如今您只有一块小小的薛地，却不能抚育爱护那里的百姓，反用商贾的手段向百姓取利息，我私自假传您的命令把借约烧了，百姓齐声欢呼万岁，这就是我给您买的'义'啊。"冯谖的处理让孟尝君不高兴，但是考虑到冯谖的智谋，于是说："好吧，罢了！"

过了一年，因为政治原因，孟尝君回封邑薛城去住，走到离薛城还有一百里的地方，百姓扶老携幼，在大路上迎接孟尝君，整整一天。孟尝君回头对冯谖说："先生替我田文买的义，竟在今天看到了。"

仁义不像钱或物那样实在看得见摸得着，因此孟尝君对冯谖买仁义非常不高兴。当孟尝君被齐王贬出回到薛城时才认识到昔日失去的今天都加倍地得到了。

从政之道

白居易狠打行贿人

唐朝贞元年间，著名诗人白居易考中进士后，被派往陕西周至当县令。

他刚上任，城西的赵乡绅和李财主就为争夺一块地跑到县衙来打官司。为了能打赢这场官司,赵乡绅和李财主都想到了给白县令行贿送礼。通过苦思冥想,赵乡绅差人买了一条大鲤鱼,在鱼肚子里塞满银子送到县衙;而李财主则命长工从田里挑了个大西瓜,掏出瓜瓤,也塞满银子送到了县衙。收到两份"重礼"后,白居易并没有考虑该将那块地判给谁,而是吩咐手下贴出告示,明天公开审理此案。

白居易画像

第二天一早,县衙门外就挤满了看热闹的百姓。白居易升堂后问道:"你们哪个先讲?"赵乡绅抢着说:"大人,我的理(鲤)长,我先讲。"李财主也不甘示弱说:"我的理(瓜)大,应该我先讲。"听到他们在大堂之上还不老实,白居易沉下脸说:"什么理长理大?成何体统!"赵乡绅以为县太爷忘了自己送的礼,连忙说:"大人息怒,小人是个愚(鱼)民啊!"白居易微微一笑说:"本官耳聪目明,用不着你们旁敲侧击,更不喜欢有人暗通关节。来人,把贿赂之物取来示众。"

衙役取来鲤鱼和西瓜,当众抖出银子,门外百姓一片哗然。伴随着百姓的哗然声,白居易厉声喝道:"大胆刁民,胆敢公然贿赂本官,按大唐律法各打四十大板!"赵乡绅和李财主吓得瘫倒在地,心想:行贿反被行贿害。接到命令的衙役把他们拖到一边狠狠地打了起来,众百姓无不拍手称快。

杖刑完毕,白居易斥道:"周至县就是被你们这些不法之徒搅得乌烟瘴气,今日责打,就是要你们今后奉公守法,老实做人。至于这些行贿的银子,我看就用来救济贫苦百姓吧!"

周至的官风不正,才引来了乡绅与财主的行贿送礼,而为了在民间树立廉洁奉公的官方风气,白居易才上演了这出痛打行贿人的戏剧。

伊尹迫不得已软禁商天子

夏桀,是夏朝最后一个皇帝,夏朝的快速灭亡就与其荒淫无道、滥杀忠臣良将等有直接的关系。

在夏朝逐渐衰落的同时,它的一个属国商国渐渐强大起来,商国的国君成汤在相国伊尹的帮助下,对内广修政德,发展军事力量,对外逐步征服周边小国,扩大势力，最终，于公元前十一世纪，灭掉了夏朝，建立了商朝。

伊尹本来是成汤推荐给夏王的，但夏王只同他谈了一次话，以后再也没有理过他，更没有将其重用。成汤见夏王对伊尹这样一个人才不予重用，感到很是可惜，于是他就请伊尹到商国，然后封他为相，授予国政。做了相国的伊尹果然不负众望，他先后帮助成汤发展农耕，铸造兵器，训练军队，扩大边疆，最后终于灭了毫无上进心的夏朝。

成汤在临死前把商国的所有大权都交给了相国伊尹，并将辅佐三个子孙的重任也交给了伊尹，为了报答成汤的重用之恩，伊尹答应了他的所有要求。成汤有三个子孙：外丙、中壬和太甲，他们是商朝很有作为的三个君王，但太甲继位的前三年整日沉湎于酒色之中，并没有心思去治理国家大业。看到太甲的状况，伊尹曾以长者的身份劝告过他，也以相国的权力威胁过他，但他仍无任何改变，当时的伊尹可谓是伤透了脑筋。

看到太甲的不思进取以及伊尹的痛苦努力，有位大臣曾出于好心向伊尹劝道："先主在位时，您曾帮他灭掉了夏国；先主仙逝，您又辅佐了三位人主，已经算报答了先主的知遇之恩了。现在国君既然如此，您又何必强求呢？我看，您不如带上金银财宝，找一个青山绿水的地方去安享晚年！"

伊尹听此劝诫不但没有感谢那位大臣，反而训斥那位大臣道："为人臣子，应当在国家危难时挺身而出，现在劝诫皇帝的人才是良臣。如果都像你所说，在君主英明、太平盛世之时，大臣都在朝堂食俸禄；而一旦风起云变、国君不明事理时，便隐藏起来，那么，要我们这些大臣又有什么用呢？"那位大臣听完，脸色骤变，急忙向伊尹请罪。尽管如此，伊尹还是免了他的官职，并当众公布那位大臣的口舌之罪，众人听了无不畏惧。

后来，太甲也知道了这件事，对伊尹的做法以及说法表示赞同，伊尹乘机又劝太甲，但太甲仍是不听。在万般无奈的情况下，伊尹便将太甲关进南桐宫，让他反省，经过三年反省，太甲终于悔悟。在这三年，伊尹则亲自主持朝中事务，太甲出来后，伊尹又将政权交还给他。太甲重新登上皇位，励精图治，使商朝达到了鼎盛时期。

伊尹的做法尽管是当时某些道德所不提倡的，但是在太甲君王失去仁义之心，没有责任感的情况下，这也是没有办法的办法，既然国家昌盛，软禁天子又何妨？

你敬人一尺，人还你一丈

一位名人曾经说过：人性最深切的渴望，是得到别人的尊重。所以，人际交往中，不管面对的是什么人，都应该向他们表示最起码的尊重。很多人都会说："你敬我一尺，我会还你一丈。"

其实，对别人的善良和尊重，就像一个雪球，越滚越大。关键是你要时时刻刻多为别人着想一点，把尊重的绣球抛出，等你需要时，别人才会愉快地抛给你，而且不止一个。

人际交往中，尊重别人是最基本的原则。正如同你希望交到真心朋友，就先要对朋友真心，朋友才会对你真心一样。社交中，你希望别人怎么来对待你，就先要学会怎么去对待别人。以心换心，将心比心，付出你该付出的，才能得到你想要得到的。

一个不尊重别人的人，是绝不会得到别人尊重的。人际交往中，自己待人的态度往往决定了别人对自己的态度，就像一个人站在镜子前，你笑时，镜子里的人也笑；你皱眉，镜子里的人也皱眉；你对着镜子大喊大叫，镜子里的人也冲你大喊大叫。所以，我们要获取他人的好感和尊重，首先必须尊重他人。

尊重他人，是一个人良好素质的表现，也是做人最起码的美德，尤其是在号称礼仪之邦的中国，前人都给我们做了很好的榜样，"己所不欲，勿施于人""敬人者，人恒敬之；爱人者，人恒爱之"等都是他们恪守的古训。在人际交往密切的今天，我们更应该恪守这一准则，为建立一个好人缘打下良好的基础。

如果我们在与人交往的过程中都能在潜意识中去尊重他人，去帮助他人的话，社会还用再提倡"助人"吗？还用再去高呼"尊重别人就是尊重自己"吗？还用再在公交车上贴出标语"为老幼病残孕让座"吗？答案当然是否定的，所以，为人一定要遵循大道，无为而无不为。

第十九节　少私寡欲

【题解】

第十八章叙述了大道废弃后社会出现的种种变态的表现形式，而本章则针对这些病态的社会现象进行了深入细致的描述，并提出了治理的方案。

在第十八章中，老子说"智慧出，有大伪"，因此，我们可以理解说老子主张抛弃这种聪明智巧。他认为，"圣"和"智"是产生法制敲诈的根基，"巧"和"利"是社会纷争和混乱的原因，因此他主张"绝圣弃智"。

在老子看来，人的本性是天真质朴的，而社会文化在丰富人们智慧的同时也使人类的天性被腐蚀掉了，使人们变得争名逐利，甚至偷盗欺诈。鉴于这样的社会现实，老子提倡抛弃人类文明社会中的上述糟粕，统治者抛弃扰民的所有政策，那么，孝慈、善良、淳朴等美德又会回归到人类社会中。

【原文】

绝圣弃智[①]，民利[②]百倍；

河上公《老子章句》：绝圣制作，反初守元。五帝垂象，仓颉作书，不如三皇结绳无文。弃智，弃智慧，反无为。民利百倍。农事修，公无私。

王弼《道德真经注》：圣智，才之善也。

绝仁弃义，民复[③]孝慈；

司马光《道德真经论》：孝慈，仁义之本也。

宋徽宗《御解道德真经》：孝慈，天性也。鳖躄为仁，踶跂为义。而以仁义易其性矣。绝仁弃义，则民将反其性而复其初，不独亲其亲，不独子其子，其于孝慈也何有？

绝巧弃利，盗贼无有。

河上公《老子章句》：绝巧者，诈伪乱真夜。弃利

少私寡欲

者,塞贪路闭权门业。上化公正,下无邪私。

王弼《道德真经注》:巧利,用之善也。

此三者以为文不足④。故令有所属⑤:

王弼《道德真经注》:而直云绝,文甚不足,不令之有所属,无以见其指,故曰,此三者以为问而未足,故令人有所属。

王夫之《老子衍》:吕吉甫曰:文而非质,不足而非全。"绵绵若存",其有所属乎! 故鱼游而水乘之,鸟飞而空凭之。

见素抱朴⑥,少私寡欲,绝学无忧⑦。

王夫之《老子衍》:含天下之文者,莫大乎素;资天下之不足者,莫大于朴。以为有,而固未亲乎用;以为无,而人与天之相亲者在此也。缀乎和以致生,是以能长生。离乎和以专用,是以无大用。

王弼《道德真经注》:属之于素朴寡欲。

【注释】

①绝圣弃智:抛弃聪明智巧。此处"圣"不做"圣人",而是自作聪明之意。

②利:指获得利益。

③复:恢复。

④此三者:指圣智、仁义、巧利。文:文饰、巧饰。不足:没有用处,于事无补。

⑤令:命令。属:归属、适从。

⑥见素抱朴:意思是保持原有的自然本色。素:是没有染色的丝,引申为单纯。朴:是没有雕琢的木,引申为质朴。见:显现、显示。抱:保持。

⑦绝学无忧:指弃绝仁义圣智之学。

【译文】

抛弃聪明智巧,人民可以得到百倍的好处;抛弃仁义,人民可以恢复孝慈的天性;抛弃巧诈和货利,盗贼也就没有了。圣智、仁义、巧利这三者全是巧饰,作为治理社会病态的法则是不够的。所以要使人们的思想认识有所归属:保持纯洁朴实的本性,减少私欲杂念,抛弃圣智礼法的浮文,才能免于忧患。

【解析】

老子在本章开篇即说"绝圣弃智""绝仁弃义""绝巧弃利",我们不免产生疑惑:聪明、睿智、仁义、巧言等这些都是人人向往的东西,为什么要杜绝和抛弃呢?

关于这一点，苏联学者杨兴顺也认为，"作为人民利益的真诚捍卫者，老子反对中国古代统治阶级的一切文化。他认为这种文化是奴役人民的精神武器，'下德'的圣人借此建立各种虚伪的道德概念，而只有'朝甚除'的人们才能享用这种文化的物质财富。不宁唯是，这一切产生虚伪的文化还腐蚀了淳朴的人民，激发了他们对'奇物'的欲望。这种文化乃是'乱之首'。从这些表白中，可以明显地看出，老子斥责统治阶级的文化，在他看来，这种文化和具有规律性的社会现象是矛盾的，即和'天之道'是矛盾的。必须抛弃这种文化。它对人民毫无益处。由此可见，老子反对统治阶级的文化，否认它对人民的意义，并提出一种乌托邦思想——使人民同这种文化隔绝"。（《中国古代哲学家老子及其学说》）从上述描述中我们可以说老子的这一思想不可取。但是我们也不能忽略这样一个现实：好的东西不一定能发挥出好的作用，也就是说，如果将聪明才智用于为人民服务，用于积德行善，那它们就是好东西，是我们应该大力提倡的，但是若用于损人利己，用于剥削人民，就是一种可怕的力量，是我们应该杜绝的。从这层意义上来说，老子的说法是合理的。

接下来，老子对上面的一句话也进行了深一层次的解释，圣智、仁义、巧利这三者全是巧饰，作为治理社会病态的法则是不够的，还需要有其他的辅助手段或者用最根本的"道"来治理，至此，老子又将论述的视角转向了遵循大道的"无为而治"之上。

最后老子点出了本章的主旨，若想使人们的思想认识有所归属，就必须保持纯洁朴实的本性，减少私欲杂念，抛弃圣智礼法的浮文，只有这样，才能免于忧患，这也是圣人都能无忧无虑的原因。

【名句品读】

绝圣弃智，民利百倍；绝仁弃义，民复孝慈；绝巧弃利，盗贼无有。

老子《道德经》的核心思想便是"无为"，但是通过了解我们知道，老子所提倡的"无为"并不是字面意思上的"无所作为"，而是"有所为""无不为"。因此，我们可以说老子在阐述某种观点的时候也遵循着辩证法的思想。

基于上述理解，我们完全可以说这句话中的"绝圣弃智""绝仁弃义""绝巧弃利"并不是告诉人们不要圣智、不要仁义、不要巧利，而是要告诫人们，聪明智慧、仁德礼仪和巧诈利益等这些看似正面的东西，从另一角度来说又都是能够腐蚀人心的，如果统治者过于追求或者说刻意追求这些东西，那么老百姓就不可能过上好日子；如果老百姓过于追求这些东西，那么，他们就会失去了一个人本来淳朴、自然的本性,而只有那些顺其自然的聪明智慧和仁德礼仪才是真正意义上的大道之智。

在老子的眼中,人类的原始状态是淳朴而美好的,但是自从人类有了所谓的智慧之后,欲望也开始萌芽,并逐步全面升级,人类本性中的各种消极方面也逐渐暴露出来,但是老子所渴望的依旧是想让人们恢复到最初的原始状态,渴望无为而治。在这样的社会背景下,老子提出此句以表达自己的观点。

【经典故事】

为人之道

宓子贱与巫马期

同为春秋末期鲁国人的宓子贱和巫马期,都曾做过单父的地方官。尽管在他们的治理下,单父国泰民安,但是他们自身的劳累程度却差别很大,一个轻松自在,一个劳累过度,若问这是为什么,都要归结到他们不同的治理措施上。

宓子贱做单父的地方官时,甚是悠哉。平日里,大家只见他整天弹琴作乐,悠闲自得,几乎不见他走出公堂半步。然而在他的治理下,单父地区的人民却很安定,生活很是富足。后来,宓子贱因故离开了单父,由巫马期接替他的职务,继续治理单父。与宓子贱不同的是,巫马期上任的第二天就开始忙碌起来,每天都是“以星出,以星入,日夜不处,以身亲之”,每天星星还高挂在天上时就出门工作,直到星星又高挂天上时才回家,几乎每天都是疲惫不堪地返回公堂,为了治理好单父,巫马期几乎是茶不思,饭不想。不论事情大小,他都要亲自过问,经过一番努力,单父终于被治理得好好的。

鹿邑问礼广场中的老子和孔子塑像

后来,巫马期听说他的前任宓子贱在治理单父时,几乎不费一点力气,却将其治理得毫不逊色于自己,心中很是不解,于是特意到宓子贱的府上去求教一些窍门。宓子贱得知巫马期的来意后,微微一笑,然后说道:“我哪里有什么窍门啊,只不过我治理单父时靠的是大家的力量,而你治理单父时靠的却是自己的力量。只依靠自己的力量治理当然会辛苦不堪,而我动员了大家的力量,依靠大家我自己比你安逸多了。"

这则故事不但说明了众人力量的重要性,而且告诫统治者要善于运用众人的力量去实现天下太平,还体现了"无为而治"的重要治国思想。

狙公失猴

从前,楚国有个老头以饲养猴子为生,因此,楚国人都把他叫作狙公。狙公除了养猴子就别无他技,所以,为了让猴子给他带来最大的收益,他在给猴子分配任务的时候毫不含糊。

每天早上,狙公起床后就会把所有的猴子都召集在院子里,然后给他们分配任务,任务分配完毕后,他就安排老猴子带着猴子们跳出去采摘山里果树上的果子。晚上,等猴子们都回来了,狙公就逼着猴子们交出它们所采果实的十分之一,有的猴子不愿交出果实,他就对它们棍棒相加,甚至是一阵毒打。狙公就是靠着猴子采来的果实养活自己的,有时还会略有剩余。猴子虽然觉得每天采摘果实是件苦活,可又怕狙公的棍棒,所以都乖乖地去采果子。

一次,有一只小猴子突然问:"狙公天天让我们去山里采摘果实,难道这些果树都是他栽种的吗?"听到的猴子都争先恐后地说:"哪儿呀,谁都知道这些果树根本没有人去栽种,是天生的。"小猴子又不解地问:"既然果树是天生的,不属于任何人,我们为什么还要靠给狙公做苦力过日子呢?"还没等小猴子把话说完,一些猴子似乎明白了什么,大家都互相对视了一下微微一笑。

那天晚上,猴子们趁狙公熟睡后,悄悄弄坏囚禁它们的笼子,然后又拿上狙公从它们身上搜刮来的果实,相互照顾着跑进了树林深处。第二天狙公一觉醒来,按照常规还是召集猴子,但是在他多次呼唤仍没有动静之后,才发觉猴子们都跑光了。

狙公赖以生存的猴子没有了,而他之前积存的果实也被猴子们带走了,除了养猴子,他也没有其他什么技能,结果只得待在家中活活饿死了。

这个故事不仅告诉我们做人一定要自食其力,而且还点中了一点从政之道,那就是不要用苛刻的手段去统治他人,欲望不要太盛,否则可能会落得像狙公那样活活饿死的可悲下场。

难得糊涂是真清醒

每个人都想拥有聪明才智,但是有了聪明才智并不代表你就拥有了处理问题的一切法宝。有些人总认为自己很聪明,于是,在为人处世的过程中处处玩权谋,结果聪明反被聪明误,所以说,在必要的时候糊涂一点也是必需的,并且难得的糊涂又是清醒的表现。

"难得糊涂"是郑板桥的处世哲学,当年他写下"难得糊涂"四个字时,下面还有一行款跋,即"聪明难,糊涂难,由聪明而转入糊涂更难。放一着,退一步,当下心安,非图后来福报也"。如今,在这个竞争激烈,稍不加快脚步就会落后的时代里,很多人也把这四个字作为自己的处世哲学。

难得糊涂是一个人处世做人的成熟和从容。这种糊涂与不明事理的真糊涂不同,它是高明人生平和心态的写照。在处世上难得糊涂一点儿,

郑板桥画像

你便可以获得大自在。难得糊涂是一种"悟"。一般顿悟者很少,而大多是经历多了,感受多了,才悟出来的。

其实,人们原本都是推崇精明的,从精明于世到"糊涂"一生是一种选择,这意味着要有所放弃。对于绝大多数人来说,放弃往往是一个痛苦的过程。只有看得远、看得深,经过洗涤与磨炼之后,才能够使自己的灵性得到升华,才能"世事洞明皆学问,人情练达即文章"。因此,糊涂也是难得的。

很多在事业上取得成功的人士,其内心深处也几乎都隐藏着一种绝妙的迟钝和糊涂。诺贝尔生理和医学奖得主利根川博士曾说过,"我带有某种迟钝,只能依稀看到对大家来说显而易见的东西",并以此来证明"迟钝"恰恰能够摆脱世间常识的羁绊,出人意料地取得"世界性的发现"。

无论在生活中,还是在工作中,难得糊涂都是一种智慧,更是一种高明。

一位美国夏威夷大学心理学家指出,"有限度"的糊涂对于引发个人的创造力、导致事业成功,以及建立良好的人际关系等都有益处。实际上,不少成功的人、和谐的家庭、和谐的人际的重要秘诀便是"难得糊涂"。

第二十节　独异于人

国学经典文库

《道德经》译解

图文珍藏版

九四五

【题解】

本章文字在风格上与其他章节有很大不同,在本章中,老子以诗的语言形式将世俗之人的心态与自己的心态做了对比和描述。在此,老子从辩证法的角度来分析,贵贱善恶、是非美丑等这些价值判断都是相对的,它们随着环境的变化而不断变动,因此这些判断也就显得混乱不堪,这是不符合"大道"的人们的主观态度。

老子在将自身的修为与世人进行对比的过程中,运用了正话反说的方式,他认为被世俗所制约的众人都是充满快乐、拥有财富并且智慧超群的人,而自己则是混混沌沌、愚昧不化的异于众人之人。其实他才是真正的有道之人。

【原文】

唯之与阿,相去几何①**？善之与恶,相去若何？**

王夫之《老子衍》:善恶相倾,繇学而起,故效仁者失智,效智者失仁。既争歧之,又强合之,方且以为免于忧,而孰知一彼一此者之相去不远也？则揖让亦唯,而征伐亦阿也。

河上公《老子章句》:绝学不真,不合道文。无忧。除浮华则无忧患也。唯之与阿,相去几何。同为应对而相去几何。疾时贱质而贵文。善之与恶,相去若何。善者称誉,恶者谏净,能相去何如。疾时恶忠直,用邪佞也。

人之所畏,不可不畏。

河上公《老子章句》:人谓道人也。人所畏者,畏不绝学之君也。不可不畏,近令色,杀仁贤。

王弼《道德真经注》:故人之所畏,吾亦异焉,未敢恃之以为用也。

荒兮,其未央哉②**！**

河上公《老子章句》:言世俗人慌乱,欲进学为文,未央止也。

王弼《道德真经注》:叹与俗相返之远也。

司马光《道德真经论》:恭与善皆细行,聊以避害耳,未足以为大道也。大道广远,不可量。

众人熙熙③**,如享太牢,如春登台**④**。**

王弼《道德真经注》:众人迷于美进,惑于荣利,欲进心竞,故熙熙如享太牢,如春登台也。

王夫之《老子衍》:惯各封之,取快一区;故故饫于太牢,不飨他味;厌于春游,不愿他观。

我独泊兮其未兆⑤**;沌沌兮,如婴儿之未孩**⑥**;儡儡兮,若无所归**⑦**。**

河上公《老子章句》:我独泊然安静,未有情欲之形兆业。如小儿未能答偶人时也。

王弼《道德真经注》:言我廓然,无形之可名,无兆之可举,如婴儿之未能孩也。

河上公《老子章句》:我乘乘如穷鄙,无所归就。

王弼《道德真经注》:若无所宅。

众人皆有余,而我独若遗⑧**。**

司马光《道德真经论》:务于多得。不有于物。

明太祖《御解道德真经》:言众人皆有余,我独若遗,言众皆乐,我独不遇,其中似乎有失于欢,若无物之状,非也,乃守道也。

我愚人⑨**之心也哉!**

唐玄宗《御解道德真经》:我岂愚人之心,遗忘若此页哉?但我心纯纯,故若遗尔。

明太祖《御解道德真经》:所以云:我岂愚人之心也哉,沌沌乎,昏浊之状,以其忘机也。

俗人昭昭,我独昏昏。俗人察察,我独闷闷⑩**。**

河上公《老子章句》:明且达也。我独若昏。如暗昧也。俗人察察,察察,急且疾也。闷闷,无所割截。

王弼《道德真经注》:耀其光也。分别别析也。

澹兮其若海,飂兮若无止⑪**。**

王弼《道德真经注》:情不可睹。无所系絷。

唐玄宗《御解道德真经》:容貌忽然若昏晦,而心寂兮绝于俗学,似乎无所止着。

众人皆有以,而我独顽且鄙[12]。

河上公《老子章句》:以,有为也。我独无为。鄙,似若不逮也。

王弼《道德真经注》:以,用叶。皆欲有所施用也。无所欲为,闷闷昏昏,若无所识,故曰,顽且鄙也。

我独异于人,而贵食母[13]。

王夫之《老子衍》:苏子繇曰:譬如婴儿,无所杂食,食于母而已。口目之用一,而所善者万;心一,而口目之用万;安能役役以奔其趣舍哉,其唯食于母乎! 食于母者,不得已而有食,而未尝有所不得已也。故荒未央者可尽,而顽鄙可居。虽然,其所食者虚也,因也。天下畏不仁,而我不敢暴;天下畏不智,而我不敢迷。以雪遁者,唯恐以迹;以棘行者,唯恐以胃。蟠婉轻微,而后学可绝;学可绝,而后生不损而物不伤。

【注释】

①唯:恭敬地答应,这是晚辈回答长辈的声音;阿,怠慢地答应,这是长辈回答晚辈的声音。唯的声音低,阿的声音高,这是区别尊贵与卑贱的用语。去:离开,指距离。

②荒兮:广漠、遥远的样子。未央:未尽、未完。

③熙熙:用以形容纵情奔欲、兴高采烈的情状。熙:和乐。

④太牢:是古代人准备宴席用的牛、羊、猪。享太牢:参加丰盛的宴席。如春登台:好似在春天里登台眺望。

⑤泊:淡泊、恬静。未兆:没有征兆、没有预感和迹象,形容无动于衷、不炫耀自己。

⑥沌沌兮:混沌,不清楚。孩:同"咳",形容婴儿的笑声。

⑦儽儽兮:疲倦闲散的样子。

⑧有余:有丰盛的财货。遗:不足的意思。

⑨愚人:淳朴、直率的人。

⑩昭昭:智巧光耀的样子。昏昏:愚钝暧昧的样子。察察:严厉苛刻的样子。闷闷:淳朴诚实的样子。

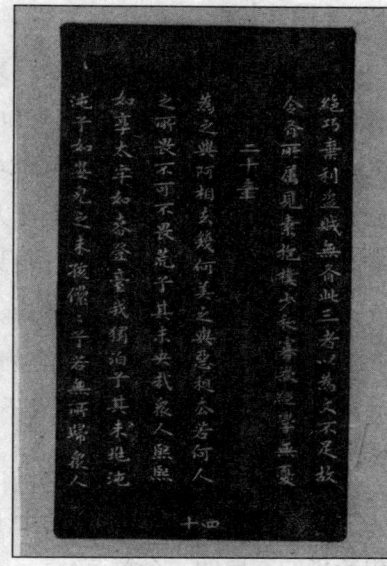

⑪澹兮：辽远广阔的样子。飂：急风。

⑫有以：有用、有为，有本领。顽且鄙：形容愚陋、笨拙。

⑬贵食母：母用以比喻"道"，食母就是食于母，养于道，即用"道"来滋养自己。道是生育天地万物之母。此名意为以守道为贵。

【译文】

应诺和呵斥，相距有多远？美好和丑恶，又相差多少？人们所畏惧的，不能不畏惧。这风气从远古以来就是如此，好像没有尽头的样子。众人都熙熙攘攘、兴高采烈，如同去参加盛大的宴席，如同春天里登台眺望美景。而我却独自淡泊宁静，无动于衷。混混沌沌啊，如同婴儿还不会发出嬉笑声；疲倦闲散啊，好像浪子还没有归宿。众人都有所剩余，而我却好像什么也不足。我真是只有一颗愚人的心啊！众人光辉自炫，唯独我迷迷糊糊。众人都那么严厉苛刻，唯独我这样淳厚宽宏。广阔无边啊，像大海汹涌；自由奔放啊，像漂泊无处停留。世人都精明灵巧有本领，唯独我愚昧而笨拙。唯独我与人不同，关键在于得到了"道"。

【解析】

这一章，我们可以说是老子采用诗化的语言进行的思想独白，这是体现老子思想精华的重要的一个章节。

老子开篇就提出反问："唯之与阿，相去几何？善之与恶，相去若何？"意思是说，顺从和反对有多大的距离呢？善良与邪恶有多大的距离呢？其实它们只在一念之间。

美与丑是一对相互矛盾的概念，正如祸与福的"祸兮福所倚，福兮祸所伏"，美与丑也一样。但是世人却普遍偏爱美与福，讨厌丑与祸，受这种心理的驱使，人们往往不惜一切代价去追求偏爱的事物，如果追求成功则欣喜若狂，如果愿望没有达到则闷闷不乐，影响自己的情绪。然而得道之人却不同，在他们心中根本没有美丑、祸福的区别，因为他们对待事物的态度总是顺其自然，从来不刻意去追求什么，因此他们无所谓得失，因此他们是快乐的。在这里，老子其实是在告诫我们世人应该以圣人的眼光来看待世间万物，尽力让自己达到"不以物喜，不以己悲"的圣人境界。

然后，老子将世人与自己做了对比：众人都熙熙攘攘、兴高采烈，如同去参加盛大的宴席，如同春天里登台眺望美景。而我却独自淡泊宁静，无动于衷。混混沌沌啊，如同婴儿还不会发出嬉笑声。疲倦闲散啊，好像浪子还没有归宿。众人都有所剩余,而我却像什么也不足。我真是只有一颗愚人的心啊！众人光辉自炫,唯独我迷迷糊糊;众人都那么严厉苛刻,唯独我这样淳厚宽宏。广阔无边啊,像大海汹涌;自由奔放啊,像漂泊无处停留。世人都精明灵巧有本领,唯独我愚昧而笨拙。

老子没有对世人的思想与行为做任何的评论,他只是想通过世人的思想与行为来反衬自己的超脱。句中也有一些贬低自己的词语,其实老子在这里是正话反说。最后老子点出了自己与世人不同的最为关键的地方,那就是他得到了"道",懂得用洞察万物的根源来滋补自己的灵魂,知道用无言无为、无欲无求来求得生活的无忧无虑,无伤无痛。

老子雕塑

任继愈在《老子新译》中说,"老子对当时许多现象看不惯,把众人看得卑鄙庸俗,把自己看得比谁都高明。而在表面上却故意说了些贬低自己的话,说自己低能、糊涂、没有本领,其实是从反面抬高自己,贬低社会上的一般人。他在自我吹嘘、自我欣赏,最后一句,说出他的正面意见,他和别人不同之处,在于得到了'道'。"

【名句品读】

唯之与阿,相去几何？美之与恶,相去若何？人之所畏,不可不畏。

俗话说,千人千思想,万人万模样,这句话就很准确地点出了人与人之间是不能完全达到思想统一的,因此,在与人相处的过程中,我们不应该要求所有人都要与自己的看法相一致,更不要因为别人与自己的观点不一致而对他人进行呵斥。所以老子睿智地提出了这样的疑问:唯之与阿,相去几何？

其实,世间相反的两种事物本身相差的并没有人们想象的那么大,尤其是观念,只在一念之间。正如天和地,天地最初都是混为一体的,即使分开,在大道的范围内,它们依然没有明显的界线。

世间那些所谓的正面与负面事物的本身其实没有什么特别明显的界限,所以,即使他人对自己有了极其负面的评价,也并不能代表自己真的就那么差,即使他人对自己有了极其正面的评价,也不能代表自己就是完美无缺的人,所以老子说:美之与恶,相去若何?

正是由于普通世人对"唯之"与"美之"的过分追求,害怕批评与丑恶,才使人们的言行与大道出现了偏差,所以老子感叹"人之所畏,不可不畏"。

俗人昭昭,我独昏昏。

老子说,众人光辉自炫,唯独我迷迷糊糊,并不是真的说他是一个没有脑子之人,而是说他的心态天外。老子其人,尽管胸怀完卷,但却一生淡泊名利,这是得道之人才能达到的最高境界。

从常人的角度来看,在这个物欲横流的世界里,圣人却自甘淡泊,实在是傻子所为,但是得道之人自有其这么做的道理。其实,他们不屑与那些自以为精明的俗人为伍,不喜欢与常人争名、逐利、争辩,更不会在思想上与做法上和俗人达成共识,因为他们的追求在高处。

"昏昏"是圣人的一种境界,拥有它的人可以在这个物欲横流的社会中多一丝淡定,多一份平和。

【经典故事】

从政之道

"负荆请罪",巧得人心

一〇七五年,教皇格里高利七世(Gregory Ⅶ)趁德意志神圣罗马帝国国内局势未稳之际,命令亨利四世放弃任命境内各教会主教的权力,宣布教皇的地位高于一切世俗政权,甚至可以罢免皇帝。对此,亨利四世召集德意志主教会议,宣布废黜教皇以示抗议。看到亨利四世的反抗,格里高利七世发布敕令,废黜亨利四世,革除其教籍,解除臣民对他的效忠誓约。在种种内忧外患的严峻形势下,亨利四世再也无法顾及自己高贵的皇帝身份,装了一次傻子,然后又演出了一场德国版的"负荆请罪"。

一〇七七年一月,年仅二十六岁的亨利四世带着他的妻子和孩子,赤足披毡站在寒冷的满地白雪的卡诺莎城堡的院子里,根据惯例,年轻的德皇这样做就表示,他是在苦苦恳请教皇接见,并希望教皇能原谅他这个认了罪的人。而格里高利七世这位出身低微的手工匠的儿子,硬是让高贵的德皇在室外整整等了三天,直到使其受尽了精神上的侮辱后才出来恩赐给这位忏悔者一个赦罪的吻。这就是史称"卡诺莎觐见"。

教皇格里高利七世确实达到了从精神上折磨亨利四世的目的,表面上来看,他是这场斗争的胜利者,然而真正的胜利者却是亨利四世。因为这次觐见不仅使反对他的诸侯们失去了另立皇帝的借口,也获得了人民的广泛同情。最终,亨利四世驱逐了教皇,教皇在孤独中客死意大利,而亨利四世则以一种大丈夫能屈能伸的实用主义气度笑到了最后。

为人之道

王翦索赐免遭猜忌

王翦,秦代杰出军事家,是继白起之后秦国的又一位名将。在辅佐秦始皇统一六国的战争中立有大功。但是在领兵出征之初,王翦曾主动向秦王索要了许多良田,并且在战中和战后还不断索要各种赏赐,以此来让秦王认为自己只是贪图享乐之辈,消除对自己的猜忌。

王翦

秦国横扫六国,灭三晋,数破楚军。然而在灭楚之初,秦始皇倾心于年少壮勇的秦将李信,认为李信贤能果敢,因为李信曾领兵数千,追击燕太子丹至衍水,终破燕军虏获太子丹。在攻打楚国之前,秦始皇曾问李信欲破楚须多少人马? 李信坦言二十万即可。秦始皇又问王翦,王翦道:"非六十万不可。"始皇说:"王将军老矣,何怯也! 李将军果势壮勇,其言是也。"(《史记·王翦白起列传》)于是派李信率兵二十万赴南伐楚。

而王翦则因秦王不用其话,托病辞官,归频阳养老。这时的秦军在李信的率领下确实取得了一定的胜利,然而楚国的项燕率领的楚军却在乘机积蓄力量,在秦军回师的过程中曾尾随秦军三天三夜,终于大破李信军队,攻下两个营垒,杀死七名都尉,秦兵败逃。

秦始皇闻秦军失败,大怒,这时,他才想到了王翦确实有远见,于是亲自到频阳向王翦谢罪,说:"我没有听从将军的话,李信终使秦军受辱,如今楚军逐日西进,将军虽有病在身,怎能忍心背弃寡人?"王翦辞谢说:"老臣疲弱多病,狂暴悖乱,希望

大王另择良将。"秦始皇坚持要王翦领兵,王翦说:"若非要用老臣,必给我六十万大军。"秦始皇答应了,授予王翦六十万人马。然后王翦率六十万秦军伐楚,始皇亲自送将军至灞上。

王翦出行前曾多次向秦王求良田屋宅园地,秦始皇说:"将军既已出兵,何患贫穷?"王翦说:"为大王部将,虽立战功却终不得封侯,所以趁大王亲近臣下之时,多求良田屋宅园地,为子孙置业。"听到王翦的解释,秦始皇大笑。王翦的军队行至关口后,又派使者回朝向秦皇求良田有五次之多。有人认为将军求赏太过分,王翦却说:"秦王粗暴又不信任人,如今倾尽全国兵力,交付给我,我只有以多请田宅作为子孙基业的方法来稳固自家,打消秦王对我的怀疑。"

王翦果然不负众望,在与楚军进行一年有余的智勇之斗之后,大胜楚军。至此,王翦不但没有被秦皇猜忌,反而因功著而被晋封武成侯。这就是聪明的王翦的为人之道。

严子陵耍狂拒做官

严子陵与汉光武刘秀是少年同学,他们的关系可以用亲如兄弟来形容。所以,在刘秀做了皇帝之后,他怀念的唯有这位同学,于是就派人到处查访严子陵的下落,希望他能来见上一面叙叙旧,然后赐给他官职,让他永远陪在自己身边。

在多方查访之后,有人报告,在浙江桐庐的富春江上,有一个反穿皮袍垂钓的人,很是奇怪,因为在汉朝,皮袍反穿是一种很怪的现象,穿皮袍一般都是有学问的人,即使是做官之人,也不敢把穿的皮袍露出来,否则会让百姓痛恶为官奢侈,拿富贵来骄人,而一般的老百姓穿皮袍更是不敢外露。所以查访之人判断此人不同凡人,于是将此事上报给汉光武刘秀,刘秀根据做事风格来判断,此人定是严子陵。

刘秀

于是他就派人将反穿皮袍之人接到京城里,一看果然是严子陵,但是得知刘秀之意后,严子陵还是坚持自己不愿做官,想悠游四方,不想陷入政治的复杂旋涡之中。汉光武为了说服严子陵就要求他,今晚还是像当年同学时一样,睡在一起,好好聊聊天。但是长大了的严子陵还是那样坏睡相,摆出一副恼人的睡姿,把腿压在皇帝的肚子上,似乎目无天子,其实他是在显示自己对官位的不屑。总算刘秀确有大度,没有强迫他做官,最终放他还山,让他过着悠闲自在的生活,让他继续江上垂钓的生涯。

根据伏汉将军马援的叙述,刘秀是个豁达大度,很有气魄,有很强的上进心,是一位开明的君主,但是严子陵为什么不乐意与其共同治理朝政呢?原来,严子陵正是知道了刘秀的这些优点以及他的不简单,他知道这个位置既然已经属于刘秀,他就不应该再转进这个圈套了,因此,他才选择悠游方外,反披皮袍,垂钓在浙江桐庐的富春江上。这是严子陵不同于刘秀的聪明之处。

【古为今用】

傻瓜最容易生存

若想在社会中轻松愉快地活着,装傻是个不错的方法,因为,傻瓜最容易生存。当然,这不是让你扮成傻瓜,出尽洋相,而是要做一个精明的傻瓜,做一个在大道引导下的傻瓜。

有人说,一个机会会有十个聪明人挤着去竞争,结果,原本看似很容易的事情,在刹那间就会变成最难的了。而被所谓的聪明人所不齿的"傻事",正因为几乎没有任何一个聪明人愿意加入进来和他们竞争,所以事情就会变得容易起来。

另外,傻瓜做的傻事也不容易引起聪明人的注意,结果竞争者会很少,甚至没有竞争者,时间上也会很从容,即使很悠闲地拖长战线,也不会有聪明人来搅局,最终的成功一定属于对这些傻事很痴迷的傻瓜。所以,我们说,傻瓜在这个世界上最容易生存。

其实,这一定律也是在认清现在社会竞争残酷的基础上总结出来的。为了生存,我们总会参与某些竞争,甚至有人说,如果不斗就无法生存。面对这样的竞争,我们必须有十二分的防备,以免引火上身,所以,我们就不能说错话,不能做错事,更不能给别人留下什么把柄,而做到这些,就需要你谨慎谨慎再谨慎。有时,即使你再努力地谨慎,也难免会出现错误,但是,傻子就不同了,即使他们说错话,做错事,甚至会闯祸,因为人们基于他是傻瓜的份儿上,要么不和他一般见识,要么在愤怒中原谅他。

所以我们说,傻瓜是最容易生存的。

第二十一节　孔德之容

【题解】

在《道德经》的第一章,老子就指出"道"是宇宙万物的本原。但这个"道"到底指的是什么呢?是物质还是精神?对此,学术界给出了不同的解释。在本章中,老子进一步阐述第十四章关于"道"是"无状之状,无物之象,是谓恍惚"的观点,明确地提出"道"由极其微黏的物质所组成,虽然看不见,即无形也无象,但是确确实实地存在,且万物都是由它产生的。

"道"在冥冥之中产生万物,且无时无刻不影响、主宰着万物;甚至可以说,人间的一切道理、规律都源于"道",并被称之为"德"。在老子眼里,够得上大德的人只有一种,那就是与"道"相合的圣人。而圣人行事的原则就是"唯道是从"。换言之,就是一切都按照"道"的原则、意志、规律来办事。圣人尽管本事通天,但也绝对不是全能之人,而且能与不能并不是取决于圣人自己,而是取决于"道"。

在本章中,老子阐述了"道"与"德"的关系,即"道"是核心,而"德"是由"道"派生而来的,是"道"显现于人的功能。在《道德经》一书中,第一章、第四章、第十四章、本章和第二十五章,是研究老子哲学思想的核心——道的性质问题的重要篇章。

《道德经》二十一章书法

【原文】

孔[①]德[②]之容[③],惟道是从[④]。

王弼《道德真经注》:孔,空也,惟以空为德,然后乃能动作从道。

明太祖《御解道德真经》:孔德之容,言大德之貌,若行道德者能躔斯以为式,可不非常道也。

王夫之《老子衍》：私天之机，弃道之似，夫乃可字之曰"孔德"。

道之为物，惟恍惟惚⑤。

河上公《老子章句》：道之于万物，独恍忽往来，于其无所定也。

王弼《道德真经注》：恍惚于形，不系之叹。

惚兮恍兮，其中有象⑥；恍兮惚兮，其中有物。

王弼《道德真经注》：以无形始物，不系成物，万物以始以成，而不知其所以然，故曰，恍兮惚兮，其中有象也。

王夫之《老子衍》：二者相耦而有"中"。"恍惚"无耦，无"耦"有"中"。而恶知介乎耦，则非左即右，而不得为"中"也？"中"者，入乎耦而含耦者也。

窈兮冥兮⑦，其中有精⑧，其精甚真⑨，其中有信⑩。

王夫之《老子衍》：虽有坚金，可锻而液；虽有积土，可漂而夷；然则金土不能保其性矣。既有温泉，亦有寒火；然则水火不能守其真矣。不铣而坚于金，不厚而敦于土，不暄而炎于火，不润而寒于水者，谁耶？阅其变而不迁，知其然而不往；故真莫尚于无实，信莫大于不复，名莫永于彼此不易，而容莫美于万一不殊。

自今及古⑪，其名不去，以阅众甫⑫。

河上公《老子章句》：自，从也。自古至今，道常在不去。阅，禀也。甫，始也。言道禀与，万物始生，从道受气。

王夫之《老子衍》：王辅嗣曰：阅自门而出者，一一而数之，言道如门，万物皆自此往也。

吾何以知众甫之状哉？以此⑬。

河上公《老子章句》：吾何以知万物从道受气。此，今也，动作起居，非道不然。

王弼《道德真经注》：此上之所云也。言吾何以知万物之始于无哉，以此知之也。

【注释】

①孔：甚，大的意思。

②德："道"的显现和作用为"德"。

③容：运作、形态、状貌等，引申为表现、举止。

④惟道是从：是只遵从"道"的。

⑤恍惚：仿佛、不清楚。

⑥象：形象、具象。

⑦窈兮冥兮：窈，深且远，微不可见。冥，暗昧，深不可测。这里形容"道"的昏昧不明，使人看不清楚。

⑧精：最微小的原质，极细微的物质性的实体。微小中之最微小。

⑨甚真：是很真实的。

⑩信：信实、信验，真实可信。

⑪自今及古：一本作"自古及今"。

⑫众甫：甫与父通，引申为始，在这里指万物的缘起。

⑬此：在这里指的是"道"。

【译文】

道决定着大德的一切形态。"道"这个东西，并不是一种固定的实体。不过它虽然恍恍惚惚，其中却有一定的形象。它虽然恍恍惚惚。其中却有一些实物的东西。它虽然深远暗昧，其中却有一些精质；而且，这精质是最真实的，是可以信验的。不管是上古，还是当代，"道"的名字永远不应该被废除，根据道，我们才能观察万事万物的初始。我是怎么知道万物的进程与变化的呢？也是从认识"道"开始的。

【解析】

"道"究竟是以何种形式存在的呢？学术界曾一致认为，"道"绝对是精神而非物质的东西。这种观点有待商榷。因为老子说了"道之为物"，又说"道"中有物、有象、有精，这显然不属于观念性，而是属于物质性的东西。在以后的章节里，还将遇到此类问题。

再者，关于道与德的关系问题，老子的意见是："道"是无形的，它必须作用于物，透过物的媒介，而得以显现它的功能。这里，"道"之所显现于物的功能，老子把它称为"德"，"道"产生了万事万物，而且内在于万事万物，在一切事物中表现它的属性，也就是表现了它的"德"，在人生现实问题上，"道"体现为"德"。

那么，现在我们不妨考究一下"德"的来源和本意。

在说"德"之前，我们应该注意一下"得"。商朝的时候，统治阶级十分崇尚"得"。结果致使很多人为了"得"而不择手段，尤其是在商朝末期，这种风气更是达到了高潮。但是，在这个尚"得"风气非常严重的时代，有些人偏偏以"不得"作为自己行事的标准，他就是周古公亶父。当时，"犬戎"不断袭击中原大地，亶父为了避免灾祸，只好"不得"——放弃原来的居住地，带领家族迁居岐山。站稳脚跟后，他还是坚持"不得"的精神，感化了附近很多小国。后来，周人总结经验，提出了"不得"的思想方针。

这就是"德"的来源，也就是《道德经》中所说的"德"。《道德经》中所说的"孔德之容，唯道是从"所论及的正是"道"与"德"的关系，即"道"是永恒存在的，但它若是想要发挥作用，就必须得通过"德"。

【名句品读】

孔德之容，唯道是从。

这句话的意思是：大德的形态，是遵循于"道"来变化的。

在这里，我们可以从两个方面来理解老子所讲的德，一方面是天下万物从"道"中所获得的存在条件，即万物的本性、禀赋等；而另一方面就是万物依照大道的表现和形态，通俗来说，就是万物的外在表面。在老子看来，大德是跟随着"道"产生的，但是，并不是每个求道的人，都会有美好的德行。而且，因为现实条件的制约，还会有"无德""缺德"的人产生。

不过，一个真正具有高尚道德修养的人，他的内涵就只有一样东西，那就是"道"。而且，想要使一切"德"产生效应，就必须依道而行；从老子所提出的辩证的角度而言，也只有以德立身才能够符合大道的发展规律。这里所说的"德"就包括很多方面，例如言行举止、素质修养等。圣人们无一不是以德立身，这也正是一个人成功的最为关键的内在因素。一个人，如果不以德为底线，他的人生之路一定会缺少很多人的帮助，也必定会陷入困境。

【经典故事】

治国之道

吴起以德治国

吴起是春秋战国时期最著名的军事家，也曾经被法家认为是善于变法的代表性人物。但实际上，吴起更重视以德治国的思想，并且卓有建树。只是他后来郁郁不得志，才不得已来到了楚国，在楚国实行了有名的吴起变法。实际上，只要稍加用心，就可以看出吴起与韩非等法家所提倡的思想是有很大不同的，他所提倡的是通过抑制贵族的势力,消除国家的腐败现象,使国家从此振兴富强。

吴起治国治病,并不以自然条件和已有的社会条件做决定性因素。他认为"山河之固,在德不在险。用兵之道,以治为胜"。魏武侯接受了他的建议,"内修德政,外治武备,治国不以山川之险",最终称雄一方。

当时,吴起善于用兵,廉洁公正,颇得将士的欢迎。于是魏武侯便拜吴起为西河郡守,让他看守最为重要的地理位置,以抵御秦国和韩国的进犯。后来,魏武侯去世,吴起便侍奉他的儿子武侯。魏武侯刚刚即位,为了了解国家的形势,便来到西河,乘船顺黄河而下,察看地形。在视察的途中,武侯见高山大河,风景秀丽,险要奇伟,便十分感慨。于是对吴起说道:"山河环抱,形势险要,足以抵挡敌人的入侵,可以称得上是一道攻不破的天然防线。真是魏国的国宝啊!"

吴起听了魏武侯的话,很是不同意,认为武侯并不懂得定国安邦之策。便摇了摇头,对魏武侯说:"国家的兴盛,在德不在险。"武侯见吴起并不同意自己的观点,于是问道:"这是为什么呢?"吴起便列举了历史上那些尽管山川险要,但因为不以德治国、不施恩德于民,而最终失败的案例。并对魏武侯说:"国家的兴盛衰败,在于是否施德于民,不能只依赖山川的险要。从前,三苗氏所居之地,左有洞庭湖,右有鄱阳湖,所处地势险要,但由于疏于国家的治理,没有德行,不讲信义,后来被夏禹灭掉了。夏朝末代君主桀的所在地,左有黄河、济水,右有泰山、华山,南有龙门山,北有太行山,地势非常险要,但由于不施仁政,商汤放逐了他。而商朝末代纣王的国都,左有孟门山、右有太行山、北有恒山、南有黄河,而同样是因为政治腐败,不行德政,被周武王杀死。如此看来,治国在于有好的政策法令,给人民以恩德,而不在于地形的险要,如果您不施仁政,恐怕连您乘坐船上的人都会成为您的敌人。"武侯听了他的一番话后,觉得很有道理,非常敬佩地说:"你说得对。"

吴起辅佐文侯和武侯,镇守西河二十七年,西却强秦、北灭中山、南败荆楚,屡建奇功,拓地千里。后来,魏国强大起来,吴起也因此而名扬天下。

成功之道

恍恍惚惚的成功路

要成功,首先需要做的就是找到那条能够达到成功的路,这就是"道"。

俗话说得好:"男怕入错行,女怕嫁错郎。"所谓怕"入错行"指的是你的道路如果没有选择好的话，人生就不可能取得成功；而对于女性而言，"嫁错郎"是指人生伴侣没有选择好，这样肯定就会导致婚姻不成功。其实，不仅是在这两个方面，在其他方面也一样，人们对于"道""路"的体会都深刻极了：有生财之道，有用兵之道，有长寿之道，有为人之道，有处世之道。

在本章中，老子提出："道之为物，惟恍惟惚。惚兮恍兮，其中有象；恍兮惚兮，其中有物。窈兮冥兮，其中有精，其精甚真，其中有信。"意思即是说，道，是恍恍惚惚的，其中有形象，也有实物；道，是深远昏暗的，但其中有精神，而且其精神是非常真实的，真实中有它的证验、规律。成功之道也一样，也是隐隐约约、恍恍惚惚，一时很难找到的，但它确确实实地存在。由模糊到清晰，需要我们自己努力去寻找。例如，我们要到宇宙很远很远的地方去，现在恐怕还是处于一个恍恍惚惚的阶段。但老子说了，你不要害怕现在恍恍惚惚，其中有很多的东西在里面。而经过多年的研究和证实发现，老子所阐述的是多么深刻而富有哲学性。

那么，在成功这个方面，老子到底给我们讲了一个怎样的道理呢？即，你要成功，也有这么一条路，但这条路是恍恍惚惚的，但它确确实实地存在，其中有"象"，有"物"，有"精"，有"信"，而且是可以找到的。

我们不妨观察一下现代社会的很多家长，当他们看到竞争越来越激烈，对孩子的期望和要求也不可避免地变得越来越高。他们要求孩子考第一，成为处处优秀的尖子生，甚至每天给孩子安排了各种各样的课外辅导，一周七天时间都给孩子"充电"，钢琴、唱歌、舞蹈、外语……统统排满了，以为这是一条成功之道。压得孩子几乎喘不过气来，认为这就是成功之道。殊不知，这可能适得其反。丁肇中就这么说过："考试能拿第一名并不代表一切，因为考试是解决别人解决了的问题。"他又说："我所认识的二十世纪的物理学家、化学家，拿诺贝尔奖的，几乎没有在学校考第一名的，考最后一名的倒有几位。但这些人都能挑一个题目，根据客观情况，认定这是自己一辈子最重要的事情。为了这个，其余的东西都可以放在次要的位置。"这就是"道"的选择，关键是方向问题。

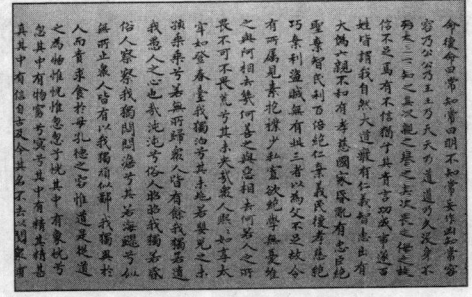

《道德经》书法（局部）

成功之道要适合自己，确实是一个艰苦模糊的寻找过程。

杨振宁就这样说过："大学里有好多优秀的研究生，他们自己和老师都不能预测未来的成就有多大,可是二三十年后,成就却可能有很大悬殊。事后一回想,成功的同学在当时不见得就比不成功者优秀许多。这其中的一个基本道理是,有人走对了路,左右逢源,而有人却走错了路,再努力也难有大成就。"杨振宁的话说得很玄妙,它所指的就是老子说的道是恍恍惚惚的啊!

1997年诺贝尔物理学奖获得者朱棣文,是一个美籍华人,祖籍江苏太仓,因其成功地开发利用激光冷却与捕捉原子技术而获此殊荣。很有趣味的是,朱棣文是从恍恍惚惚的酒鬼身上找到某种科学灵感,并悟出其中的"道",走上了成功之路。他在一次专题报告中说,这一实验灵感之一是来自观察,他在纽约北部就读罗彻斯特大学时,那里的天气非常冷,很多人都选择喝酒取暖,因此常看到喝醉酒的人蹒跚地走在大街上。他发现这些人走路左右摇晃时,往往愈走愈往低处走,不可能往车顶上跳,这是一种惯性使然。这个时候,他就灵光一显,想到在不同激光束作用下的原子,依照惯性也应该是往能阶低的地方走。此后他想到问题的关键,就在于如何利用激光束的作用,设计出一个"陷阱"来降低经过此"陷阱"原子的能阶,进而达到捕捉原子的作用。

这就是来自生活中的智慧,酒鬼往下走,不往高处走,如果在酒鬼往下走的路上挖一个陷阱,他不就扑通一下掉下去了吗?那么,这个原子也是一样啊,在原子往能量低下处走的地方,去设计一个"陷阱",不也就逮住了吗?

他的灵感从生活中来,其实老子的哲思也是从现实生活中提升出来的。朱棣文从喝醉酒的人身上悟出那个隐藏的、很深的、朦朦胧胧的"道"来,这是多么智慧的参悟!的确如此,在自然以及日常生活的事例中,往往含有"道",就像老子从车毂、从房室、从制造陶器的模子里悟到恍恍惚惚的"道"一样。但如何才能够找到研究对象中恍恍惚惚的"道"?老子一语道破玄机,即"孔德之容,唯道是从"。即越是想要有"大成功",就越是需要培养自己的"大德"。而所谓的"德",就是人高尚的人格、宽广的胸怀、不懈探索的精神、广博精深的学问、长期刻苦的历练等。

【古为今用】

提升自我,以德立身

有一位著名的学者给自己制定了十三条行为规范:勤奋、节制、缄默、节约、真诚、正义、中庸、清洁、决断、镇静、谦逊、贞洁、秩序。试问:这其中你做好了几样呢,把这些做好是否就等于拥有了美好的德行呢？事实上，大德是没有标准的，就像大道一样，看不到，也摸不着。默默地付出是不会有错的。

再者，德行高尚的人一定会获得他人的肯定，而且必定能够获得成功。所以，不要企图通过投机取巧，获得他人的赞赏；只有以自己的德行待人、待事，才能赢得别人的尊重。而且，在不断的实践中积累自己的德行，也才能够不断地提升自己的价值。所以以德立身才是成功的捷径。

第二十二节　圣人抱一

【题解】

这一章，老子从生活经验的角度，进一步深化了第二章所阐释的辩证法思想。第二章重点讲的是矛盾的转化。本章一开头，老子就用了六句古代成语，讲述事物由正面向反面变化所包含的辩证法思想，即委曲和保全、弓屈和伸直、不满和盈溢、陈旧和新生、缺少和获得、贪多和迷惑。他用辩证法思想观察和处理社会生活的原则，最后得出的结论是"不争"。

老子认为，"不争"符合"道"的本质，炫耀、贪婪、争强好胜之人正因为违反了"道"，所以注定不能够取得成功。"洼"就如同是一只空杯子，"盈"又好像是装满水的杯子，而要想把水装进去，只有选择前者，因为满了自然会溢出。通常，一般人看问题都具有片面性，或者很难看到深层次的内容。而圣人却能够遵守和运用"道"，深刻、全面地认识事物的本质。物极必反，所以"曲则全"。而老子的核心思想是"无为"，本章中的"不争"也是无为的一个表现方面。

【原文】

曲①则全，枉②则直，洼则盈③，敝④则新，少则得，多则惑。

王夫之《老子衍》：事物之教，有来有往。迎其来，不如要其往；追其往，不如俟其来。而以心日察察于往来者，则非先时，而即后时。先既失后，后又失先，劳劳而愈不得；故小智日见其余，大智日见其不足。大道在中，如捕亡子而丧家珍，瞀然介马以驰，终日而不遇，则多之为惑久矣。

是以圣人抱一⑤为天下式⑥。

王弼《道德真经注》：一，少之极也。式，犹则之也。

不自见⑦故明⑧；不自是故彰⑨；不自伐⑩故有功；不自矜⑪故长。

宋徽宗《御解道德真经》：不蔽于一己之见，则无所不烛，故明。不私于一己之是，而唯是之从，则功大名显，而天下服，故彰。《书》曰：汝惟不伐，天下莫与汝争功。《书》曰：汝惟不矜，天下莫与汝争能。

明太祖《御解道德真经》：此四自字之设文，不过明前曲枉洼敝少多六字之机也。

夫唯不争，故天下莫能与之争。

河上公《老子章句》：此言天下贤与不肖，无能与不争者争也。

明太祖《御解道德真经》：不与物争，谁与争者，此言天下贤与不肖，无能与不争者争也。

古之所谓"曲则全"者，岂虚言哉？诚全而归之。

明太祖《御解道德真经》：但前通则后亦然矣。纵使尽知，不过泛文耳。

王夫之《老子衍》：一曰冲，冲曰常。守常，用冲，养曲为全，明于往来之大数也。

全而归之

【注释】

①曲：委屈。

②枉：屈、弯曲。

③盈：满。

④敝：凋敝。

⑤抱一：抱，守。一，在这里指的是守道。

⑥式：古代的一种占卜工具，占卜者根据"式"的转动来占卜吉凶。在这里，"式"指的是"道"。

⑦见：同现。

⑧明：彰明。

⑨彰：彰显，使人看到。

⑩伐：夸赞。

⑪矜：骄傲。

【译文】

委曲才能够得以保全，屈枉反而能够直伸，低洼才会得到充盈，陈旧将会得到更新，少取就会有更多获得，贪多只能更加迷惑。因此，有道之士坚守这一原则作为天下事理的范式。他们不表扬自我，反而更能显明；他们不自以为是，反而能彰明是非；他们不夸耀自己，反能会有更大的功劳；他们不自我矜持，因此更能长久。正因为圣人不与他人争，所以普天下也没有人与他们争。古话中的所谓“委曲便会保全”，怎么能够说是空话呢？这些实实在在是能够做到的。

【解析】

一般人所看到的只是事物的表面现象，很难看到事物的实质。而老子从自己丰富的生活经验中却总结出了带有智慧的思想，给了我们深刻的启迪。现实社会生活中的人们，不管做什么事情，都不可能是一帆风顺的，都有可能遇到各种各样的挫折和困难，在这种状况之下，老子告诉我们，此时不妨先行采取退让的办法，静观其变，然后再在合适的时间采取行动，进而达到自己的目标。

在《庄子·天下》篇中，庄子说老子之道是“人皆求福，已独曲全。曰，‘苟免于咎’”。这里所说的“曲全”，便是“苟免于咎”。老子认为，事物常常会在对立的关系中产生，因此，在观察事物时，人们应该从事物的两方面进行观察，从正面去透视负面的状况，通过观察负面，更能显现出正面的内涵。事实上，正面与负面，并非都是截然不同的东西，而是相互联系、相互制约的。例如，普通人只知道贪图眼前的利益，急功近利，

老子之道

这未必是好事。老子告诫人们，生活中不仅要开阔视野，还要虚怀若谷，坚定地朝着自己的目标前进。如果不考虑实际客观情况，只是一味地蛮干，最后的结果只能适得其反。

老子认为，“曲”里存在“全”的道理，“枉”里存在“直”的道理，“洼”里存在“盈”的道理，“敝”里存在“新”的道理。如果能够把握其中的奥秘，就可以做到“不争”。当然，从现代社会的角度看，事实并非完全如此，有些事情的成功可能不是靠争来的，但有些事情，如果不努力争取的话就很难取得成功。

【名句品读】

曲则全,枉则直,洼则盈,敝则新,少则得,多则惑。

俗话说,"人争一口气,佛烧一炷香""不吃那口馍,也争那口气",意思是说,做人一定要"争"。的确,生活在这个世界上,每个人都不愿意承受委屈,更不愿意遭受屈辱。但老子告诉我们,有时委曲反能保全,弯曲反能伸直,低洼反能装满,破旧反能更新,少取反能多得,贪多反会被惑。在某些特定的环境下,"忍"与"不争"也并不一定是件坏事。

中国历史上,凡是超凡的伟人,都有着超凡的忍耐力。韩信胯下之辱;勾践卧薪尝胆,最终灭掉吴国;晋文公重耳,从人质到国君;伍子胥草间求活,三年终报楚王仇。也正因为他们能忍,日后才有了雪耻复仇的机会,帮助他们成就了不朽的伟业。假如他们一时意气用事,不肯低下高傲的头,不能忍耐,那么成就伟业的可能就是他们的敌人,而不是他们自己。所以,必要时不妨先停下来韬光养晦,然后再寻找机会大干一场。

重耳画像

不自见故明;

为人处世时,不自我显示,反而能够彰明。

圣人们在生活中总是能够保持一颗平静的心,能够以谦逊的态度对待一切,而且从来不会自我夸耀。老子认为,人们如果能够时时抱着谦和的态度,就会使事物朝着有利于自己的方向发展。一味地自我夸耀,只会"一叶障目,不见泰山"。最重要的是,在他人的心目中,你可能只是一个喜欢自我夸奖、肤浅之人而已。相反,如果能够在生活中保持谦逊的态度,则会赢来世人的称颂。

东汉时期,有一位名叫冯异的名将。他酷爱读书,对《左氏春秋》和《孙子兵法》尤为精通。冯异投靠光武帝刘秀之后,立下很多战功。但冯异并没有因为自己的这些战功而夸夸其谈,沾沾自喜。通常,军队宿营时,当其他的将军围坐在一起互相吹嘘和讨论自己的战功时,冯异却独自退到树下,沉默不语,他也因此得了一个"大树将军"的雅号。冯异的这种不彰显自己功劳的美德不仅赢得了士兵们的爱戴,也赢得了世人的称颂。

一个人，如果真的有修养，绝对不会夸赞自己多么有修养，多么有才能，素质有多高，见识有多广。只有那些自以为是的人才会把自己认为的那些长处整天挂在嘴边炫耀。而且，他们还为此欢喜不已。事实上，旁观者清，当局者迷，别人会比你更清楚。所以没有必要总是摆出一副自以为是的样子，这样只会让别人更加看不起你。

【经典故事】

为人之道

谦虚使人进步

老子曰："不自见，故明；不自是，故彰；不自伐，故有功；不自矜，故长。"意思是说：不自我表现，反能显明；不自以为是，反能昭彰；不自我夸耀，反能见功；不矜持傲物，反能长久。这句话给了我们这样的启示，即为人处世，不能太主观，也不能自满、骄傲，只有谦虚才能够使人进步。

美国前总统罗斯福在打猎的时候，会去请教猎人，而不是政治家。正如他有政治难题的时候，会去请教政治家，而不是猎人一样。

年轻时，罗斯福在一家牧场打工。一天，他跟一个小头目麦利在培德兰打猎，他们看见了一群野鸡，罗斯福便追着去打。

"不要打！"麦利大声喊道。

罗斯福却没有理会。当他正盯着野鸡的时候，忽然从旁边的草丛里跳出来一只豹子。罗斯福顿时傻了眼，他想掏出手枪射击，但已经来不及了。要不是麦利及时开了枪，罗斯福就可能没命了。

麦利红着眼珠，责骂罗斯福是个头等的傻子，并以命令的口吻说道："我每次叫你不要打的时候，你就要站着不动，懂吗？"罗斯福安然地忍受着同伴的怒火，因为他知道麦利所说的是完全正确的。

此后，每次打猎，罗斯福都认真服从猎人的命令，就连他日后当上总统后都是如此。

现实生活中，养成谦虚做人的习惯，就会多一份清醒，少一份自我陶醉；把自己看低一点，就能常提醒自己："山外有山，天外有天。"从而见贤思齐，取长补短，完善自我。如果只见树木，不见森林，只看见优点而不看缺点，常常以己之长比人之短，就会把自己越看越高，越比越目中无人，以致昏昏然、飘飘然，最终走向歧途。

"大山不让土壤，故能成其大；河海不择细流，故能就其深。"谦虚是一种美德，更是想成为一个成功者所需要具有的必备因素。史书记载：正考父首次被任命为士时，是低着头走路；被任命为大夫时，是弯着腰走路；被任命为卿时，身体像伏在地上，沿着墙边儿走路。正考父以自己的谦虚赢得了人们的尊敬！

苏格拉底是古希腊著名的哲学家，他才华横溢、著作等身，许多年轻人都投身他的门下学习。每当人们称赞他学识渊博、智慧超群的时候，他总是谦逊地说："我唯一知道的就是我自己的无知。"他曾经用一个形象的比喻来形容自己的智慧，他对门徒们说："我们的智慧好像是一个圆，只不过我的圆比你们的稍微大些，正因为我的圆大些，我的圆外未知世界才更大，我才觉得我的知识是多么的贫乏。"

有一次，苏格拉底的弟子聚在一块聊天，一个出身富有的学生对其他同学炫耀他家在雅典城附近有一片很大很大的庄园。

苏格拉底在一旁不动声色地拿出了一张地图，对这个学生说："麻烦你指给我看，亚细亚在哪里？"

"这一大片都是。"学生说。

"很好，那么，希腊在哪里？"

学生好不容易在地图上找出一小块地方来，但和亚细亚相比，实在是小多了。

"雅典在哪里？"

学生指着一个小点说："好像是在这儿。"

"现在，请你指一下你那块很大很大的土地。"

学生满头大汗。他的田地在地图上连个影子都没有。

由此可见，一个智慧越大的人，他对知识的渴望就越大，而且，他越是谦虚，反而越会觉得自己是无知的。反之，一个知识浅薄、夸夸其谈的人，他对自己的认识就越是肤浅，越是可笑。

谦虚是重要的，但是我们所说的谦虚并不是一味地谦让，而是要合理地礼让。否则，这种谦虚就会变成懦弱，是对自己的不负责任。例如，在工作中，彬彬有礼、谦让有度，才能得到他人的好感，但对那些庸俗者一味让步，只能让别人看轻；在生活中，谦虚大度才能赢得他人的尊重，但如果你在任何机会面前都在谦虚，那样等于放弃机会。只有学会如何谦虚，人们才会知道如何进步。

孔子云："三人行，必有我师焉。"我们要养成谦虚的习惯，对人对事不可锋芒过露,才能修炼自己,提高自己。

处世之道

自高自大者难以长久

公元前310年,秦惠文王因病去世,太子嬴荡即位,他就是历史上的秦武王。

秦武王人长得高大魁梧,而且精通武术,又非常有力量,平日里喜欢与大臣们比武逗乐,一旦发现武术高强之人,就会提拔为将,委以重任。当时,乌获和任鄙以勇猛力大闻名,就得到了秦武王的破格提拔。后来,齐国有个叫孟贲的人听说了这件事情,就面见秦武王,因为他也是一个不怕虎狼、不避蛟龙,还能够同时制伏两头野牛的人,也因此受到了秦武王的重用。

早在秦惠文王当政时,张仪就入秦献计:通过攻下周都洛阳的门户宜阳,然后以此为跳板,控制东西二周和周天子,挟天子以令诸侯,以据有九鼎为象征,建立中原霸主之业。但因为当时秦军的主力都在灭蜀方面,这个计划并没有得以实行。秦武王当政之后,欲对外征伐,这个时候他想起了张仪之前的建议。

张仪画像

于是对右丞相樗里疾、左丞相甘茂说:"寡人生在西戎,没有到过周都洛阳,不知中原怎样繁华。寡人渴望有一天,驾车进入周王畿游历,亲目一睹天子重器九鼎。若能如愿,死也心甘。不知二位,谁能为寡人伐宜阳,进中原?"樗里疾回答说:"韩国宜阳城坚兵精,路远道险,倘若魏、赵二国出兵救宜阳,秦军孤军深入险境,一旦失利,后果不堪设想。"秦武王听了他的话之后,很是不悦。这时,甘茂上前一步说:"伐韩宜阳,必先破韩魏联盟,只要魏国助秦,赵国就不可能越魏救韩,韩被孤立,宜阳城就可能被秦军攻破。"秦武王大喜,即派甘茂出使魏国。

在魏王面前,甘茂以共享伐韩之利相引诱,使之与秦国建立了共伐韩国的联盟。但另一方面,甘茂担心秦王在伐宜期间,听信他人之言而改变计划,于是特派人向武王报告说:"魏王同意与秦国共伐韩国。虽然得到魏国支持,还是不伐宜阳为好。"武王听到这些话之后,立即召见甘茂,询问其中原因。甘茂详细告之:"宜

阳城池坚固,兵精粮足。秦军冒千里之险攻宜阳,绝非短时能够奏效。如果攻宜阳时间延长,必然有人在大王面前诽谤,大王听信小人之言,臣攻宜阳不仅失败,还要身败名裂。"

听完甘茂的这些话之后,武王坚定地说:"寡人不听小人之言,愿与你定息壤之盟,为你解后顾之忧。"于是,君臣当面签订了盟约,约定绝不反悔。五个月之后,甘茂迟迟没有攻下宜阳。这时,樗里疾对武王说:"秦军攻打宜阳城已经五个月,筋疲力尽,锐气大丧,再挺下去,恐怕形势要发生变化,不如班师为好。"武王认为他的话很有道理,于是就派人召甘茂班师回朝。甘茂写信一封,上面只有"息壤"二字。秦武王恍然大悟,于是派出五万援兵。甘茂得到生力军,兵力大增,在很短时间内就攻下了韩国,占领了宜阳。

此时,洛阳门户打开,秦武王率领任鄙、孟贲精兵强将大举进攻洛阳。周天子自知不是对手,只好拱手投降。秦武王所做的第一件事就是去参观九鼎。据说,这九鼎本是大禹收取天下九州的贡金铸成,每鼎代表一州,共有荆、梁、雍、豫、徐、青、扬、兖、冀九州,上刻本州山川人物、土地贡赋之数。武王逐个审视,当看到雍州鼎时,便问众臣说:"这鼎有人举过吗?"守鼎人回答:"自从有鼎以来,没有听说也没有人见过举鼎,这鼎重达千钧,谁能举得起呀!"

武王问任鄙、孟贲二将:"你们两个人,能举起吗?"任鄙知道武王恃力好胜,婉言辞谢说:"臣只能举百钧之物。这鼎重千钧,臣不能胜任。"而孟贲伸出两臂走到鼎前说:"让臣试举,若举不起来,不要怪罪。"说罢,挽起双袖,紧束腰带,手抓两个鼎耳,大喝一声"起!"只见鼎离地面半尺高,就重重地落下,要不是被左右拉住,孟贲一定会倒在地上。

老子演教

武王看见这一情形,冷笑着说:"你能把鼎举高地面,寡人还不如你吗?"任鄙劝道:"大王万乘之躯,不要轻易试力。"武王固执不听,任鄙拉着武王苦苦劝阻,他仍狂妄地走向前去,且生气地说:"你不能举,还不愿意寡人举吗?"武王伸手抓住鼎耳,心想:"孟贲只能举起地面,我举起后应移动几步,才能显出高低。"于是,深吸一口气,使出全身力气,喝声:"起!"鼎被举起半尺,武王接着移动左脚,不料右脚独力难支,身子一歪,鼎落地面,正砸到右脚上,武王惨叫一声,倒在地上。众人慌忙上前,把鼎搬开,只见武王右脚足骨被压碎,鲜血流了一摊。等到太医赶来,武王已昏迷不省人事,仍然自言自语:"心愿已了,虽死无恨。"入夜,武王气绝而薨。

老子向来反对争强好胜,他认为,要想真正达到强盛的目的,就应该从看似相反的、柔弱的方向入手,而不应该一味地逞强。秦武王固然力大无比,但结果又如何呢?还不是因为逞匹夫之勇而白白丢掉了性命。这实在是一件可悲的事情啊!

成功之道

司马懿能屈能伸终成霸业

自古以来,凡以弱胜强、成大业者,多是能屈能伸、以智慧取胜的人。养成能屈能伸的做人习惯,才能"以柔克刚,水滴石穿;柔韧有术,生存妙道。刚中有柔,圆通无碍;柔中有刚,绵里藏针"。

诸葛亮躬耕南阳,姜子牙渭水垂钓,可谓"屈";而孔明一席"指点江山,三分天下"之豪言,姜太公一竿"无钩钓鱼,愿者上钩"之猖狂,可谓"伸"。

司马懿画像

"屈"是遇到锋芒时的暂时避让,是以逸待劳,迷惑对方;是"该放手时则放手",才不致"眼前无路想回头"。

"伸"是相机而动的"趋进",是"该出手时就出手"的气概。在三国时代唯一能与诸葛亮相抗衡的司马懿就是一个"能屈能伸"的人。

司马懿也是被曹操访问了三次,才答应出山的,这与诸葛亮的三顾出山很相似!

刚加入曹营的"智囊团"时,初来乍到的司马懿不可能在里面有什么大的作为。一开始做的是抄抄写写的一类官员。这对于在军事和政治上有卓越天才的司马懿来说,确实有点儿大材小用。但司马懿并没有在乎这些,他在这时一直都是"屈"着的。即使在整个曹操时期,司马懿都是"屈"着的。虽然他后来也做到了丞相府主簿,但始终没有带兵作战的机会,他的作为也只是作为谋士提出过两个重要的策略:一是在取下汉中后,劝曹操乘势进攻刘备立足未稳的西川;二是献计联合

东吴共同对付得到汉中的刘备。

司马懿的两个计策，曹操只用了后者，而这个策略也让不可一世的西蜀大将关羽命丧建业，说关羽是间接死于司马懿之手也说得过去。但司马懿的才能绝不只是作为一个普通的谋士。当孟达响应诸葛亮北伐时，身为荆州都督的司马懿干脆利索地粉碎了孟达的叛乱。而这一仗也让司马懿在魏明帝曹叡心中的地位得到了很大的提升。

在魏都督曹真病逝后，司马懿继任成为魏都督，他终于有了和诸葛亮亲自交锋的机会。在与诸葛亮的交锋中，司马懿采取了"屈"的战术，这就是坚守不战。因为这，他也受到了诸葛亮的种种侮辱，但司马懿"不为所动"，仍旧"屈"着，直至诸葛亮死去。

此后，他开始"伸"了，带兵迅速平定了公孙渊的叛乱，这一仗也让他在魏明帝心中的地位上升到了极点。但魏明帝一死，执政的曹爽想方设法打压司马懿，于是司马懿又"屈"了下去，甚至不惜在曹爽的使者面前"出洋相"。所谓"君子报仇，十年不晚"，从魏明帝病逝到著名的"高平陵事件"，正好是十年。其间，司马懿果断消灭了曹爽的势力，拉开了晋代的序幕。

"大丈夫能屈能伸"，多少历史风云人物正是懂得屈、伸之道，才在变幻莫测、朝不保夕的政治环境中保全了自己，从而为以后的大显身手创造了条件。人生于世，没有永恒的强者，也没有永恒的弱者。人不能刚愎自用，也不能太过柔弱。只有刚柔相济，才能以弱胜强，以柔克刚。

【古为今用】

正确看待赞美之辞

每个人都需要赞美，也都喜欢听到他人赞美自己的话语，然而，如果总是陶醉在这些赞美之词中，就很容易变得自高自大，狂妄自傲，一不小心就会掉进爱慕虚荣的陷阱中。因此，在现实生活中，一定不要被他人的夸赞冲昏了头脑，像只无头苍蝇一样飞来飞去。

做人谦虚一点，就会多一份清醒，少一份自我陶醉；把自己看低一点，就能时常提醒自己："山外有山，天外有天，人外有人"，从而见贤思齐，取长补短，完善自我。如果只见树木，不见森林，只看见优点而不见缺点，常常以己之长比人之短，就会把自己越看越高，越比越目中无人，以致昏昏然、飘飘然起来。

第二十三节　希言自然

【题解】

本章接着上一章德和道讲起,继承了上一章的辩证主旨,论证了人们必须与道和德相一致才能真正顺应自然,做到天人合一,这样才能够从自然中受益。同时,本章也阐述了无为而治的政治思想。老子对烦琐严苛的政治制度是极为反对的,主张无为而治,而"希言"最符合"道"顺其自然的本意。另外,老子又以"飘风""骤雨"来比喻违反"道"的行为,明确指出统治者在行事时如果不遵守"道"的原则,必定会遭到失败;只有遵从"道"顺其自然,清静无为,言而有信,才能得道;反之,就不可能取信于民,最终会走向灭亡。

希言自然

【原文】

希言①自然。

河上公《老子章句》:希言者,谓爱言也。爱言者,自然之道。

王弼《道德真经注》:听之不闻名曰稀,下章言,道之出言,淡兮其无味也,视之不足见,听之不足闻,然则无味不足听之。言乃是自然之至言也。

故飘风不终朝,骤雨②不终日。

宋徽宗《御解道德真经》:天地之造万物,风以散之,委众形之自化,而雨以润之。

明太祖《御解道德真经》:曰飘风不终朝,骤雨不终日,此设意以喻。

孰为此者?天地。天地尚不能久,而况于人乎?

河上公《老子章句》:孰,谁也。谁为此飘风暴雨者乎?天地所为。不能终于朝暮也,天地至神合为飘风暴雨,尚不能使终朝至暮,何况人欲为暴卒乎。

王夫之《老子衍》：天地违其和，则能天，能地，而不能久。人违其和，则能得，能失，而不能同。

故从事于道者，同于道；德者同于德；失者同于失③。

河上公《老子章句》：从，为也。人为事当之道安静，不当如飘风骤雨也。道者，谓好道人也。同于道者，所谓与道同也。德者，谓好德之人也。同于德者，所谓与德同也。失，谓任己而失人也。同于失者，所谓与失同也。

王夫之《老子衍》：凡道皆道，凡德皆德，凡失皆失。

同于道者，道亦乐得之；同于德者，德亦乐得之；同于失者，失亦乐得之。

王弼《道德真经注》：言随行其所，故同而应之。

王夫之《老子衍》：道德乐游于同，久亦奚渝？喜怒不至，何风雨之衍乎？

信不足焉，有不信④焉。

王弼《道德真经注》：忠信不足于下，焉有不信也。

王夫之《老子衍》：唯真知道，则一切皆信为自然。

【注释】

①希言：即稀言，此处指政令减少。

②飘风、骤雨：指严刑峻法的暴政。

③失：指失道、失德之人。

④信：信任。

【译文】

少言语是合乎自然的。所谓狂风，它也不能够刮上一个早晨；所谓暴雨，也不可能下上整整一天。那么，是谁制造了这些狂风暴雨呢？是天地。在大自然的运行中，天地制造的狂风暴雨尚不能长久，更何况是人的狂妄行为呢？

因此说，从事于道的人一定要合于道，从事于德的人一定要合于德，失德失道的人，最终就会失去它们。而合于道的人，道也会乐意帮助他们；合乎德的人，道就会使他有德；对于那些合乎失的人，道只会让他们失道失德。诚信不足的人，自然就不会被人们所信任。

《道德经》二十三章书法

【解析】

在本章中,老子论述了统治者实施不言之教的重要意义,并借助自然界的变化规律来说明问题,比喻贴切,说服力很强。在这一章里,老子指出,得道的圣人(统治者)要行"不言之教"。老子认为,只要相信道,并遵从于道,自然就会得到道;反之,则会失道。

在这一章里,老子还列举了一些例子,指出狂风不可能整天刮个不停,暴雨也不可能整天下个没完。连大自然都是如此,更何况人滥施奇政、荼毒生灵呢?通过这个比喻,老子告诫统治者,只有遵循自然规律,清静无为,社会必定会出现安宁平和的风气。反之,如果肆意横行,人民就会毫无疑问地去抗拒他,反对他。如果统治者诚信不足,人民也根本不会信任他。

事实的确如此,纵观古今中外的每一段历史,又有哪个施行暴戾奇政的统治者不是短命而亡呢?中国第一个封建中央集权的秦王朝,由于施行暴政、奇政,使得人民群众根本不可能安定和谐地生活下去,不得不揭竿而起。在这样的历史背景之下,这个王朝仅仅存在了一二十年,最后被汉王朝取代。

历史就是一面镜子,它告诫统治者,只有清静无为,不对百姓们发号施令,不强制人民缴粮纳税,言而有信,那么这个统治者的行事原则就比较符合自然,这个社会也就会清明淳朴,人们就会安居乐业,君民就会相安无事,统治者的天下就可以长存。

【名句品读】

希言自然。

大自然是不会说话的,但是他能够把一切都管理得很好。例如,草原上有牧草、有羊和狼;狼吃羊,羊吃草,这就形成了一个极好的生物链,而且,大自然也不会干预它们的活动,三者自动维持平衡的态势。通常,圣明的统治者也从来不会干预百姓们的生活,但百姓们却会生活得很好。文景之治、贞观之治就很好地说明了这一点。

郭橐驼擅长种植各种树木,只要是他种出来的树,树木无不茂盛高大、枝繁叶茂。其他人很好奇他是如何把树种得这么好的,是不是有什么秘诀。郭橐驼笑了笑说自己根本没有什么秘诀,只是顺应它的天性罢了。原来,他种树的方法是,根要伸展,培土要均匀,土要旧土,筑土要紧密。这样做了以后就不需要再动它了,不必担心也不用再进行照顾。如此,树木自然能够生长得比较旺盛了。

的确如此,不管做什么事情,我们都应该顺应大自然的规律,不要轻易去打破它。此外,还应该少说话,多做事,不要整天啰里啰唆、夸夸其谈,埋下头来,做一些实际的事情才是成功的关键。

信不足焉,有不信焉。

"言必信,行必果。"一个人只有诚实守信,才能够赢得他人的尊重和信任。诚信是智慧和道德高度交融的完美产物,是人际交往中的基本准则。诚信就是人际交往中的空气和水,人离开了空气和水不能活下去,同样,在社交中如果没有了诚信作保证,那么他身边的朋友会越来越少,想要做的事情也会因为缺少他人的帮助而举步维艰。

战国时期,对于商鞅变法,很多百姓都持怀疑的态度,因为之前官府所做的各种虚伪的事情已经让他们失去了信任。因此,商鞅所提出的新政策的执行也遭到了普遍质疑。但为了证明官府推进改革的决心,商鞅想到了一个办法。

他在都城的南门放了一根三丈长的木头,并贴了悬赏告示:谁能把这根木头搬到北门,赏金十两。百姓们觉得天底下哪会有这等好事,根本不相信。商鞅于是又把赏金提到了五十两。其中有个人觉着,反正闲着也是闲着,倒不如试试,损失点力气又没有什么。当他把木头搬到目的地时,商鞅立即给了他五十两的赏金。至此,百姓对官府有了信任感,而商鞅接下来的变法也很快就得到了推广。

每一个成功者都有为别人所信赖的优秀品性。因为,人们往往把诚信与否当作是否与他人交往下去的基本准则。"言必信,行必果",在为人处世中要以诚信为天,才能让自己更快地达到成功的目的地。

【经典故事】

从政之道

齐桓公诚信换美名

对于统治者而言,一切损失和伤害都不可怕,最为可怕的是失去人民对自己的信任。所谓有诚信者得民心,得民心者得天下。齐桓公讲诚信换美名的故事,就很好地说明了这一点。

齐桓公即位后,亲率大军伐鲁以报鲁庄公扶持公子纠争位之仇,鲁军节节败退。齐国大军一直进攻到距离鲁国都城只有五十里的地方。

齐桓公画像

鲁庄公派使者对齐桓公说，鲁国愿以齐军现在驻扎的地方封土为界，像齐国的封邑大臣一样服从齐国。齐桓公答应了鲁庄公的求和，并要求他三天后与自己会盟。

会盟前，曹刿对鲁庄公说："国君您是愿意死而又死呢，还是愿意生而又生呢？"

鲁庄公很奇怪："先生你是什么意思？"曹刿说："如果国君您听从我的话，国土必定会扩大，您自身也一定会安乐，这就是生而又生；而死而又死，是您不听我的话，国家必定灭亡，您自身也会遭到羞辱。"

鲁庄公言："那好，我愿意听从您的，生又而生。"

这时，曹刿才如此这般地将他的计划地告诉了鲁庄公，鲁庄公听后十分高兴。

第二天，鲁庄公和曹刿怀里藏了宝剑来到会盟的地方。鲁庄公乘齐桓公不备，拔出剑来抓住了他"鲁国的封地本来就不多，现在更被你们霸占得只有王十里了，没有土地就没法生存，这与和你拼命一样都是死，就让我死在你面前吧。不过在死之前，我要让你……"管仲和鲍叔牙见势不妙，想要冲上前去救齐桓公。

曹刿拔剑站在台上说："不许上来，否则先把齐桓公杀了！"

鲁庄公再一次大声说："在汶水封土为界就可以了，不然你我都不会有好结果。"

管仲一听此话，十分焦急地对齐桓公说："如果此封地可以保全国君的性命，而不是以国君的性命换回土地，国君可以答应。"于是，齐鲁两国在汶水之南封土为界，订下盟约。

齐桓公在归国之后，觉得十分窝囊，想撕毁盟约。管仲马上反对说："这不行。在盟会开始时，人家只是劫持您，并非想签订盟约。可您却不知道，这不能说是聪明；面对危难却不能不受人家的威胁，这不能说是勇敢；签订了盟约却不给人土地，这不能算是诚信。一不聪明，二不勇敢，三不诚信，缺乏了这三条又怎么谈得上建功立业呢？我们还是给鲁国土地吧，这样虽然失去了土地，也总还能得到诚信的名声。用四百里的土地以在天下人面前显示出国君的诚信，这还是合算的。"

听完管仲的这番话，齐桓公非常惭愧地说："好吧，那就烦请仲文去处理吧！"

于是,管仲就把土地还给了鲁国,而从此以后,齐桓公在诸侯中树立了诚信的好形象。

讲诚信历来都是君王赢得人心的前提之一,如果一个君王说话不算话,恐怕很难让其他人信服,也就没有人肯追随他、接受他的统治。守信,一直都应该是历代君王最应该拥有的"资本"之一,这种资本不但能够给君主赢来江山,还能够帮助他们赢得人心。

处世之道

少说多做的益处

在本章中,老子提出了"希言自然"的观点。所谓希言,是指要少说话。少说话是自然之道。众所周知,天不言,四季和谐运行;地不语,厚载万物,且物产层出不穷。所以说,天地的德行就是不言而动,夸夸其谈、光说不干,都是违背自然规律的行为。

愚笨之人不管做什么事情,都会事前在自己的脸上贴层金,夸夸其谈,自吹自擂,但等到真正要做事情时,却悄无声息,什么事情也做不成。因此,想要判断一个人的能力如何,不能只听他说得有多好听,而应该看他实际做事的能力。

很久之前,有个船长的儿子,自小就跟着父亲学习了很多入海驾船的口诀,他知道船一旦到了大海中,遇见有旋涡回流或者有礁石的地方,应该怎样驾,怎样撑,怎样停等。于是他经常对人夸耀说:"入海驾船的方法我都知道了,那根本就不是一件难事!"

大家都听信了他的话。有一次,船长的儿子与人结伴去海中采宝。船航行到海中没有多久,船师就得急病死掉了。这个时候,众人就推荐由船长的儿子来驾船。当船到了有旋涡的急流中时,他大声地说着驾船的口诀,但落实到行动上,却一点也不懂。结果,船就一直在旋涡中盘旋打转,根本不能继续前进,最后幸好有救援的船只相救,要不然,整船人都可能会葬身海底。

很多事情都是这样,看起来非常简单,非常容易,但真正着手去做时,是非常困难的。通常,那些具有真才实学的人从不自我宣扬,从事情的筹备到具体实施,乃至到最后的成功,他们都在默默地去做。因为实事求是而不讲空话的人,一定没有许多话可说。子思说:"有其言,无其行,君子耻之。"德谟克里特也说:"一切都靠一张嘴来做而丝毫不实干的人,是虚伪和假仁假义的。"

说大话不如干实事,这个道理是非常深刻的。正如在一个组织中,管理者不仅自己要身体力行,还应该去奖励那些做事有效率的人,重视并且奖励那些幕后英雄。英国著名管理学家帕金森在《帕金森管理经典》一书中写道:"成就最大的企业通常是那种不事声张,干着相对来说令人厌烦工作的企业。因为那里从来不会发生危机,领导人早有预见,把每一件事都安排得井然有序,整个企业在宁静的氛围中有条不紊地开展工作。"

事实上,每个人都愿意与那些实干型的人在一起共事,但事实往往不是这样。任何单位都是鱼龙混杂,绝对不可能是清一色的苦干实干型员工。而如何对待不同类型的员工是领导能力的重要体现。这就要求管理者有一个清醒的头脑,有一双能够辨别是非的慧眼,能够披沙拣金,找出并奖励本单位中真正的功臣。

每个单位都有幕后英雄,他们平日里沉默寡言,但却熟悉自己的工作,常常能够把自己的工作做得很好。但很多时候,这些英雄常常被那些喋喋不休者所淹没,这些人把时间都用在了制造问题、搬弄是非上,而不是用在完成工作上。而且,管理者也常常容易掉入喋喋不休者设置的陷阱中,因为他们大声呼吁,不断地打小报告,把他们故意知道的问题抛出来,并竭尽全力来说服主管领导关注他们,协助他们解决问题。结果呢,管理者把大部分的时间都花在了这些光说不动的人身上,那些真正在苦干的人却被管理者给忽视了。结果是那些真正做实事的人没有得到奖励,失去了前进的动力,就会以停止努力或者干些妨碍生产的行为来"消极抵抗",所以说,管理者一定要把视线盯在实干者的身上,他们才是真正助你成功的忠臣。

另外,美国管理学家德鲁克说:管理者首先应该是实干者,这样他们才能够拿得出实实在在的成果。更为重要的是,他们拥有能够"做对事"的部下,而且他们本人也是"踏踏实实"和善于干一件件卓越超群的实事。作为管理者,应该明白这样一个事实,如果自己不行动,属下就会认为他优柔寡断和软弱无能,这样就会增加他们的忧虑感,就会使人们泄气和不安。

成功者的行动是沉默而有效率的。坐着谈,不如起来行。任何事情、任何目标、任何策略,嘴上说说不可能解决,更不可能实施,而是要靠自我的身体力行,去奋斗!嘴上的功夫再好,也不如行动上的一好。如果所有的事情只是挂在口头上,而不落实到行动上,这样的人最终会一事无成。

【古为今用】

诚信乃威信之本

现代社会,很多管理者很迷惑,为什么自己难以在下属面前树立威信呢?尽管想了很多办法,但效果都不甚理想。他们没有想到,自己连最基本的诚信都没有做到,又如何能够让大家信服呢?

诚信是树立威信的根本。一个管理者,如果想要让下属对自己言听计从,只需要将自己的诚心与诚信展示出来,做到"言必信,行必果",如此,不管是上级还是下属,都会被你的诚心所打动,他们自然而然就会追随于你。

第二十四节 物或恶之

【题解】

在本章里,老子继续用辩证的理论来解释无为而治的政治思想。他形象地列举了"企者不立,跨者不行"的比喻,证明"自见""自我""自矜"的后果都是非常不好的,也是不足取的。原因在于这些轻浮、急躁的举动都是违反自然规律的,是短暂而不能持久的。急躁冒进,自我炫耀,急于求成反而达不到自己预计的目标。在老子看来,彰显、夸耀自我都不是自然的天性,而且,事物发展到极致就会朝着相反的方向转化。另外,本章在说明急于求成、彰显自我这些行为不符合自然规律的同时,也证明了雷厉风行的政举是不会被人们接受的。

【原文】

企①者不立,跨②者不行;

王弼《道德真经注》:物尚进则失安,故曰,企者不立。

宋徽宗《御解道德真经》:跂而欲立,跨而欲行,违性之常,而冀性之适,难矣。以德为循,则有足者皆至。

自见者不明;自是者不彰;自伐者无功;自矜者不长。

宋徽宗《御解道德真经》:自见则智不足以周物,故不明。自是则仁不足以同众，故不彰。有其善，丧厥善，故无功。矜其能，丧厥功，故不长。

明太祖《御解道德真经》：其四自字之说，有何难见也？不过使人毋得张声势耳。

其在道也，曰：馀食③赘形④。

王弼《道德真经注》：其唯于道而论之，若却至之行，盛馔之余也。本虽美，更可薉也。虽有功而自伐之，故更为肬赘者也。

物或恶之，故有道者不处⑤。

河上公《老子章句》：此人在位，动欲伤害，故物无有不畏恶之者。言有道之人不居其国也。

陈致虚《道德经转语偈》：群仙已笑露堂堂，跨者不行仔细详。一着错时看跌倒，赚人锦袋绣香囊。

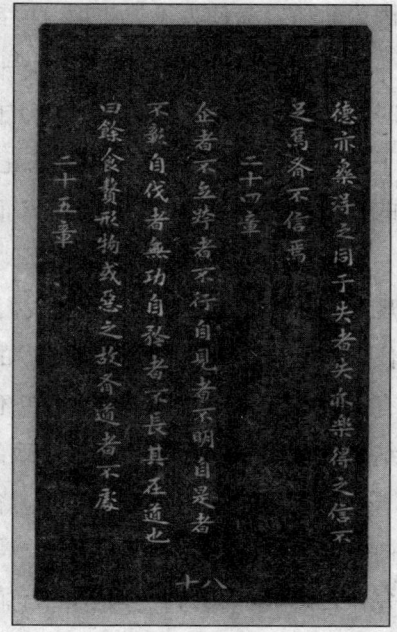

《道德经》二十四章石刻

【注释】

①企：抬起脚后跟、踮起脚。

②跨：跃，越的意思。

③馀食：馀是余的繁体字，剩饭。

④赘形：即形。赘，长出、凸现在外的东西，故称赘形。

⑤处：处世行事。

【译文】

如果总是踮起脚跟用脚尖站立，是不可能站得牢靠的；一味地大跨步地往前走，也是走不远的；做事情只看得见自己，根本就不可能明辨事理；那些自以为是的人更是不可能辨清是非；总是自我夸耀的人也显不出功劳；同理，那些自高自大的人更是不可能长久地存在于这个世界上。上述这些行为都是从"道"的观点来看的，这些行为也只能称其为残羹赘瘤，令人厌恶。因此，得道之人是不屑于做这些事情的。

【解析】

在本章中，老子给我们列举了一些反面的行为："自见者不明；自是者不彰；自伐者无功；自矜者不长。"借此告诉我们，在日常生活中，一定要戒骄戒躁，保持镇定

平和、顺其自然的生活态度。尤其是那些想要成大事的人，都应力戒骄傲和浮躁。因为骄傲容易使人不思进取，而浮躁了又会使人难以脚踏实地、稳步向前。

任何事情的发展，都是由小到大的，当人们处于较低地位时，大多比较谨慎，此时的他们也没有自高自大、自吹自擂的理由。但当事物积累到一定程度，即人们有了某些成就之后，就很有可能忘记根本，开始自吹自擂。而这正是把问题引向失败的根源，是"民之从事，常于几成而败之"的道理所在。

本章中，老子阐述了"企者不立"和"跨者不行"都是拔苗助长式的、违反自然规律的行为。这样的例子，在我们的生活中是十分常见的，例如二十世纪五六十年代，我国曾经开展了"超英赶美"的"大跃进"运动，那时的口号是"人有多大胆，地有多大产""不怕做不到，就怕想不到"等。这充分体现了当时人们的浮躁心理，而结果也证明了这种行为是不可取的。

因为，"道"讲究的就是要遵循自然规律，考虑长久利益，它所要构造的是均衡、和平、稳定、有序的可持续发展的模式。如果只考虑眼前的、局部的利益，而放弃长远的、全局的利益，是"涸泽而渔，毁林而猎"，是非常不明智的。因为这些行为都是违反自然规律，是非"道"的。

在《道德经》的第二十二章中，老子曾经列举了"不自见故明；不自是故彰；不自伐故有功；不自矜故长。"本章中，他又列举出"自见者不明；自是者不彰；自伐者无功；自矜者不长"。这两段话前后辉映，排列整齐，语言简练，如出一辙，讲的又完全是一个道理，即"自见"的人会变得"自是"，进而会变得"自伐"和"自矜"，然后就不可避免地会做出"企"和"跨"那种好高骛远、急功近利的行为来。

所谓"企"和"跨"，通俗来讲就是"欲速"的意思。中国有句古话，"欲速则不达"。真正成大事的人，必定都懂得张弛相间的道理，任何事情的发展都必须经历一种过程，只有量积累到一定程度的时候，才会发生质变。深明大道的人做事情懂得"天人合一"，遵循自然规律，他们也因此能够取得最后的成功。但我们也应该注意到，这种态度的运用并不是无条件的，因为它在一定程度上体现了消极退守、防御的策略，在现实生活中一定要灵活运用。

【名句品读】

自见者不明；

这句话的意思是"自我陶醉的人反而不能够彰明"。老子认为，"自见""自伐""自矜"是很多人都经常犯的毛病，更是"馀食"的表现。"馀食"，顾名思义指的就是吃饱了却还要继续吃的做法，或者是一次吃饱储备足以后需要消耗的能量。而"自见者"就是这样一种满腹虚荣的"零食"者，人人厌之、弃之。

赵奢是战国时期赵国著名的常胜将军，但他常常把功劳和赏赐都分给将士们，从来不居功自傲，因此深得人们的尊敬。可是他的儿子赵括却与他相反，从来不考虑将士们的利益，还经常把将士们的东西都拿到家里；在用兵打仗方面，只会夸夸其谈，目中无人，眼空四海，没有临机应变的指挥才能。

后来，秦国入侵赵国，赵孝成王决定派赵括带兵四十万抵抗秦国军队。打仗时，赵括骄傲自满、盲目轻敌，甚至还嘲讽老将军廉颇的防守是胆小。结果，长平一战赵国几乎全军覆没，秦国在一夜之间俘虏赵军三十八万。

赵括夸夸其谈、盲目自信，却没有丝毫真本事，最后的代价是惨痛的。"自见者不明；自是者不彰；自伐者无功；自矜者不长。"告诉了我们为人处世的道理，事实上，很多人也都清楚这些行为是极为不好的，但去克服它们却很困难。这就要求当事人一定要付出一些代价，做出一些努力。

跨者不行；

这句话的意思是，走大步的人，反而不可能走快。众所周知，任何事情的发展，都具有一定的规律。而且，这个规律你看不到，摸不着，但它却时时刻刻、随时随地的存在。老子通过"跨者不行"来劝导人们遵循这个规律，不要试图去跨越。心急吃不了热豆腐，大踏步地往前走，并非是一条捷径。做人、做事不要去逃避任何一个阶段，这样你才能够享受过程，且能够把事情做好。

古代宋国有一个农夫，是个急性子的人。他每天总是起早睡晚，辛勤地劳动，他盼着禾苗快快成长。今天去量量、明天又去量量，可是一天、两天、三天、五天……他总感到禾苗好像一点儿也未见长，心中十分着急。晚上躺在床上睡不着，他一直在想：怎么能帮助禾苗长高呢？

想着想着，他想出办法了，于是美滋滋地睡着了。

第二天他早早起来，跑步到田地里，头顶着炎炎的烈日把禾苗一棵一棵地往上拔高。从早晨干到中午，又从中午拔到太阳快要落山，把田里的禾苗一棵棵全都拔了一遍，他干得精疲力竭，累得腰酸腿痛，可是，他心里非常高兴，以为这办法非常高明。

他拖着疲惫的双腿，摇摇晃晃回到家里，顾不得擦干身上的汗水，兴奋地告诉家人："你们等着瞧，今年的庄稼，哪家也比不过我。"

妻子问他："你有什么好办法？"

他骄傲地说："今天我帮助禾苗快长，都往上拔了拔。"

他的儿子听了不明白是怎么回事，马上跑到田里去看，结果田里的禾苗全都枯萎死了。

天下人不犯这种拔苗助长错误的是很少的。认为养护庄稼没有用处而不去管它们，是只种庄稼不除草的懒汉；一厢情愿地去帮助庄稼生长的，就是这种拔苗助长的人，不仅没有益处，反而害死了庄稼。这个故事告我们，做任何事情都不是一蹴而就的，都需要我们循序渐进、遵循规律。如果不顾事物的本来规律，仅凭自己的意愿做事，最后反倒把事情办砸了。

【经典故事】

治国之道

夜郎自大

汉朝的时候，在西南方有个名叫夜郎的小国家，它虽然在主权上是独立的，但国土面积很小，人口也很少，至于物产方面就更不值得一提了。但较之它附近的国家而言，它就算大国了，因此，从没有离开过自己国土的夜郎国的国王认为自己所统治的国家是最大的国家。

有一次，夜郎国国王与部下巡视国境的时候，他指着前方问部下说："天下哪个国家是最大的呀？"善于恭维的部下们为了迎合国王的心意，于是就说："当然是夜郎国最大啰！"国王一边走一边和部下闲聊，不一会儿，国王又抬起头来、望着前方的高山问说："天底下还有比这座山更高的山吗？"部下们都争着回答说："天底下没有比这座山更高的山了。"后来，他们来到河边，国王又问："我认为这可是世界上最长的河川了。"部下们仍然异口同声地回答说："大王说得一点都没错。"从此以后，无知的国王就丝毫不怀疑夜郎是天底下最大的国家了。

有一次，汉朝派使者来到夜郎，途中先经过夜郎的邻国滇国，滇王问使者："汉朝和我的国家比起来哪个大？"使者一听吓了一跳，他没想到这个小国家，竟然无知地自以为能与汉朝相比。使者更没有想到，后来到了夜郎国，骄傲又无知的国王因为不知道自己统治的国家只和汉朝的一个县差不多大，竟然不知天高地厚地问使者："汉朝和我的国家哪个更大?"

《史记》中记载:云贵多山,交通不便,所以夜郎等国王虽为一地之主,但不知汉朝之广大。事实上,夜郎国国王的无知,主要原因就在于其交通闭塞;而在《道德经》中,老子主张人们应该虚心、谦恭,如此才能不妄自尊大,才不会被他人耻笑。试想,如果夜郎国国王亲自走出国门,进行过考察,他还会发出"汉朝和我的夜郎国哪个更大"的疑问吗?

治兵之道

关羽败走麦城

建安十六年(211年)十二月,刘备带兵入巴蜀,取益州,关羽留守荆州。益州既平,关羽得赐金五百斤、银千斤、钱五千万、锦千匹。

建安二十四年(219年),刘备在汉中大败曹兵,曹操不得不退出汉中。于是,在手下文武官员的拥戴下,刘备自立为汉中王。任命关羽为前将军,并赐他节、钺。是年六月,刘备继取汉中后,派孟达、刘封攻占汉中郡东部的房陵、上庸等地,势力有所扩展。七月,孙权欲攻合肥,魏军大部调动淮南防备吴军。镇守荆州的关羽,抓住战机,留南郡(治江陵,今湖北江陵)太守糜芳守江陵,将军傅士仁守公安(今湖北公安西北),自率主力北攻荆襄。此际,魏荆州刺史胡修、南乡(治南乡,今河南淅川东南)太守傅方,均降于关羽,陆浑(今河南嵩县东北)人孙狼等,亦杀官起兵,响应关羽,关羽声势一时"威震华夏"。

关羽败走麦城

曹操感到威胁,一度准备迁都,被丞相司马懿及曹椽蒋济谏止。他们认为:"禁等为水所没,非战守之所失,于国家大计未有所损,而便迁都,既示敌以弱,又淮沔之人大不安矣。孙权、刘备,外亲内疏,羽之得意,权所不愿也。可喻权所,令掎其后,则樊围自解。"(《晋书·宣帝传》)

深思熟虑之后，曹操决定利用矛盾破坏孙、刘联盟，以坐收渔翁之利的策略，于是派使者前去会见孙权。同时指令徐晃率军援救被关羽俘虏的曹仁。徐晃进至阳陵陂（樊城北），曹操派将军徐商、吕建传令：必须待后续援军会齐后方可进击。时关羽前部屯郾城（樊城北约五里），徐晃佯筑长堑，示以将切断蜀军后路。蜀军害怕被围，于是后撤，徐晃军进据郾城，渐向围城蜀军逼近。

当初，诸葛亮在《隆中对》中说："若跨有荆益，保其岩阻，西和诸戎，南抚彝越，外结孙权，内修政理。待天下有变，则命一早将将荆州之兵以向宛洛。将军（刘备）身率益州之众以出秦川，百姓有不箪食壶浆以迎将军者乎！"（《三国志·蜀书·诸葛亮传》）意思是说刘备在取得荆、益二州建立基业之后，一定要外结孙权，形成巩固的联盟，然后才能北定中原。

然而，身为大将的关羽却对孙刘联盟缺乏正确的认识。他自认为自己武艺高强，对孙氏集团始终倨傲不敬。当初鲁肃与他单刀赴会，讨要荆州，他自知理亏，但却固执地不肯从两家联合的角度着眼来妥善地解决问题。后来，孙权又派使者希望能够与关羽联姻，但关羽不但不应诺婚事，反而妄自尊大、辱骂使者，致使孙刘之间的关系越来越僵。

综合种种原因，孙权在得到曹操的信后，欣然允诺；并召吕蒙回建业，共商夺取南郡的计划。此时，关羽也知道孙刘联盟不巩固，他在攻取樊城时，也设置了一些防备孙权偷袭的措施。吕蒙探知关羽防守严密，无隙可击，就佯称病重，上书给孙权。孙权公开发布命令，调吕蒙回建业养病。吕蒙推荐陆逊代替自己。当时，陆逊年少多才却无名望，正任定威校尉。孙权便任命他为偏将军、右部督，接替吕蒙。陆逊到任后，派使者给关羽送去了礼物和一封信，信上恭维关羽水淹七军，功过晋文公的城濮之战和韩信的背水破赵，还勉励关羽发挥威力，夺取彻底胜利。关羽看到陆逊对自己如此恭敬，就把荆州大部分军队陆续调到了樊城，打算先攻下此城。陆逊把关羽人马的调动情况详细地报告给孙权。

关羽在襄樊的兵马越来越多，加上新得于禁降军数万人，粮食匮乏。后关羽为解燃眉之急，竟擅自强占东吴储藏在湘关的粮食。孙权得知此事，觉得时机成熟，便命吕蒙为大都督，发兵袭击关羽的后方。

是年十一月，吕蒙率军隐蔽前出，进至寻阳（今湖北广济东北），把精锐士卒埋伏在伪装的商船中，令将士身穿白衣，化装成商人，昼夜兼程，溯江急驶，直向江陵进袭。驻守江防的蜀军士兵被伪装的吴军所骗，猝不及防，全部被俘虏，江陵城内空虚，陷入混乱。吕蒙先让原骑都尉虞翻写信诱降驻守公安（今湖北公安北）的蜀将傅士仁，又使傅士仁引吴军追降守江陵的蜀南郡太守糜芳。二人平时就因为关羽对他们傲慢而心怀不满，于是在东吴大军兵临城下的情况下，献城出迎。吕蒙遂率大军进据江陵，从而，一举夺回蜀长期占据的荆州。吕蒙进占江陵后，尽得关羽及其将领的家属。他对他们加以优待和抚慰，并下令军中不得侵扰百姓，还对全城百姓表示关心，给有病的送医药，给饥寒者赐衣粮，使城内秩序迅速恢复。而骄傲轻敌的关羽，对吕蒙的袭击行动竟一无所觉。

后来曹操收到孙权密信，说即派兵西上袭击关羽，但请保密，以防关羽得知有备。曹操部属多数认为应代孙权保密。在董卓的建议下，曹操令徐晃用箭将孙权密信内容，分别射入樊城及关羽营中。关羽得到这一信息后，既恐腹背受敌，又不愿前功尽弃，同时判断江陵、公安城防坚固，吴军若真来攻，一时不可能攻克，因而处于徘徊犹豫，进退两难的境地。

后徐晃采取了声东击西的战术，出其不意突袭四冢。关羽自率步骑五千出战，被徐晃击败。后关羽惊悉江陵失守，遂撤围退走，樊城围解。但此时孙权已经切断了关羽的退路，孙权手下的将士们斗志尽失，多数都半途而逃。后关羽三面受敌，被吴将潘璋部司马马忠擒获，与其子关兴一起被杀，死时年约五十八岁。

一代枭雄关羽就这样陨落了。究其原因，则主要是因为他骄傲自负、狂妄自大。如果他谦虚一些，谨慎一些，则可能会改写自己的命运。

处世之道

卫青谨言慎行得重用

众所周知，卫青是奴仆出身，但通过二十几年的努力，他从奴仆做到了大司马。这其中，固然与他国舅的关系有关，但更多的是他凭借个人的努力、才干、人品和功业取得的。位高权重之后，卫青并没有擅权乱政，更没有狂妄自大、胡作非为，依旧非常谦虚、谨言慎行。

早在征战之时，卫青就表现出非同一般的韬晦策略。他英勇无比，且治兵时号令严明、赏罚公平。公元前 124 年，卫青出高阙击匈奴有功，汉武帝格外施恩，封其三子为侯。但卫青并没有沾沾自喜，而是坚持不受，并说："我待罪军中，全靠皇上神灵，战争取得了胜利，这都是诸将校的功劳。"在卫青的奏请之下，与他一起出征的十一名将校，都得以封侯赐爵。

卫青不但不掩饰他人之功，而且还清贫不贪，朝廷赏赐给他的钱财，他都是量才均分给部下。虽然功高一世，位极人臣，但始终兢兢业业，效忠朝廷，且向来为人谦和。当友人劝他结交宾朋、招徕士人，用以扩大自己的声望和势力时，都被卫青严词拒绝："亲待士大夫，选举贤人，罢黜不肖，这些都是皇上的权柄，做臣下的只要奉法遵职就行了，何必要参与养士呢？"当然，他之所以这么做也是因为有前车之鉴。当年那些功高震主的将领，因为招贤养士，结果都没有落得好下场。

卫青

另外，他之所以如此谨慎行事，还因为他也有过教训。有一次，主父偃建议汉武帝把豪强富户都迁到茂陵，以便朝廷集中控制时，卫青为关东大侠郭解求情，说郭解家贫，不应该在迁徙之列。但汉武帝却反驳他说："郭解这个贫民，居然有力量能够让大将军为他求情，这就足以说明他的家并不贫。"郭解最终还是被迁到了茂陵。通过这件事，卫青倍加谨慎。

在政治上，卫青一直都是忠于汉武帝的；生活中，卫青也一直听命于汉武帝，尽量顺从皇帝的心意。卫青拜为大将军之后，平阳公主的丈夫恰好因病去世，平阳公主遂独居。后来，她身边的人都认为诸侯中只有卫青适合做她的丈夫。

平阳公主笑着问道："为什么偏偏是卫青最合适呢，要知道，卫青当年是我的骑奴，经常侍候我进进出出啊？"

众人解释说："现在卫大将军的姐姐是皇后，他的三个儿子也都封了侯。公主您可不能再小看他了。"

于是，卫皇后把公主的意思告诉了皇上。汉武帝亲自发话，卫青接受了皇帝的旨意，便由当年的骑奴成为主人的丈夫。

后来有一次，卫青凯旋，且得赏赐千金。出得宫门之后，一个素不相识的人拦住了他的车驾，并对他说："现在王夫人正得皇上宠爱，但她的娘家贫穷，如果你肯拿出赏赐的一半，送给王夫人的娘家，皇上一定会很高兴的。"卫青欣然同意。汉武帝得知后，非常欢心。

卫青虽然声名赫赫、权倾朝野，但为人始终谦恭退让，礼贤下士，从不居功自傲。这使得他在仕途中非常顺利，死后得以陪葬在茂陵之旁。

低调做人，高调做事

一个人，如果想要与周围人处好关系，想要把事情做好，最重要的是应该先学会做人。学会低调做人，高调做事。这两点说出来容易，但要想真正做到，却是一件非常困难的事情。

所谓低调做人，不是简单地退在后面，畏畏缩缩；更不是当别人践踏自己的人格时，毫不反抗；也不是别人侵占自己的利益时，不去争取；这不是低调，是懦弱。低调，指的是要保持一颗清醒的头脑，不张扬、不炫耀。高调做事，不是大张旗鼓地宣扬自己要做什么，而是指应该专心致志地做好某件事，对自己要求高一些。

第二十五节 道法自然

【题解】

在本章中，老子主要阐述了其哲学思想的核心——"道"的概念，并对"道"的形象、运作、功能做出初步的描述。所谓"道"，是天地万物的起源，无声无形，先于天地产生。

"有物混成"，用以说明道是淳朴状态的，它是圆满和谐的整体，并非由不同因素组合而成。道无声无形，先天地而存在，循环运动不息，是产生天地万物之母。同时，道又是一个绝对体。因为现实世界的一切都是相对而存在的，而在道、人、天、地这四个存在中，道是完全独立的，且是第一位的，它不会随着变动运转而消失。它经过变动运转回到原始状态，这个状态就是事物得以产生的最基本、最根源的地方。

【原文】

有物混成，先天地生。

河上公《老子章句》：谓道无形，混沌而成万物，乃在天地之前。

王弼《道德真经注》：浑然不可得而知，而万物由之以成，故曰混成也。不知其谁之子，故先天地生。

寂①兮寥②兮，独立而不改，周③行而不殆④，可以为天地母。

王夫之《老子衍》：钟士季曰：廓然无耦曰独立，古今常曰不改，无所不在曰周行，所在皆通曰不殆。可以为者，天下推之而不歉也，非有心于天下。

吾不知其名，字之曰道，强为之名，曰大⑤。

明太祖《御解道德真经》：虽云强为之名，即太极之道也，故曰大。

王夫之《老子衍》：不可名，故不知。

大曰⑥逝⑦，逝曰远，远曰反⑧。

王夫之《老子衍》：形象有间，道无间。道不择有，亦不择无，与之俱往。往而不息于往，故为逝，为远，与之俱往矣。住而不悖其来，与之俱来，则逝远之即反也。

故道大，天大，地大，人亦大。

河上公《老子章句》：道大者，包罗天地，无所不容也。天大者，无所不盖也。地大者，无所不载也。王大者，无所不制也。

王弼《道德真经注》：天地之性，人为贵，而王是人之主也。虽不职大亦复为大与三匹，故曰，王亦大也。

往而无害
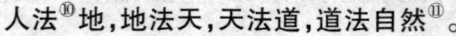

域中⑨有四大，而人居其一焉。

唐玄宗《御解道德真经》：王者，人灵之主，万物系其兴亡，将欲申其鉴戒，故云而王居其一，欲警王令有所法，谓下文也。

明太祖《御解道德真经》：谓天地同造化，王者法天地，执此道居两间，若比天地王，岂渺然一人而已？何居四大之中一大，盖其道理？

人法⑩地，地法天，天法道，道法自然⑪。

王夫之《老子衍》：道既已如斯矣，法道者亦乘乘然而与之往来。而与之往来者，守常而天下自复，盖不忧其数而不给矣。"栽营魄，抱一而不离"，用此物也。近取之身，为艮背而不为机目；远取之天地，为大制而不为剌割；故可以为天下王。

陈致虚《道德经转语偈》：有物混成天下母，字之曰道安窠曰。干专坤翕证无为,智者乐兮仁者寿。

【注释】

①寂:没有声音。

②寥:空虚、无形。

③周:循环运行。

④不殆:不息,不停地意思。

⑤大:形容"道"是没有边际、无所不包的。

⑥曰:当"而"或"则"讲。

⑦逝:指"道"的运行,周流不息。

⑧反:同"返",指"道"循环运行后返回到原点、返回到原状。

⑨域中:意思是宇宙中有四大。

⑩法:效法,以……为法则。

⑪自然:指"道"的自然状态。

【译文】

有个东西浑然一体,产生在天地产生以前,无声又无形,独立长存且永不衰竭,生生不息循环运行,可以说,它是天下万物的根源。我不知道它的名字,也不知道如何称呼它好,只能勉强叫它为"道",再勉强给它取个名字叫"大"。

"道"广大无边且周流不息,同时又伸展辽远,最终又会返回本原。所以说,道无止尽,天无边界,地无终点,人无不能;而且,这四大之中,人是其中重要的一环。人必须符合大地孕育万物的法则,大地跟随天的变化而对应,天则顺着道的自然法则而运作。"道"则取法于自然,以它自己的样子为法则。

【解析】

不管"道"是一种物质还是一种精神,我们都不能否认老子是世界思想史上较早阐述天地万物起源的哲学家。他认为,"道"是宇宙中存在的一种无形的巨大力量,并且是无处不在和永恒运转的,它是"域中"的最高法则,所有人都应该效法"道"。人间的一切规律都源于天,而上天的规律也是源于"道"的,效法"道"的含义就是顺其自然。顺其自然并不等于向自然屈服,而是指应该按照规律办事,按照一定的"道"来改造自然,做到人与自然之间本身的和谐共生。

《道德经》二十五章书法

在老子看来，"道"是世界的母体，"道生一，一生二，二生三，三生万物"。"一"将世界分化成阴阳两仪，阴阳相互作用，产生阴阳以外的新事物——"三"。然后，生生不息，形成天地万物。"道"是一个"善"的累积过程，一切都在不断地完善着。再者，道是长期的和包罗万象的方法，它是渐进式的，短期内不会取得成功。简而言之，道是一种久的、有效的、内涵式全面的存在。

"道"的特性就是"有物混成，先天地生"。首先，"道"是一种"物"，前面说过"道之为物"。其次，"道"又不是一般的"物"。"道"与一般的"物"最大的区别在于它是"混成"的。

正因为它"混成"，所以它不但"先天地生"，而且"后天地灭"。它的"生"和"灭"都必定不在这个宇宙的范围之内，所以它可以说是"永恒"的——天地万物皆变，不变的唯有"道"。

老子对"道"的进一步描述是"寂兮寥兮，独立而不改，周行而不殆，可以为天地母"。意思是说"道"是没有任何外在的特征可以把握的，也是不依赖于任何外物而存在的，它永恒不变、循环往复，是天地的来源，是天地的依靠。如果勉强地去形容，只能用"大"来形容了。接下来，老子主要是说明"道"是很"大"的。

说有四大，道大，天大，地大，人大。其中，天、地、道都很好理解。而人大，则是指得人心之大。"人"是杰出代表，最有灵性，最符合"道"，而且还有一种凌驾其上的物种优越感。老子想把人度到效法自然上，所以列入人大，这是对人类的一种爱，引导人心向天道。

"人法地，地法天，天法道，道法自然。"这四句话，是做人做事的法则，更是老子思想精华之所在。所谓"法"，可作为动词，是效法、学习的意思。人要效法大地，大地则依法于天，这里的"天"，是指有形的太阳系的自然物理的天，也就是天文学上的天体之天，它不是抽象的概念。地依法于天，天则要效法道，以道为其运行的依归。那么，道又以什么为效法的对象呢？

"道法自然"，"自然"二字，从中国文字学的组合来解释，便要分开来讲，"自"是自在的本身，"然"是当然如此。老子所说的"自然"，是指道的本身，它具有绝对性，它是事物的本来面目，不生不灭、无始无终。是"自然"如此，"自然"便是道。

【名句品读】

人法地，地法天，天法道，道法自然。

老子说"域中有四大"，这包括道大，天大，地大，人大。而在"自然"中，宇宙万物，包括天、地、人，都有生有灭，有始有终；在"自然"中，我们拥有了时间、空间，产生了我们所能认知以及所无法认知的一切。而且，"自然"不需要去向谁学习，它是"道"运行的表现，是"道"效法的对象。而人所效法的最终对象也是"自然"，所以人就应该遵循自然规律；如果违背了自然的运行法则，必定会遭到惩罚。这也就告诉我们，世间万事万物，看似纷繁复杂，其实是按一定的规律在运转；人类社会和自然界运转的规律也都符合道，只是表现形式不一样而已。

唐代画家张璪擅长画山水松石。有一次，画家毕宏来访，请张璪当面画一幅画，好开开眼界。张璪欣然应允，当众铺纸研墨。稍稍酝酿之后，就双手各握一笔，左手画树枝，右手画树干，画得惟妙惟肖。更令人叹为观止的是他用的是两支秃笔，有时还用手指蘸墨作画，在纸面挥洒自如。一眨眼的工夫，画就完成了，其中的山石、松树、流水都气韵生动、形神兼备。毕宏简直惊呆了，询问张璪是跟哪位大师学的。张璪回答说："外师造化，中得心源，如此而已。"毕宏感慨地说："您画的松树，巧夺天工，其他人哪能相提并论，我们只有封笔了。"

【经典故事】

为人之道

庄子性情淡泊，道法自然

庄子论"道"，主张"道法自然"，强调顺其自然，他将自然率真之美推为极致。而现实生活中的庄子，智慧是超然的，性情是淡泊的，他的所作所为就好像是天空中的行云悠然自得。

一个秋高气爽的早晨，太阳已经爬到半空，庄子还在睡觉。突然，屋门外传来了车马的声音，听起来还非常热闹。不一会儿，就有人来敲庄子的屋门。

敲门者原来是楚威王派来的使者，原来楚威王久仰庄周

老子讲道

大名。此次前来就是想要把庄周招进宫中,辅佐自己完成统一天下的大业。于是,他派了几位大夫充当使者,抬上猪羊美酒,携带黄金千两,驾着驷马高车,郑重其事地来请庄周去楚国担任卿相。

楚威王和诸位大夫等了半个小时以后,庄子才睡眼蒙眬地打开了房门。

使者们立马就走上前拱手作揖,说明来意,并呈上礼单。

但庄子瞟也不瞟礼单一眼,就仰天大笑,并说了一套让使者大跌眼镜的话:

请转告威王,我谢谢他的厚爱。至于这千金重礼、卿相尊位,我看还是免了吧!

诸位难道没有看见君王祭祀天地时充作牺牲的那头牛吗?想当初,它在田野里自由自在;一旦作为祭品被选入宫中后,又给予了很好的照料,生活条件比起以前来好多了。可是这头牛如果此时不想当祭品了,这还有可能吗?还来得及吗?

一旦我去朝廷做官,与这头牛又有什么区别呢?天下的君王,在自己势单力薄、天下未定时,常常会招揽海内英才,礼贤下士。可夺得了天下之后呢,便开始为所欲为,视百姓如草芥,视功臣为敌人,真所谓'飞鸟尽,良弓藏;狡兔死,走狗烹'。

诸位说,去朝廷做官又会有什么好结果呢?放着大自然的清风明月、荷色菊香不去欣赏品味,偏偏费尽心机去钩心斗角、争夺名利,岂不是无聊人所做之事?

这些使者看到庄子对于世间的功名利禄洞察得如此深刻,都不知道再说些什么合适,于是起身告别。其中的一位使者在听了庄子的一番话之后,甚至决定回朝就告老还乡,回归自然;因为庄子的话对他犹如当头棒喝,惊醒了他数十年的官迷梦。

经过这次的事件之后,庄子依旧过着无忧无虑的生活。他登山临水,笑傲烟霞,寻访古迹,契合自然,在清贫的生活中享受着人生的快乐和尊严。

君子无为而无所不为

老子在《道德经》中说:"道,可道,非常道;名,可名,非常名。"这句话就告诉我们,宇宙和自然界中的道是绝对永恒而且是普遍无限的,更是难以描述的。难以描述,主要是因为我们人类的思维、语言等具有极大的片面性和局限性。据此我们应该清楚,不管我们对于"道"的认识如何,都具有一定的局限性。因此说,我们不应该停留原地不思进取;而要想不断发展和强大自己,就需要不断地努力、进取,这才是认识"道"的正确方法。

一旦我们认识了"道"深邃难测、微妙难识的本质,也就揭示出了这个世界万物的根源和运动、发展、进化的奥秘，进而也就会找到我们立身处世的原理，我们也就会在这个宇宙与自然的大道中不断完善和发展自己。

韦睿，出身名望贵族，是汉朝丞相韦贤的后人。还在幼小的时候，他就受到郡守祖征的赏识，祖征认为他是"干国家，成功业"之才。后来，南齐陷于混乱的状态，韦睿审时度势，自认为梁武帝萧衍应该算是治世之才，思索之后决定辅助他。韦睿曾经担任太子右卫率、豫州刺史、辅国将军、领历阳太守，后来又调往合肥，因功晋爵为侯。

之后，梁武帝决定北伐，韦睿奉梁武帝之名统部北伐，且屡建奇功。事实上，韦睿一直体弱多病，但他并没有因为这个原因而退缩，一直前线作战，虽未尝骑马，但也会乘坐白木板舆，手执白如意，不断督励、鼓舞将士。平日里，韦睿爱兵如子，与士卒同甘共苦，不享受一点儿特殊照顾。不过，他令出必行，所以战无不胜。为此，魏人军中有歌谣如此唱道："不畏萧娘与吕姥，但畏合肥有韦虎。"众军士一听到他的名字，就会产生万分的畏惧。

当前方军情紧急的时候，梁武帝派亲信曹景宗与韦睿会师，而且特别交代曹景宗道："韦睿，卿之乡望，宜善敬之。"因此，曹景宗见到韦睿之时，言行甚慎，不敢有丝毫的得罪。不过，每当取得战争的胜利之后，曹景宗与其他将领，都会争先上报表功，唯独韦睿最后报告，从来不会与人争功。有一次，在庆祝战争胜利的宴会上，韦睿与曹景宗同席，席间饮酒欢笑，气氛和谐，后有人提出用赌钱来做余兴，包括曹景宗在内的众人便约定以二十万为赌注。曹景宗一掷便输，聪明的韦睿此时赶紧把一粒骰子翻转，变成曹景宗是赢家，但韦睿自己仍然伪装成蒙在鼓里，并连声说："奇怪！奇怪！这真是一件奇怪的事情啊！"

事实上，在萧梁朝代开创之初，韦睿的才干在所有臣僚将佐之上。梁武帝也深知这一事实，但出乎所有人的意料，梁武帝始终不委任韦睿作统帅，而是用一个才略平平的临川王——萧宏来担任元帅，而且又派曹景宗与他并肩作战，时时刻刻都对韦睿心存疑忌。幸好韦睿自知苟全于乱世，隐避林下，并非上策，只有如此行其自处之道，不贪名利，不争功劳，在功成之时，自行谦退，以免猜忌。因此，他能够寿终正寝而殁，在遗嘱中，韦睿只要求穿常服薄葬。在他死的时候，梁武帝非常感动，亲临恸哭。而韦睿也完结了他一生苟全于乱世，"功遂身退，天之道"的名句。

处世之道

晏婴安贫乐道受人尊敬

晏婴,字平仲,后人尊称他为晏子。他出身齐国贵族,长期居于要职,在当时列国间享有很高的声望。

晏婴

生活中,晏婴极为节俭。在晏氏家中,"食不重肉,妾不衣帛"。就连晏婴本人,也常常是穿戴着洗旧的衣冠朝见国君,一件狐皮外衣穿了三十多年他也不舍得扔掉。与此同时,很多贵族官员们都在费尽心机追逐利禄,但晏婴却一直安于这种清贫淡泊的生活。

有一次,齐景公告诉晏婴说:"你现在的住宅邻近闹市,周围吵嚷嘈杂,尘土飞扬,而且地势低洼,又潮湿,又狭窄,怎能长住?不如我给你换栋宽敞明亮的房子如何?"

晏婴辞谢说:"我现在所居住的这所房屋,晏家几代人都已经在此居住过。对于我来说,能够住在这样的房子里,已经是非常奢侈了,因为我的功业比不上祖先,但却能够蒙受祖先给我的恩惠。再者,房屋临近闹市,也自有好处,起码购物便利。所以不必麻烦您为我换房?"

这件事发生不久之后,晏婴被派往晋国商讨两国通婚事宜,齐景公抓住了晏婴不在的这个机会,强行命令晏家周围的居民搬到别处,并拆毁他们的住宅,为晏婴建造了一座堂皇华丽的新居。晏婴返回齐国后,看到眼前的事实,顿时感到十分痛心。他进宫拜谢了齐景公的好意之后,就毫不犹豫地派人拆毁新居,同时也修复了周围的住宅,并一一邀请那些流散各地的邻居们返回故里,还十分抱歉地向众人解释说:"大家早已卜居此地,相邻相亲,这是神明安排我们有这段缘分,神意岂可违背?君子不为非礼之举,百姓不做不祥之事,这是古代遗制,我哪敢背离古训?"在晏婴的反复请求下,齐景公也就放弃了原来的旨意。最后,晏婴仍然安居旧宅,邻里之间依旧和睦如初。

晏婴短暂的一生经历过齐灵公、齐庄公、齐景公三世,自从崔、庆家族垮台之后,他的政治地位也越来越高,最终成为齐景公最得力的辅佐。到了齐景公后期,晏婴已经是白发苍苍的年迈老臣,嘉言懿行却更加广泛地传向了四方。在诸列国间享有崇高的威望,但晏婴并没有因为自己的德高望重而狂妄自大。

有一次,晏婴乘车出门,车夫的妻子从门缝中偷偷观望,只见自己的丈夫策马急奔,意气风发,自豪自得。等丈夫回家,她忍不住责怪丈夫说:"晏子身高不过六尺,辅相齐国,名显诸侯,但他坐车的神态,庄重、深沉,满怀忧国之思,毫无傲慢自满的表情。而你身长八尺,体魄伟岸,却只能为人驾车,还扬扬得意,我为您感到羞惭。"后来这位车夫一改旧时姿态,变得谦虚、稳重起来。晏婴发现这种变化后询问其中的原因,车夫便原原本本地讲述了事情的过程。晏婴对车夫勇于改正缺点的做法表示称赞,推荐他到官府中担任重要的官职。

在晏婴的一生中,类似这样的事情举不胜举,这应该就是他受人尊敬的原因吧! 面对贫穷,晏婴丝毫不被其困扰;拥有高官厚禄,晏婴却不骄傲自大;在纷乱的环境中,他将自己所坚守的"道"放到社会人生当中,矢志不渝地坚持自己做人的原则,真可谓是大圣人。

【古为今用】

遵从规律,莫要强求

世间万物都有其内在的运行规律,如果为了达到某种目的而强行破坏这种规律,最后必定不会达到预期的目的。不管做什么事情,都应该顺其自然,这样会比强求和费尽心机取得的效果好得多。

但现代社会,很多人做事时都会忽视事物原本的规律,一味地、任性地按照自己的意志去做事。例如,忽视动物成长的规律,在饲养动物时添加激素,以促进其快速成长。但这样做的结果是,原本营养极高的肉类食品几乎等同于垃圾食品,给消费者带来很大的危害。

如果为了自己各方面的欲求能够在短时间内实现,就去违背规律的正常进程,更改掉很多必要因素的组合,去迎合一些短期非常不恰当的欲求,那就只会在未来让很多人付出更加昂贵代价! 所以,规律面前,选择遵从,摒弃强求吧!

第二十六节　静为躁君

【题解】

一切事物都有两个不同的方面,如果把一件事表示为一个箭头,就必然有两个不同的端点。在本章中,老子又举出两对矛盾的例子:轻与重、动与静。他认为,在轻与重的关系中,轻是次要,重是根本,如果只关注轻而忽略重,则会失去根本;在动与静的关系中,静是根本,动是其次,只重视动则会失去根本。这就告诫人们,做事情时不要轻易去走极端,要尽量去找其平衡点。

其实,老子本章中所讲的辩证法也是为其政治观点服务的。他的矛头指向的也是万乘之主,老子认为他们奢侈轻浮、纵欲自残,治理天下时总是采取一些轻率的举动。在老子看来,要想有效地治理自己的国家,就应该避免轻举妄动,也就是要戒骄戒躁。事实上,老子所提出的"戒骄戒躁"观点值得我们每个人去学习和借鉴。

【原文】

重为轻根①,静为躁君②。

韩非子《喻老》:制在己曰重,不寓位曰静。重则能使轻,静则能使噪。

王夫之《老子衍》:吕吉甫曰:迫而后动,感而后应,不得已而后起,则重矣;无为焉,则静矣。

是以君子③终日行不离辎重④。

河上公《老子章句》:辎,静也。圣人终日行道,不离其静与重也。

王弼《道德真经注》:以重为本,故不离。

虽有荣观⑤,燕处⑥超然⑦。

王弼《道德真经注》:不以经心也。

唐玄宗《御解道德真经》:人君者,守重静,故虽有荣观,当须燕尔安处,超然不顾也。

奈何万乘之主^⑧,而以身轻^⑨天下?

王夫之《老子衍》:有根则有茎,有君则有臣。虽然,无宁守其本乎!一息之顷,众动相乘,而不能不有所止。道不滞于所止,而因所止以观,则道之游于虚,而常无间者见矣。惟不须臾忍,而轻以往,则应在一而违在万,恩在一隅而怨在三隅,倒授天下以柄,而反制其身。故夏亡于牧宫之造,周衰于征汉之舟。以仁援天下而天下溺,以义济天下而天下陷,天下之大,荡之俄顷,而况吾身之内仅有之和乎?

轻则失根,躁则失君。

韩非子《喻老》:无势之谓轻,离位之谓躁,是以生幽而死。主父之谓也。

王弼《道德真经注》:轻不镇重也,失本为丧身也,失君为失君位也。

【注释】

①根:根本,基础。

②君:主宰。

③君子:王弼本"君子"作"圣人"。

④辎重:军队运载器械粮食的车。

⑤荣观:贵族游玩享乐的地方,这里代指华丽的生活。

⑥燕处:有两说:一说燕为安的意思,燕处就是安居;另一说燕处是贵族习常生活享受。

⑦超然:不陷在里面。

⑧万乘之主:一辆兵车叫作一乘,具有一万辆兵车的国家,在当时是实力强大的国家,故"万乘之主"就是指大国的君主。

⑨轻:指的是轻率躁动。

【译文】

轻率的基础是厚重,躁动的主宰是宁静。因此说,君子整天行走都不能离开载重的车辆,更不可轻举妄动。虽然有荣华的生活,有豪华的楼台亭榭,他们却不沉溺在里面,能够安闲静处、超然脱俗。那么,为什么身为大国、拥有万辆兵车的君主,却总是以轻率躁动的行为来治理天下呢?轻率不但失去自身,还失去了根基;而躁动就必然丧失主宰的地位。

【解析】

本章中,老子很明确地申明了自己心中的为君之道。

"奈何万乘之主,而以身轻天下?轻则失根,噪则失君。"老子凭什么得出这样的结论呢?我们不妨先回顾一下《道德经》这本书的写作背景。《道德经》一书作于春秋时期,在西周晚期,从昭王到宣王的几百年里,曾经发生过多次战乱,面对战乱,统治者总是轻率而急躁地发动战争,结果给国家和人民带来了极大的灾难。面对这些状况,老子就指出,统治者不可以轻率急躁。

《孙子兵法》中也曾经提出"兵者,国之大事,死生之地,存亡之道,不可不察也"。这句话可谓是东周兵家的至理名言,同时也表达了兵家们对战争的重视。在《孙子兵法》里,同样也劝诫统治者要慎于用兵,千万不可轻率动用部队。老子"轻则失根,躁则失君"的思想与这种思想非常相似。站在今天这个角度来看,在当时那个动荡不安的社会,能够有这种思想实在是非常难得。

在本章中,"荣观"是众目睽睽的意思,在这里可以引申为统治者豪华、奢侈的生活。所谓"燕处超然",在《左传》中有这样一句话:"夫子之在此也,犹燕之巢于幕上",用燕筑巢于幕上,比喻处境非常危险。此处用"燕处超然"来说明在任何情况下都能够超然处之。

在前面的章节中,老子强调过要轻装上阵,而在本章中老子却说"君子终日行不离辎重",这就说明,"辎重"十分重要,不可舍弃。而在这里,"辎重"是用来比喻人民和国家的利益。因此说,老子在本章中所阐述的是为君之道的基本观点:国君要以国家和人民的利益为重,发动战争和颁布政令时千万不可轻率急躁。

【名句品读】

重为轻根,静为躁君。

"重为轻根,静为躁君",意思是说,重是轻的根本,而静是动的主宰。众所周知,人一定要用脚跟才站得稳,千万不能头重脚轻;通过观察不倒翁的造型,我们就会明白这一道理。再者,不管你怎么动,最后都要回归到静的状态,这样才能够持久。例如,白天活动了一天,晚上一定要回到静的状态,这样才能够积蓄能量,为第二天的动作准备。

这两句话其实合乎我们平常的观察,也就是我们经常所说的以静制动。例如拳击比赛,有经验的选手总会保持静止不动的姿态,因为这样消耗的体力会比较少;相反,对手只要忍不住先动,体力消耗就会很大。事实上,比赛到最后,就已经是在拼体力了,谁能够站稳脚步,谁获得胜利的希望就越大。另外,重有厚重、稳重、沉着、谨慎之意;"静"有安静、静止、无为、超然之意。

大道从不彰显自己多么威力无穷，它在一片肃静中就能够营造出无限生机的大千世界。只有心静下来了，才不至心烦气躁，整个身体也就会达到平衡的状态；平心静气、认真笃定，才能够朝着自己想要去的方向前进。老子还提到"轻则失根，躁则失君"，也就是说一些人所表现出来的轻率或躁动，就是因为他们心神不宁。

虽有荣观，燕处超然。

"虽有荣观，燕处超然"，意思是说虽然享受富贵尊荣，但不会沉迷于其中。"燕处"指的是安居，在古代，"燕"可以当成是"平常"的意思；所谓"荣观"，指的是统治者奢侈的生活。在这里，老子给我们的告诫是：要以平常的生活方式处于富贵之中，态度超然。的确如此，要做财富的主人还是做财富的奴隶，就全在自己的一念之间。

但现代社会的很多人都已经沦为财富的奴隶，为了满足自己的物质愿望，想尽一切手段去挣钱，更有甚者，会去办理各种各样的信用卡，进而沦为"卡奴"。其实，金钱的产生，是用来为我们服务的，如果为其所累，则一切都失去了意义。反之，如果坐拥财富，却能够以平常心待之，则属于"燕处超然"了。

【经典故事】

治国之道

秦晋崤之战

公元前 627 年 4 月，秦晋两国在崤山展开大战，《左传》上称"崤之战"，崤地，在今河南洛宁西北处。由于之前晋国在城濮之战中大败楚国，于是晋文公要向流亡时期对他无理的国家报一箭之仇，而他首先把目标对准了当时弱小的郑国。郑国（今河南新郑）的地理位置很重要，是春秋战国时期兵家必争之地。

于是，公元前 630 年，晋国借口郑国亲近楚国，对郑发动试探性进攻。同年 9 月，晋国又联合秦国一起攻打郑国，晋军挂扎在函陵（今河南新郑以北），而秦军驻扎在汜南（今河南中牟以南）。这时便发生了一件有名的事件——烛之武退秦师。郑国大夫烛之武半夜入秦营内见秦穆公，向秦穆公说明灭郑国只对晋有利，而对秦有害；离间了秦晋联盟，并答应郑国愿意做秦国的中转站，以方便秦出入中原。于是秦穆公便私下里和郑订了和约，留下杞子、逢孙、扬孙帮助郑国守备晋国，剩下的军队全部回国，秦晋友好关系彻底破裂。

公元前 628 年，晋文公去世，秦穆公想乘此机会向东发展，于是事先守在郑国的杞子、逢孙、扬孙报告说，拿到了郑都北门的钥匙，让他们做内应，可一举攻下郑国。秦穆公想独霸郑国，便和大臣们商讨进兵之策，此时元老级大臣蹇叔极力反对说："出动大

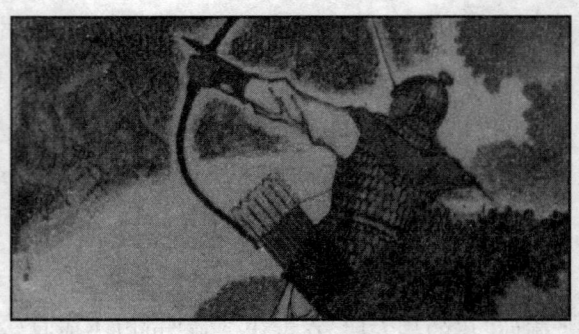

秦晋崤山之战

军去袭击远方的国家，我从来没有听说过这样的事。到时候军队疲惫不堪，力量消耗殆尽，远方的国家又会早有防备，恐怕很难打胜仗吧？而且，我们的部队要行军千里，郑国必然会知道，兴师动众而无所得，将士们也必然会产生怨恨之心。如此一来，出兵伐郑又有什么好处呢？"

但秦穆公并没有听从劝告，还是任命了孟明视、白乙丙和西乞术带兵车三百辆偷袭郑国。当他们从东门出发时，蹇叔哭着对他们说："我见到你们出去，见不到你们回来了啊！"秦穆公不但不反思自己的行为，反而还对蹇叔心存怨恨。

蹇叔之子也随军而行，于是蹇叔对儿子说："晋国一定在崤山地区伏击我军，那里有两个山头，南面是夏王皋的坟，北面是周文王避雨的地方，我以后到那里去替你收尸吧！"此时的秦国急于对外扩张，根本就不听蹇叔的劝阻，于是军队很快就向东进发了。

公元前 627 年春天，秦军经过王都洛邑，当时要向周天子表示敬意，兵车上的战士，一定要脱帽下车行礼，但是秦军刚一跳下车就马上上车去了，样子十分傲慢。周王室日后的重臣王孙满当时还是个青年人，在城头上见此情景，回头就对周襄王说："轻狂就会缺少谋略，没礼貌更是会导致灭亡。秦军轻浮无礼，日后必败！"

秦军出发不久，要攻打郑国的消息就传到各地。经过滑国的时候，他们正好碰到了要去都城做买卖的郑国商人玄高。玄高是个爱国的郑国商人，他得知秦要袭郑，便一面偷偷派人回去报信，一面将计就计，冒充使者去见秦军三个主将，并送上四张牛皮，十二头牛，并恭维说："我们国君知道你们要来，特派我来犒赏各位。"

孟明视看到郑国人犒赏秦军，认为郑国早有了防备，只好放弃了袭击郑国的计划，挥师攻打滑国。滑国轻而易举地就被秦国灭亡了，然后，秦军就带着从滑国掠夺来的大批财宝，班师回朝。

此时晋国得到消息，秦国经过晋国非但没有向他们借道，还把他们的属国滑国

灭了，十分气愤，况且听巫师说，在送晋文公棺柩回去的路上，里面突然发出牛一样的响声，这就暗示了将会有西方国家进入中土，晋若攻之，必胜！于是晋惠公决定给秦国一次毁灭性打击！他穿上了染黑的孝服，率领大军在崤山两边埋伏，左大夫梁洪给他驾车，右大夫莱驹坐他的车右。

崤山地势险要，秦军到了这里，猛然间看到晋国一支队伍从后面追来，由于毫无防备，再加上崤山地势窄小，秦军有如瓮中之鳖，走脱不得。秦国的三千勇士，被困在绝地，死伤无数，没有一人能够逃脱，而秦军的三位主帅也都做了俘虏，他们被押回了晋国，成为阶下囚。

中国古代军事史上著名的秦晋崤之战，因为秦穆公的轻率和傲慢，以秦国的失败告终。

为人之道

张九龄冲动失宠

人生的道路上，可能会遇到各种各样的挫折，尤其是臣子，更是伴君如伴虎，稍有差池，就可能会惹祸上身，性命不保。这个时候，身为臣子一定要戒骄戒躁，保持冷静、沉稳，如果自己先乱了方寸，后果可能会不堪设想。

唐玄宗在位的时候，李林甫为了独掌大权，一心想要把宰相张九龄挤掉。但因为张九龄德高望重，这并不是一件容易的事情。李林甫几次试探着去攻击张九龄，都是因为唐玄宗对张九龄太过信任，致使他的奸计没有得逞。

为此，李林甫十分懊恼，很是不服气地对他的亲信说：“张九龄一日不除，我就一日不得安生啊！可是，这个人又没有污点，我该从哪里着手去整治他呢？”

张九龄画像

这时，他的亲信献上一计说：“张九龄虽然没有过失，但是我们可以制造机会，让他主动犯错啊！”

李林甫非常为难地问道：“此人一生做事谨慎，恐怕难以将他拉下水啊！”

他的亲信又献计说：“张九龄虽然做事十分谨慎，但是他性格中也有致命的缺点，就是忍受不了别人对他的羞辱。如果能够想法刺激他发怒，他一定会暴跳如雷，这样他做起事来就不可能周全了。”

思索之后,李林甫认为他说得对,于是就寻找机会想方设法激怒张九龄。

一次,朝廷要封地方将领牛仙客的消息在全朝上下传开,朝中大臣无一不觉得不合礼度,纷纷表示反对。于是,李林甫鼓动众臣向玄宗皇帝进谏,但大臣们都害怕惹祸上身,没有一个人给予响应。最后,李林甫对张九龄说:"你向来以忠直闻名,难道也胆小怕事了吗?这点小事你都没有胆量站出来说话,看来你真的是徒有虚名啊!"

张九龄是何等要面子之人,当他听到这些话时,立马就火了。他说:"谁说我不敢进谏,只怕是你不敢吧?"

二人越说越激烈,张九龄火气也越来越大。这个时候,已经达到了李林甫想要的效果,于是他拉上张九龄一起去觐见唐玄宗。

由于张九龄还心存怨气,于是在玄宗面前说话也非常激动,言辞难免有不恰当之处。唐玄宗越听越烦,一直保持冷眼观望的态度,一句话也没有说。事情发生过之后,李林甫对众臣说:"张九龄对皇上真是十分无礼,大声斥责。即便他是国家忠臣,但也不应该这样啊!这根本就是不把皇上放在眼里,这又怎么能够指望他效忠朝廷呢?"

后来,李林甫的话传到唐玄宗的耳朵里,唐玄宗开始对张九龄愤恨起来。于是,张九龄的宰相之职就被玄宗罢免了。至此,李林甫的目的也就达到了。

李林甫通过诱使张九龄上当,最后终于扳倒了他。原因就在于张九龄一时忍耐不住,让李林甫抓到了自己的把柄,结果,多年的努力就这么断送了。人在冲动之时,更应该学会控制自己,不能让自己被他人利用。害人之心不可有,防人之心不可无,小的错误也轻视不得啊!

这个事例充分说明:做事毛躁、轻浮者,最后都不会得到好的结果;相反,做事沉稳、镇定、冷静的人,才能够干出一番大的事业,并善始善终。

成吉思汗斩鹰悟大道

有一天,成吉思汗一大早便带着一群属下出去打猎了。但直到中午他们还是一无所获,只得垂头丧气地返回住处。喝了几碗酒后,成吉思汗越想越气,便又带着皮袋、弓箭以及心爱的猎鹰,一个人骑马上山了。

烈日当空,山路崎岖,带的那点儿水早已被喝完了,成吉思汗口干舌燥。当他走到一处峭壁边时,突然感到脖子上被水滴砸了一下,抬头一看,原来是峭壁顶在滴水。他顿时来了精神,马上从皮袋里拿了一只金属杯子去接水。但水滴很小且慢,成吉思汗也只得耐着性子等。

成吉思汗

当水杯终于有七八分满时,他高兴地端到嘴边准备喝,然而就在这时,他的猎鹰突然一个俯冲用翅膀把杯子打翻了。

成吉思汗勃然大怒,但因为他太喜爱这只鹰了,也就没舍得惩罚它,而是又拿起杯子重新一滴一滴地接水。

当水杯又一次七八分满的时候,他的爱鹰又冲下来把水杯打翻了。

这次,成吉思汗再也按捺不住胸中的怒火了,他要把鹰杀掉。于是,他不动声色地拾起水杯重新接起了水。当水杯快七八分满时,他偷偷抽出尖刀,藏在袍子下,然后把杯放到嘴边作欲喝状。当爱鹰再次飞近他的时候,成吉思汗手起刀落,把爱鹰杀死了。

可是,因为他精力太集中在杀鹰上,一不小心,杯子掉进山谷了。成吉思汗沮丧异常,可又一想:既然有水滴下来,那么上面肯定有水源。

他费力地爬了上去,果然,在悬崖顶部有一个小水塘。他高兴地正准备喝个够时,忽然发现水塘的另一边有条大毒蛇的尸体。这时,他才恍然大悟:原来,爱鹰是为了救他的命,屡次把他杯子里的水打翻,是为了避免他喝到被毒蛇污染过的水。

成吉思汗悔恨交加,将爱鹰的尸体带回去命人厚葬。成吉思汗因为无法控制愤怒的情绪,而失去了对主人如此忠诚的爱鹰。他知道自己做错了,带着自责的心情,忍着口渴回到了帐篷,并暗暗下定决心:"从今以后,我绝对不会在生气的时候去做任何的决定。"这一坚强的决心,使他避免了做很多错事,同时也给他的雄图霸业带去了很大的帮助。

一个真正能够悟出大道的人,绝对不会让自己被愤怒所左右,在任何情况下,他们都能够保持一颗镇定、坦然、冷静的心。如果动不动就怒火中烧,就很容易失去理智,难以保持清醒的头脑,做出错误的判断,因而做错事。再者,动不动就愤怒、焦躁,对身体也会产生不良的影响。

美国心理专家爱尔马曾做过一个试验:把一支玻璃试管插在装有冰水混合物的容器里,然后收集人们在不同情绪状态下的"气水"。

研究发现:当一个人心平气和时,他呼吸时的水是澄澈透明的;悲痛时,水中有

图文珍藏版

白色沉淀物;悔恨时有蛋白样沉淀物;生气时也有白色沉淀物。爱尔马把人生气时呼出的"生气水"注射到小白鼠身上,十二分钟后,小白鼠竟死了。

爱尔马认为:"人生气时的生理反应十分强烈,分泌物比任何情绪时都复杂,都更有毒性。因此,动辄生气的人很难健康,更难长寿。"

无论什么原因,当你爆发愤怒情绪时,不但会使你的肾上腺激素分泌急速上升,更重要的是,你根本得不到一点儿益处。愤怒不但丑陋,而且是一种具有破坏性的情绪。它潜伏在人的内心,等到引发它时,它就会控制人的情绪,左右人的生活。因此,无法克制的怒气,往往使身心伤害至深。

在日常生活中,愤怒的情绪如果发泄出来,就会如火山爆发,造成难以估计的损失。愤怒者的心性被燃烧着的报复焰火所迷惑,而不计后果如何。所以,在盛怒之下,人会失去理智,变成伤人伤己的危险猛兽。最重要的是,它会严重影响你人生道路的发展。

因此说,不管在什么状况之下,都要戒骄戒躁、学会制怒,保持冷静、沉着、坦然的心态吧!

处世之道

从"呆若木鸡"中学习镇定

老子认为,厚重是轻率的根本,宁静则是躁动的主宰。轻率时,必定会失去根本;躁动时,又肯定会失去主宰。庄子"呆若木鸡"的寓言故事就生动地告诉了我们这样一个道理。

周宣王的时候,有一个叫纪治子的人,他以训练斗鸡而闻名。后来,便奉周宣王之命训练一只鸡。

过了十天周宣王问:"鸡驯好了吗?"纪治子回答说:"不行,正虚浮骄矜自恃意气哩。"

十天后周宣王又问,回答说:"不行,还是听见响声就叫,看见影子就跳。"

十天后周宣王又问,回答说:"还是那么顾看迅疾,意气强盛。"

又过了十天,周宣王已经不抱什么希望了,但纪治子却回答说:"差不多了。鸡虽然有时候会啼叫,却能够镇定下来,看上却好像木头做的鸡,但它在精神上已经完全准备好了,甚至可以说已经达到了理想的境界。其他鸡看到它这副神气,都不敢来挑战，只有落荒而逃。所以，它现在完全可以参加比赛了。"

从故事中我们可以看到，这只"呆若木鸡"的鸡果然威力非凡，勇猛无比。

现代社会，很多人总是用"呆若木鸡"这个成语来形容一个人头脑呆板、反应迟钝。其实，它并不是让人一个劲儿地保持呆板的姿态，否则，就可以称得上是白痴了。

在这个寓言故事中，"呆若木鸡"其实是一种赞美，并没有丝毫的贬义在里面。庄子认为，真正威猛有力、善于竞争的人，其心理状态应该像这只鸡的心理状态一样，达到一个完美的境界：保持镇定、冷静、恬淡，不要盛气凌人，更不要急于表现自己的本领，不表现得自高自大。不管什么时候，都应该保持镇定与冷静，如此，才能够在激烈的竞争中博得一席之位。

做事戒急躁，因为在急躁的状态下，必然心浮，心浮则无法深入到事物的内部去研究其发展的规律，就难以认清事物的本质，只知其一，不究其二。心浮气躁、办事不稳，自然就会出很多差错。

《晏子春秋》中曾经记载这样一则关于"临难铸兵"的故事：

很久以前，鲁昭公流亡到齐。一日，齐景公问鲁昭公说："你年纪轻轻就已经继位，可为什么继位没有几天就开始流亡了呢？"

鲁昭公回到说："我之前一向是受人喜爱的，不幸的是现在那些喜爱我的人都渐渐离我远去了。他们都曾经极力劝谏过我，但我从来都只当耳边风，没有认真听取过一次，即使听了，也是敷衍一下，从来就不付诸行动。以致最后身边只剩下一些溜须拍马，根本就是假意关心我的人。现在的我，就好像是一棵秋草，当秋风劲吹时，我就会折断。"

齐景公将他的话传达给晏婴听，并问晏婴道："我想竭一己之力，来帮助鲁昭公返回王位，你认为如何呢？"

晏婴回到说："这根本就是不可能的事情。那些失败之后才懂得后悔的人，根本就是愚蠢的人。例如那些事先不问路而随意走动，等到迷路了才向别人问路，过河不知道事前测量水的深浅，溺水后才后悔不迭。这就像遇到了强敌了呀！"

三思而行，有备无患的道理，是不是会给那些急躁的朋友一些启示呢？老子说："重为轻根，静为躁君。"所以，不管任何时候，尤其是在危急关头，更应该镇定自若，心中清醒宁静如湖水，如此才能够帮助你摆脱困境，冷静地观察和判断，寻觅出正确的方向和出路，达到自己的目的。千万不要等到最后失败了才后悔。

【古为今用】

先沉住气，把根基打牢

人们常常遇到这样的情况：一场暴风雨过后，马路上横躺着几棵被刮倒的大树，看上去，这些树的树冠枝叶茂密，这时你会自然地想到"树大招风"这句话，但再仔细看看，就会发现这些树的根竟小得与它那巨大树冠不成比例，这时你才明白，这树的灾难根源不是由于树大招风而是由于"头重脚轻"。

社会上也不乏像这种树的人。如果有阳光雨露，他们总是像这些树那样拼命抽枝展叶，但与此同时，他们却没有花费至少同样的气力去向地底伸展自己的根系——立足之根和成功之基，一旦遇上了狂风暴雨的坏天气，他那庞大树冠所承受的巨大风力，就会倒塌。这个世界上，没有人能够一步登天，心浮气躁的人往往不会成就大业。只有先沉住气，将根基打牢，如此才能够让自己茁壮成长。

第二十七节　常善救人

【题解】

本章中，老子通过列举善行、善言、善数、善闭、善结等比喻，来说明人只要善于行不言之教，善于赴无为之政，符合于自然，不必花费大气力，就会取得良好的效果，而且会完美得无可挑剔。他认为，善行、善言、善数、善闭、善结都是"道"在不同情况下的具体体现，无

常善救人

道者和失道者都不属于拥有真正智慧的人，而是"虽智大迷"。

在这里，"道"指的是正确的和行之有效的做事方法，同时也可以理解为事物发展的规律。通常，如果能够按照"道"来做事，就能取得事半功倍的效果。再者，这一章又暗含有不自见、不自是、不自伐、不自矜的道理，还提到了人尽其才和物尽其用的道理。

善行无辙①迹②，善言无瑕谪③；

河上公《老子章句》：善行道者求之于身，不下堂，不出门，故无辙迹。善言谓择言而出之，则无瑕疵谪过于天下。

王夫之《老子衍》：善行不跖实，善言不执美。

善数④不用筹策⑤；

王弼《道德真经注》：因物之数不假形也。

王夫之《老子衍》：筹策得小忘大。

善闭无关楗⑥而不可开，善结无绳约⑦而不可解。

河上公《老子章句》：善以道闭情欲、守精神者，不如门户有关楗可得开。善结无绳约而不可解。善以道结事者，乃可结其心，不如绳索可得解也。

王夫之《老子衍》：吕吉甫曰：我则不辟，孰能开之。

是以圣人常⑧善救人，故无弃人；常善救物，故无弃物。是谓袭⑨明。

王弼《道德真经注》：圣人不立形名以检于物，不造进向以殊弃不肖，辅万物之自然而不为始，故曰无弃人也。不尚贤能，则民不争；不贵难得之货，则民不为盗；不见可欲，则民心不乱。常使民心无欲无惑，则无弃人矣。

故善人者，不善人之师；不善人者，善人之资。

唐玄宗《御解道德真经》：师，法也。资，取也。善人可师法，不善人可取役使也。

宋徽宗《御解道德真经》：资以言其利，有不善也，然后知善之为利。

不贵其师，不爱其资，虽智大迷，是谓要妙⑩。

王弼《道德真经注》虽有其智，自任其智，不因物，于其道必失。故曰，虽智大迷。

河上公《老子章句》：独无辅也。无所使也。虽自以为智，言此人乃大迷惑。能通此意，是谓知微妙要道也。

【注释】

①辙：车轮轧出的痕迹。

②迹：脚步、马蹄等留在地上的痕迹。

③瑕谪：谪借为"讁"，瑕、谪都是玉上面的疵病，此处引申为过失。

④数：计算。

⑤筹策：古代计算时所使用的一种工具，用竹制成，功能相当于今天的珠算。

⑥关楗：关锁门户所用的栓梢，用金属或木制成。

⑦绳约：约，绳、索的意思。绳约，就是指绳索。

⑧常：总是、永远。

⑨袭：随袭，有保持、含藏的意思。

⑩要妙：精要玄妙。

【译文】

做事技巧很高的人，事后绝对不会留下任何痕迹。讲话技巧很高的人，话中也很不容易被挑出毛病。计算技能很高的人，进行计算时不需要任何辅助的工具。那些很会做容器的技师，做出的容器闭合之后，即使不上栓，旁人也不可能打开。很懂捆绑技巧的人，捆绑好不需要打结，旁人也不可能解开。

因此说，那些有"道"的"圣人"总能够做到人尽其才。而那些没有被遗弃的人，也总能做到物尽其用。所以。世界上没有任何被废弃的东西。这就是我们通常所说的内心藏着聪明和智慧。

所以，觉者可以称得上痴者的老师，而痴者又是觉者引以为戒的借鉴。（如果）生活中不尊重他的老师，不爱惜他的借鉴，这种自以为是的聪明，其实是种大糊涂。这就是精要深奥的道理。

【解析】

很多看似很平常的道理，老子在本章中都一一做了阐述。

"善行无辙迹，善言无瑕谪；善数不用筹策；善闭无关楗而不可开，善结无绳约而不可解。"这句话中所提到的行、言、数、闭、结等都是我们在日常生活中经常可以做到的动作，但是，并不是人人都可以做到"行而无迹""言而无瑕""数不用筹""闭无关楗""结不用绳"的。通过这些日常生活中可以见到的行为，老子向我们娓娓道来"道"中所蕴含的真理，是"袭明"，是"要妙"。

《道德经》二十七章书法

善行者的特征是"无迹",善言者的特征是"无瑕",善算着的特征是"不用筹",善闭者的特征是"无关楗",善结者的特征是"不用绳"。由此我们可以推知,善行者与不善行者之间最大的区别就是是否"无迹",善言者与不善言者之间的区别就是是否"无瑕"……依此类推,善人与不善人最大的区别就是量的积累带来的质的飞跃。

但不管善人还是不善人,在这个社会上都各有用处。擅长某事的人可以教不擅长者学习,而不擅长者的错误又可以被擅长者拿来借鉴,故老子在本章中提到"故善人者,不善人之师;不善人者,善人之资"。

每个人在世上都各有所用,但如何能够让他们各司其职呢?能够根据各人的能力、本事进行教育、分工的人,就可以称得上是圣人了。这也就是老子在本章中提到的"圣人常善救人,故无弃人;常善救物,故无弃物"。

例如孔子,他门下弟子三千,但孔子却能够根据弟子们各自的特征进行教育,帮助弟子们在那个混乱的年代找到自己的位置。其中,子路年幼时十分鄙陋,还曾经凌暴孔子,所有人都认为他根本不可能成才;但孔子却能够用礼仪教育他,使他"儒服委质"。出乎所有人的意料,子路最后还以政事闻名,且成为孔门七十二贤人之一。因此,世人都称孔子为"孔圣人"。而这个事例也充分说明了"圣人常善救人,故无弃人"。

而圣人之所以能够做到这一点,是因为他们善于因材施教,使每个人都去自己该去的位置,这就是"袭明"。不过,"袭明"也需要在了解"道"的基础上才能进行。

生活中,成功者能够成功,其背后一定有促使其成功的理由,我们可以称之为经验;而失败者之所以失败,也必定有导致他失败的原因,我们将这些原因称为教训。从成功者的身上学习经验,从失败者那里吸取教训,这就是老子所提到的"要妙"。

【名句品读】

善行无辙迹,善言无瑕谪。

在这里,老子所提倡的是为人处世要低调,不露声色、不着痕迹。他认为,"善"的言行不但是完美的,更是不过分张扬、不过分显露的。这与老子所提到的"大音希声,大象无形"的道理是一致的。的确如此,真正的大智慧是"润物细无声"的,"桃李不言,下自成蹊"说的也正是这个道理。

西汉名将李广英勇善战,历经汉文帝、景帝、武帝,立下赫赫战功,匈奴单于都

很敬佩他,李广对部下也很谦虚和蔼。但西汉政府并没重用李广,他六十多岁时被迫自杀,许多部下及不相识的人都自动为他恸哭。为此,司马迁在《史记》中有这样的记载:"李将悛悛如鄙人,口不能道辞。及死之日,天下知与不知,皆为尽哀。彼其忠实心诚信於士大夫也?谚曰:桃李不言,下自成蹊。此言虽小,可以谕大也。"

不贵其师,不爱其资,虽智大迷,是谓要妙。

一个人,如果不尊重他人的指导,不珍惜、借鉴他人的经验,即使有绝顶的聪明,也是最大的糊涂。因为,不管我们做什么事情,都是在前人的理论基础上进行的,所谓"前人栽树,后人乘凉"说的就是这个道理。生活和工作中,如果不懂得吸取别人的经验,最终只能落得失败的结局。很多时候,吸取前人的经验能够使我们少走很多弯路。

隋朝结束了各地势力割据纷争的局面,但是隋炀帝并没有及时吸取前朝灭亡的经验教训,仍然是穷奢极欲,劳民伤财,百姓苦不堪言,最终落得个众叛亲离、国破家亡的下场。但唐朝建立之后,从李渊到李世民都非常注重汲取前人的经验,轻徭薄役,重视普通百姓的生活,使得唐王朝在很短的时间内就迅速强大了起来。

其实,我们现在做的很多事情,前人们都已经做过了,不管成功还是失败,都给我们留下了极为深刻的经验和教训。对此,我们应该取其精华,去其糟粕,让它们更好地为我们服务。

【经典故事】

处世之道

庖丁解牛

庖丁为梁惠王宰牛。手到之处,肩倚之处,脚踩之处,膝顶之处,都会发出骨肉相离的声音,但这声音十分和谐,就跟美妙的音乐一样,合于尧时的《经首》旋律;那动作也很有节奏,就像优美的《桑林》节奏。解牛技术到了这样的程度,已经不是简单地解开一头牛,而是一种艺术了。

梁惠王看得出了神,称赞说:"太棒了!你的技术是怎么达到这样高超的地步的呢?"

庖丁放下刀对梁惠王说："我喜欢探求的是'道'，就是事物的规律，比一般的技术又进了一步。我开始解剖牛的时候，看到的无非是一头整牛，不知道牛身体的内部结构，更不知道从什么地方下手。三年以后，我眼前出现的是牛的骨缝空隙，就不再是一头整牛。到了今天，我宰牛就全凭感觉了，不需要再用眼睛看来看去，就能知道刀应该怎么运作。牛的肌体组织结构都是有一定规律的，我进刀的地方都是肌肉和筋骨的缝隙，从不碰牛的骨头，更不消说碰大骨头了。技术高明的厨师，一年换一把刀，因为他是用刀割。一般的厨师，一个月就更换一把刀，因为他是用刀砍。而我宰牛的这把刀，已经用了十九年；所宰的牛，又已经有几千头，然而刀口锋利得仍然像刚在磨石上磨过的一样。这是为什么呢？就因为牛的肌体组织结构之间有空隙，而刀口与这些空隙比起来，薄得好像一点厚度也没有。用没有厚度的刀在有空隙的肌体组织间运行，当然绰绰有余！所以十九年过去，我的刀还跟新的一样。虽然我的技术已达到了这种程度，但我在解剖牛的时候，还是丝毫不敢马虎，总是小心翼翼，心神专注，进刀时不匆忙，用力时不过猛，牛体迎刃而解，牛肉就像一摊泥土一样从骨架上滑落到地上。这时，我才松下一口气来，提刀站立，顾视一下四周，心满意足地把刀揩拭干净，收藏起来。"

梁惠王听了，高兴地说："好极了，听了你的这一席话，我从中悟到了修身养性的道理。"

这则寓言故事告诉我们：世间一切事物，都有它自身的规律，掌握了事物的规律，办事就可以得心应手。事实上，任何事物的发展都有一定的规律，这就是我们通常所说的"道"。可以说，这个"道"就是一头牛，只有顺势而为才能够在事物发展的过程中使自己处于游刃有余的境界。

但是，我们每个人都有不愿意承认错误的弱点，当事物发展的趋势与我们所希望的不同时，我们总是倾向于钻牛角尖，结果费了很大的力气，反倒把刀子给弄断了。一切事物都有它的客观规律，只要反复实践，不断积累经验，就能像庖丁一样，认识和掌握事物的规律，做到"游刃有余"。

用人之道

鸡鸣狗盗

选用人才，关键是"人才"二字，其他都可以忽略不计。但这一点恐怕很少有领导者可以做到,多数时候,领导者都是根据自己的喜好来确定自己的下属。例如,一个领导者如果讨厌生性耿直的人,那么他可能就会因为一个人的生性耿直而把他的其他优点全部否定。

众所周知,战国时候齐国的孟尝君田文以养士著称。但是,最初时候,孟尝君也并非来者不拒,对于自己不喜欢的人,孟尝君也常常逐之。后来,经过鲁仲连的劝说,他才真正开始懂得用人不拘一格的道理。

有一次,孟尝君要驱逐一位自己并不喜欢的食客,但是正好遇到自己的好友鲁仲连。看到这种情形,鲁仲连告诫他说:"猿猱猴错木据谁,则不若鱼鳖;历险乘危,则骐骥不如狐狸。曹沫之奋三尺之剑,一军不能当;使曹沫释三尺之剑,而操铫镰与农夫居垄亩之中,则不若农夫。故物舍其所长,取其所短,尧亦有所不及矣。今使人而不能,则谓之不肖;教人而不能,则谓之拙,拙则罢之,不肖则弃之,使人有弃逐,不相与处,而来害相报者,岂非世之立教首也哉!"

鸡鸣狗盗

鲁仲连这席话的意思主要是,人都是各有所长又各有所短的,如果弃之长取之短,那么这个人就成了愚人;但如果只用其所短,则更为不智。鲁仲连的这段话,说得孟尝君茅塞顿开,决定不再驱逐那位食客。而从此之后,孟尝君开始更加广泛地招揽人才,不拘一格,来者不拒。在这种情况之下,各种各样的人才都开始奔走于他的门下,并为他所用。

齐愍王二十五年(公元前299年)孟尝贤出使秦国,秦昭王准备任命孟尝君为相国。这时,有人劝告秦昭王说:"孟尝君贤,而又齐族也,今相秦,必先齐而后秦,秦其危矣。"因此,秦昭王放弃了任命,并且还把孟尝君囚禁了起来,还试图把他杀死。孟尝君得知这一情况之后,派人请求秦昭王的宠姬帮忙,这个宠姬说:"妾愿得君狐白裘。"(孟尝君之前有一件狐白裘,因为价值连城、天下无双,刚到秦国时,就已经进献给了秦昭王。)

在这个万分关键的时候,孟尝君实在是无计可施。这时,他的食客起了作用。他的一个食客,能做狗盗的人在半夜时分学狗叫入秦宫,盗取了孟尝君所献的狐白裘。孟尝君因为被放,于是当即打点行装,隐姓埋名逃往齐国。秦昭王思来想去,有些后悔放走孟尝君,当孟尝君到达函谷关时,命令勿放孟尝君出关。

这个时候,孟尝君有一食客回答说,他能够学鸡鸣,愿效力。因为当时秦国有一条法令,到鸡鸣时才能够开关放人过境。此人一鸣,众鸡齐鸣,守关者立即开关放了人,孟尝君得以返回齐国。

上面所讲的故事,就是历史上赫赫有名的鸡鸣狗盗各有所用的故事。从这个故事中,我们不难发现这一点,即用人一定要不拘一格,只要是有一技之长者,在必要的时候,必定会显示出自己的优势来。鸡鸣狗盗之人,在世间被众人所唾弃,但上述故事中,关键时刻,他们却能够发挥其他人无法起到的作用。

任何人都有自己的长处和优点,作为领导者,应该不拘一格,取其所长,避其所短,这样他们才能够更好地为自己服务。

育人之道

孔子因材施教

子路问孔子:"听到有意义的事情时,是否应该立刻去做?"

孔子回答说:"你还有父兄在上,怎么可以立刻去做?"

当冉有问孔子同样的问题时,孔子的回答却是"当然要马上去做啦!"

孔子对同一问题给两个答案,因为他是因材施教的。子路是个很勇敢的人,生性见义勇为,有时难免冲动。而冉有是个比较软弱的人,遇到有意义的事情时会裹足不前。因此,孔子对他们两个人就给予不同的回应。

从这个记载中,我们可以明白这样一个道理,即教育他人时,一定要懂得因材施教。但因材施教有个前提是要对施教对象的性格特征、脾气秉性等有个正确的了解。那么,想要了解应该用怎样的方式呢?

第一,是"听其言"。

这是了解施教对象的重要途径,因为"不知言,无以知人也"。而"听其言",一是被动地听,二是主动地与学生交谈。被动地听,这在孔子的教学过程中不胜枚举,故略而不

至圣先师孔子

论。主动地和学生促膝谈心,以便更深入地了解他们,这在《论语》中也不乏其例:

颜渊、子路侍。子曰:"盍各言尔志?"子路曰:"愿车马、衣轻裘,与朋友共。敝之而无憾。"颜渊曰:"愿无伐善,无施劳。"子路曰:"愿闻子之志。"子曰:"老者安之,朋友信之,少者怀之。"(《论语·公冶长》)

特别是《侍坐》,就是召集学生进行集体谈话,类似我们现在的座谈会。

第二,是"观其行"。

也就是把施教对象的一举一动置于教师的视野之下,全面细致地观察其行动,如孔子所言:"视其所以,观其所由,察其所安。"(《论语·为政》)

阙党童子将命。或问之曰:"益者与?"子曰:"吾见其居于位也,见其与先生并行也,非求益者也,欲速成者也。"(《论语·宪问》)

当阙党有个儿童来向孔子传信时,有人问孔子这个孩子是否是一个要求上进的人。"他是想让自己学习上进的那种人吗?"孔子说:"我看到他站在成年人才应该站的位置上,看到他跟前辈长者并肩行走,不像是想通过学习使自己上进的人,而是急于成名的人。"孔子通过一个人的行走坐姿这种极为简单的行为来了解、发现人的品行,可谓细致入微。

还可以通过观察其所处环境,如观察他所结交的人来间接地了解其本人。孔子说:"人之过也,各于其党。观过,斯知仁矣。"(《论语·里仁》)也即"物以类聚,人以群分","近朱者赤,近墨者黑"。

既要"听其言",又要"观其行",二者结合起来,就是"听其言而观其行"(《论语·公冶长》)。把"言"和"行"结合起来考察,这就是孔子考察学生的方法。对此我们应当很好地借鉴。

【古为今用】

善用他人的长处

老子说:"圣人常善救人,故无弃人。"

在圣人的眼里,没有一无是处的人,关键在于如何发现和使用。如果不能够意识到这一点,天下就没有可用之人。而善用人的长处,则是因人成事的第一要务。一个聪明的领导者,就在于能够了解自己团队中的人各自的长短,用其所长,避其所短,把自己的部下组织成一支样样皆精的队伍。那么,即使这个领导者没有超群的技艺,他的团队也会是无敌的。

使用人,应该发挥其长处,避开其短处;教育人,应该发展其长处,克服其短处。所以说,一位杰出领导人的高明之处就在于"各因其能而用之"。古今中外许多成大事者,都能够在选用人才时,知道所用人的长处,容忍人才的缺点。这不仅仅是一种胸怀,更是一种智慧。

第二十八节　常德乃足

【题解】

在本章中,老子提出这样的一个原则:知雄、守雌。他所要阐述的就是世人应该用这个原则去从事政治活动,参与社会生活。这种原则在老子所处的时代,可以作为一种生活态度的选择。当时正处在春秋末年,政治动荡、社会混乱、你争我夺,纷纭扰攘,面对这样一种社会状况,老子提出了"守雌"的处世原则,并再次强调了"道"的深刻内涵。

老子认为,只要人们这样做了,就可以返璞归真,达到天下大治。此外还应注意,不仅是"守雌",还有"知雄"。在雄雌的对立中,对于"雄"的一面有透彻的了解,然后处于"雌"的一方。这样做并非表示对"雄"的妥协与退让,而是通过守"守其雌"来达到"雄"的目的,以"无为"来实现"无不为"。

【原文】

知其雄①,守其雌②,为天下谿③。为天下谿,常德不离,复归于婴儿④。

王弼《道德真经注》:雄,先之属;雌,后之属也。知为天下之先也,必后也。是以圣人后其身而身先也。谿不求物而物自归之,婴儿不用智而合自然之智。

常德不离

知其白,守其黑,为天下式⑤。为天下式,常德不忒⑥,复归于无极⑦。

王弼《道德真经注》:式,模则也。忒,差也。不可穷也。

唐玄宗《御解道德真经》:能守雌雄,常德不离,德虽明白,当如暗昧,如此则为

国学经典文库

《道德经》译解

图文珍藏版

天下法式。常德应用，曾不差忒，德用不穷，故复归于无极。忒，差也。

知其荣，守其辱，为天下谷⑧。为天下谷，常德乃足，复归于朴⑨。

王夫之《老子衍》：或雌或雄，或白或黑，或荣或辱，各有对待，不能相通，则我道盖几于穷，而我之有知有守亦不一矣。知者归清，守者归浊，两术剖分，各归其肖，游环中者可知已。然致意于知矣，而收功于守，则何也？宾清而主浊，以物极之必反，反者之可长主也。故婴儿可壮，壮不可稚；无极可有，有不可无；朴可琢，琢不可朴。

朴散则为器⑩，圣人用之，则为官长⑪，故大制⑫不割。

王夫之《老子衍》：然圣人非于可不可斤斤以辨之。环中以游，如霖雨之灌蚁封，如原燎之灼积莽，无首无尾，至实至虚，制定而清浊各归其墟，赫然大制而已矣。虽然，不得已而求其用，则雌也，黑也，辱也，执其权以老天下之器也。

【注释】

①雄：比喻刚劲、躁进。

②雌：比喻柔静、谦卑。

③豁：同"溪"。在此处象征谦卑。

④婴儿：象征纯真质朴。

⑤式：同"栻"，古代占卜用的工具。

⑥忒：差错。

⑦复归于无极：回复到最后的真理。

⑧谷：川谷。象征宽容谦卑。

⑨朴：纯朴、质朴、真朴。

⑩器：指现实世界具体的实物。

⑪官长：指百官的首长，即君主。

⑫大制：完善的政治制度。

【译文】

知道什么是强雄，却能够安于柔雌的地位，甘愿做天下的溪涧。如此，永恒的"德"就不会离失，而会回复到婴儿似的、最单纯最质朴的状态。

知道什么是光彩，却能够安于暧昧的地位，甘愿做预测天下的工具。如此，永恒的"德"就不会有过错，而最终会回复到最后的真理。

《道德经》二十八章书法

知道什么是荣耀，却总能安于卑辱的地位，甘愿做天下的川谷。如此，永恒的"德"才得以充足，而最终会回复到真实、纯朴的状态。

淳朴的"道"分散形成万物，而"道"的"圣人"沿用淳朴，就会成为百官的首长。所以说，完善的政治制度是刚柔并济、阴阳共存的，是一体两面、相辅相成的上顺之道，不可能完全割裂开来。

【解析】

在老子所提倡的哲学思想中，"朴""婴儿""雌"等是非常重要的概念。

例如，在第十五章里有"敦兮其若朴"；第十九章"见素抱朴"；本章的"复归于朴"以及第三十七章和第五十七章都提到"朴"这一概念。"朴"一般可解释为素朴、纯真、自然、本初、纯正等意，是老子对他关于社会理想及个人素质的最一般的表述。

在第十章里有"专气致柔，能如婴儿乎"；第二十章有"沌沌兮，如婴儿之未孩"；本章里有"复归于婴儿"以及后面的章节中也有提及"婴儿"这个概念。"婴儿"，其实也是"朴"这个概念的形象解说。在老子看来，只有婴儿才不被世俗的功利宠辱所困扰，好像未知啼笑一般，无私无欲，淳朴无邪。

老子明确反对用仁、义、礼、智、信这些儒家的规范约束人，塑造人，反对用这些说教扭曲人的本性，这就涉及老子所说的"复归"这个概念，即不要按照圣贤所制定的清规戒律去束缚人们，而应当让人们返回到自然朴素的状态，即所谓"返璞归真"。

本章中，老子还主张用柔弱、退守的原则来保身处世，并要求"圣人"也应以此作为治国安民的原则。守雌守辱、为谷为溪的思想，自然不能理解为退缩或者逃避，而是含有主宰性在里面，不仅守雌，而且知雄，这是在告诫人们要居于最恰切、最妥当的地位，面对社会纷乱争斗的场面。陈鼓应说，"守雌"含有持静、处后、守柔的意思，同时也含有内收、凝敛、含藏的意义。

那么，为什么要"知其雄，守其雌""知其白，守其黑""知其荣，守其辱"呢？这其中就体现了老子"无为"的思想。他认为，唯其能以"无为"的方式行事，守雌柔、退守黑、安于卑微，才能够得到永远的"德"，才能够返归真正的质朴。

再者，从"朴散则为器"中，我们也能够看得出，老子所认为的"道"是世间万物所共有的，是质朴的，不需文饰。遵从"道"，便可"无不为"，获得"德"。

【名句品读】

知其雄，守其雌，为天下谿。

知道什么是阳刚之处，但却自甘柔弱，这样的人就能够心甘情愿地做天下的河沟。其实，真正的强大者，表现出来的往往是柔弱；真正能够明辨是非者，却常常表现出随大流的生活态度。当然，老子在这里并不是一味地消极避世，只是他更加清楚"雄"与"雌"之间的关系。

东汉末年，刘备被吕布打败之后，投靠了曹操。曹操一直对刘备心存芥蒂，担心他日后成大器。但刘备处处谦卑，表现得胸无大志，让曹操认为他难成气候。

平日里，刘备耕地、除草、浇水、种菜，自得其乐。有一次，曹操派人来请刘备喝酒。当时正是梅雨季节，前一刻钟阳光灿烂，接下来就是云走云飞。曹操看了看天空说道："你看那朵云像条龙！说到龙呢，它能大能小，能升能隐：隐身时无迹可寻，兴起时又纵横四海。世上的英雄，都可以用龙来打比方。你阅历不浅，能否说说当今英雄都有哪些啊？"

对于曹操的弦外之音，刘备非常清楚，但他依旧装作听不懂，并一一罗列出袁绍、刘表等人。但曹操指了指刘备，又指了指自己说："今天下英雄，唯使君与操尔。"刘备听后，心中大惊，筷子都吓掉了。这时恰好空中响了个炸雷，刘备假装闻雷失色，遮掩了过去。

此后，刘备更是处处示弱，小心周旋，终于瞒过了曹操。后来得以全身而退，成就了蜀汉大业。

【经典故事】

从政之道

苏武牧羊

匈奴自从被卫青、霍去病打败之后，双方有好几年没打仗。他们口头上表示要跟汉朝和好，实际上还是随时想进犯中原。

匈奴的单于一次次派使者来求和，可是汉朝的使者到匈奴去回访，有的却被他们扣留了。汉朝也扣留了一些匈奴使者。

公元前100年，汉武帝正想出兵打匈奴，匈奴派使者来求和了，还把汉朝的使者都放回来。汉武帝为了答复匈奴的善意,他表示,派中郎将苏武拿着旌节,带着副手张胜和随员常惠出使匈奴。

苏武到了匈奴,送回扣留的使者,送上礼物。苏武正等单于写个回信让他回去,没想到就在这个时候,出了一件倒霉的事儿。

苏武没到匈奴之前,有一个生长在汉朝的匈奴人,叫卫律,在出使匈奴后投降了匈奴。单于特别重用他,封他为王。

苏武牧羊

卫律有一个部下虞常,对卫律很不满意。他跟苏武的副手张胜原来是朋友,就暗地里跟张胜商量,想杀了卫律,劫持单于的母亲,逃回中原去。

张胜表示同意,没想到虞常的计划没成功,反而被匈奴人逮住了。单于大怒,叫卫律审问虞常,还要查问出同谋的人来。

苏武本来不知道这件事。到了这时候,张胜怕受到牵连,才告诉苏武。

苏武说:"事情已经到这个地步,一定会牵连我。如果让人家审问以后再死,不是更给朝廷丢脸吗?"说罢,就拔出刀来要自杀。张胜和随员常惠眼快,夺去他手里的刀,把他劝住了。

虞常受尽种种刑罚,只承认跟张胜是朋友,说过话,拼死也不承认跟他同谋。

卫律向单于报告。单于大怒,想杀死苏武,被大臣劝阻了,单于又叫卫律去逼迫苏武投降。

苏武一听卫律叫他投降,就说:"我是汉朝的使者,如果违背了使命,丧失了气节,活下去还有什么脸见人。"又拔出刀来向脖子抹去。

卫律慌忙把他抱住,苏武的脖子已受了重伤,昏了过去。

卫律赶快叫人抢救,苏武才慢慢苏醒过来。

单于觉得苏武是个有气节的好汉,十分钦佩他。等苏武伤痊愈了,单于又想逼苏武投降。

单于派卫律审问虞常,让苏武在旁边听着。卫律先把虞常定了死罪,杀了;接

国学经典文库

《道德经》译解

图文珍藏版

着,又举剑威胁张胜,张胜贪生怕死,投降了。

卫律对苏武说:"你的副手有罪,你也得连坐。"

苏武说:"我既没有跟他同谋,又不是他的亲属,为什么要连坐?"

卫律又举起剑威胁苏武,苏武不动声色。卫律没法,只好把举起的剑放下来,劝苏武说:"我也是不得已才投降匈奴的,单于待我好,封我为王,给我几万名的部下和满山的牛羊,享尽富贵荣华。先生如果能够投降匈奴,明天也跟我一样,何必白白送掉性命呢?"

苏武怒气冲冲地站起来,说:"卫律!你是汉人的儿子,做了汉朝的臣下。你忘恩负义,背叛了父母,背叛了朝廷,厚颜无耻地做了汉奸,还有什么脸来和我说话。我决不会投降,怎么逼我也没有用。"

卫律碰了一鼻子灰回去,向单于报告。单于把苏武关在地窖里,不给他吃的喝的,想用长期折磨的办法,逼他屈服。

这时候正是入冬天气,外面下着鹅毛大雪。苏武忍饥挨饿,渴了,就捧了一把雪止渴;饿了,扯了一些皮带、羊皮片啃着充饥。过了几天,居然没有饿死。

单于见折磨他没用,把他流放到北海(今贝加尔湖)边去放羊,跟他的部下常惠分隔开来,不许他们通消息,还对苏武说:"等公羊生了小羊,才放你回去。"公羊怎么会生小羊呢,这不过是说要长期监禁他罢了。

苏武到了北海,旁边什么人都没有,唯一和他做伴的是那根代表朝廷的旄节。匈奴不给口粮,他就掘野鼠洞里的草根充饥。日子一久,旄节上的穗子全掉了。

一直到了公元前85年,匈奴的单于死了,匈奴发生内乱,分成了三个国家。新单于没有力量再跟汉朝打仗,又打发使者来求和。那时候,汉武帝已死去,他的儿子汉昭帝即位。

汉昭帝派使者到匈奴去,要单于放回苏武,匈奴谎说苏武已经死了。使者信以为真,就没有再提。

第二次,汉使者又到匈奴去,苏武的随从常惠还在匈奴。他买通匈奴人,私下和汉使者见面,把苏武在北海牧羊的情况告诉了使者。使者见了单于,严厉责备他说:"匈奴既然存心同汉朝和好,不应该欺骗汉朝。我们皇上在御花园射下一只大雁,雁脚上拴着一条绸子,上面写着苏武还活着,你怎么说他死了呢?"

单于听了,吓了一大跳。他还以为真的是苏武的忠义感动了飞鸟,连大雁也替他送消息呢。他向使者道歉说:"苏武确实是活着,我们把他放回去就是了。"

苏武出使匈奴的时候,才四十岁。在匈奴受了十九年的折磨,胡须、头发全白了。回到长安的那天，长安的人民都出来迎接他。他们瞧见白胡须、白头发的苏武手里拿着光杆子的旄节，没有一个不感动的，说他真是个有气节的大丈夫。

成功之道

李渊示弱赢天下

隋朝末年，隋炀帝十分残暴，各地农民的起义风起云涌，隋朝的许多官员也纷纷倒戈，转向帮助农民起义军。因此，隋炀帝的疑心很重，对朝中大臣，尤其是外藩重臣，更是疑心重重。由于唐国公李渊（即唐太祖）曾多次担任中央和地方官，所到之处，悉心结交当地的英雄豪杰，多方树立恩德，因而声望很高，许多人都来归附于他。这样，大家都替他担心，怕遭到隋炀帝的猜忌。

当时流传着一条谶语"杨氏将灭，李氏将兴"，方士安伽陀甚至劝隋炀帝杀尽姓李的人。隋炀帝大概是觉得这项工程过于浩大，难以完成，没有听从方士的话，但对姓李的名门望族戒备重重，在毫无罪名的前提下，灭了右骁卫大将军、邸国公李浑全族，对李渊也是大不放心。一次，隋炀帝下诏让李渊到他的行宫去晋见。李渊因病未能前往，隋炀帝很不高兴，产生了猜疑之心。当时，李渊的外甥女王氏是隋炀帝的妃子，隋炀帝向她问起李渊没来朝见的原因，王氏回答说是因为病了，隋炀帝又问道："会死吗?"

唐太祖李渊

王氏把这消息传给了李渊，李渊更加谨慎起来，他知道迟早会为隋炀帝所不容，但过早起事又力量不足，只好隐忍等待。于是，他故意败坏自己的名声，大肆收取部下的贿赂，整天沉湎于声色犬马之中，而且极力张扬。隋炀帝听到这些，果然放松了对他的警惕。

其实，唐国公李渊（即唐太祖）早就有起兵伐隋以取天下的想法。他身为太原留守，总掌一方军政大权，要造反有许多便利之处。李渊秘密部署将领，随时准备起兵，又感于兵力不足，便以农民军将领刘武周占据汾阳离宫为契机，公开集结兵马。为准备起事，他派李建成、李世民等以防御突厥为名，招募士兵，购买边境少数民族的马匹，十几天的时间便扩充了近万人。

随着时机的一步步成熟,李渊太原起兵,最终促成大唐帝国的建立。

仔细分析李渊从酝酿到起兵,无处不体现了其为图谋大业,能够克制隐忍、着眼长远的宽阔胸襟。

纵观所有成功人士的例子,我们不难发现,适当表示软弱乃是理智的抉择,是成熟的表现。但是软弱有一个最重要的条件,就是眼光要放得远,要为长远打算去忍一时之痛。

"小不忍则乱大谋",孔子的这句话在民间极为流行,也成为一些人用以告诫自己的座右铭。它告诉人们:有志向、有理想的人,不应斤斤计较个人得失,更不应在小事上纠缠不清,而应有开阔的胸襟和远大的抱负,在适当的时候,更应该表示软弱。只有如此,才能成就大事,实现梦想。

处世之道

郭子仪智者甘受辱

郭子仪是唐朝著名的大将,正义凛然,功高无比。他曾经带兵平定了安史之乱,还击退了吐蕃的入侵。唐肃宗曾经对他说:"国家能够得以重建,全是你的功劳啊!"

这样一位劳苦功高的大臣,在朝中却常常受到小人的排挤,并屡遭陷害。但出乎所有人的意料,他并没有表示出怨恨。为此,他的很多属下都觉得他太过懦弱了,甚至有不少人直接告诉他说:"元帅统领大军,强敌无不丧胆,但现在却怎么能够任由那些小人诬陷呢?难道元帅还斗不过他们吗?"但郭子仪总是说:"他人只不过是说了几句闲话而已,这是很平常的事情,何必太过在意!可能是我真的有闪失,怪不得别人!"

郭子仪

他如此一说,很多对他不了解的人更认为是他懦弱了!

当时,鱼朝恩是皇帝身边的宦官,此人虽然甚是无情,但很会溜须拍马,所以皇帝对其宠爱有加。但他是典型的小人,他对郭子仪的权势、能力、才干等十分嫉妒,于是多次在皇帝身边打小报告,诽谤攻击郭子仪。试验了多次,都没有成功。后来

实在无计可施,愤怒之下,竟暗中指使人偷盗郭子仪家中的祖坟。

郭子仪是何等聪明之人,他自然知道这是鱼朝恩的卑劣伎俩,当时他身任天下兵马大元帅,手握重兵,一举手一投足都会影响到大唐帝国的兴亡,就连皇帝,对他也是敬让三分。因此,想要除掉鱼朝恩,简直可以不费吹灰之力。

但当郭子仪从前线返回朝廷后,满朝官卿都认为他必定会有所行动,岂料郭子仪却对皇帝说:"我带兵多年,并不能完全禁止手下士兵的残暴行为,士兵毁坏别人墓坟的事情也是时有发生。现如今,我家祖坟被挖,是臣不忠不孝、获罪于上天的结果,并非他人故意破坏。"

祖坟被挖,这在历来都被认为是奇耻大辱,而赫赫有名、战功显赫的郭子仪却能够隐忍下来,足见他的气度之大。事实上,也正是因为他的能屈能伸,能忍能让,甘于受辱,懂得示弱,他才能够在那个奸佞横行、国君昏弱的时代,逢凶化吉,渡过一次又一次的政治险滩,享尽富贵,以八十五岁的高龄,安然辞世,获得了后人的尊敬和赞扬。

柔能克刚,是智者为人处世的一种策略,更是为人处世的一种妙计。所以说,郭子仪才是真正的智者,他明白自己应该如何做人行事。唯一保护自己和家人平安的策略就是谨慎做人,小心处世。这也正符合老子的"知其雄,守其雌,为天下谿"的道理。

【古为今用】

与人相处,懂得宽容

老子深深懂得"物以类聚,人以群分"的道理,性情相投的人往往会凑到一起。而自命清高的人却会像凤凰一样,非梧桐不栖、非竹子的种子不食、非醴泉不饮。但水至清则无鱼,人至清则无徒。世上的人,都有各种各样的缺点,此时我们应该以一颗宽容的心去对待他们。

再者,人们在谈修身养性、为人处世的时候,也必定会用到宽容这个词。而居于领导地位的人们更应该讲求宽容,因为你有这个责任。既然你已经坐在了这个高人一等的位置上,也必须学会担当,学会宽容,否则你根本就没有资格坐在这个位置上。

第二十九节　去奢去泰

【题解】

　　本章中,老子再一次对"无为"之治做了论述,并对
"有为"之政提出了警告,即"有为"必然招致失败。"有
为"就是以自己的主观意志去做违背客观规律的事,或者
把天下据为己有。事实上,老子所讲的"无为",并不是无
所作为,也不是在客观现实面前无能为力。他在这里说,
如果以强力而有所作为或以暴力统治人民,都将是自取灭
亡,世间无论人或物,都有各自的秉性,其间的差异性和特
殊性是客观存在的,不要以自己的主观意志强加于人,而
采取某些强制措施。理想的统治者往往能够顺其自然,不
强制,不苛求,因势利导,遵循客观规律。

去奢去泰

【原文】

　　将欲取^①**天下而为**^②**之,吾见其不得已**^③。

　　河上公《老子章句》:欲为天下主也。欲以为有为治
民。我见其不得天道忍心已明矣,天道恶烦浊,人心恶多欲。

　　王夫之《老子衍》:天下在我,吾何取? 我在天下,吾何为? 天下如我,吾何欲?
我如天下,吾何执?

　　天下神器^④**,不可为也,不可执也。为者败之,执者失之。**

　　河上公《老子章句》:器,物也。人乃天下之神物也,神物好安静,不可以有为
治。以有为治之,则败其质性。强执教之,则失其情实,生于诈伪也。

　　故物或行或随;或嘘^⑤**或吹**^⑥**;或强或羸**^⑦**;或载**^⑧**或隳**^⑨。

　　王弼《道德真经注》:凡此诸或,言物事逆顺反复,不施为执割也。

　　明太祖《御解道德真经》:行随,行乃先,岁乃后,先为不让,后为能弟。

　　是以圣人去甚^⑩**,去奢**^⑪**,去泰**^⑫。

　　王弼《道德真经注》:圣人达自然之至,畅万物之情,故因而不为,顺耳不施。

初其所以迷,去其所以惑,故心不乱而物性自得之也。

王夫之《老子衍》:故穷天下以八数,而去我之二三死,则炎火焚林而可待其寒,巨浸滔天而可视其暵。水火失其威,金石丧其守,况有情之必穷而有气之必缩者哉?

【注释】

①取:治理的意思。

②为:指有所作为,治理天下成功。

③不得已:已为语气助词,不能达到而已。

④器:器物、东西。

⑤嘘:出气缓慢的意思。

⑥吹:寒凉。或说出气急就是吹。

⑦羸:瘦弱。

⑧载:意思是安坐在车上。

⑨隳:即堕、坠。与挫(或载)相对,即坠下车去。

⑩甚:极端的。

⑪奢:奢侈的。

⑫泰:即太,过度的、过分的。

【译文】

有人想要治理并掌控天下,这是不可能达到目的的。因为天下这个神圣的东西,是不可能被

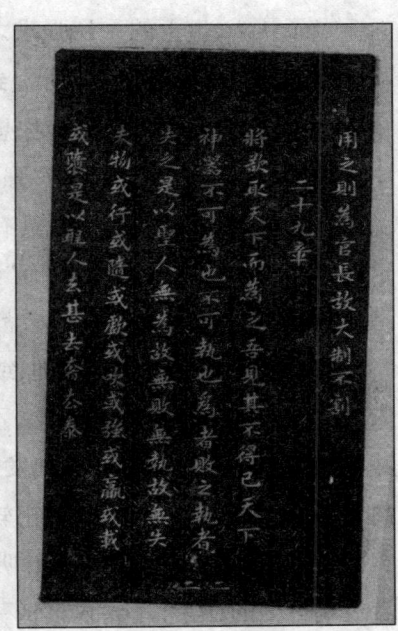

《道德经》二十九章石刻

控制的,即使使用强力,也不可能完全掌握。如果想要统治、占有天下,结果只会搞砸;而如果想要用强力来掌握天下,结果只会失去。

因此,圣人行事一定要坚持顺其自然的原则,不应该刻意追求个人的成功,否则会造成个人的失败。如果没有占有天下的欲望,必定也就没有失去天下的苦果。所以说,一切事物,有主导者也应该有随附者,有贬抑更应该有褒扬,有强壮也会有羸弱,有承担也必定会有推诿。

所以,圣人行事时,只要不极端过分,不奢侈浮华,也就不会安逸怠惰。

【解析】

本章中,老子隐晦地批判了施行暴政的罪过,从反面论证了"无为而治"的合

理性。

本章的开头,老子就提出了"将欲取天下而为之,吾见其不得已"的观点,即指出强取天下是不可能获得最终的成功的,因为强权和暴力都是违反"道"的。接着,老子用辩证的观点解释了"无为"的意义。说明急功近利者想要取得天下,最终只能适得其反。而"圣人"从来没有掌握过天下,更谈不上失去天下了。这就是老子所说的"雌雄""盈亏"和"阴阳"的关系;另外,本章中的"行随""嘘吹""强赢"和"载隳"说的都是相同的道理。

老子认为,世上的一切强求之物,都不会得到,一切的强求之事,都不可能实现。所谓的"强",就是孟子所提到的"天时、地利、人和",只有这三个条件都具备了,事情才会自然而然地朝着你想要的那个方向发展,如此,天下也就会被收入囊中。如果三者缺一,都称之为"强求"。

秦始皇统一六国,可谓是具有"天时、地利",但因为缺乏"民心",因此不过二世而亡。吴三桂反清复明,具有"人和"的条件,但因为他忽略了"天时"和"地利",最终只能走向失败。任何事情,都不可强求,都应保有顺其自然之心。

但现实的世界,"或行或随;或嘘或吹;或强或赢;或载或隳"。因此,老子希望人们能够去除自我心中的杂念,不要"太极端""太奢侈""太过分"了,要懂得"去甚""去奢""去泰"。否则任其发展下去,就会走向歧途。因为这些极端的行为偏离了"道"的正常轨道,就像是出轨的火车一样,驶出轨道,就会酿成巨祸。

在这里,老子并没有危言耸听。现实生活中,很多事物都是因为有极端思想或者极端行为的存在,才导致事情一发不可收拾。因此,面对现实生活中许多"甚""奢""泰"的现象,要真正能够做到"去甚""去奢""去泰"。做到这些,对你的成功必定会有很大的帮助。

【名句品读】

将欲取天下而为之,吾见其不得已。

毋庸置疑,老子是不相信那些强取天下的人能够获得最后的成功的,他这一观点也是从反面证明了自己顺其自然的中庸态度的正确性。老子认为,世上通过强求才能得到的东西都不会长久,一切强求之愿望也根本不可能实现。

在成长的过程中,很多人对于外物都有强烈的执着,例如功名利禄等,都能够让人如痴如醉、如癫如狂。然而,如果人偏执一隅他就会被所偏执的这件事牢牢束缚,再也不想、不愿意看到除此之外的时空与真知,就好像是一井底之蛙一样,观看

天地万物的视角，就仅存了那一个小口。并与自己所追求的事物终生厮守、纠缠，再也没有时间和精力去关注其他。

其实，偏执并不等于执着，很多成功的人士，都曾经执着自己的追求。但从不偏执于某件事或者某个人，顺其自然地生活，你就会得到你想要的。"强扭的瓜不甜"，如果你一味地偏执于某件事，结果只能是事半功倍。

是以圣人去甚，去奢，去泰。

老子这句话中所包含的道理与孔子的中庸思想有着很大的相似性，甚至可以说是不谋而合。老子希望人们能够在生活中去除杂念，这正符合现代社会我们经常所说的，不要"太极端了""太奢侈了""太过分了"。因为极端的事物通常会偏离正常的轨道，如果任其发展下去，难免会误入歧途，以致最后会酿成巨大的灾祸。不要以为这是老子在危言耸听，事实的确是这个样子，很多时候，正是因为极端的思想或者极端的行为，导致事情变得一发不可收拾。

有一次，秦穆公走到半路上，马车坏了，拉车的马也走失了。后来，他带人去找马，结果发现自己心爱的马已经被农夫宰掉，且农夫正在吃肉呢！这样的事情对于一个普通人而言，恐怕是非常难接受的。但是，秦穆公并没有像众人想象的那样去谴责这些农夫，而是微笑着对农夫说："吃骏马肉，不喝酒是会伤身体的！"然后，他便吩咐随从把自己随身携带的好酒分给农夫，而且是看着农夫喝完以后才离开的。

一年之后，发生了韩原之战，秦穆公被晋国人围困在了马车上。这个时候，那些曾经吃过肉的农夫突然冲杀过来，不顾自己的性命，与晋军展开了殊死搏斗，最后不但解救了秦穆公，还将晋惠公俘获了。

中国有句古话说得好，"过大饭不可吃，过头话不可讲"。意思就是说，待人处世时，不可把事情做得太绝，得饶人处且饶人，时时处处得懂得为自己留个回旋的余地。生活中，并不是所有的人都能够绝处逢生，也不是所有的人都能够置之死地而后生，因此，平凡的我们更不应该把自己逼到绝路上，否则只会让自己无路可走，四面楚歌。

【经典故事】

为君之道

舜受禅让为天子

传说中，尧是上古时期著名的帝王，他手下有四大诸侯，称为四岳，分管东、西、南、北四方，并帮助舜商量重大决策。后来，帝尧年事已高，需要找一个接班人。于是请来四岳让他们推荐最为合适的人选。四岳都不约而同地想到了舜，并推荐了他。

为了证明舜的智慧才干和超人意志，尧和四岳设置了重重考验，但舜在恶劣的环境中依旧能够和平时一样，面不改色，毫不畏惧。之后，众人都称赞舜头脑清醒，意志坚定，毫不怀疑他的意志和智慧。舜在接受了各种考验以后，尧以自己年事已高，决定将自己的职权全部禅让给舜。

四岳和各位臣子都拥护尧的决定，庶民们听说后，都惋惜他们的圣君年事已高，不能再统领他们了；同时，庆幸又一位圣君将给他们带来新的幸福。

在一个风和日丽的黄道吉日，尧在京城南郊举行了重大的禅让仪式。文武百官穆立两厢，观礼的庶民密密麻麻，数也数不清。

当尧神色庄严地把代表权力的皇杖交给舜，舜恭敬地接过权杖的一瞬之间，臣民们响起了雷鸣般的欢呼声。

舜

舜接受尧的禅让后，开始代尧行使天子的权力。他并没有因自己有了天子的权力而胡作非为。同以前一样，他尊敬四岳百官，凡有大事，总要虚心听取四岳百官的意见，他更加勤勉地为国工作，关心庶民的疾苦……

没到一年的时间，舜就成为百官万民打心里拥护的国君了。

舜能深受臣民的拥戴，还与他为民除害，消灭四凶有很大关系。

根据许多史籍的记载，那时有四大恶人，号称四凶：

一位叫共工，坏事干尽，门面装完，罪恶滔天，却迷惑了天下人民；一位叫驩兜，是共工的同伙，也是一个好行凶恶，满口仁义的坏蛋；一位叫三苗，是南方的一个诸侯，以贪残庶民而臭名昭著；一位叫鲧，本是颛顼氏的后代，却不听从尧舜的命令，在臣民中影响极坏。

舜对四凶进行了惩罚，"流共工于幽州，放驩兜于崇山，杀三苗于三危，殛鲧于羽山，四罪而天下诚服"。《尚书》《孟子》都有这一记载。

舜就这样兢兢业业地一干就是二十八个年头，给天下万民带来了很多的安定与幸福。

这时，尧终因年龄太高而去世了。百姓们思念尧的功劳，就像自己的父母亲去世了一样的悲伤，举国上下，一片痛哭之声。整整三个年头，没有一点喜庆之声，全部沉浸在悲哀之中。

舜为尧办完三年的丧事，就退出尧的宫殿，跑到黄河的南边，想将皇位留给尧的儿子。

可是，大臣们都跑到舜的地方来，百姓们也都唱歌颂扬舜的功绩，各国诸侯也来向舜朝觐。谁也不把尧的儿子当天子。

于是，舜在群臣百姓的拥戴下，只好正式登上了皇位。

在这个故事中，舜的所作所为与老子所提倡的"无为"之道有很大的不同。但他身为君主时，能够以一个君主应该秉承的为君之道来治理天下，且不彰显自己的业绩。如此，自然能够得到人民群众的拥护，这对于那些"将欲取天下而为之"的君主来说，实在是一个值得学习的榜样！

为人之道

亚历山大宽容得人心

亚历山大大帝骑马旅行到俄国西部。一天，他来到一家乡镇小客栈，为进一步了解民情，他决定徒步旅行。当他穿着一身没有任何军衔标志的平纹布衣走到一个三岔路口时，记不清回客栈的路了。

亚历山大无意中看见有个军人站在一家旅馆门口，于是他走上去问道："朋友，你能告诉我去客栈的路吗？"

那个军人叼着一只大烟斗，头一扭，高傲地把这个身穿平纹布衣的旅行者上下打量了一番，傲慢地答道："朝右走！"

"谢谢！"大帝又问道，"请问离客栈还有多远？"

"一英里。"那军人生硬地说，并瞥了陌生人一眼。

大帝走出几步又停住了，回来微笑着说："请原谅，我可以再问一个问题吗？如果允许我问的话，请问你的军衔是什么？"

亚历山大雕像

军人猛吸了一口烟说："猜嘛。"

大帝风趣地说："中尉？"

那军人的嘴唇动了一下，意思是说不止中尉。

"上尉？"

军人摆出一副很了不起的样子说："还要高些。"

"那么，你是少校？"

"是的。"他高傲地回答。

于是，大帝敬佩地向他敬了礼。

少校转过身来摆出对下级说话的高贵神气，问道："假如你不介意，请问你是什么官？"

大帝乐呵呵地回答："你猜！"

"中尉？"

大帝摇头说："不是。"

"上尉？"

"也不是。"

少校走近仔细看了看说："那么你也是少校？"

大帝镇静地说："继续猜！"

少校取下烟斗，那副高贵的神气一下子消失了。他用十分尊敬的语气低声说："那么，你是部长或将军？"

"快猜着了。"大帝说。

"殿……殿下是陆军元帅吗？"少校结结巴巴地说。

大帝说："我的少校，再猜一次吧！"

"皇帝陛下！"少校的烟斗从手里掉到了地上，猛地跪在大帝面前，忙不迭地喊道："陛下，饶恕我！陛下，饶恕我！"

"饶你什么？朋友，"大帝笑着说，"你没有伤害我，我向你问路，你告诉了我，我还应该感谢你呢！"

每个人在与他人相处的时候，都有可能被他人误会，此时，对于误会你的人，你会像亚历山大一样宽容他吗？有人说过：有多大的心胸，就能够做多大的事；有多大的心胸，就有多大的人格魅力。"海纳百川，有容乃大。"一个人缘极好、别人乐于与之交往的人，其胸怀一定是宽广的，必能够宽容一切人、一切事。

俗话说"事临头三思为妙，怒上心头忍最高"。在与人相处的过程中，难免会发生冲突和矛盾，如果双方针锋相对，互不相让，则可能使矛盾激化，甚至大打出手，造成两败俱伤的后果；但如果其中一个能够忍让一下，退让一步，就会相安无事。因此，得饶人处且饶人吧！

从政之道

皇帝大臣奢侈斗富

公元 265 年，司马炎逼魏元帝禅让，即位为帝，改国号为晋，史称为西晋。

晋武帝司马炎刚刚继位的时候，深深晓得"以艰苦奋斗为荣、以骄奢淫逸为耻"的道理，国家也因此得以繁荣发展。

当时曾经发生过这样一个故事。有一次，太医献给晋武帝一件色彩夺目、饰满野雉头毛的"雉头裘"，这件衣服在当时是极为罕见、极为华贵的。一次上朝时，司马炎故意把这件"雉头裘"带到朝堂上展示给众人看，满朝文武官员见了这件稀世珍宝，个个都眼冒绿光，惊叹不已。但让他们没有想到的是，司马炎却一把火把这件稀世珍宝"雉头裘"烧成了灰烬。还非常严厉地说："这种奇装异服触犯了国家所指定的不准奢侈浪费的禁令，因此要当众焚毁。"如此，司马炎给西晋王朝的重臣们上了一堂生动的荣辱观的课。他还下诏说，

晋武帝司马炎

今后谁敢再违犯不准奢侈浪费的禁令，必须判罪。经过一系列的改革，西晋得到了统一，并逐渐稳定、繁荣起来。看到自己的努力已经卓有成效，司马炎开始陶醉起来。

为了促进内需，鼓励消费，西晋朝野开始掀起了以勤俭节约为耻、以奢侈荒淫为荣的新生活运动。那时，朝中大臣座谈时，谈论最多的不是国家大事，而是谁谁

最近又买了豪宅，又换了良马。据说，太尉何曾很讲究膳食，单是一顿饭，就要花去一大笔钱，而且，每每吃饭时，他还在席间摇着头说："这实在没什么好吃的，真是没有地方下筷子啊！"

有一次，司马炎到女婿王济家做客，伺候宴席的百多个侍女都穿着绫罗绸缎。其中菜肴中还有一道乳猪，味道非常鲜美，于是，司马炎就向王济打听烹调的方法，王济悄悄地告诉皇上说："这头乳猪是用人奶喂养，又用人奶烹制的。"

当时，京都洛阳还有三个出名的大富豪：一个是掌管禁卫军的羊琇，另一个是晋武帝的舅父王恺，还有一个是散骑常侍石崇。其中属石崇最富裕，因为他早年在做荆州刺史时，曾经让部下化装成强盗抢劫过不少钱财珠宝。那个时候，官府为了鼓励一部分人先富起来，并不问财富的出路。

后来，石崇到洛阳当官，听说王恺家里洗锅时用的是麦芽糖，他立即命令下人改用蜡烛当柴火做饭。而王恺听到这件事以后，为了证明自己比他更富裕，就在自家门前的大路两旁，用紫丝编成屏障，夹道四十里。石崇更是不甘落后，他用比紫丝还贵重的彩缎铺了五十里的屏障。

王恺还不服输，于是向他的外甥晋武帝求助。司马炎认为这个游戏十分好玩，就送给王恺一株两尺多高的珊瑚树。得到皇帝的赞助之后，王恺劲头十足，故意请石崇等一批官员来家里吃饭，并借机在宴席上把珊瑚树展示给大家看。而石崇却特意用案头的一支铁如意将这株珊瑚树砸碎，并嬉笑着对王恺说："您不用生气，我还你就是了！"然后差遣佣人从家里搬了几十株珊瑚树任凭王恺挑选。而这些珊瑚树，株株光彩夺目，条干挺秀。如此一来，王恺彻底认输了，而石崇的奢侈也在洛阳出了名。

西晋初年就发生这么一些荒唐、奢侈的事情，这就注定这个王朝不会长存于世。公元316年，西晋正式宣布灭亡。

西晋一共只存在了五十一年，甚至不能够使石崇快乐地度完一生。公元300年，石崇死于"八王之乱"之中。公元316年，西晋正式亡于匈奴，这是中国历史上第一个被外族消灭的王朝。

得饶人处且饶人

1898 年冬天,幽默大师威尔·罗吉士继承了一个牧场。

有一天,他养的一头牛,为了偷吃玉米而冲破附近一户农家的篱笆,最后被农夫杀死。依当地牧场的共同约定,农夫应该通知罗吉士说明原因,但是农夫并没有那样做。

罗吉士知道这件事后,非常生气,于是带着佣人一起去找农夫理论。此时,正值寒流来袭,他们走到一半,人与马车就全都挂满了冰霜,两人也几乎要冻僵了。

好不容易抵达木屋,农夫却不在家,农夫的妻子热情地邀请他们进屋等待。罗吉士进屋取暖时,看见妇人那十分消瘦憔悴的样子,并且桌后还躲着五个瘦得像猴子一样的孩子。

不久,农夫回来了,妻子告诉他:"他们可是顶着狂风严寒而来的。"罗吉士本想开口与农夫理论,忽然又打住了,只是伸出了手。农夫完全不知道罗吉士的来意,便开心地与他握手、拥抱,并热情邀请他们共进晚餐。这时,农夫满脸歉意地说:"不好意思,委屈你们吃这些豆子,原本有牛肉可以吃的,但是忽然刮起了风,还没准备好。"

孩子们听说有牛肉可吃,高兴得眼睛都发亮了。吃饭时,佣人一直等着罗吉士谈正事,以便处理杀牛的事,但是罗吉士看起来好像忘记了,只见他与这家人开心地有说有笑。饭后,天气仍然相当差,农夫一定要两个人住下,等转天再回去,于是罗吉士与佣人在那里过了一晚。

翌日早上,他们吃了一顿丰盛的早餐后,就告辞回去了。在寒流中走了这么一趟,罗吉士对此行的目的却闭口不提,在回家的路上,佣人忍不住问他:"我以为,你准备去为那头牛讨个公道呢!"

罗吉士微笑着说:"是啊,其实,这次就是为了那头被杀死的牛而来的,但是,后来我又盘算了一下,决定不再追究了。你知道吗? 我并没有白白失去一头牛! 因为,我得到了一点人情味。毕竟,牛在任何时候都可以获得,然而人情味,却并不是很容易得到的。"

罗吉士完全可以凭借自己手中的理由要求农夫赔偿他的牛,但是当他看到农夫家的境况以及农夫夫妇的热情款待后，自然而然地把他的理放在了一边，开始与农夫一家融洽相处，在后来的互相交流中，罗吉士原谅了农夫当初杀他的牛的举动。也正是因为他的"得理让人"才使他得到了一点难得的人情味。

现实生活中，总有那么一些人，为了从所谓的战斗中占上风，为了搞垮对方，哪怕是抓住一点点的证据，也要与对方争个面红耳赤，争个你死我活。但是，这样做，除了在气势上压倒对方，还得到了什么呢？是宽容、大度，还是良好的人缘？都不是。

假如对于一些错在他身的事情，对于一些非原则的事情，能够给对方一个台阶下，能够满足对方的自尊心和好胜心，那么，这样不但可以显示出你胸怀的坦荡，心胸的大度，还能帮你得到一些难得的友情。为人处世，凡事不要做得太原则化，更不要得理不饶人，而要与人为善，宽容待人。因为只有这样，你才能结交更多的朋友，获得更好的口碑。

【古为今用】

管理下属，懂得放手

做事要认真，但不要固执；要用心，但不要担心！紧抓不放而事必躬亲的人，只能做小事；做大事的人，懂得授权、放手让下属去做事，但"放"不是不去管理，而是在自己的统筹之下让大家放开手脚地去做事。

做事不要过分，生活不奢华，态度不傲慢！人能如此，不成功也成功！下属一时之间的成败和得失，是自然的，你不要去管他，你管得越多，下属就会得过且过，你就会被事务缠身。再者，不要把自己的主观意志强加给他人，并采取某些强制措施。理想的统治者往往能够顺其自然、不强制、不苛求，因势利导，遵循客观规律。

第三十节　不以兵强

【题解】

众所周知，老子具有强烈的反战思想。可能正因如此，《道德经》在很多人看来就是一部兵书。在本章里，老子认为战争是人类最愚昧、最残酷的行为，"师之所处,荆棘生焉""大军之后,必有凶年",揭示了战争给人们带来的严重后果。的确如此,春秋战国时代,大小战争此起彼伏,社会动荡不安,人民生活颠沛流离,国家深处水火之中。老子的反战思想深得人民群众的愿望,符合人民群众的利益。

当时,各诸侯国为了天下霸主的地位而互相征战,但是却没有一个诸侯国能够永远地占据霸主的位置。而老子从中看到了"穷兵黩武"和"身败名裂"之间的关系,得出"其事好还"的精辟结论。说明不管什么样的战争,都会给国家和人民带来极大的伤害。所以,老子在《道德经》中说:"师之所处,荆棘生焉。大军之后,必有凶年。"但是,政治上又少不了战争,所以老子试图以中国传统的中庸之道来解决这一矛盾。

【原文】

以道佐①人主②者,不以③兵④强天下。

王夫之《老子衍》:最下用兵以杀,其上用兵以生。夫以为生者且赘,而况杀生乎?人未尝不生,而我何劝?又况夫功之门为害之府也,人未尝不生,不能听其生;物未尝不杀,不能恃其杀。

其事⑤好还⑥。

河上公《老子章句》:其举事好还自责,不怨于人也。

王弼《道德真经注》:为始者务欲立功生事,而有道者务欲还反无为,故云,其事好还也。

师⑦之所处,荆棘生焉。大军之后,必有凶年。

河上公《老子章句》:农事废,田不修。天应之以恶气,即害五谷,尽伤人也。

王弼《道德真经注》:言师凶害之物也。无有所济,必有所伤,贼害人民,残荒田亩,故曰荆棘生焉。

善有果⑧而已,不以取强。

宋徽宗《御解道德真经》:事可求,功求成,用力少,见功多者,圣人之道。以强胜人,是谓凶德,故师克在和不在众。

明太祖《御解道德真经》:此专复喻君臣若遇卒急与可为,当疾便为之。

果而勿矜,果而勿伐,果而勿骄。果而不得已,果而勿强。

王弼《道德真经注》:吾不以师道为尚,不得已而用,何矜骄之有也。言用兵虽趣功,果济难,然时故不得已当复用者,但当以除暴乱,不遂用果以为强也。

王复制《老子衍》：虽在必用兵之时，祸发必克，犹当以五者居心。

物壮则老，是谓不道，不道早已⑨。

王夫之《老子衍》：须臾之不忍，而自命为果，不已诬乎？故善禁暴者，俟其消，不摧其息；善治情者，塞其息，不强其消；善贵生者，持其消息之间，不犯其消息之冲；虽有患，不至于早已。

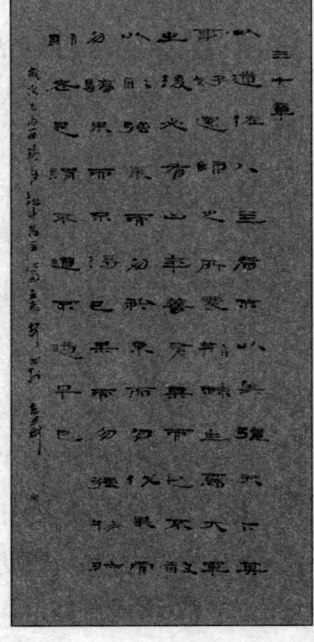

《道德经》三十章书法

【注释】

①佐：辅佐。

②人主：国君、君主。

③以：凭借。

④兵：武力。

⑤其事：指用兵这件事。

⑥还：还报，报应。

⑦师：指军队。

⑧果：胜利的意思。

⑨早已：早死。

【译文】

懂得用"道"去辅佐君主的贤人，绝对不会凭借武力在天下逞强。而使用武力这种行为，最后必定会遭到报应。军队所停驻之处，田地里必然会荆棘丛生。大战过后，必定是灾荒的年岁。

真正善于用兵打仗的人，往往只求达到救济危难的目的，绝对不会用兵力来逞强于天下。达到目的之后，他们不自高自大，不自我夸耀，也不骄傲，而是认为取得战争的胜利只是出于不得已，因此他们也绝对不会逞强。

无论是任何事物，当达到强盛的极点之后，都必定会走向衰亡，这是不合于"道"的。而不合于"道"，必然很快就会死亡。

【解析】

《道德经》中，老子在本章和下一章里都讲到用兵问题；很多人也因此认为《道德经》是一部兵书。其实，《道德经》更是一部哲学著作，因为在本书中，他在论述问题时，着眼点都是哲学，而不是军事学。而且，老子是从反战的角度来讲的，主要讲战乱给人们带来的严重后果，认为战争是人类最残酷、最愚昧的行为。

而对战争发表言论，老子是极有发言权的。因为他的一生都是从戎马倥偬的岁月中走过来的。周宣王继位之后，老子就"服役军中，南征北战，在鞍马劳顿"的军旅生活中，度过了四十三年的岁月。所以说老子关于战争的学说，是中国传统文化的宝贵财产，对当今社会仍然有着指导思想。

当今世界的局势，战争硝烟此起彼伏。有些国家自恃强大，不惜"以兵强天下"，这样做的后果又是什么呢？正如老子在本章末尾所说："物壮则老，是谓不道，不道早已。"

"物壮则老"，短短四个字道尽了天下众生生长、发育、死亡的规律。这就要求我们在寻求事物发展的过程中，应该尽量让其处于生长期，这样就能够使他不断地吸收生命之源，处于不断进步的状态。切忌羡慕顶点的光辉，"夕阳无限好，只是近黄昏"，今天的壮就意味着明天的老。光耀的背后就是无尽的黑暗。因此，只有极尽虚怀之道，广纳生命之源，不断地开放自我，才可以始终保持青春的活力。

【名句品读】

果而勿矜，果而勿伐，果而勿骄。果而不得已，果而勿强。

这句话的意思是说，取得胜利之后不要妄自尊大，不要自吹自擂，不要骄傲，不要逞强。在老子看来，打仗并不是一件有意义的事情，会给国家的发展和人民的生产、生活带来极大的灾难，而且即使战胜了也会遭到报复。在万不得已的情况下，才应该发动战争，但战胜了千万不要骄傲自大，所谓"穷寇勿追"，兔子逼急了也会咬人。

诸葛亮南征之时，到了南蛮之地，双方首战蜀军就大获全胜，擒住了南蛮的首领孟获。但孟获却不服气，孔明得知一笑下令放了孟获。放走孟获后，孔明找来他的副将，故意说孟获将此次叛乱的罪名都推到了他的头上。副将听了十分生气，大声喊冤，于是孔明将他也放了回去。副将回营后，心里一直愤愤不平。一天，他将孟获请入自己帐内，将孟获捆绑后送至了汉营。孔明用计第二次擒获了孟获，孟获却还是不服，诸葛亮便又放了他。

汉营大将们都有些想不通，孔明却自有道理：只有以德服人才能真的让人心服；以力服人必有后患。孟获再次回到洞中，他的弟弟孟优给他献了个计谋。半夜时分，孟优带人来到汉营诈降，孔明一眼就识破了他，于是下令赏了大量的美酒给南蛮之兵，使孟优带来的人喝得酩酊大醉。这时孟获按计划前来劫营，却不料自投罗网，被再次擒获。这回孟获却仍是不甘心，孔明便第三次放虎归山。

孟获回到大营，立即着手整顿军队，待机而发。一天，忽有探子来报：孔明正独自在阵前察看地形。孟获听后大喜，立即带了人赶去捉拿诸葛亮。不料这次他又中了诸葛亮的圈套，第四次成了瓮中之鳖。孔明知他这次肯定还是不会服气，再次放了他。孟获带兵回到营中。

他营中一员大将带来洞主杨锋，因跟随孟获亦数次被擒数次被放，心里十分感激诸葛亮。为了报恩，他与夫人一起将孟获灌醉后押到汉营。孟获五次被擒仍是不服，大呼是内贼陷害。孔明便第五次放了他，命他再来战。这次，孟获回去后不敢大意，他去投奔了木鹿大王。木鹿大王之营极为偏僻，孔明带兵前往，一路历尽艰险，加上蛮兵使用了野兽入战，使汉兵败下阵来。后来孔明造了大于真兽几倍的假兽，大获全胜。这次孟获心里虽仍有不服，但再没理由开口了，孔明看出他的心思，仍旧放了他。

孟获被释后又去投奔了乌戈国，这乌戈国国王兀突骨拥有一支英勇善战的藤甲兵，所装备的藤甲刀枪不入。孔明对此却早有所备，他用火攻将乌戈国兵士皆烧死于一山谷中。孟获第七次被擒，孔明故意要再放了他。孟获忙跪下起誓：以后将决不再谋反。孔明见他已心悦诚服，便委派他掌管南蛮之地，孟获等听后不禁深受感动。从此孔明便不再为南蛮担心而专心对付魏国去了。

物壮则老，是谓不道，不道早已。

在《道德经》中，老子反复强调相反相成的辩证原理。他认为任何事物和事情都是过犹不及的，所以一定要把握好"度"，这样才能够领略到生命的真谛。而老子正是认识到了物极必反、盛极必衰的道理，所以期待人们"不争强""不好胜"，因为这样才不会衰落，可以更好地"有为"。

因此，争强好胜也罢，淡泊名利也好，关键是要把握好这个尺度。低调过度肯定会遭人非议；而高调过度也必定会遭人嫉妒，"枪打出头鸟"便是最好的说明，很容易遭到群起而攻。因此，在生活中保持中间地位，不出头，也不垫底，就必定会生活得潇洒自在。

为自己留有余地

　　《易经》中曾提到这样一句话：月满则盈。这部富于人类智慧的经典告诉我们这样一个道理，即转祸为福的最好方式就是在事物刚刚开始的时候坦然处之，安静地等待它的极盛的到来，不要强求，也不要退缩。

　　李世民登上皇位以后，长孙氏被册封为皇后。在众人看来，地位升高了，权力增大了，她做事应该可以肆无忌惮了。但偏偏相反，长孙皇后思考的事情却更加多了。因为她知道，作为一国之母，对皇上、对大臣、对嫔妃、对他人都会产生非常重要的影响。所以，她时时处处都严格要求自己、约束自己，从不把事情做过头，处处给他人树立良好的榜样。

　　承乾是长孙皇后的儿子，也是当时的太子。按理说，东宫的各项供应都应该比其他各宫多，可有好多次，太子的乳母向长孙皇后反映，东宫供应的东西实在太少，根本不够用，希望能够根据实际情况增加一些供应，但长孙皇后都没有答应。因为她从来不把资财任情挥霍，也没有搞过特殊化，她说："作为太子，最发愁的是德不立，名不扬，哪里能够光想自己的宫中缺少什么东西呢？"

唐太宗李世民

　　在政治上，长孙皇后从来就没有想过要干预朝政，她尤其担心的是，自己的亲戚会以她的名义结成团伙，胡作非为，扰乱朝政，威胁李唐王朝的安全。李世民对长孙皇后非常看重，朝中大大小小的事情都会与她商量，但长孙皇后并没有因此就狂妄自大，骄傲自得，而是从来不表态，不干预朝政，不认为自己有多么的重要。

　　有一次，皇上李世民准备对长孙皇后的哥哥委以重任，但没有想到，长孙皇后坚决持反对态度。李世民这次没有听从长孙皇后的劝告，而是让长孙皇后的哥哥长孙无忌做了左武大将军、礼部尚书、右仆射。长孙皇后听到这个消息之后，立即派人前去哥哥的家里，劝说哥哥递交辞职信。在这种状况之下，李世民只好听从了皇后的建议,答应授长孙无忌为开府仪同三司,皇后这才放了心。而且,在此后的朝政官任中,长孙无忌也经常受到皇后的教导,成为一代忠臣。

为人处世时,长孙皇后得意时不把各种好处据为己有,更不会把所有的功名都占满,可谓是很好地坚持了为自己留余地的原则。她的这种做法,不但没有使自己招致损害,还使自己在未来的生活中能够坦然自如、进退有节,深得皇上、大臣和其他嫔妃们的敬重,也深得人民的爱戴和敬仰。

处世之道

霍氏不可一世遭灭族

霍光,汉朝平阳人,字子孟,是骠骑将军霍去病的异母弟。汉武帝元狩二年(前121年),二十岁的霍去病以骠骑将军出击匈奴时路过河东,与霍光的父亲霍仲儒相认。霍去病得胜回朝时,遂将十多岁的霍光带至京都。两年后,霍去病去世,霍光做了汉武帝的奉车都尉。

霍光

霍光跟随汉武帝将近三十年,是武帝时期的重要大臣。武帝时,亲侍皇帝,出则奉车,入则侍左右,小心谨慎,未尝有过,资质端正,为人沉静详审。由于他的表现出色,深得晚年的汉武帝的信任。

汉武帝临死前,将幼子弗陵(汉昭帝)立为太子,并将其母钩弋夫人处死,以绝母后外戚之患。临死,他托孤汉昭帝于以光禄大夫霍光为首的四位大臣。汉昭帝即位之后,就开始了著名的“霍光辅政”,汉朝“政事一决于光”,身为博陆侯的霍光掌握了汉朝政府的最高权力。霍光执掌汉室最高权力将近二十年,为汉室的安定和“昭宣中兴”建立了不朽的功勋,成为西汉历史发展中的重要人物。然而,在霍光执掌朝政的同时,也打开了霍光家族骄奢的口子。

自古功高震主者几乎没有好下场。有一次,汉宣帝去谒见高祖庙,大将军霍光同车陪乘,“上内严惮之,若有芒刺在背”。而后来由车骑将军张安世陪乘时,汉宣帝就感觉很自然。汉宣帝这种芒刺在背的不良感觉已经意味着霍家的下场不妙。

霍光家族骄横奢侈,不可一世。当时就有人指出:“霍氏必亡。凡奢侈无度,必然骄横不逊;傲慢不逊,必然冒犯主上;冒犯主上就是大逆不道。身居高位的人,必然会受到别人嫉恨，霍氏一家长期把持朝政，遭到很多人的嫉恨；众人嫉恨，又做出大逆不道之事，怎么可能不灭亡呢？"这显然是对霍氏的提醒和警告，说得非常清楚。

例如霍光的夫人霍显，在为人处世方面就嫉妒成性。她想要使自己的女儿成君成为皇后，于是就依仗霍光的权势，暗中指使御医淳于衍毒杀许皇后，然后又劝霍光奏请宣帝纳成君为后。许皇后驾崩之后，御医淳于衍被迫入狱，皇帝开始追究主凶。这时，霍显害怕自己所做的事情败露，就告诉了霍光整件事情的来龙去脉。霍光听了之后非常惊讶，想要揭发自己妻子的罪行，但念及夫妻之间的情义一场，最终不忍心上奏，而是奏请汉宣帝勿究治御医之罪。

后来，霍光去世，汉宣帝亲临丧礼，念及霍光在世时的丰功伟绩，以其子霍禹继承侯位，霍去病的孙子霍云、霍山也都封了侯。但霍夫人霍显以及霍氏子孙，却家政不修，骄傲奢侈，放纵享受，生活糜烂。这个时候，汉宣帝开始亲政，而当朝的正是霍氏的政敌。而且，有人揭发了霍光之妻霍显当年毒杀许皇后的事情。汉宣帝听说了这件事情之后，收取了霍氏的兵权，并逐步削减了霍氏的势力，而霍氏家族也渐生恐惧之心。

有一天，夫人霍显梦见大将军霍光对她说："你知道儿子将要被逮捕了吗？"说罢，随即被捕。家宅内老鼠暴乱，常与人接触，殿前树上，鸮鸟鸣叫，声音凄惨恐怖，而且，大门无缘无故地自己坏掉了，全家人都非常吃惊，霍禹后来又梦见车骑追捕得非常紧急，全家人整日处在忧虑不安之中。于是霍山建议谋划反叛，但不久之后，事情就败露了，霍云、霍山自杀，霍禹被捕，腰斩于市，霍光的夫人霍显及霍氏女眷兄弟皆弃市，霍后成君，废黜昭台宫，霍氏亲族连坐诛杀者数十家，惨遭灭族大祸。

治国之道

两败俱伤

战国时期，齐宣王准备攻打魏国，这件事迅速传遍全国，大家议论纷纷，很多人都持反对的态度。这个时候，有个相貌平平，但聪明过人、说话幽默的人准备去面见齐宣王，借机表达他对这件事的意见。这个人就是淳于髡。见到齐宣王之后，他问齐宣王说："君主，你可曾听说过韩子卢和东郭竣的故事？"齐宣王摇了摇说："从

未听说。"

于是，淳于髡就接着讲了起来："韩子卢是最有名的猎犬，没有任何狗能够超越它；东郭竣是最著名的狡兔，它灵活自如，饿狼吃不到，猛虎捉不着。但有一次，韩子卢一路追赶东郭竣，一只拼命向前跑，另一只努力在后面追，追着追着，绕过山顶，跑过森林，又追上山顶，跑了五圈，再越过山头，又跑了五回，一直追呀！追！直到它们两个都累坏了，没有力气倒在路上，耗尽了全部的体力，动弹不得，双双倒在山脚下死了。这个时候，有个农夫刚巧路过，结果他不费吹灰之力就把它们两个带回家煮了吃掉。"

齐宣王对这个故事表示出了很大的兴趣，但他思来想去，还是不明白这个故事跟他要去攻打魏国有什么关系。淳于髡不慌不忙地接着说："现在，我们齐国要去攻打魏国，一定会战争连连，人民苦不堪言，而且这场战争不是很短的时间就会结束的，短的话要几个月，长的可能到一两年，要损失多少粮食、兵器和人力呀！到那时候，双方的士兵都打得焦头烂额，疲惫困顿，人民也因此损失很多东西了，到头来人民变贫穷，国家财富也没了，大家都必定会痛苦不堪。

就像韩子卢和东郭竣一样，追来追去，累死在路边，让农夫不劳而获，我们两国都打累了，秦国和楚国刚好趁这时候，毫不费力气能把齐魏两国打败，到时，我们不就吃大亏了吗？"

事实上，国与国相处与人与人相处是一样的，不可避免地会出现各种各样的摩擦，只要真心相待，就能够互相包容，互相体谅，千万不要因为一些不必要的小事，搞得两败俱伤。

"鹬蚌相争"到最后，都是被渔翁抓走，这不是很可惜吗？退一步海阔天空，就不会有太多不必要的争执。例如现代的中东，两伊战争好不容易宣布停止。想想从前两国互不相让，不断战争的结果，人民痛苦，国家落后，两国什么好处也没得到。

其实，许多战争都可以避免，只要把眼光放远，心胸宽大，忍一时气，便能成就更伟大的目标，人和人之间、国家和国家之间，就可以更和平，更和谐，才会避免"两败俱伤"的情形的出现。

做事情把握好"度"

宋玉在《登徒子好色赋》中对登徒子曾有这样的描述:"增之一分则太长,减之一分则太短,着粉则太白,施朱则太赤。"意思即是说,他长得恰到好处,"度"把握得很好。其实,做任何事情时,都应该把握好这个"度"字,不能低调,也不应过分。

但现代社会,很多人在社会上为人处世时往往把事情做"绝"或者做"尽",丝毫不给自己留下退路。破釜沉舟的精神固然值得钦佩,但是破釜沉舟的结果却往往是失败的。所以说,不是所有的事情都是可以"破釜沉舟"的,如果做事不给自己留有丝毫退路,人生则可能会缺乏很多的稳定性。

第三十一节　恬淡为上

【题解】

这一章,老子给我们讲述的仍是战争之道,也是对前一章的继续和发挥。前一章着重从战争的后果来讲,而本章是通过古代的礼仪来进行比喻。按中国古代的礼仪看,主居右,客居左,所以居左有谦让的意思,"君子居则贵左,用兵则贵右",通过对礼仪的阐述,说明人们把战争看作是丧礼。

此外,老子虽然反对战争,但在迫不得已时,他也赞成要用战争的方式达到除暴安良、救国救民的目的。只是在获取战争的最后胜利后不要以兵力逞强,不要随意地使用兵力杀人。相反,对于在战争中死去的人,还要真心表示哀伤痛心,并且以丧礼妥善安置死者。

【原文】

夫佳兵①**者,不祥之器,物**②**或恶之,故有道者不处。**

河上公《老子章句》:佳,饰也。祥,善也。兵者,惊精神,浊和气,不善人之器也,不当修饰之。兵动则有所害,故万物无有不恶之者。有道之人不处其国。

君子居则贵左,用兵则贵右③**。**

国学经典文库

《道德经》译解

图文珍藏版

河上公《老子章句》:贵柔弱也。贵刚强也,此言兵道与君子之道反,所贵者异也。

宋徽宗《御解道德真经》:左为阳而主生,右为阴而司杀,阳为德,阴为刑。

兵者不祥之器,非君子之器,不得已而用之,恬淡④为上。

河上公《老子章句》:兵,革者。不善之器也。非君子所贵重之器也。谓遭衰逆乱祸,欲加万民,乃用之以自守。不贪土地,利人财宝。

明太祖《御解道德真经》:兵本是凶器,没奈何而用之,是以君子不得已而用之,纵使大胜,不过处以寻常。所以寻常者,即恬淡也。

恬淡为上

胜而不美,而美之者,是乐杀人。夫乐杀人者,则不可得志于天下矣。

河上公《老子章句》:虽得胜而不以为利己也。美得胜者,是为喜乐杀人者也。为人君而乐杀人者,此不可使得志于天下矣,为人主必专制人命,妄行刑诛。

明太祖《御解道德真经》:是谓胜不美。若人夸善用兵者,是谓喜杀人也。如此等不可得志天下也。

吉事尚左,凶事尚右。偏将军居左,上将军居右,言以丧礼处之。

河上公《老子章句》:左,生位也。阴道杀人。偏将军卑而居阳者,以其专主杀也。上将军居右,丧礼尚右,死人贵阴也。

明太祖《御解道德真经》:古所以慎人命者,幽哉!盖为不欲使凶事尚吉,重人命也。

杀人之众,以哀悲泣⑤之,战胜以丧礼处之。

宋徽宗《御解道德真经》:《易》以师为毒天下,虽战而胜,必有被其毒者,故居上势而战胜者,以丧礼处之。

陈致虚《道德经转语偈》:居贵左兮兵贵右,非人此道莫轻授。有时恬淡乐无为,上天之载无声臭。

【注释】

①兵:兵器,也指兵事、战争。

②物:指人,大家。

③君子居则贵左,用兵则贵右:古人认为左阳右阴,阳生而阴杀。后面的所谓"贵左""贵右""尚左""尚右""居左""居右"等,都是古时的礼仪。《易经》中对世间事情的结果分析,归类于四种断词:

吉:通常是聪明人做了合乎法则的事情所产生的结果。

凶:通常是无明的人做了合乎法则的事情所产生的结果。

悔:通常是聪明人做了不合乎法则的事情所产生的结果。

吝:通常是无明的人做了不合乎法则的事情所产生的结果。

④恬淡:淡然、安静。

⑤泣:一说哭泣;一说泣为莅的误写,莅临、到场、参加的意思。

【译文】

兵器,是非常不吉利的东西。因此大家都十分厌恶它,有"道"的人是绝对不会去接近它的。通常,君子都以左边为尊贵,但在打仗时,都是以右边为尊贵。兵器是不吉利的东西,并不是君子所使用的东西。不到万不得已,君子不会使用它,平时对他们的态度都是淡然处之。

《道德经》三十一章书法

想要打胜仗,最后就必定会造成杀戮,所以胜利了也不应该扬扬得意、自以为了不起,否则你的快乐就是建立在杀人的基础之上。嗜杀之人必定是不得民心的,也终究无法治理天下。

通常,喜庆之事都是以左方为主位,而丧葬之事则是以右方为主位的。打仗的时候,是以副将居左方,主将居右,意思是说出兵打仗都是按照葬礼的形式来处理。因为战争杀伤众多,应该以悲哀的心情去哀悼每个死在自己手上的人。而且,战胜者也应该以办丧事的心情来看待胜利。

【解析】

战争会给人类带来巨大的灾祸,这是人所共知的。任继愈认为《道德经》"也是反对战争的"。因为在这一章里,老子说"兵者,不祥之器非君子之器,"这里显

然没有主战用兵的意思。但是,老子同时又说,对于战争"不得已而用之",这表明老子在诅咒战争的同时,也承认了在"不得已"时还是要采用的。

在春秋战国时代,战争是普遍的,国与国之间相互攻伐,战争规模日益扩大,动辄数万、数十万的兵力投入战争之中,伤亡极其惨重,而在战争期间受危害最大的,则是普通老百姓。每逢战争,人们扶老携幼,离乡背井,四处逃亡,严重破坏社会正常的生产,也造成社会秩序的动荡不安,战争的确会带来灾难。

所谓君子迫不得已而使用战争的手段,这是为了除暴救民,舍此别无其他目的,即使如此,用兵者也应当"恬淡为止",战胜了也不要扬扬得意,自以为是,否则就是喜欢用武杀人。这句话是对那些喜欢穷兵黩武的人们的警告。所以,我们认为《道德经》不是兵书,不是研究战争问题的,尤其不是为用兵者出谋划策的。

在老子看来,用兵的关键所在是具备"君子居则贵左,用兵则贵右",对于这句话的理解,可能比较困难。但正是通过"左""右"两字,老子揭示了自己的思想。

"左"为阳,阳为乾,象征自强不辞。老子认为,建立强大的人民军队的目的,是为了保卫国家和人民的安全。老子向来反对侵略战争,但他并不反对反侵略战争。只有有了强大的军队做保障,人们才能够后顾无忧,也才有反对战争的能力,防止战争的发生。

"右"为阴,阴为坤,阴象征厚载万物。在本章中,老子以"右"来借指阴柔慈善,指明战争要有"慈"的理念,达到自己的目的之后,不可再进行夸耀,也不要再逞强。因此,他强调"胜而不美"。对于战争,老子所能容忍的程度是"不得已而用之,恬淡为上",当这两个条件都具备时,老子方能容忍。事实上,把握了这两点,也就把握了战争的适度。

【名句品读】

兵者不详之器,非君子之器,不得已而用之,恬淡为上。

在任何时候,武器都象征着杀戮、象征着战争,象征着死亡。看到武器,人们自然而然地就会形成这样一种心理暗示:喜欢兵器的人没有不好战的。所以,君子是不喜欢兵器的,反之,喜欢兵器的人也肯定不是君子。不到万不得已,就不要使用兵器,因为兵器最终会导致杀戮,因为战争的工具就是兵器;从老子的这句话中,我们不难领悟防微杜渐的道理。

鲁宣公十二年,即公元前597年,晋、楚两国在郑国的邲城发生了一场战争,楚国打败了晋国,赢得了最后的胜利。这个时候,大夫潘党劝楚庄王把晋国军人的尸体放在一起,铸成一座大的"骷髅台",以此来纪念战争的胜利。

但楚庄王却反对说:"战争的目的并不是为了宣扬武功,而是为了给老百姓带来安定的生活。你仔细看看这个'武',它是由'止'和'戈'两部分组成的,'止戈'才是武!止息兵戈才是真正的武功。武功应该有以下七种德行:静止强暴、消除战争、保持强大、巩固基业、安定百姓、团结民众、增加财富。"

后来,楚国的军队按照楚庄王的命令,到黄河边祭祀了河神,修筑了一座祖先宫室,然后就起程回国了。

【经典故事】

治国之道

管仲不动干戈制服楚国

东周列国时期,战争频仍,齐国国相管仲把齐国治理得井井有条,国泰民安。齐国势力也逐渐强大,并逐渐征服了许多小诸侯国,使得这些小诸侯国对其俯首称臣。后来,只有与齐国力量相当的楚国不听齐国的号令。因此,齐国要想成为中原的霸主,就必须要征服楚国。于是,征服楚国也就成了齐国的当务之急。

但如何才能够征服楚国呢?齐国的很多大将军都纷纷向齐桓公请战,认为只有用武力重兵出击攻打楚国,才能够彻底征服楚国。但是,只有担任相国的管仲不赞成这个观点,他连连摇头,激动地对大将军们说:"众所周知,齐楚两国势力相当,如果交战,势必会有一段时间的拼杀,而且,战争还将消耗完齐国多年苦苦积蓄下的粮草。最为悲惨的是,齐楚两国的几万生灵也会因此变成尸骨。到那个时候,定是国不成国,家不成家。"

管仲

这番话让所有的大将军们都哑口无言,他们都用探询的目光注视着曾力挽狂澜,功劳卓著的管仲,目光中还带有很多怀疑。而管仲却不慌不忙,带领许多人去看炼铜了。

一天，管仲派一百多名商人到楚国去购鹿。当时鹿是较稀少的动物，只有楚国有。但人们只把鹿作为一般的可食动物，用很少的钱就可以买一头。管仲派的商人按管仲的授意，在楚国到处扬言：齐桓公好鹿，不惜重金。

齐国人开始购鹿，三枚铜币一头。过了十天，加价为五枚铜币一头。

楚国的楚成王和大臣听到这件事之后，非常兴奋。他们认为繁荣昌盛的齐国即将遭殃。因为十年前卫国的国王好鹤而国亡了，齐桓公好鹿正蹈其覆辙。于是，他们在宫殿里大吃大喝，等待齐国大伤元气，他们好坐得天下。

这个时候，管仲却把鹿价又提高到四十枚铜币一头。

楚人见一头鹿的价钱与千斤粮食相同，便纷纷制作猎具，奔往深山去捕鹿，不再种田，连楚国官兵也陆续将兵器换成猎具，偷偷上山了。

短短一年时间内，楚地大荒，相反，铜币却堆成了山。

粮食没有了，楚人不得不用铜币去买粮食，但这时他们却无处购买。因为管仲早已发出号令，禁止各诸侯国与楚通商。

如此一来，楚军人饥马瘦，大失战斗力，楚成王无可奈何。急忙派大臣求和，同意保证接受齐国的号令。管仲不动一刀，不杀一人。就制服了本来就很强大的楚国，为东周列国赢得了一个安定的时期。

墨子止战

墨子生活的年代，战争频仍，诸侯割据，到处攻城略地，搅得华夏大地民不聊生。

战国初年，楚国的国君楚惠王想要重新恢复楚国的霸主地位，决定去攻打弱小的宋国。于是找到建筑师公输般先生，要他为楚国制造攻城所用的云梯。公输般先生为楚惠王设计的云梯比楼车还高，是攻克城池的理想工具。

楚国要攻打宋国的消息很快就传了出去，各个诸侯国都非常担心，尤其是宋国，得知楚国要攻打自己国家的消息后，更是觉得大难临头。

楚国伐宋的这个决定招来了很多人的反对，其中反对最厉害的人就是墨子。墨子是墨家学派的创始人，他一向反对奢侈浪费，更加反对因为攻城略地而使百姓遭受灾害的混战。当他听到这个消息后，就急忙连夜往楚国赶去，整整走了十天十夜，把脚都磨破了，鲜血直流。墨子把自己的破衣裳撕下一块，包裹住流血的脚，终于赶到了楚国的国都。

在楚国国都,墨子见到了公输般先生。公输般问墨子有何指教,墨子说道:"公输先生,我碰见一个人,这个人极端蛮横,肆意侮辱我,我气得不得了,想请你帮忙,立即去把这个人杀掉,我愿奉上黄金二百两。"

老子出关图

公输般大怒道:"这成何体统!我是堂堂的建筑师,怎么能干那种杀人的勾当呢?"

墨子说:"公输请息怒。我听说你已帮助楚国大王制造了云梯,准备去攻打宋国。宋国得罪楚国了吗?他们有什么罪过、你却要帮助大王去攻打宋国?公输先生,战争是残酷的,无端地发动战争,首先受祸害的是百姓。而百姓是没有罪过的,你帮助大王去杀害无辜的百姓,这能算仁爱吗?而你又不阻止大王去杀害无辜,这也不能算是忠臣啊!"

公输般说:"可是我已经答应了大王。"

后来,在公输般的带领下,墨子见到了楚国国君楚惠王,非常诚恳地说道:"尊贵的大王,这儿有个人,他非常富有,可他却宁愿舍弃自己的绣花衣裳,而去偷邻居的粗布短衫;宁愿舍弃自己的美味佳肴,而去偷邻居的粗糙食物。您说,这是一个什么样的人呢?"

楚惠王说:"这个人一定有偷窃病。"

墨子说:"大王,你们的国土多么辽阔,有几百万平方公里。而那个小国呢,却只有区区几十万平方公里,这好比漂亮的车子与破车。你们有高山大川,风光秀美,城市豪华无比,物质是天下最丰富的。而那个小国戈壁连绵,是个连所谓野鸡、野兔也没有的地方,这好比好饭好菜与粗劣食物。你们有高大的松树、纹理细腻的梓木、楠木和樟木,而那个小国连大树也没有,这好比绣花衣裳与短衣。大王您要去攻打宋国的所作所为与这个有偷窃病的人不是同类的人吗?谁不是父母生来父母养?而你却要师出无名,驱使自己的子民去当炮灰,这些无辜牺牲者的灵魂,不感到悲哀与孤独吗?他们的家人不感到伤痛吗?"

楚惠王感慨道说:"说得好啊!但是,先生,公输已经为我造好了云梯,去攻打宋国已成定局,恐怕难以更改了。"

墨子说:"我的话请大王三思,决不可贸然行事,否则将会后悔莫及。"

楚惠王还是不肯听从墨子的劝说,而且公输般也认为用云梯攻克宋国有很大的胜算。

无奈之下,墨子直截了当地对楚惠王和公孙般说:"你能攻,我就能守,如果发动战争,你占不了什么便宜的。"于是,两人开始了一场演练。

墨子解下皮带作城池,和公输般各拿木片作器具,比试起来。开始时,墨子守城,公输般换了九种攻法,都没有成功;轮到公输般守城,第三次就失败了。公输般知道了墨子的厉害,但还是心有不甘,于是说:"我还有最后一个办法来对付你,但是我现在不能说。"

墨子笑了笑说:"我知道你所说的办法,但是我也不好说出来。"

他们两个像打哑谜似的,搞得楚惠王莫名其妙,于是就问墨子说:"你们两个所说的究竟是什么呢?"

墨子这个时候才说:"公输般的意思是把我杀掉。但是他的这个如意算盘还是打错了。因为在我来楚国之前,就已经把我守城的方法全部教给了我的三百个学生。即使你把我杀了,你也绝对不可能使用这个方法把宋国城池给攻克了!"

楚惠王和公输般听了墨子的这席话,又见识了墨子的真本领,最后决定放弃攻打宋国。一场战争就这样被墨子制止了。

孔子能举起城门,可是从来不肯向人炫耀自己力气大;墨子进攻和防守的技巧,连公输般都佩服,却从来没有听说过他善于用兵。因为他们知道:一时的胜利并不难,难的是永远立于不败之地,这只有有道之人才能做到。

【古为今用】

巧用技巧,调节积极性

现代社会,浮躁情绪充斥着各个角落,尤其是在工作中,很多员工也都存在着浮躁的情绪;除此之外,因为竞争的激烈,员工之间经常会流露出敌视的迹象。这个时候,作为领导,就应该及时地调解,而不是简单地靠下命令、靠训斥来解决问题。如果采取这种方式,员工的情绪会更加恶劣,也会严重影响工作效率和彼此的协作。

事实上,调节并不是通过几句简单的训斥就能够得到解决的。有时,使用一些小技巧,反而能够让大家的情绪变得平静下来,回到最初的工作状态之中。例如,抓住下属的某个优点,适时地表扬一下;或者给他们讲一些富有启示性的故事等。

第三十二节　知止不殆

【题解】

本章中,老子从另外一个角度阐述了"道"的含义。"道"永远是无名而质朴的,它虽然看上去虚无缥缈,但却主宰着天地万物,天下没有谁能使它服从自己。侯王如果能够依照"道"的原则治理天下,百姓们将会自然地归从于它。其实,从某种意义上来说,人民并非是臣服于统治者,而是服从朴素无名的大道。统治者如果能够在"道"的指导下治理国家,必定可以做到收放自如,而人们也能够在"道"的作用下得到更大的好处,更多的快乐。

【原文】

道常无名,朴①**虽小,天下莫能臣**②**。侯王若能守之,万物将自宾**③**。**

河上公《老子章句》:道能阴能阳,能弛能张,能存能亡,故无常名也。道朴虽小,微妙无形,天下不敢有臣使道者也。侯王若能守道无为,万物将自宾,服从于德也。

王夫之《老子衍》:王辅嗣曰:道无形不系,常不可名。

天地相合,以降甘露,民莫之令而自均④**。**

王弼《道德真经注》:言天地相合,则甘露不求而自降;我守其真性而无为,则民不令而自均也。

王夫之《老子衍》:天地,质也;甘露,冲也:升于地而地不居功,降白天而天不终有,是既止以后之自然,且莫令而自均,后天之冲,合于先天,况夫未始有止者乎?

始⑤**制**⑥**有名,名亦既有,夫亦将知止**⑦**,知止可以不殆。**

王夫之《老子衍》:因于大始者无名,止于已然者有名。然既有名而能止之,则前名成而后名犹不立,过此以往,仍可为大始。

譬道之在天下,犹川谷之于江海。

河上公《老子章句》:譬言道之在天下,与人相应和,如川谷与江海相流通也。

王夫之《老子衍》：川谷能成江海，江海不能反川谷。道散而为天下，天下不能反而为道。

【注释】

①朴：质朴。这是用来指称"道"的。

②臣：名词作动词用，使……服从。

③宾，宾服、服从。

④民莫之令而自均：宾语前置，即"民莫令之"，人民没有令它均匀，它却自然均匀。

⑤始：指天地万物的开始。

⑥制：作的意思。

⑦止：止境、限度。

【译文】

"道"永远都是处于无名而质朴的状态。它幽微不可见，即使如此，天下也却没有人能够支配它。侯王如果能够守住它，万物都将会自动地服从。天地之间的阴阳之气一旦相结合，就必定降下甘露。虽然人民没有命令它均匀，但它却能够自然均匀。

事实上，万物在创造之始，自然就根据它的现象进行了定位。定位清楚了之后，就会清楚明白它们各自的限度。因此，一定要知道适可而止，这样就可以避免很多危险。而"道"，本来就存在于天地之间，它就像山谷中的溪川流向江海一样自然。

《道德经》三十二章书法

【解析】

本章中所讲的"无名""有名""知止"，"无名""有名"不是第一章中以"无"名、以"有"名的"无"和"有"的概念。"无名"指完全做到了不自见、不自是、不自伐、不自矜，所以称之为"朴"。所以，本章表达了老子的"无为"的政治思想，认为侯王若能依照"道"的法则治天下，顺应自然，那样，百姓们将会自动地服从于他。

老子用"朴"来形容"道"的原始"无名"的状态，这种原始质朴的"道"，向下落实使万物兴作，于是各种名称就产生了。立制度、定名分、设官职，不可过分，要适可而止，这样就不会纷扰多事。老子认为，"名"是人类社会引争端的重要根源。

任继愈认为："老子的哲学，无论在世界观方面或在辩证法方面，都具有这种素

朴的、直观的特点,老子的书中也是用直观来说明自然现象的普遍联系的。老子对世界的本原,说'无以名之,字之曰道,强名之曰'大',又把道叫作'朴'(通常无名,朴虽小,天下莫能臣)。有时把道叫作'无名'(第一章,"无名,天下之始"。第三十二章,"道常无名"。第三十七章,"……镇之以无名之朴"。第四十一章,"道隐无名")。从这些例子可以证明老子书中的道,实在是浑然一体'无'名或'朴'。把老子的道看作纯精神的客观实在为绝对理念,与老子的原意不合。"(引自《老子哲学讨论集》,第二十页)

不管你是普通百姓还是贵为王侯,都必须臣服于"道",臣服于自然规律。只有按照自然规律办事,天地间阴阳之气相互作用,就能够风调雨顺;这时,即便人们没有要求,它也不会厚此薄彼。"民莫之令而自均"就指出了自然规律作用的普遍性和客观性。

再者,治理天下者,应该建立一种公平、合理的制度体系。并要求所有人都能够按照这个规律办事,不恣意妄为,不狂妄自大。这样就不会有各种困扰和矛盾地出现了。

"道之在天下,譬如川谷之于江海"。说明"道"就好像是江海,王侯和万民,又好像是一条或大或小的河川溪流,不断地向大海汇聚;而大海只有处于低洼之处时,河川溪流才能够汇聚到大海之中。老子认为,管理者应该充分认识这个道理。

【名句品读】

道常无名,朴虽小,天下莫能臣也。

道只是一个名号,为了方便求道者的沟通、记忆才称之为"道"。事实上,人与道也有很多相通的地方。俗话说:真人不露相,露相非真人。生活中,真正强大的人不一定就是一副凶神恶煞的样子,多数时候他们会非常平和宁静。

真正有涵养的人,他们说话做事绝对不会跃居人上,无论是口气还是神态,绝对不会有丝毫轻蔑的色彩。这就给那些管理者一个启示,即别人可以把自己当作一个管理者,但自己绝对不能。只有那些能够深入到员工生活中的领导,才有可能是好领导。同理,只有那些深入到百姓中的官员,才真正是百姓的父母官。

始制有名,名亦既有,夫亦将知止,知止可以不殆。

意即万物开始出现,就有了名称;有了名称,就应该知道适可而止,这样就可以避免灾难的发生。在这里,"制"可以译为创作,亦即万物开始出现。"殆"即指危险的意思。

多数人都认为"有名"可以界定政治上的各种名分；有什么名分就应该做什么样的事情，只有名实相副，社会才会比较安定。但傅佩荣先生认为，"有名"不是指政治上的各种名分，而是指宇宙万物的名称。他举例说，花就是花，不要期许它能够成为果；果就是果，不要希望它能够变成花；草就是草，不要认为草没有用，没有花漂亮。

不管是什么事物，都应该按照它本身的名称来加以界定，它的名称就代表它自己，也只有人类能够跨越这个范围，希望这个东西能够有个别的名称和作用。因此，老子告诫人们，在与自然万物包括人与人之间打交道的时候，一定要懂得适可而止。

【经典故事】

为人之道

杨骏画蛇添足，于事无益

老子在《道德经》中提道："天地相合以降甘露。"意思是说，当天地相互交融了，自然会普降甘露。事实上，很多事情都是自然而然、水到渠成的。如果能够顺应自然而不妄加增减，事情自然会有一个圆满的结果；同时，这也是一种养心的境界。所以，当你感到心累的时候，不要总是抱怨外界的因素，应该审视一下自己是不是画蛇添足了。

晋武帝时期，国丈杨骏凭借自己的身份，把持朝政，声势显赫。

待人处世上，杨骏是一个十分虚伪的奸诈小人，他为了权势，结党营私，排挤打击那些不屈从自己的人。他觉得自己的计策实在高深，为此还扬扬得意地对自己的两个弟弟杨珧和杨济炫耀说："古时智者谋事在先，我们弟兄如果想要永远有今天的权势地位，岂能无所作为？现在，皇上比较信任我们，我们不妨趁机任用一些私人。有朝一日，满朝文武都是我们的手下，我们还怕什么风吹草动吗？"

老子雕塑

杨珧、杨济都是颇有见识之人,他们对自己哥哥杨骏的做法不以为然。杨珧甚至非常担忧地对自己的哥哥说:"兄长处心积虑,未免有些过头了。兄长的智谋是高妙的,但这是人人得见、路人皆知的道理啊,有违智谋的本意。如果兄长不能另外找到一种合适的办法,只怕到最后会招人嫉恨,于事无益啊!"

杨济也诚恳地说:"人心向背,绝不是智谋所能赚取的。兄长你如果能够礼贤下士,以诚待人,自然会有奇效,否则到最后只能够自取其辱。"杨珧、杨济的意思我们不难理解,他们是想要杨骏修养身心,以良好的品德感化他人,使别人心甘情愿地归服。这些都能够凭借自己的力量达到,用不着什么外在的谋略。而对于这些内在的良好修养来说,那些所谓的智谋无非就是多添加上的污染而已。

但是杨骏一向刚愎自用,对两个弟弟的劝谏嗤之以鼻。后来,晋武帝病重,杨骏撤换掉了很多与他不和的大臣,将很多自己的亲信都安排进了朝廷。杨骏的这一做法使众臣大怒,尤其是那些被罢黜的大臣,纷纷弹劾杨骏不法。晋武帝病情略有好转后,也了解到了这件事情,他十分愤怒,当面斥责了杨骏,又诏命汝南王和杨骏一起辅佐朝政,以此削弱杨骏的权势。

杨骏十分担忧自己的地位,便偷偷地把诏书藏了起来。事情正好凑巧,两天之后,晋武帝的病情加重,不久之后就病死了,杨骏也侥幸保住了富贵。

经过此事之后,杨骏更加得意妄为了,也根本不把继位的惠帝和大臣们放在眼里,而是日夜盘算着如何整治他人,心血来潮时便会违反常制,大树亲党。杨珧、杨济为此劝告他说:"兄长唯恐算计不到,岂不知这才是最大的失策啊!兄长您担负着国家的大任,如果一味地徇私枉法,天下人会怎样看待您,以后又会怎样对待您呢?"

杨骏丝毫没有把这些话放在眼里,非常讨厌地斥责他的两个弟弟说:"身处显位,焉能无智无谋?我只怕智谋不多,又何谈当止呢?现在定有很多人在算计我,难道我就应该坐以待毙吗?"

但杨骏也深知众望难孚,于是想出大开封赏这一招,以便向众人示好、收买人心。但结果是,无功受封者难服众心,有功受封者不感其恩,没有受封的人更是对他充满了怨恨。

殿中中郎孟观、李肇一直对杨骏都深怀不满,于是向贾后诬告他要篡位,贾后也早就有当政之心,借此时机与楚王玮、汝南王亮勾结,发动了兵变。后来,杨骏及其党羽数千人都被杀死。

杨骏自以为聪明,事实上他再愚蠢不过。他不知道自己的所作所为都是一些画蛇添足的小伎俩,于事无益。

处世之道

欲望无边,凡事有度

有一个人想要得到一块土地,地主就对他说,清早,你从这里往外跑,跑一段就插个旗杆,只要你在太阳落山前赶回来,插上旗杆的地就都归你。

于是那个人就拼命地跑,太阳已经偏西了还妄想在跑上一段的路程,虽然已经精疲力竭,可是他不小心摔了个跟头,却再也没有起来。有人就在他倒下的地方,随便挖了个坑,就把他给埋了。牧师在给他做祷告的时候说:"一个人要多少土地呢,就这么大。"正如《伊索寓言》所说:"有些人因为贪婪,想得到更多的东西,却把现在所有的也失掉了。"

佛下山游说佛法,在一家店铺里看到一尊释迦牟尼像,青铜所铸,形体逼真,神态安然,佛非常高兴。心想:如果能够带回寺里,开启其佛光,记世供奉,实在是一件幸事。于是,遂问店老板价格如何?可店铺老板竟然要价五千元,且分文不能少,后来他看到佛如此钟爱这尊佛像,更加咬定原价不放。

佛回到寺里后,对众僧谈起此事,众僧都很着急,问佛打算以多少钱买下它。佛说:"五百元足矣。"众僧欷歔不止:"那怎么可能?"佛说:"天理犹存,当有办法,万丈红尘,芸芸众生,欲壑难填,得不偿失啊,我佛慈悲,普度众生,当让他仅仅赚到这五百元!"

"怎样普度他呢?"众僧不解地问。

"让他忏悔。"佛微笑着回到说。众僧更不解了。佛说:"你们只管按我的吩咐去做就行了。"

第一个弟子下山去店铺里和老板砍价,弟子咬定四千五百元。店主坚持不卖,弟子无奈上山。

第二天,第二个弟子又下山去和老板砍价,弟子咬定四千元不放,这个弟子依旧没有达成目的。

就这样,直到最后一个弟子在第九天下山时所给的价已经低到了二百元。眼见着一个个买主一天天离去、一个比一个价给得低,老板很是着急,每一天他都后悔不如以前一天的价格卖给前一个人了,他深深地怨责自己太贪。到第十天时,他在心里说,今天若再有人来,无论给多少钱我也要立即出手。

第十天,佛亲自下山,说要出五百元买下它,老板高兴得不得了——竟然反弹到了五百元! 当即出手,高兴之余另赠佛龛台一具。佛得到了那尊铜像,谢绝了龛台,单掌作揖笑曰:"欲望无边,凡事有度,一切适可而止啊!"

放松但不放纵

在现实工作和生活中,一个人的体力和精力都很有限,不可能不间断地进行某种活动。再加上随着社会压力的加大,节奏的加快,人们自身的脚步也越来越快,也承受着很大的压力,神经都绷得紧紧的,如此下来常常身心俱疲,那么工作之余的适度放松就显得很有必要了。

放松就要讲求适度,以身心的休养生息为主要目的。但是,有些人的放松或者是纵情过度,或者是放任自流,这都是不健康、不合理的。纵情过度,只会耗费更多的体力和精力,使自己更加疲累;放任自流,会使自己意志消沉、斗志减少,以至迷失了人生方向。

小曼是搞艺术设计工作的,由于这一段时间任务多,她和同事们干脆把床搬到了办公室,没日没夜地构思、画图,常常是累了睡,醒来继续工作,饿了就吃盒饭。就这样,这批任务终于保质、保量、按时完成了,老板很高兴,当场就给他们发了一笔奖金,且放一周假。小曼他们听后顿时欢呼起来,相约要好好疯上几天。于是,在这几天里,他们没日没夜地K歌、泡吧、蹦迪、喝酒、打牌,忙得不亦乐乎,几乎没有安静和睡眠的时间。等玩够了,也要上班了。上班的这一天,他们一个个嗓子疼,眼睛肿,头昏脑涨,腰酸腿痛,面色蜡黄,都好像害了一场大病似的。

所谓一张一弛,文武之道,轻松、健康、适度的娱乐活动,可以调节人的神经,陶冶情操,有益健康。但玩乐过度,会使体力消耗过多、视力下降、神经疲劳。大家玩乐的心情可以理解,但一定要适可而止。

比如,长期听狂躁音乐,会使耳膜过度紧张,影响听力;整夜打牌、下棋、搓麻将,会过多消耗脑力和精力,影响健康;过度的夜生活则会使自己头昏脑涨、耳鸣眼花、食欲不振、腰酸背痛,可谓劳神伤身。

纵情娱乐不健康,而放任自流则直接影响自己的人生计划和目标。比如,早上闹钟响了,该去跑步了,可今天实在不想跑,再睡会儿吧;晚上下班回家后,本想先看会儿电视就学习的,结果迷上了一部五十多集的电视连续剧,学习的计划泡汤了。放任自流，因为给了自己太多的台阶下，结果会一无所获，一事无成。

生活中充满了很多的随意性，没有人去管理你的生活，只有靠自己建立适度的原则，去决策、执行和监督自己的日常生活与人生的重大安排和决定。在辛勤工作、开拓事业的同时，放松一下，理所当然，而且很有必要。培养一些健康的兴趣爱好，并把其控制在有益、有利、有用的程度。在情趣上追求高雅清新，在程度上严守有节有度，做到"瘾能自禁，爱不沉溺，适可而止"。

【古为今用】

把握尺度，适可而止

在为人处世时，每个人都需要掌握这样一种智慧，这种智慧指的就是"适可而止"。例如，当你每个月只能赚一千元的时候，你会觉得不够；可以努力地去赚两千元，如果赚到两千元仍觉得不多，可能还会想更富哦；然而，当你从一千元升到一万元的时候，你是不是应该考虑适可而止了呢？很多时候，看似杂乱无章的生活也有其独特的、内在的发展规律，你应该学会尊重它，顺从它。

有人说，欲望就像是一个大雪球，如果不适当进行控制，它就会越滚越大。这话是极有道理的，它告诫我们一定要懂得控制自己的欲望，适可而止，不能任其无止境地发展。否则，它的发展趋势就可能会超越你所能控制的范围，以致你身心俱损。

第三十三节　自知者明

【题解】

本章中，老子给我们讲述的主要是个人修养与自我设计的问题，并提出人们要丰富自己精神生活等一系列观点。在老子看来，"知人""胜人"十分重要，但是"自知""自胜"更加重要。本章与第九章、第十章、第十五章、第二十章的写法比较类似，侧重于探讨人生哲理。

辩证法是老子思想的精华之一，本章中，老子再次用辩证思维来论述"道"，同时比较了智慧与超智慧、力量与超力量以及长久与永恒之间的不同,目的在于说明"道"具有超越一切和至高无上的作用。在本章中,老子全部用的是正面直言的文字,与前面几章不同。例如第十章用问话的形式出现,第二十章以反话形式表达。他认为,一个人倘若能审视自己、坚定自己的生活信念,并且切实推行,就能够保持旺盛的生命力和饱满的精神风貌。

【原文】

知人者智,自知者明①。

河上公《老子章句》:能知人好恶,是为智。人能自知贤与不肖,是为反听无声,内视无形,故为明也。

胜人者有力,自胜者强②。

河上公《老子章句》:能胜人者,不过以威力也。人能自胜己情欲,则天下无有能与己争着,故为强也。

明太祖《御解道德真经》:能善胜人者,虽不用力,是谓有力。自胜者是为强。强然如此,此数事皆能知足为当。

知足者富。强行③**者有志。**

王弼《道德真经注》:知足自不失,故富也。勤能行之,其志必获,故曰强行者有志矣。

王夫之《老子衍》:富者不必有志,有志者不能乎富。

不失其所者久。死而不亡者寿。

王夫之《老子衍》:久者有极,寿者无终。以气辅气,以精辅精,自谓"不失其所",而终归于敝,岂但单豹之丧外,张毅之丧内哉?盖智揣力特以奔其志,有"所"而不能因自然之"所"于无所失也。夫见其精气之非有余,可谓之死;而其中之宛如处女萦如流云者、微妙玄通者未尝亡也。非真用其微明,以屈伸于冲和之至,若抱而不离者,何足以与于斯哉?故有虞氏之法久,而泰氏之道寿;中士之算长,而有道者之生无极;言此者,以纪重玄之绩也。

【注释】

①明:高明、聪明的意思。

②强:这是老子使用的特殊概念,含有果决的意思。

③强行:努力不懈的意思。

【译文】

生活中,那些能够了解别人的人,是具有大智慧的人;而真正能够了解自己的人,才是真正的明道之人。那些真正能够战胜别人的人,是孔武有力的人;而只有能够战胜自己的人,才是生活中真正的强者。能够知足乐道的人,才是真正的富有;一直努力不懈的人,才是真正的有志之士。只有不离失根基,才能真正地持久。如果能够做到身死而精神长存,这才是真正的长寿。

【解析】

中国有一句话,叫"人贵有自知之明"。这句话最早的表述者,就是老子。"知人者智,自知者明",就是说能清醒地认识自己、对待自己,这才是最聪明的,最难能可贵的。但要做到知人、知己,是很不容易的。姜太公曾经说过:"人心之不同,各如其面。"人与人的个性都是不同的,就好像是各有各的容貌一样,也都各有各的品性。有的人内心睿智,有的人心怀叵测,有的人忠厚老实……但要了解他人的内心,就需要一个过程,这个过程需要水平,需要能力,更需要客观和公正。知人者"智",这个"智"指的就是智慧。

了解他人是一件十分困难的事情,但是了解自己就更加困难了。通常,很多人都难以全面地认识自己,或认识自己不足,或自视过高。而要想清楚地认识、了解自己,就需要不断地自我反省和思考,需要经常洗涤自己的心灵。如果真的能够认清自己,这样的人必定是高明的,是聪慧的,是成功的。

自胜者强,就是说需要把自己当作战斗的对象,克服困难,战胜自身的弱点。知足者富,老子所讲的"知足"是知道把握事物发展的分寸,当进则进、当退则退。强行者有志,说的是有志者应当胸怀伟大的理想,即使遇到困难,也应该坚持不懈。

本章中老子还提出精神修养的问题。任继愈说,这一章"宣传了一系列消极、保守、反省的精神修养观点","还宣传精神胜利法,说什么死而不亡是长寿,这些都是唯心主义的思想。"(任继愈《老子新译》)对于这种观点,有学者表示不同意,例如张松如认为,老子所说的这种观点"为什么是唯心主义呢,难道'死而不亡'是'有鬼论'吗?"他认为,这是见仁见智,人各有心。他认为个人的精神修养,可以使人具有智、明、力、强、富、志、久、寿这些品格和素质,这些都具有积极的意义。老子极力宣传"死而不亡",这是他一贯的思想主张,体现"无为"的思想主旨。"死而不亡"并不是在宣传"有鬼论",不是在宣扬"灵魂不灭",而是说,人的身体虽然消失了,但人的精神是不朽的,是永垂千古的,这当然可以算作长寿了。

清末民初对《道德经》也有研究的著名学者梁启超说，人的肉体寿命不过区区数十载，人不可能长生不老，但人的精神则可以永垂不朽，因为他的肉体虽然消失了，而他的学说、他的思想、他的精神却会长期影响当代及后代的人们，从这个意义上讲，人完全可以做到"死而不亡"。梁启超的这种观点，应该讲主要所受的不是佛学的影响，而是受到老子思想的影响。

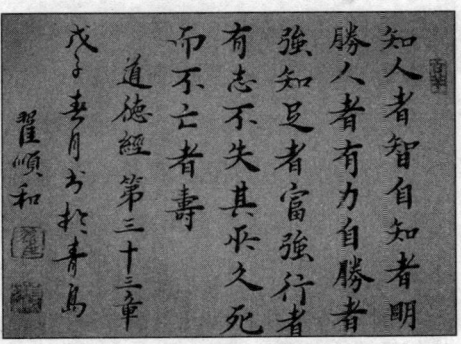

《道德经》三十三章书法

【名句品读】

知人者智，自知者明。

《道德经》中所提到的"知人者智，自知者明"，可谓是精辟至极，后世有很多人在老子的影响下，都提到认识自我、了解自我的重要性。例如，《孙子·谋政》中曾写过这样一句话："知己知彼，百战不殆"。意思就是说，打仗的时候，只有充分了解自己和对方的情况，才能够立于不败之地。在这里，孙子就颠覆了以往兵家只注重了解对方而忽略自己的态度。

经历了贞观之治，唐太宗李世民明白优秀人才在国家建设中所起到的重要作用。考虑到国家的富强和人民的安定，唐太宗决定大力招纳优秀人才。于是他问魏征："朕听说国家太平之后必定会有大乱发生，而大乱之后必定会太平。国家现在正是由乱到治的时期。天下太平，百业待兴，需要大量优秀的贤才。这些日子我想到了一个招揽人才的方法，那就是让他们自荐。你认为我的这个做法合适吗？"魏征听后，诚恳地回答说："能够了解别人的人，是具有大智慧之人；但能够了解自己的人，是聪明之人，是真正具有大智慧的人。人贵自知，陛下广开人才自荐之道，四方贤才必然会纷至沓来，这样做何愁得不到济世贤才呢？"

强行者有志。

俗话说：无志之人常立志，有志之人立长志。意思就是说，真正有志之人，一定会有一个长期的理想，绝对不会经常改变志向。事实上，一个真正有志之人，并不是非要有多么远大的理想，而是能够在树立理想之后，坚定不移地为自己的理想付出努力和行动，只有这样，理想才有实现的可能。而如果只会树立远大的理想，却没有具体的行动，理想就永远只能称之为理想，通俗点说，就是白日梦。

在四川边远山区有两个和尚,一个很富有,一个却是一穷二白。有一天,穷和尚告诉富和尚说:"我想到南海去。"富和尚非常惊讶地问他说:"你要船没船,要钱没钱,凭什么去南海啊?白日做梦吧?"

穷和尚笑了笑说:"我带一个水桶和一个钵盂就足够了!"富和尚不屑一顾地说:"不可能,我这么多年来一直都想买条船顺流南下,但一直都没有成功。何况是你呢?"

穷和尚并没有因此就打消去南海的念头,而是意志坚定地就出发了。转眼间一年过去了,第二年的那个时候,穷和尚从南海回来了。而是看到富和尚时,向他讲起了自己在南海的所见所闻。富和尚听了自愧不如。

【经典故事】

治国之道

目不见睫

春秋战国时期,楚庄王是继齐桓公、晋文公称霸诸侯以后,取得了诸侯霸主的地位。但野心勃勃的楚庄王并不满足,他一心想要趁着越国衰弱的时候,出兵讨伐,进一步实现一统天下的梦想。

此时,楚国的国力和以前相比已经相差很远了,对于这点楚国上下是皆有体会;因为楚军连年对外征战,搞得军队疲惫不堪,人民怨声载道。因为这种状况与庄王初为霸王时相比,根本就不是一个水平了。最后国内各地的百姓对楚庄王的统治十分不满,纷纷揭竿而起,官府也无力镇压。在这种束手无策、自顾不暇的时候,如果再去攻打越国,将是一件很危险的事情。但是文武百官对楚庄王都心存畏惧,生怕得罪他,更害怕丢掉自己的乌纱帽,最后没有人敢对楚庄王进谏,导致状况越来越恶劣。

楚国有一位人人都很尊敬的大夫,是一位非常聪明的有识之士,众人都称他为杜子。他想到楚国如果真的出伐越国,国家和人民又会遭到一次浩劫。最后为了楚国的长远利益,杜子决定不顾个人安危,挺身而出,上朝去劝谏楚庄王。到了朝堂之上,杜子对楚庄王说:"听说大王要发兵讨伐越国,能告诉我你攻打它的理由吗?"

楚庄王很傲慢地回答说："越国是我国的邻国,如果我们不主动出兵攻打他们,他们也肯定会出兵攻打我们,我们早晚还是免不了一场战争。所以寡人决定先讨伐越国。"

杜子又接着问道："那您为什么偏偏选择在这个时候发兵讨伐呢?"

楚庄王回答说："现在越国政治昏乱,兵力疲弱,出兵讨伐,定能获胜。"

杜子遗憾地表示说："我很愚昧,十分担心这件事。"

楚庄王很好奇地问道："你担心什么呀?"

杜子诚恳地回答说："智慧就像是人的眼睛一样,能看到百步以外的东西,但要想看到自己的眼睫毛,却是一件非常不容易的事情。"

楚庄王依旧很好奇地问："你说这话是什么意思呢?"

杜子坦然地回答说："大王的军队,自从被秦国、晋国打败,就已经丧失了几百里的国土,这足以说明楚国的兵力疲弱;庄𫏋在国内造反,官府却无力平乱,这又足以说明楚国的政治昏乱。大王的政治昏乱、兵力疲弱,与越国相比,并不在越国之下啊。可是现在大王却要讨伐越国,这不说明智慧像眼睛看不见睫毛一样,看不见自己的弱点。大王您说我说得对吗?"

听了杜子关于"目不见睫"的解释,楚庄王感到很惭愧,于是就放弃了讨伐越国的打算。

为人之道

刘文静之死

为人处世中,一个人如果能够展现自己的优点,发现并改正自己的缺点,则常常能够用理智的方略选择人生的目的或理想。但很多人了却一生也都不能够认识自己,既不晓得自己的优势,也不知道自己的劣势,丝毫没有自知之明,最终付出了惨痛的代价。

当年唐高祖李渊起兵谋反时,刘文静还是晋阳县令,后来他一直跟随李渊,并积极支持李渊谋反;可以说,唐朝的建立他立下了汗马功劳,因此也深得李渊的信任和宠爱。裴寂是刘文静无所不谈的朋友,后来,也多次因为刘文静在李渊面前的推荐,最终被李渊招到了帐下。

但唐朝建立之后,论功行赏时,让刘文静万万没有想到的是,裴寂的官职却在自己之上。他想到自己当初征战时立下的汗马功劳，而裴寂却一无所有，就颇为不服，平日里也难免多了一些牢骚。

这个时候，有人对刘文静说："裴寂是一个很会做人的人，他在皇上面前事事都顺着皇上，懂得如何讨皇上欢心；而你刘文静虽然很有才华，但却缺少处事的谋略，尤其是和皇上谈论事情时，你每次都会和皇上据理力争，即使无理你也会争三分。如此一来，皇上怎么可能会喜欢你呢，裴寂的官职在你之上也就是一件不足为奇的事情了！"

刘文静依然很不服气地说道："裴寂就是一个奸诈、虚伪的小人，我刘文静为国尽忠，做事情堂堂正正，根本不用无缘无故地去讨好皇上。早晚有一天，我一定会杀了裴寂。"

有了这个念头之后，以后每次面见李渊时，刘文静多多少少都会指出李渊的过失。他甚至还动情地对李渊说："亲贤臣远小人，这样国家才能够长治久安，如果皇上您总是受小人的蒙蔽，则对国家有百害而无一利啊！像裴寂那种小人，只懂得讨取皇上的欢心，却从来不干实事，这哪里是忠臣的所作所为啊？"

而裴寂在皇上面前所采取的方式和刘文静是截然不同的，他从来没有正面诋毁过刘文静，而是经常装出一种很委屈的样子说："臣知道刘文静对我朝的建立，有着不可磨灭的功勋，所以他看不起臣是理所应当的，我一点都不怨恨他。我只是担心，他如此居功自傲，最后恐怕连皇上也不敬畏了，这将来可就是大患了！"

李渊对刘文静的话不以为然，但听了裴寂的话却觉得背后发凉，马上觉得刘文静非常可恶，于是对刘文静越来越疏远了。

刘文静也越来越苦恼了。这时，有人又劝他说："裴寂虽是小人，但是他的阴谋诡计却不能小看。正因为他能够迷惑皇上，所以千万不能轻视！你现在不应该再与他有正面冲突了，而应该讲究些方法，多用些智计！"

但刚愎自用的刘文静根本听不进去，反而越来越狂妄起来。有一次，他和弟弟刘文起饮酒时，忍不住破口大骂裴寂。还有一次，竟然拔出刀子，砍击屋中木柱。这一切都被他的一个失宠的小妾看在眼里，于是她偷偷地把刘文静的牢骚话告诉了自己的哥哥，她哥哥为了邀功领赏，向皇上诬告说刘文静准备谋反。

后来，恰巧是裴寂审理此案，他就趁机劝说李渊杀了刘文静，以绝后患。在裴寂的鼓动之下，李渊也不听刘文静的申辩，就下令将他处置了。

众人皆知，刘文静死得很冤，究其原因，一方面是因为小人当道；另一方面则是因为他没有充分地认识到自己的不足。刘文静的交际能力，本来就不及裴寂，加上那个时候他根本就不受皇帝的宠信。在这种情况下,刘文静还和裴寂争宠,根本就是不自量力,实属自取灭亡。

善于识别、认识他人的品行,才能的人是高明的,也是智慧的,但那些能够正确地认识自己的缺点,并加以改正的人才是生活中真正的智者。"不识庐山真面目,只缘身在此山中",认识自己的确很困难,但唯有知己,才能够明智。所以,不妨每天反省、思考一下,自己到底是个什么样的人。

【古为今用】

了解自己,人贵自知

人贵自知,先知己,再知人。懂得自己的短处,所以敬重别人的长处,人生最大的长处不在于你任何其他的特质,而在于人贵自知:你究竟是什么样的人,你如何定位自己的人生,你想要什么,你怎样去得到你想要的。老子曰:"自知者明。"苏格拉底说:"你要认识自己。"东西方哲人几千年前说的话竟然如此相似。

认识自己先要正确地认识到自己的长处,这关系到做出正确选择和确立一种自信,人的一生是在不断做出选择的,而缺乏自信更是什么事也干不成。但认识自己最难的还在于认识自己的短处,权越大,钱越多,名越噪,认识自己的短处就越难。人不自知,一切后果就很麻烦。不自知,就不识大体,就不懂得环境因缘,不懂得别人的需要,不懂得拿捏分寸,甚至不知何去何从? 这就是不健全。古今中外此类例子多的是,便是普通人,成绩、学历、门第乃至容貌等,都可以成为正确认识自己的障碍,故才有"人贵自知"一语,一个"贵"字,道尽自知之不易。

第三十四节　不自为大

【题解】

这一章说明"道"的作用,这是老子在《道德经》书中再次谈到"道"的问题。他认为,"道"生长万物,养育万物,使万物各得所需,而"道"又不主宰万物,完全顺任自然。所以:领悟"道"也应该顺其自然,不应刻意强求,就如同之前老子所说的

"企者不立、跨者不行",有的人为了彰显个人的价值,总是争强好胜,完全拒绝与他人合作,这都是不正确的做法。

这些观点,老子在前面某些章节中已经做过论述。这一章是对前文的继续,说明"道"可以名为"小",也可名为"大",虽然没有明确指出"圣人""侯王",实际是在期望统治者们应该像"道"那样起"朴"的作用。从另外一个角度来看,本章内容实际上也是在阐述作为"圣""侯王"所应该具备的基本素质。

【原文】

大道泛①兮,其可左右。

唐玄宗《御解道德真经》:大道泛兮,无系而能应物,左右无所偏名矣。

宋徽宗《御解道德真经》:泛然无所系较,故动静不失,往来不穷,左之右之,而无不可。

万物恃之以生而不辞②,功成不名有。

王夫之《老子衍》:谁能以生恩天地乎,则谁能以死怨天地。天地者,与物为往来而聊以自寿也。天地且然,而况于道?荒荒乎其未有畔也,脉脉乎其有以通也;故东西无方,功名无系,宾主无适,己生贵而物生不逆。

衣养③万物而不为主④,常无欲,可名于小;

河上公《老子章句》:道虽爱养万物,不如人生有所收取。道匿德藏名,怕然无为,似若微小也。

王弼《道德真经注》:万物皆由道而生,既生而不知所由,故天下常无欲之时,万物各得其所,若道无施于物,故名曰小矣。

万物归焉而不为主,可名为大。

王夫之《老子衍》:诚然,则不见可欲,非以窒欲也;迭与为主,非以辞主也。彼亟欲成其大者,恶足以知之!

以⑤其终不自为大,故能成⑥其大。

河上公《老子章句》:圣人法道匿德藏名,不为满大。圣人以身师导,不言而化,万事修治,故能成其大。

王弼《道德真经注》:为大于其细,图难于其易。

【注释】

①泛:水向四处漫流,叫作泛滥。

②辞：管理、干涉的意思。今从最后一解。

③衣养：养育。

④主：主宰。

⑤以，由于，因为。

⑥成：成就、成全。

【译文】

　　大"道"就像是泛滥的河水一样，广泛流溢，几乎没有它到达不了的地方；世间万物都依靠它生存，但道却对万物从来都不干涉，即便是大功告成了，它也从来不认为自己有功。

　　"道"养育了万物却从来不自以为主宰，也从来没有自己的私欲，甚至可以说它是谦虚卑微；万事万物都归附于它，而它却不自以为主宰，这可以算得上是伟大。由于它始终不自以为伟大，所以才造就了自己的伟大。

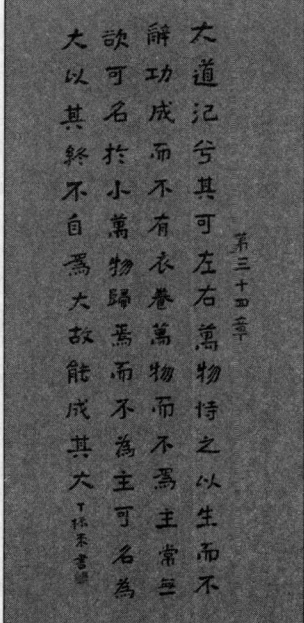

《道德经》三十四章书法

【解析】

　　在学术界，关于老子的"道"的属性，一直都存在着唯心论和唯物论的观点。持"唯心论"观点的人认为，"道"是一个超时空的无差别的绝对静止的精神本体。但张松如认为："'大道泛兮，其可左右'，怎么能是'绝对静止的精神本体'呢？而且，就它抚育万物，而不自以为是主宰这方面看，'则恒无欲也，可名小于'；就万物归附它，而不知道谁是主宰这方面看：'则恒无名也，可名于大'。无欲、无名、可小、可大，这个'道'又怎么能是'超时空的无差别'呢？"

　　许多学者也都认为，"道"作为抽象概念，它既不表现物质现实事物的本身，也不能离开形式推论或理论假设的思想，它只是由思维形式表述的一些东西，并不直接适用于对待客观现实的事物和现象。多数人都同意张松如的观点，认为"道"是一个物质性的概念，虽然人们不能感觉到，但却真真实实地存在于自然界。

　　而且，老子认为"道"生长万物，养育万物，万物都归恩于它，但是"道"并不主宰万物，而是任由万物顺其自然去发展。正因为此，人们也将它称之为"大道"。世间万物都是按照自身的规律去运行，人们应该尊重它，不应该将事物发展的规律归功于自己。其实，老子也正是通过此，期望统治者能够像"道"那样。

【名句品读】

万物恃之以生而不辞，功成不名有。

万物依赖大道生长而不推辞，完成了使命却不贪图虚名。"大道"对万物的态度向来是"不辞""不有""不为主"，通俗来说，也就是不推辞、不居功、不主宰。大道持有万物，但一直都把万物当作是身外之物。所谓身外之物，就是那些生不会带来，死不会带走的尘世俗物。

在《道德经》中，老子就劝诫人们一定不要太重视这些身外之物。所谓功名利禄，只是供人们生存的物质基础，不一定非要拥有。相反，一个人如果能够舍弃这些，去做一些对社会有利的事情，自然会有人看得见，自己心里也会落得满足。这样就足够了。如果一味地想要追逐某种权力，从而满足欲望，好事到最后也能够变成坏事。只有舍弃那些让我们为之所累的身外之物，才能够活得潇洒自在。

常无欲，可名于小；万物归焉而不为主，可名为大。

老子认为，"道"可以名为小，也可以名为大。既然"无内"，就不会有欲望，因此可以称得上"常无欲"，又因为"无欲"有如"至小无内"。没有了欲望就没有任何能够区分的空间，连任何欲望都没有了，肯定就是至小无内。如果有很大的欲望，就必定有空间可以容纳，这恐怕就是欲壑难填了。

得道之人从来都是无欲无求，不炫耀，不奢望，他们从来都不觉得自己很伟大，但是能够包容一切。他们的所作所为就像是道本身一样，道存在于平凡的生活中，看不见，也摸不着，却在无声无息地繁衍着万物。其实，现实生活中有很多微不足道的东西常常能够发挥出至关重要的作用，就好像那些默默无闻的人一样，在关键时刻也能够做出惊天动地的事情来。所以，不要小看身边的这些普通的人和事，正是因为他们的平凡，才孕育出了伟大。

【经典故事】

处世之道

沈万三炫富终受贫

有钱，所以有炫耀的资本。但如果处处张扬、目中无人，迟早会有遭殃的一天。

明朝首富沈万三的悲剧就充分说明了这个道理。

　　沈万三是明朝的首富，他家住江苏昆山一带，在当地非常有名。当时，民间习惯将名门家族中的人称作"秀"，连上姓氏和排行，所以沈家老三沈富就被称作沈万三。至于这个名字当中的"万"字，则是说明他拥有万贯家私。

　　当时，朱元璋刚刚建立明王朝，沈万三为了对朝廷表示自己的忠诚，为了讨得朱元璋的欢喜，就拼命地向新政权输银纳粮，想给朝廷和朱元璋留下良好的印象。但朱元璋是一个出身贫寒的皇帝，他生平最痛恨的就是拥有万贯家私的富豪。

　　当时，朱元璋见沈万三如此卖力地讨好自己，就和他开了一个小小的玩笑，下令沈万三修筑从洪武门到水西门的一段城墙，这段城墙占工程总量的三分之一。当让朱元璋万万没有想到的是，沈万三不仅按时按量地完成了任务，还信誓旦旦地提出由他来出钱犒劳每个士兵。

明太祖朱元璋

　　沈万三本是好意，但朱元璋听后却十分恼怒。语气十分不满地说："朕现在有百万雄师，你能够犒劳得了吗？"当时，沈万三急于表现自己，并没有听懂皇上的言外之意，他居然毫无难色地回到说："即使如此，我依然可以犒赏每位将士一两银子。"

　　朱元璋听了他的话后，不禁想起当年与张士诚、陈友谅、方国珍等武装割据争夺天下时，就曾经因为江南富豪支持敌对势力而让自己吃尽了苦头。朱元璋认为，虽然现在已经立国，但国强不如民富，如今沈万三竟敢僭越，想取代天子犒赏三军，仗着自己富有就将手伸向军队。这是朱元璋绝对不能够忍受的，不禁怒火中烧。但是，朱元璋并没有立即将自己的怒意表现出来，而是沉默了一会儿，冷冷地说："朕自会犒赏百万将士，这件事你就不必费心了。"

　　后来，朱元璋就决定治治沈万三的傲气。趁着沈万三又来大献殷勤的时候，朱元璋给了他一文钱，淡淡地说："这一文钱是朕的本钱，你给我去放债。只以一个月作为期限，初二日起至三十日止，每天取一对合。"这里的"对合"是指利息与本钱相等。也就是说，朱元璋要求每天的利息为百分之百，而且是利上滚利。

　　一文钱看起来不多，但利上滚利一个月之后，却是一笔巨大的财富。但满身珠光宝气、腹内空空、财力有余、智慧不足的沈万三当时根本就没有考虑到这一点。

他只是在心里想：这有何难？第二天本利二文，第三天四文，第四天才八文嘛！区区小数，何足挂齿？于是他非常高兴地接受了任务。

但是，回到家里之后，沈万三又仔细地核算了一下，这次不由得傻眼了。虽然到第十天本利总共也不过五百一十二文，可到第二十天就变成了五十万二万四千二百八十八文，而到第三十天也就是最后一天，总数竟高达五亿三千六百八十七万零九百一十二文。即使沈万三很富有，但要交出五亿多文钱，也要倾家荡产了。后来，沈万三果然倾家荡产，朱元璋下令将沈家庞大的财产全数抄没后，又下旨将沈万三全家流放到云南边地。

其实，悲剧本可以避免。沈万三的悲剧就在于他不知道富不能显、富不能夸、为富要谦恭、为富要自恃的道理。具体而言，就是不管什么时候，不管你怎么得势，都不应该忘乎所以，否则只会带来惨痛的教训。

卑让为德之基

卑让为德之基。所谓卑让，即：谦虚、恭敬。

在"德"的构成中，除了"仁"之外，最重要的就是"谦让"。记载春秋时代各国兴亡的史书《左传》上就有"卑让为德之基"的至理名言。而一个卓越的领导者，就应该永远保持一颗谦虚之心，永不骄傲自满。这一点，是中国古代圣贤明君反复谆谆教诲于后世的。

《贞观政要》中曾记载了唐太宗的"卑谦恭让"之德。

贞观二年（公元628年），太宗与臣下言道："人们说做天子的就可得自尊崇，无所畏惧，朕则以为天子应自守谦恭，常怀畏惧。过去舜曾告诫禹说：'只有你不矜持自夸，天下人才无人能与你争能；只有你不事征伐，天下人才无人能与你争功。'《易经》上写：'人本能上是厌恶骄傲而喜好谦逊。'凡做天子的，若自以为是，妄自尊崇，不守谦恭之道，如犯了错误，谁肯犯颜谏奏？朕常畏惧天，不时倾听朝臣们对我的批评和建议，务求谦虚为怀。对于自身的一言一行，无不反躬自问。是否合乎天道？是否符合臣子的意向？务求谨言慎行。天虽高，但地上事无巨细皆看得一清二楚；臣虽下，亦不时注意君主的一言一行，故我必须力求谦虚，并经常反省所言所行是否合乎天意民愿。"

一位居于万民之上的帝王，对仁德都有如此深刻的、彻底的了悟，实在是难能可贵。所以，我们作为凡人，更应该学着谦卑了。

古代很多优秀的领导者都深谙一个道理：谦虚卑让绝不会使自己损失什么，相反，却能够为自己带来很多意外的收获；但妄自尊大，事事与人争斗，则不但会得罪人，还常常会毫无收获，甚至会把你已经拥有的东西也丧失掉。

东汉末年，徐州受到曹操大军的攻击，北海太守孔融约刘备等人率军前去救援。刘备首先率领精锐部队突破曹军的包围圈，率先进入了徐州城，并积极与徐州太守陶谦合力拒敌。

徐州太守陶谦发现刘备仪表堂堂，器宇轩昂，且语言豁达，做事沉稳，心中不由大喜。遂命令部下取来徐州印信，准备将徐州交与刘备管制。陶谦诚恳地说："今天下扰乱，王纲不振，公乃汉室宗亲，正宜力扶社稷。老夫年迈无能，情愿将徐州拱手相让，请你勿要推辞。"

刘备听了他的一番话，匆忙离席拜曰："备今为大义，故来相助。公出此言，莫非疑刘备有吞并之心耶？若举此念，皇天不佑！"陶谦忙说："此老夫之实情也。"陶谦再三相让，但刘备固辞不受。

等到击败了曹军之后，在庆功宴上，陶谦又一次提出要刘备管制徐州的话语。但刘备还是坚决拒绝了，只是答应暂时屯兵于徐州的近邑城市，保证徐州不再受到骚扰。

一段日子以后，陶谦忽然身染重病，且这病越来越严重，于是他差人邀请刘备到徐州商量大事。陶谦躺在病榻上，又一次诚恳地对刘备说："请公来，不为别事，只因老夫病已危笃，朝夕不保，万望明公可怜汉家城池，受取徐州牌印，老夫死亦瞑目矣！"说完这些话，刘备还没有来得及插言，他就又对手下人等介绍说："刘公乃当世人杰，你们当善事之。"

刘备仍是推让，但陶谦最后以手指心而死。无奈之下，刘备只得接受了牌印，执掌徐州职事。

这个时候，恐怕又很多人会产生这样的疑问：难道刘备是真的不愿意管制徐州城吗？答案是否定的。但当时的刘备，只是一个小小的平原郡首领，这与他统一天下的宏大志向相距甚远。如果这时能够占据徐州，为他以后的发展定会奠定良好的基础。但刘备是何等聪慧之人，他深知要想获得某种东西，最好表现出对它漠不关心的样子。如此，才不会引起别人的注意和反感。

所以，对于徐州，刘备并没有表现出急不可待、跃跃欲夺的架势，而是表现得非常谦卑，并再三卑让，结果就轻而易举地使徐州唾手可得。另外，这个故事也很好地说明了老子的"惟有不争，则天下莫能与之争"这一深刻的道理。

海瑞不"自大"却高大

海瑞自幼聪明好学,他中了举人以后,被派往福建南平县当教谕,相当于现代的学校校长。当时,教谕是一个肥差,因为可以从中收取学生的礼物,还可以从学生身上索取钱财。海瑞刚刚到任时,他手下的教师就直言相劝说:"我们的俸禄不高,好在还可以捞些外快补贴家用。所以你不必有所顾忌,以前的教谕无一不是这么做的。"

海瑞听了之后,很严厉地对那个老师说:"你要知道我们是老师,为人师表,怎么可以做这些无耻的事情呢?一个人读书读多了,就越应该知道处事守礼,不应该随随便便的。这不是一件小事儿,我们应该慎重为之啊!"

海瑞画像

于是,海瑞从自身做起,严禁向学生索取钱财,也拒绝接受任何礼物。同时,他以教约的形式明文规定下来,并对违反者处以严厉的惩罚。因为这件事,有人说他小题大做。海瑞就义正词严地说:"虽然我们都是做学问的人,但是在很多方面我们都还是一无所知啊!如果为人处世不够检点,那么天大的才能也不能阻止我们滑向深渊;等到违法犯罪了才知道自己做错了,这个时候就已经晚了!所以我奉劝大家还是不要铤而走险,不要因为赢得一点小利益而做下非常愚蠢的大事情。"

海瑞做钦差大臣的时候,也是如此。他每次出巡,都坚决不用鼓乐,更不让地方官差出城相迎。后来,他的手下对他说:"按照朝廷礼仪,你出巡的时候应该是鼓乐作前导,旌旗官牌,三班六役,前呼后拥。这样才能够显示出你的威严来。如果你总是轻车简从,地方官差根本就不会把你放在眼里。"

海瑞笑着回答说:"我让地方官敬畏,只是因为我的管制罢了,哪里是因为我的排场啊?我不想在人前显示出作威作福的样子。世道复杂,人心险恶,做事如果太招摇的话,势必会带来祸端。所以,还是谦恭一点好!"

海瑞到各地视察时，都会事前命令下面的府县不得设宴接风，不能铺张浪费。吃饭的时候，最多只能上鸡、鱼、肉三样荤菜和一小瓶酒，决不允许再多加了。有一次，一位知府准备了一桌子丰盛的酒菜招待他，说："你一路辛苦，我非常敬仰你的才学，今天还希望你能够破例入席，接受我诚挚的敬意。"海瑞没有听完他的话就拂袖而去。

后来，海瑞又把那个知府招来，当面训斥他说："我严于律己，并不是装模作样给别人看的。而是我知道，只要随便起来，对身边的事情开始满不在乎的时候，距离大的纰漏就不远了。所以，不要把小事看轻，要为官谨慎，只有这样，才能够为百姓造福啊！"

为官期间，海瑞一直都不因官自傲，而是时时刻刻抱有一颗敬畏天地的心。这使得百姓对他十分敬重，十分爱戴，而他也能够不断地充实自己，最终成为一代名臣。同时，也正是因为他的不"自大"，才显得他更加高大。

但是，现实生活中有很多自以为"高大"的人，他们常常耀武扬威，对周围的人颐指气使，着实让人生厌。而那些身居高位却低调做人的人，反而能够赢得世人的爱戴，成为人们心目中形象高大的人。

别把自己太当回事

布思·塔金顿是二十世纪美国著名小说家和剧作家，他的作品《伟大的安伯森斯》和《爱丽丝·亚当斯》均获得普利策奖。在塔金顿声名最鼎盛时期，他在多种场合讲述过这样一个故事。

那是在一个红十字会举办的艺术家作品展览会上，我作为特邀的贵宾参加了展览会。其间，有两个可爱的十六七岁的小女孩来到我面前，虔诚地向我索要签名。

"我没带自来水笔，用铅笔可以吗？"我其实知道她们不会拒绝，我只是想表现一下一个著名作家谦和地对待普通读者的大家风范。

"当然可以。"小女孩们果然爽快地答应了，我看得出她们很兴奋，当然她们的兴奋也使我备感欣慰。

一个女孩将她的非常精致的笔记本给我，我取出铅笔，潇洒自如地写上了几句鼓励的话语，并签上我的名字。女孩看过我的签名后，眉头皱了起来，她仔细看了看我，问道："你不是罗伯特·查波斯啊？"

"不是,"我非常自负地告诉她,"我是布思·塔金顿,《爱丽丝·亚当斯》的作者,两次普利策奖获得者。"

小女孩将头转向另外一个女孩,耸耸肩说道:"玛丽,把你的橡皮借我用用。"那一刻,我所有的自负和骄傲瞬间化为泡影。从此以后,我都时时刻刻告诫自己:无论自己多么出色,都别太把自己当回事。

的确如此,不管我们取得了多少傲人的成绩,也不管我们拥有了多么响亮的名声,在某些人的眼中我们只不过是普通人而已。所以,无论自己多么出色,都要把自负和骄傲收起来,不要太把自己当回事。

【古为今用】

平凡中孕育着伟大

现实世界中,没有几个人是伟大的,我们都是平凡世界中的平凡一员。正是因为平凡,很多人都觉得自己目前所处的环境是毫无意义的,其实,平凡并不意味着平庸,看似索然无味的生活中也隐藏着盎然生机。

萧伯纳曾经说过:"有信心的人能够化平庸为伟大,化平凡为神奇。"人生所经历的每件事情,都必定有其存在的价值,所谓的辉煌都只是暂时的。很多人都埋怨自己的生活过于平淡,可是哪个成功人士不是一步步从平淡中走过来的。天生我材必有用,每个人都有存在的价值,只有将自己的位置摆对,以一个平凡人自居,懂得平凡的意义,珍惜眼前的一切,才能够给未来一个机会,才能铺就走向伟大的阶梯。

第三十五节　往而不害

【题解】

本章的重点是强调看似平淡无奇的"道"中所蕴含的巨大力量。老子认为,道会使天下归服,即使所有的人都来归附也不会相互妨碍,反而会使世界更加安定和谐。因而可以这样说,本章实为"道"的颂歌。在《道德经》中,"道"已经被多次论及,但从来没有重复,而是层层深入、逐渐展开,使人切实感受"道"的伟大力量。例如本章中,老子接下来又运用对比来衬托"道"的伟大。老子认为,美妙的音乐和美味的饮食最多能使路人一时停下行走的脚步,但是无声无形、淡而无味的"道"却是人们用之不竭的财富。

大道表面上平淡无奇,但无所不为,所以才给人以平淡无奇的感觉,这也正是事物的两个方面相互转化的一种体现。其实,老子的这种看法也是对"无"和"有"的关系做了进一步的解释。对于"万物生于有",人们很容易理解,因为看上去比较具体;而"有生于无",则显得深邃空灵,说出来,"淡乎其无味"。因此,老子在《道德经》的开始就说"道可道,非常道"。

【原文】

执大象①,天下②往。

河上公《老子章句》:执,守也。象,道也。圣人守大道,则天下万民移心归往之也。治身则天降神明,往来于己也。

王弼《道德真经注》:大象,天象之母也,不寒不温不凉,故能报通万物,无所犯伤,主若执之,则天下往也。

往③而不害,安④平泰⑤。

王夫之《老子衍》:吕吉甫曰:虽相忘于道术,而未尝相离。

河上公《老子章句》万民归往而不伤害,则国家安宁而致太平矣。治身不害神明,则身安而大寿也。

唐玄宗《御解道德真经》:既众庶之服归,加扶以劳之,则天下安和,即安平太。

乐⑥与饵⑦,过客止⑧。

王弼《道德真经注》:言道之深大,人闻道之言乃更不如乐与饵应时感悦人心也。乐与饵则能令过客止。

王夫之《老子衍》:尝试念之:乐作饵熟,则虽有遄行之客,而游情以止,非以其归于情耶?所谓"常有欲以观其徼"也。然顶之与限,非有情者也。无情者不可强纳有情以为之主,则冲淡晦寂而用无方,斯亦无欲之至矣。始乎重浊,反乎清虚;得乎清虚,顺乎重浊;有欲无欲,而常者未有变焉;斯执大象者之所独得与!

道之出口,淡乎其无味,视之不足见,听之不足闻,用之不足既⑨。

王弼《道德真经注》:而道之出言,淡然无味,视之不足见则不足以悦耳目,听之不足闻则不足以娱其耳,若无所中然乃用之不可穷极也。

陈致虚《道德经转语偈》:出口淡乎其口味,能者用之不可既。逢人好语说三分,过客欣闻乐与饵。

【注释】

①象:即"道"。

②天下:指天下的人们。

③往:归往的意思。

④安:相当于乃、于是的意思。

⑤平:和平。泰,安泰。

⑥乐:音乐。

⑦饵:美味佳肴。

⑧止:在这里是使动用法。

⑨既:尽。

【译文】

谁如果能够执守大"道",天下的人就必定会投靠他,归顺他。因为这种投靠,不会互相妨害,这样大家才会平和安泰。

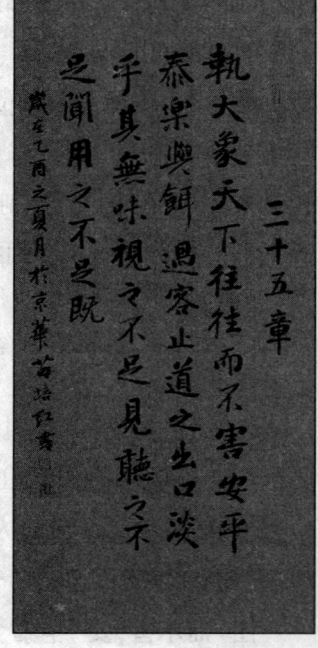

《道德经》三十五章书法

面对音乐和美食,过路的行人都会停下前进的脚步。而依照大道行事的感受,却是淡而无味的;不过,它虽看不见、听不到,但怎么也不会用完!

【解析】

"乐与饵"指流行的仁义礼法之治,"过客"指一般的执政者,但还不是指最高统治者。老子在本章里警诫那些执政的官员们不要沉湎于声色、美食之中,应该归附于自然质朴的大道,才能保持社会的安定与发展。统治集团纵情声色,不理政事,这是在春秋末年带有普遍性的现象。诸侯国之间的战争,使人民群众遭受严重的痛苦。而在日常生活中,统治者荒于朝政,根本不关心人民群众的死活。老子对于当时这种状况极为清楚,他在这章里所说的话,表明他为老百姓的安危生存而忧虑的历史责任感。

同时,这一章老子再次论述了"道"的作用和影响。在《道德经》中,老子反复提到"道"的作用和影响,看似重复,实际上是层层深入,不断展开;本章中老子歌颂了"道"的伟大力量。老子创建了"道"的学说,但是"道"究竟是什么样子呢,老子也没有给出具体的描述,所以"道"的学说变得更加玄妙。"道"看不清,摸不着,听不到,无法用感官去感知,但又实际存在。

【名句解读】

执大象,天下往。

在《道德经》中,老子反复阐述的一个道理是,世间万物都在"道"的支配下运行,没有任何事物能够脱离"道"的影响。"道"是无物之象,它存在于天地之间,无形但却又无处不在,它是天地万物中最大的"象"。所谓"执大象",说的就是应该执守大道。只要守住了这个"大道",天下的人就会像百川归海一样来归顺你。

荷兰是一个很小的国家,不管是人口还是土地都非常有限,可谓是弹丸之地,蕞尔小国,但在十七世纪,这么小的一个国家竟然在短短的时间内就发展成了欧洲最富庶的国度。那么,究竟是什么原因导致它发展得如此迅速呢,其根本原因就在于荷兰奉行的是自由、开放的文化政策。在各个国家被宗教裁判所迫害的情况下,很多进步的学者先后逃离了自己的国家来到这里,流亡者也继续从事学术活动。在当时社会的情况下,这些学术活动就促成了荷兰的崛起。

道之出口,淡乎其无味,视之不足见,听之不足闻,用之不足既。

现实生活中的人们总是以为高明的道理是深刻的、是奥妙的,其实不然,越是高明的道理,往往越平淡无奇。例如,孔子在《论语》中讲述的道理也都是人们生活中经常应用的道理,并没有多少高深。《道德经》中也一样,讲述的都是人们经常应用的道理。而事实是,道理越简单,往往就越持久有力,而那些复杂的道理,则常常会在很短的时间内就遭到灭亡。

一次,诺贝尔奖获得者在巴黎聚会,记者问一位诺贝尔奖获得者:"您认为在您一生中最重要的东西是在哪里学到的?"这位白发苍苍的老者回答说:"是在幼儿园里。"老者的回答令记者大跌眼镜:"在幼儿园里? 您在幼儿园里都学到了哪些东西呢?"老者说:"很多很多,把自己的东西分给小伙伴,不是自己的东西不要拿,东西摆放整齐,吃饭前要洗手,吃完饭休息一会儿,做错事情要道歉,学习要勤于思考,注意观察大自然……"

【经典故事】

为人之道

割席断交

管宁和华歆在年轻的时候,是一对非常要好的朋友。他俩成天形影不离,同桌吃饭,同榻读书,同床睡觉,相处得很和谐。

有一次,他俩一块儿去劳动,在菜地里锄草。两个人努力干着活,顾不得停下来休息,一会儿就锄好了一大片。

只见管宁抬起锄头,一锄下去,"当"一下,碰到了一个硬东西。管宁好生奇怪,将锄到的一大片泥土翻了过来。黑黝黝的泥土中,有一个黄澄澄的东西闪闪发光。管宁定睛一看,是块黄金,他就自言自语地说了句:"我当是什么硬东西呢,原来是锭金子。"接着,他不再理会,继续锄他的草。

"什么?金子!"不远处的华歆听到这

割席断交

话,不由得心里一动,赶紧丢下锄头奔了过来,拾起金块捧在手里仔细端详。

管宁见状,一边挥舞着手里的锄头干活,一边责备华歆说:"钱财应该是靠自己的辛勤劳动去获得,一个有道德的人是不可以贪图不劳而获的财物的。"

华歆听了,口里说:"这个道理我也懂。"手里却还捧着金子左看看、右看看,怎么也舍不得放下。后来,他实在被管宁的目光盯得受不了了,才不情愿地丢下金子回去干活。可是他心里还在惦记金子,干活也没有先前努力,还不住地唉声叹气。管宁见他这个样子,不再说什么,只是暗暗地摇头。

又有一次,他们两人坐在一张席子上读书。正看得入神,忽然外面沸腾起来,一片鼓乐之声,中间夹杂着鸣锣开道的吆喝声和人们看热闹吵吵嚷嚷的声音。于是管宁和华歆就起身走到窗前去看究竟发生了什么事。

原来是一位达官显贵乘车从这里经过。一大队随从佩戴着武器、穿着统一的服装前呼后拥地保卫着车子,威风凛凛。再看那车饰更是豪华:车身雕刻着精巧美丽的图案,车上蒙着的车帘用五彩绸缎制成,四周装饰着金线,车顶还镶了一大块翡翠,显得富贵逼人。

管宁对于这些很不以为然,又回到原处捧起书专心致志地读起来,对外面的喧闹完全充耳不闻,就好像什么都没有发生一样。

华歆却不是这样,他完全被这种张扬的声势和豪华的排场吸引住了。他嫌在屋里看不清楚,干脆连书也不读了,急急忙忙地跑到街上去跟着人群尾随车队细看。

管宁目睹了华歆的所作所为,再也抑制不住心中的叹惋和失望。等到华歆回来以后,管宁就拿出刀子当着华歆的面把席子从中间割成两半,痛心而决绝地宣布:"我们两人的志向和情趣太不一样了。从今以后,我们就像这被割开的草席一样,再也不是朋友了。"

真正的朋友,是建立在共同的思想基础和奋斗目标之上的。如果没有内在精神的默契,只有表面上的亲热,这样的朋友是无法真正沟通和理解的。故事中华歆的所作所为正好符合老子的"乐与饵,过客止"的观点,他沉迷于具有诱惑力的"乐与饵"当中,却将"淡乎其无味"的学问抛在了脑后。相比来说,管宁的做法与他正好相反,说明管宁确实是一个正直之人的必然之举。

从政之道

郭子仪心胸坦荡不设围墙

郭子仪,唐朝著名的大将。在"安史之乱"中立下了汗马功劳,被任命为尚书令,后又晋封为汾阳郡王。唐德宗即位之后,郭子仪被尊为尚父。

郭子仪任职汾阳郡王时,他的府第在京城的亲明里,是京城最为繁华的地段,府第门前来往的行人、车马经常是络绎不绝。但即便是门前如此喧哗、热闹,郭府的大门也总是敞开着,自家人可以随便出入,甚至行人也可以随便出入,郭子仪对此没加一点限制。

有一次,郭子仪手下的一位将军即将出征,出征之前特意前来向郭子仪辞行,由于郭府不需要通禀,这位将军就径直来到了郭子仪的房前。此时郭子仪的妻子和女儿正在梳妆打扮,看样子是准备出门。而郭子仪呢,则恭恭敬敬地在一旁伺

候,夫人叫:"拿毛巾来。"郭子仪就乖乖地拿着毛巾递给夫人。一会儿女儿又说:"父亲,我要洗脸,你帮我把洗脸水端来吧!"郭子仪就急忙端过洗脸水,甚至还帮女儿洗脸。这边还没等伺候完女儿洗脸,那边夫人又叫起来了:"快过来帮我梳梳头!"郭子仪又立刻跑到夫人那里伺候。郭子仪的这副样子,看起来是一个十足的仆人形象。

这位将军一时不知道应该怎么办才好,心里想到:如果郭大将军知道我看到了他伺候妻子、女儿梳妆,对他来说肯定有失身份,是多么难堪的一件事啊。但考虑到要出征了,又想告个别,思来想去,还是不敢轻易上前说话,只好在门前转来转去。

过了好大一会儿,待郭子仪的夫人和女儿梳洗完毕,准备出门的时候,发现了这位将军。这位将军才十分不好意思地说:"郭将军,小人即将出征,特地前来向您辞行。"看到他满脸通红、难以启齿的样子,郭子仪立刻就明白了:一定是他觉得不应该看到我伺候夫人女儿梳洗打扮,认为这是有辱我大将军的尊严。于是,郭子仪哈哈大笑,急忙将这位将军请进屋里说:"习惯了,习惯了,平时我一直都是这么伺候她们两个的。"

这位将军拜别了郭子仪之后,心里越想越觉得不妥,郭大将军身为郡王,怎么能够像仆人一样去伺候夫人和女儿,这太不像样了,如果传出去,他有何颜面啊?更不像话的是郭大将军居然还敢开着大门,让来人都看到了,这实在是有辱我大唐将军的威严啊。

于是,他在临走之前召集郭子仪所有的弟子们,和他们说了自己看到的"不该看到的一幕",郭子仪的其他弟子也都附和着说,自己也曾经碰到过这样的情况,大将军实在太不顾自己的脸面了。最后,大家商量着要一起说服大将军,不要总是这样不顾身份。

可是,无论这帮弟子怎么苦口婆心的劝阻,郭子仪都是当作没有听见,仍旧坚持己见。弟子们急得像热锅上的蚂蚁一样团团转,有的甚至还流下泪来,说:"大将军,世人都知道您功名显赫、德高望重,但现在您却不知道自重、自爱。不论贵贱,随便什么人都可以在您的寝室里走动,我们认为就是伊尹、霍光那样贤德的大臣也不应该这样啊!"

郭子仪笑笑说:"我的做法恐怕不是一般人所能够理解的,我们家现在有四五百匹马吃公家的粮草,一千多人吃公家的粮食,所以进退没有什么余地。但是如果我围起高墙,紧闭大门,拒绝和外面人来往,一旦我不小心与人结仇,他可能就会诬陷我不守臣子的法度,再加上那些贪图功利、嫉贤妒能的小人趁此机会煽风点火,那我们全家就可能要遭受灭族之灾啊!但现在我胸怀坦荡,大门敞开,虽然有人还是想诋毁我,但恐怕也找不到什么理由了。"弟子们听了之后,都纷纷表示郭子仪的做法实在有道理,因而也就不再劝他了。

一个人,如果想要趋利避害,最关键的问题是自己的行为一定要光明磊落,不给别人中伤、陷害自己的机会。郭子仪在朝为官几十年,深知官场险恶,虽然已经官至郡王,但不可避免地会得罪一些人,这些人难免会对自己不利。而躲避暗箭最好的办法就是丝毫不给别人以口实——将家门敞开,表明自己坦坦荡荡、没有任何见不得人的地方。这种办法看似是在委屈自己,实则最能够保全自己。

尤其是在现代社会,人与人之间的关系变得更加复杂,不可避免地会跟别人产生摩擦,那怎样才能够避免关系的恶化呢?不妨学习一下郭子仪的做法。如果你将自己紧紧包裹起来,别人对你的了解就会越少,如此,各种流言也会趁机产生;反之,如果你敞开胸怀让大家认识你,了解你,猜疑可能就会不攻自破了。

【古为今用】

抓住核心,巧妙管理

老子在《道德经》中告诉我们:不管事物之间的关系有多么复杂,都一定有其核心的存在。事实上,领导者在管理工作中如果能够掌握这个核心,就能够将整个局势都控制在自己的手中。凡事如果能够掌握其发展的基本规律,就一定能够摸索出一套行之有效的方法。

对于很多刚刚迈进管理层的管理者来说,如何处理人事关系并不是一件轻松的事情,但如果能够掌握每一个员工的脾气秉性,并根据每位员工的兴趣爱好安排工作。这样既做到了人尽其才,也能够让这些下属保持一种愉悦的情绪。这个时候,一切的困难、问题恐怕都会迎刃而解了。

第三十六节　柔以胜刚

【题解】

　　有人认为这一章也是讲用兵的道理,不过我们认为这主要描述了老子的辩证法思想。老子认为,事物通常包含着对立统一的两个方面,根据物极必反的道理,事物的两个方面在一定条件下可以相互转化。不管是治国还是做人,老子都主张"知强守弱",让自己处于一个相对弱势和低调的位置。如此一来,就能够为自己赢得更大的发展空间。同时,老子在这一章中还批判了自满、炫耀和逞强等不良的行为,指出管理者如果一味地这样做,必定会导致灭亡。

　　在本章中,老子列举了一些相互对立的关系,例如歙和张、弱和强、废和兴、取和与,指出它们虽然看似对立,但实际上却有着密切的因果关系。例如,失去的前提是拥有,失望的前提是拥有希望。"道"虽大,但是从来不恃强主宰万物,但万物却宾服于"道",老子可谓是"见微知著",通过观察别人看不到的细微之处,发现别人不愿承认其存在的道理。本章的最后,老子还指出"国之利器不可以示人",反对轻率地使用严刑酷法。

国之利器

【原文】

　　将欲歙①之②,必固张之;将欲弱③之,必固强④之;将欲废⑤之,必固兴⑥之;将欲取之,必固与⑦之。是谓微明⑧。

　　王夫之《老子衍》:固者,表里坚定,终始不异。王元泽曰:鬼神之幽将不能窥,而况于人。函道可以自适,抱道可以自存,其如鱼之自遂于渊乎!有倚有名,唯恐不示人,则道滞而天下测其穷。无门无毒,物望我于此而已。不以此应之,则天下其无如我何矣。无如我何,而天下奚往?是故天下死于道,而遭常生天下,用此器也。

　　河上公《老子章句》:先开张之者,欲极其奢淫。先强大之者,欲使遇祸患。先兴之者,欲使其骄危。先与之者,欲极其贪心。此四事,其道微,其效明也。

柔弱胜刚强。

韩非子《喻老》:处小弱而重自卑。

河上公《老子章句》:柔弱者长久,刚强者先亡也。

鱼不可脱于渊,国之利器⑨不可以示⑩人。

王夫之《老子衍》:李息斋曰:此圣人制心夺情之道。

河上公《老子章句》:鱼脱于渊,谓去刚得柔,不可复制焉。利器者,谓权道也。治国权者,不可以示执事之臣也。治身道者,不可以示非其人也。

陈致虚《道德经转语偈》:利器如何可示人,不妨勇猛奋精神。参玄参到微明的,现出金刚不坏身。

【注释】

①歙:收敛,收拢的意思。

②之:相当于"者"。

③弱:削弱。

④强:形容词作动词用,使……强。

⑤废:废弃、废毁。

⑥兴:兴起、兴举。

⑦与:给。

⑧明:明通、聪明。

⑨利器:指权势、禁令等凶利的政治手段。

⑩示:显示,此主要指耀示于人民。

【译文】

如果想要收拢,必定先要扩张;将要削弱的,必定会先强盛;那些将要废弃的,也必定会先兴起;将要被夺取的,也必定会先给予。这就叫作隐微的征兆。

柔弱必定会胜过刚强,鱼也不可能离开深渊,国家的权势禁令以及一些凶利的政治制度,都不应该随随便便地就展示给人们看。

【解析】

从本章的内容看,老子主要讲述了事物的两重性和矛盾转化的辩证关系,同时以自然界的辩证法比喻一些社会现象,以引起某些人的警觉注意。辩证法认为,在事物的发展过程中,走到某一个极限时,它必然会向相反的方向变化,本章的前八句是老子对于事态发展的具体分析,贯穿了老子所谓"物极必反"的辩证法思想。

老子在对人和物做了深入而普遍的观察研究之后,他认识到,柔弱的东西里面蕴涵着内敛,往往更富于韧性,生命力也更加旺盛,发展的余地也比较大。相反,那些看起来似乎强大刚强的东西,由于它的显扬外露,往往会失去发展的前景,因而不能持久。在柔弱与刚强的对立之中,老子断言柔弱的呈现胜于刚强的外表。

在老子看来,柔弱具有一种内在的生命力,它不是虚弱,更不是脆弱,而是一种柔韧,是一种不断发展、成长的生机,而且必定能够战胜"强大"。因为,"强大"也就意味着自己即将走向死亡——物壮则老。《管子·明法解》中说:"国君善生杀,制群臣,富天下,威势尊显。"可谓是雄强阳刚。但是要保持住刚强,不是立足于正面,而是立足于反面;不是运用刚强,而是保持阴、柔、弱、雄、厚。所以,老子一再提醒管理者,自知刚强,也要始终保持柔弱的状态。

当然,我们必须明白,"以柔弱胜刚强",受柔处弱,并不是"装"字可以解释得了的。因为这里的柔弱指的是发展着的强壮在发展过程中必定要呈现出的柔弱。事物的发展具有一定的规律性,从发展的眼光来看待事物的强弱,这是十分自然的事情。而"以柔弱胜刚强",也是老子的决胜之道,又是治国之道,更是老子辩证法思想的集中体现。

【名句解读】

将欲歙之,必固张之;将欲弱之,必固强之;将欲废之,必固兴之;将欲取之,必固与之。是谓微明。

关于物极必反的原理,老子做了十分深刻而细致的阐述。"将欲歙之,必固张之",对于淤血的治疗,目的是想要把淤血从淤积的地方收回来;而用热敷使它扩大体积,根据热胀冷缩的原理,淤血就会化开、流走。"将欲弱之,必固强之",我们都清楚拔苗助长的故事,故事中的那个人想要使禾苗长得更壮一些,就故意将禾苗拔高,结果禾苗都枯死了。"将欲废之,必固兴之",《封神榜》中有这样一个故事,说的是纣王得罪了女娲,女娲发怒要灭亡他的国家,就派狐狸精去使他更加无道,最终使纣王走向灭亡。"将欲取之,必固与之",说的是很多事情,想要取得,就必须先学会付出。

打人时,拳头只有先收回来,才能够变得坚强有力;跳高的时候,只有先蹲下去,才能够更有力地跳起;善于用兵的人,总是在撤退前猛烈进攻,等到敌军准备进行更猛烈的进攻时,他早已经率军走得无影无踪了。所谓柔道,指的是不直接和对方对抗,而是循着对方的力道,使其被自己力道的惯性摔倒。

柔弱胜刚强。

本句的意思很明显,就是柔弱能够战胜刚强。刚强表面上很厉害,但实际上却很容易遭受摧折。很多事情的发展都是合乎钟摆的原理。钟摆摆向这一端,等一会就会到另一端去。如果想要得到一个结果,直接进行必定会有所阻碍,而且势必有反作用,但通过示弱却常常能够达到目的。

很多时候,外表的柔弱并不代表真正的柔弱,有道之人都是高深莫测的,他们不会轻易吐露自己的心声,外人能够看到的只是一些表面现象而已。有道者治国做人,都绝对不会将自己的强大表现出来。

真正强大的敌人,也并不是兵力所能够体现出来的。普通人只重视表面,难以了解圣人的真实意图。老子之前也说过:国之利器,不可以示人。当常人摆脱不了观念的束缚和尘世的环境时,便会把强硬的一面都暴露出来。而刚强之人则常常会强到忘乎所以,一心想着巧取豪夺,所以会不自觉暴露出自己的缺点。相反,弱者更容易达到自己胜利的目的。我们通常都说躲在暗处的对手是最可怕的,事实上,那些懂得隐忍、表现柔弱的敌人才是最需要引起关注的好对手。

【经典故事】

治国之道

三家分晋

经过春秋时期长期的争霸战争,许多小的诸侯国被大国并吞了。有的国家内部发生了变革,大权渐渐落在几个大夫手里。这些大夫原来也是奴隶主贵族,后来他们采用了封建的剥削方式,转变为地主阶级。有的为了扩大自己的势力,还用减轻赋税的办法,来笼络人心,这样,他们的势力就越来越大了。

晋国一向被称为中原地区的霸主,但到了春秋后期,国力已经很难和之前相提并论了,国家的实权由六家大夫掌握。但这六个大夫都有独立的地盘和武装,他们钩心斗角、互相争斗,最后其中的两家逐渐衰落下去,还剩下智家、韩家、赵家、魏家,其中数智家的势力最为强大。

后来,智家的大夫智伯瑶想侵占韩、赵、魏三家的土地,于是对三家大夫赵襄子、魏桓子、韩康子说:"中原霸主本来应该是晋国,但不幸被吴、越夺去了。为了使晋国恢复强大的地位,我建议你们三家每家拿出一百里土地和户口来归给国家。"

韩、赵、魏三家大夫都知道智伯瑶存心不良,想以国家的名义来逼迫他们三家交出土地。可在这种情况下,他们三家却没有联合起来对付智伯瑶。韩康子首先把土地和一万家户口割让给了智家;魏桓子不愿得罪智伯瑶,也乖乖地把土地、户口让了。

收了这两家的土地和户口之后,智伯瑶又向赵襄子要土地,但赵襄子坚决不答应,理直气壮地说:"土地是我的祖先留下来的产业,所以说什么也不能送给他人。"

智伯瑶听了他的话之后,气得火冒三丈,立即命令韩、魏两家共同发兵攻打赵家。

于是,公元前455年,智伯瑶自己率领中军,韩家的军队担任右路,魏家的军队担任左路,三队人马直奔赵家。

赵襄子自知寡不敌众,无奈之下,就带着赵家兵马退守晋阳(今山西太原市)。

但没过多久,智伯瑶率领的三家人马就已经把晋阳城团团围住。赵襄子吩咐将士们坚决守城,不许交战。等到三家兵士攻城的时候,城头上箭好像飞蝗似的落下来,使三家人马不能前进一步。

在此后两年的时间里,这个方法帮助晋阳城安然无恙。尽管三家兵马也做了很大的努力,但始终没有把它攻下来。

智伯瑶在这段时间内也不停地思索,到底怎样才能够把晋阳城给攻下来呢?但始终没有想到一个好的办法。后来有一次,智伯瑶到晋阳城外察看地形,突然看到晋阳城东北的那条晋水,忽然想出了一个主意:晋水绕过晋阳城往下游流去,要是把晋水引到西南边来,晋阳城不就淹了吗?想到这里,他不禁暗暗得意,于是就吩咐兵士在晋水旁边另外挖一条河,一直通到晋阳,同时又在上游筑起坝,拦住上游的水。

这时恰逢雨季,等到水坝上的水满了。智伯瑶就命令兵士在水坝上挖开了个豁口。如此一来,大水就直冲晋阳,整个晋阳城就会被淹没。

城里的房子被淹了,老百姓们不得不跑到房顶上去避难,也不得不把锅挂起来做饭。可是,晋阳城的老百姓恨透了智伯瑶,宁可被淹死,也不肯投降。

这个时候,智伯瑶约韩康子、魏桓子一起去察看水势。他指着晋阳城得意扬扬地对他们说:"你们看,晋阳城马上就会被灭亡了,之前我一直还以为晋水像戒墙一样拦住敌人,但现在才知道大水也能灭掉一个国家啊。"

韩康子和魏桓子表面上顺从地答应,心里却暗暗吃惊。原来魏家的封邑安邑(今山西夏县西北)、韩家的封邑平阳(今山西临汾县西南)旁边各有一条河道。智伯瑶的话正好给了他们一个警告,晋水既能淹晋阳,说不定哪一天安邑和平阳也会和晋阳一样,遭到同样的命运。

大水淹了晋阳之后,城里百姓的生活变得越来越困难了。赵襄子十分着急,对他的门客张孟谈说:"民心固然没变,可是要是水势再涨起来,全城也就难保了。"

张孟谈说:"依我看,韩家和魏家把土地割让给智伯瑶,并不是心甘情愿的,我得想办法去说服他们两家,然后我们三家齐心协力对付智家,最后必定胜利。"

当天晚上,赵襄子就派张孟谈偷偷地出城,先找到了韩康子,再找到魏桓子,说服他们反过来一起攻打智伯瑶。此时,韩、魏两家也正在犹豫,害怕自己终究被智家灭亡,后经张孟谈一说,都十分欣慰地同意了。

第二天夜里,过了三更,智伯瑶在营里安睡,突然间听见一片喊杀的声音。他连忙从卧榻上爬起来,发现衣裳和被子全湿了,再定睛一看,兵营被淹没在水中。开始他还以为是堤坝决口,急忙叫兵士们去抢修。但没有多久,水势就越来越大,最后整个兵营都被淹没了。智伯瑶正在惊慌不定时,四面八方敲起了战鼓。赵、韩、魏三家的兵士驾着小船、木筏一齐冲杀过来。最后,智家的兵士,被砍死和淹死在水里的不计其数。智伯瑶全军覆没,他自己也未幸免于难。

赵、韩、魏三家灭了智家,不但把智伯瑶侵占两家的土地收了回来,连智家的土地也由三家平分。以后,他们又把晋国留下的其他土地也瓜分了,并各自独立,形成了赵、魏、韩三国,历史上将这一事件称为"三家分晋"。

为人之道

元恭八年不语当皇帝

老子认为,作为管理者,一定要使自己变得"深不可测",更要懂得巧妙地掩饰自己的意志和决定,而成就大业的管理者,在人生的逆境或者混乱复杂的斗争中,都懂得隐藏自己的真实想法,低调而柔弱。但他们最终会取得胜利。

北魏节闵帝元恭,是献文帝拓跋弘的侄子。孝明帝时,元义专权,肆行杀戮,元恭虽然担任常侍、给事黄门侍郎,总担心有一天大祸临头,索性装病不出来了,那时候,他一直住在龙华寺,和谁也不来往,就这样装哑巴装了将近十二年。孝庄帝永安末年,有人告发他不能说话是假,心怀叵测是真,而且老百姓中间流传着他住的那个地方有天子之气。元恭听了这个消息,急忙逃到上洛躲起来。没过几天就被抓住送到了京师。关了好几天,由于抓不到什么证据,不得已又放了他。

北魏永安三年(503年)十月,尔朱兆立长广王元晔为帝,杀了孝庄帝。那时,坐镇洛阳的是尔朱世隆。他觉得元晔世系疏远,声望又不怎么高,便打算另立元恭为帝,但又担心他真的成了哑巴。于是便派尔朱彦伯前去见元恭,摸清真实情况。事已至此,元恭也知道形势发生了重大变化,见到尔朱彦伯后开口说:"天何言哉!"十二年的哑巴说了话,彦伯大喜。不久,元恭即位当了皇帝。

高洋韬晦登帝位

韬光养晦,是一种隐藏才智、不露真心、蛰收锋芒、待时而动的谋略。

北齐开国皇帝高洋,是东魏大丞相、齐王高欢的次子。高欢死后,长子高澄继任大丞相,都督中外诸军,坐镇晋阳;高洋则被封为京畿大都督,在邺都辅佐朝政。

高澄凶横暴烈,狂放不羁,处处锋芒毕露,总揽朝政,不可一世。高洋表现与其兄正好相反,温文尔雅,愚钝憨直,讷言少语,对国家大事总是睁一只眼闭一只眼,得过且过。文武群臣素来看不起他。高洋在兄长高澄面前也是从来百依百顺。他为夫人购置了一点好的服饰,高澄看上了据为己有,他却劝夫人不要气恼。自己的美妾多次被高澄调戏,也佯装不知。高澄对这个弟弟更是瞧不上眼,曾经说:"我的这个弟弟如能富贵,那么预言吉凶贵贱的相面书就无法解释了。"高洋退朝回家,常常是闭门静坐,对妻妾也说不了几句话。有时则脱光了鞋,光着脊梁在院子里奔跑不停。想不到就是这个高洋,在局势突变时却成了另一个人,令人刮目相看。

高澄对皇帝元善不满,赶到邺都与几个心腹密谋废立之事,被家奴兰京聚众刺杀身亡。高洋得报后,神色不变,率兵赶至,将兰京等凶手一一捕杀。对外则宣布大丞相只是在家奴造反时受了点伤。又向皇帝元善请求护送高澄回晋阳养伤。元善立即准行,心里暗喜,认为高澄既伤,而高洋难成大器,威权当复归帝室了。高洋回晋阳后,当即召集群臣布置政事,推行新法,革除弊政。不到一年,晋阳治理得井井有条,欣欣向荣,百官惊叹不已,高洋见内外安定,这才宣布高澄去世,为其兄发葬。元善认为他毫无野心,便晋封他为大丞相,都督中外诸军,袭封齐王。

数月后,高洋率兵抵达邺都,逼元善帝禅位。元善闻知,惊得目瞪口呆,只好交出玉玺。高洋登台面南,改国号齐。

高洋正是采取韬光养晦的谋略,最后成就了帝王的大业。

【古为今用】

以弱胜强,强者之道

古往今来,那些能够成就一代伟业的英雄人物,不仅具有英勇和霸气,更有忍辱负重的气量。当局势需要他们表现得强悍时,他们绝对不会心慈手软;而当环境需要他们表现的柔弱时,他们必定会保持如水般的柔弱。而到了关键时刻,能够以弱胜强,这才是强者之道。

所以,如果你是一位看起来弱不禁风的女子,千万不要忽视自己的柔弱,加入你想要并且可以做到以柔克刚的话,这将是你变得强大的资本;而假如你是一位男子,也请不要忽视那些看起来十分柔弱的女子,她们可能都会有一颗坚强的心,这颗心充满活力和激情。如果你忽视了这点,你就会增加一些无形的威胁。柔弱和坚强并没有想象的那么简单,忽视那些看起来柔弱的人,只会给自己培养一个强大的对手。

第三十七节　道常无为

【题解】

本章是《道德经》中"道经"的最后一章,老子把第一章提出的"道"的概念,落实到他理想的社会和政治——自然无为。在这一章里,老子主要论述的是"道"的无所不在和无所不为,也是老子无为而治的政治思想的体现。在老子看来,统治者能依照"道"的法则来为政,顺其自然,不妄加干涉,则"万物将自化",百姓们将会自由自在,自我发展;而在这个过程中,贪欲有可能会滋生,这时,"道"如果能够继续发挥作用,使之回归纯朴,令贪欲不再复生。

在第二十五章提到"道法自然",自然是无为的,所以"道"也无为。"静""朴"

"不欲"都是无为的内涵，"无为"的目的是剔除贪欲，而其本身无欲无求，超越了世上一切狭隘和偏见。统治者如果可以依照"道"的法则为政，不危害百姓，不胡作非为，老百姓就不会滋生更多的贪欲，他们的生活就会自然、平静。

道常无为

【原文】

道常无为①而无不为。

河上公《老子章句》：道以无为为常也。

王弼《道德真经注》：顺自然也。万物无不由为，以治以成也。

侯王若能守之，万物将自化②。

河上公《老子章句》：言侯王若能守道，万物将自化效于己也。

明太祖《御解道德真经》：大仁大德，常行而不改，久则天下顺从，守常而行之。自化，言民必从是也。

化而欲③作④，吾将镇⑤之以无名⑥之朴⑦。

河上公《老子章句》：吾，身也。无名之朴，道德也。万物已化效于己也。复欲作巧伪者，侯王当身镇抚以道德也。

无名之朴，夫亦将不欲。

河上公《老子章句》：言侯王镇抚以道德，民亦将不欲。

王弼《道德真经注》：无欲竞也。

王夫之《老子衍》：藏朴者，终古而有器之用；见朴者，用极于器而止矣。故无名与有名为侣，而非能无也。畏其用而与有名为侣，故并去其欲。婴城以守国者，不邀折冲之功；闭阁以守身者，不为感帨之拒；知物之本正，而不敢正之以化也。其为道也，测之于重玄而反浅、闾之于妙门而反深。以为无用，而有用居然矣；以为有用，而无用居然矣。终日散而未始不盈，徽息通而蠕然似有。两垒立而善守其间，两端驰而善俟其反，则朴又何足言，而玄又何足以尽之哉？

不欲以静，天下将自定。

王夫之《老子衍》：化者归徽，正者归妙。

河上公《老子章句》：故当以清静导化之也。能如是者，天下将自正定业。

【注释】

①无为：是指顺其自然、不妄为。

②自化：自我生长、自我化育。

③欲：欲望、贪欲。

④作：萌发、出现。

⑤镇：压制、镇服。

⑥无名：指"道"；

⑦朴：形容"道"的真朴。

【译文】

"道"永远都是顺其自然的，对万事万物的运作都不会区别对待，以致万事万物都不会依照道的法则运行。而侯王行事如果能够谨守道的运作法则，则万物都将会自然生长。而万物在自生自长时，各种欲望就会渐渐萌生，这时，用"道"的真朴将会镇住他们。一旦镇住它们，人们的私欲就不会膨胀。这样内心就会变得平静，天下就会变得太平安定。

《道德经》三十七章书法

【解析】

老子在《道德经》中多次阐述、解释"无为"的思想。本章开头第一句是"道常无为而无不为"。但是，老子的"道"并不等同于任何宗教的神，神是有目的、有意志的，而"道"是非人格化的，它创造了万物，但又不主宰万物，而是让万物顺任自然地繁衍、发展、淘汰、新生。所以"无为"实际上是不妄为、不强为。

本章第二句老子便引入人类社会，阐述了"道"的法则在人类社会中的运用。老子根据自然界的"道常无为而无不为"，要求"侯王若能守之"，就是说在社会政治方面，也应该按照"无为而无不为"的法则来实行，从而归结出"化而欲作，吾将镇之以无名之朴"的结论。

在老子看来，执政者只要遵守"道"的原则，定会达到"天下将自定"的理想社会。这里所说的"镇"，并不是"镇压"，而是"镇服""镇定"，绝非武力手段的"镇压"。历史上，西汉时期出现了著名的"文景之治"。汉文帝刘恒即位之后，废除了残酷的肉刑，治罪不牵连其他无辜人，仅止本人，诽谤不治，筑钱者除；通关去塞，不摩诸侯,免去一系列秦朝时的乱法,为天下兴利除害,以安海内。他在位的时候,执行的是与民休息和轻徭薄赋的政策,而且他一生都注重简朴。他本人车骑服御之物都没有增添;平时穿戴的都是用粗糙的黑丝绸做的衣服;文帝连为自己预修的陵墓,也要求从简。文帝之子景帝刘启,继续执行"无为而治"的政策,在政治上奉行"清静恭俭",促进了社会经济的稳定和发展。由此,父子二人共同开创了"文景之治"。

所以,老子提倡统治者能够遵循"无为而治"的规律,按照"无为而无不为"的法则来施行,而不以个人的意志来妄加干涉,那么人民就可以按照自身所需,发展经济,安居乐业。这样社会就会比较安定,天下自然就会稳定下来了。

【名句品读】

道常无为而无不为。

《道德经》中,整本书都贯穿着"无为"的思想,这也正是老子思想的核心所在。所谓"无为",指的就是要使食物保持在其产生之前的"无"的状态。一颗清静无为的心,比任何的雄心抱负都更为重要。遵循自然法则,顺其自然,放弃那些人为的束缚,这是老子对我们的教诲,更是值得我们终生追求的宝藏。

从前,有个猎人非常欣赏狼的凶狠,于是就想要像养狗一样养一只狼看家。功夫不负有心人,猎人终于捕到一只狼,他用猎枪将其腿打断,并拴在自家的门前。后来的一段时间内,猎人每天给狼做美食,还训练它做各种各样的动作。一段时间之后,一个朋友带了一只狼狗到猎人家里做客,猎人和朋友在室内畅谈,狼狗和狼就在屋门外。后来,朋友非常担心自己的狗会被狼吃掉,结果出门看到的却是狼遍体鳞伤。但可怜的猎人到现在还没有意识到,自己的要求和训练已经使狼远离了它的本性,使它连最基本的防卫能力都消失了。

化而欲作,吾将镇之以无名之朴。

老子认为,痛苦和祸乱的根源是不正常的欲望和非分的妄想,而产生这些欲望和妄想的原因是因为人们距离大道这个根本太远了,从而不知道自己内心的真实需求,迷失了自我。反之,如果能够回归到纯朴的大道,人们就会变得平静。

佛本是道,佛道一理。佛家认为,世间万事万物都有其因缘际会。例如喝水的杯子,它是由众多的分子、原子结合在一起的,是实实在在的存在,但它最终会解体;从漫长的宇宙历程来看,它只不过是昙花一现。由此可知,人类、地球等的诞生也不是必然的,而是随机的。所以我们应感谢上天给了我们来到这个世界的机会,并给了我们一个和平稳定的生活环境，因为这一切并不是理所当然的。而我们也应该拥有一颗宽容的心，忘记身边一切的不愉快，原谅那些伤害过我们的人和事，因为这一切都是昙花一现，终究都会过去。而这正是世界本来的、真实的面目。

【经典故事】

处世之道

缇萦救父

公元前 167 年，临淄地方有个名叫淳于缇萦的小姑娘。她的父亲名叫淳于意，是一个非常优秀的读书人，同时也非常喜欢医学，闲暇时候就经常给人治病，由此在方圆百里十分有名。后来淳于意做了太仓令，但他生性耿直，不会阿谀逢迎，也不会拍上司的马屁，更不愿意与做官的有太多来往。不久之后，淳于意就辞了职，当起了医生。

有一次，有个大商人的妻子生了病，请淳于意前去医治。但不知道怎么回事，商人的妻子吃了药之后，病不但没见好转，人反而在几天之后去世了。大商人就仗势向官府告了淳于意一状，说是淳于意错治了病，导致妻子死亡。最后，当地的官吏判他"肉刑"（当时的肉刑有脸上刺字，割去鼻子，砍去左足或右足等），然后准备把他押解到长安去受刑。

缇萦救父

淳于意共有五个孩子，全都是女儿。他即将被押解到长安，离于家的时候，淳于意望着女儿们叹口气，说："唉，可惜我淳于意没有生个儿子，遇到急难时，连一个有用的也没有啊。"

听了父亲的这番话，他的几个女儿都低着头伤心得直哭，只有最小的女儿缇萦又是悲伤，又是气愤，她并不赞成父亲的观点。她默默对自己说："为什么说女儿就没有用呢？我一定要救出父亲。"

于是，她提出要陪父亲一起到长安去，不管家里人的再三劝阻，她绝不改变自己的心意。

到了长安之后，缇萦托人写了一封奏章，到宫门口递给守门的人，希望他能够将这封奏章交给文帝。

汉文帝接到奏章之后，听到上书的是个小姑娘，非常好奇，也非常重视。打开奏章，发现上面写着：

"我叫缇萦，是太仓令淳于意的小女儿。我父亲做官的时候，齐地的人都说他是个清官。这回他犯了罪，被判处肉刑。我不但为父亲难过，也为所有受肉刑的人伤心。一个人砍去脚就成了残废；割去了鼻子，不能再安上去，以后就是想改过自新，也没有办法了。我情愿给官府收为奴婢，替父亲赎罪，好让他有个改过自新的机会。"

汉文帝看了信之后，十分同情这个小姑娘，而且也觉得她的奏章十分有道理，于是就召集大臣们，对大臣说："犯了罪该受罚，这是没有话说的。可是受了罚，也该让他重新做人才是。现在惩办一个犯人，在他脸上刺字或者毁坏他的肢体，这样的刑罚怎么能劝人为善呢？你们商量一个代替肉刑的办法吧！"

最后，大臣们经过商议，拟定了一个办法，把肉刑改用打板子。原来判砍去脚的，改为打五百板子；原来判割鼻子的改为打三百板子。自此开始，汉文帝就正式下令废除肉刑。而缇萦也达到了救她父亲的目的。

管理之道

敢于不为，懂得授权

孔子有个叫宓予贱的学生，后来被任命为单父的行政长官。他上任之后就采用了垂拱而治的管理方式，并解释说："我的做法叫作使用人才，而你的做法叫作使用力气。使用力气的人当然劳苦，而使用人才的人，自然会安逸！"

"哦，原来是这样，回去后我一定按照师兄的话去做。"巫马期心悦诚服地说道。

宓予贱可谓是君子了，他十分善于运用人才，自己虽然每天弹琴取乐，却把单父治理得井井有条；而巫马期却没有使用人才，事必躬亲，结果损伤身体，耗费精气，手足疲劳，政令繁复。尽管也治理得井井有条，但还是没有达到最高境界！他俩的区别就在于：前者善用人才，后者则怕用人才。

事实上，一个优秀的领导者，会把主要精力放在如何制定正确的决策上，至于具体执行应该放手让下属去完成。最忌讳的是不管事情的大小都亲力亲为。懂得管理的管理者,他们更懂得如何去放权,如何组织、分层负责和监督,以及如何去让管理更有效。懂得放权,把自己的精力用在更有价值的地方。这样的管理者才能协调好每一个部门,这也是成功管理的重要方面之一。每个人的精力都是有限的,凡事亲力亲为的管理者首先是出于对员工的不信任,是对员工能力的怀疑,只有把精力放在重要的地方,这样才能更好地管理员工。身为管理者,重在协调下属,而不是亲力亲为。

但很多管理者都在自掘坟墓,他们不懂得怎样把责任分摊给其他人,而坚持事必躬亲。其结果是,很多枝节小事使他手忙脚乱,他总觉得匆忙、焦虑和紧张。

一个经管大事业的人,如果没有学会怎样组织、分层和监督,那他很可能在五十多岁、六十岁出头的时候死于心脏病。放权,首先是对自己的心理健康负责,减轻自己的心理压力;其次,为了更好地管理下属。这也是必然的,不懂得放权的管理者,试问,当企业发展成大规模的集团时,你还能对每件事都亲力亲为吗?

老子授经图卷(局部)

而且,如果不放权给下属,他们就会从心理上对领导产生反感,进而可能会影响到工作的积极性。

清朝末年科举状元、近代中国实业大王张謇所制定的大生纱厂的"厂约"就体现了这个道理。他对员工职责的规定是:"凡我共事之人,既各著事以责成,事有权限,无溢于权限之外,无歉于权限之内。"进而确立了各级人员的具体权限和职责,既不能超越权限之外去管别人的事情,也不可不完成自己的职责。换个说法就是,权利、责任、义务都是非常鲜明的。而张謇作为最高管理者,为自己规定的也全部都是宏观管理的事项,并不涉及上述那些下属职工应该完成的职责。"君无为"是不做日常事务,而是做大事。张謇这位实业大王的管理之道可谓深得管理的精髓实质。

另外,海尔等民族企业之所以能够迅速发展壮大,最主要的一个原因就是它们

制定了合理的企业战略。而他们的一个共同点就是,老总们绝不是忙于一些细节的管理,而是抓企业战略和培养坚强、高效的管理梯队。张瑞敏就曾经说过,"在海尔的管理上,要避免出现'一头狮子一群绵羊'的局面",大力培养管理后备人才也是他的重要工作。

　　总而言之,作为管理者一定要无为,不去干那些该下属干的工作,自己要学着"清静"起来,集中精力去做好自己的工作:制定企业战略和察人、用人。不敢放权给下属,自己凡事躬亲,好像是尽职尽责,实际上已经违背了领导学的基本原理。这样做是搞不好管理的。

　　一言以蔽之,必须恭请领导牢记管理学中的最基本的原理:"上无为而下有为",做一个清静而富有成效的魅力领导。老子认为,总想显示自己能耐的管理者不是明智的管理者,他的事业也不可能长久。管理者不自以为是,不炫耀,不居功自傲,这才是一个成功的管理者。在这样的管理者手下工作的下属,也会有更大的发展空间,有更大的成就,"辅万物之自然而不敢为"。领导们通过这种方式还可以达到管理的最大成功,"无欲以静,天下将自定"。

【古为今用】

克制私欲,完善自身

　　每个人都具有社会性和动物性两个方面的特征。通常,社会性会让人比较理智,而动物性则会使人贪婪。人们之所以会产生私欲,主要就是因为人的动物性特征占了主导地位。私欲会使人变得虚伪、贪婪、好色、追逐权势等。在这种状况下,人们就应该用理智来克服内心的这些私欲,从而不断完善自身的修养。

　　很多领导者,有时会为了满足自己的私欲而推行种种使员工不满的禁令,例如员工对薪酬不满等。员工也势必会因为这些而提出种种要求,这些要求中通常既有合理的成分,又有不合理的成分。那么,管理者应该怎样对待这些要求呢?实际上,这些要求均是由规定和承诺造成的,与掌权者有着直接的关系。如果管理者能够早早预料到什么地方会出现什么样的问题,并以平静的心态去面对,用大众的眼光来看待,任何问题都会迎刃而解。

第三十八节　处实不华

【题解】

这一章是《德经》的开头。有人认为，上篇以"道"开始，所以叫作《道经》；下篇以"德"字开始，所以叫作《德经》。本章在《道德经》里比较难以理解。老子认为，"道"的属性表现为"德"，凡是符合于"道"的行为就是"有德"，反之，则是"失德"。"道"与"德"不可分离，但又有区别。因为"德"有上下之分，"上德"完全合乎"道"的精神，上德之人不在于形式上的"德"，下德之人则教条地死守着所谓的"德"。"德"是"道"在人世间的体现，"道"是客观规律，而"德"是指人类认识并按客观规律办事。人们把"道"运用于人类社会产生的功能，就是"德"。

在本章中，老子谈到了儒家一直所推崇的"仁""义"和"礼"，但他所推崇的道德规范及行为准则的态度与儒家所推崇的又有很大的不同。老子还将本章中所提到的哲学和伦理道德概念排了次序，其中"道"是第一位的，之后依次是"德""仁""义"和"礼"。老子认为，大道顺其自然，因而不需要用仁义来人为地修饰。

在第十八章，老子指出："大道废，有仁义。"指出法律的产生是为了惩治犯罪，但如果没有人犯罪，法律就会失去其本身的意义。老子一直都强调"返璞归真"，认为人间的仁义道德、礼仪制度都是对失道、失德的粉饰。他认为，如果社会能够充满和谐与友爱，那么仁义就没有丝毫的用途了。

【原文】

上德不德①，是以有德；下德不失德②，是以无德③。

明太祖《御解道德真经》：大德周给万物而不自矜，听其自然，所以有德，即是以有德。下德不失德，是以无德。谓德小而量薄，张其自己之能，反为无德，即是以无德。

上德无为而无以为④；

王弼《道德真经注》：何以得德？由乎道也。何以尽德？以无为用。以无为用则莫不载也，故物无焉，则无物不经，有焉，则不足以免其生。是以天地虽广，以无为心。

王夫之《老子衍》：为之于无曰无以为。

下德为之而有以为⑤。

河上公《老子章句》：言为教令，施政事也。言以为已取名号也。

王夫之《老子衍》：为之于有曰有以为。

上仁为之而无以为；

韩非子《解老》：仁者，谓其中心欣然爱人也；其喜人之有福，而恶人之有祸也；生心之所不能已也，非求其报也。

河上公《老子章句》：上仁谓行仁之君，其仁无上，故言上仁。为之者，为人恩也。功成事立，无以执为。

上义为之而有以为。

王弼《道德真经注》：爱不能兼，则有抑抗正直而义理之者，忿枉佑直，助彼功此物事而有以心为矣，故上义为之而有以为也。

宋徽宗《御解道德真经》：列敌度宜之谓义，以立我以制事，能无为乎？

上礼为之而莫之应，则攘臂而扔之⑥。

王弼《道德真经注》：直不能笃则有修饰修文，礼敬之者，尚好修敬，较责往来，则不对之闲，忿怒生焉。故上礼为之而莫之应，则攘臂而扔之。

故失道而后德，失德而后仁，失仁而后义，失义而后礼。

宋徽宗《御解道德真经》：道不可致，故失道而后德。德不可至，故失德而后仁。仁可为也，为则近乎义，故失仁而后义。义可亏也，亏则饰义礼，故失义而后礼。

夫礼者，忠信之薄⑦，而乱之首⑧。

河上公《老子章句》：言礼废本治末，忠信日以衰薄。礼者贱质而贵文，故正直日以少，邪乱日以生。

王弼《道德真经注》：夫礼也，所始首于忠信不笃，通简不阳，责备于表，机微争制，夫仁义发于内，为之犹伪，况务外饰而可久乎。故夫礼者，忠信之薄而乱之首也。

前识者⑨，道之华⑩，而愚之始。

河上公《老子章句》：不知而言知谓前识，此人失道之时，得道之华。言前识之

上德不德

人,愚阁之倡始也。

王夫之《老子衍》:明非在内,取前境而生,谓之前识。

是以大丈夫处其厚^⑪,不居其薄^⑫;处其实,不居其华。故去彼取此。

陈致虚《道德经转语偈》:仁之与德不多程,为与无为前后行。待问有为何所似,夜来月在脚跟明。

王夫之《老子衍》:瑞而捷得名者为薄,退而养众始者为厚。

【注释】

①不德:不德,不表现为形式上的"德"。

②不失德:下德的人恪守形式上的"德",不失德即形式上不离开德。

③无德:无法体现真正的德。

④以:心、故意。无以为,即无心作为。

⑤下德为之而有以为:此句与上句相对应,即下德之人顺其自然而有意作为。

⑥攘臂,伸出手臂;扔,意为强力牵引。

⑦薄:不足、衰薄。

⑧首:开始、开端。

⑨前识者:先知先觉者,有先见之明者。

⑩华:虚华。

⑪处其厚:立身敦厚、朴实。

⑫薄:指礼之衰薄。

【译文】

具备"上德"的人从来不表现为外在的有德,虽然他们实际上有"德";而具备"下德"的人通常表现为外在的不离失"德",实际上,他们是没有"德"的。"上德"之人在生活中会顺其自然,无心作为;"下德"之人也会顺其自然,但他们坚持的是有心作为。

崇尚仁的人有所作为,却不是刻意而为;崇尚义的人有所作为,却是刻意而为;崇尚礼的人有所作为却无人响应,于是只能扬着胳膊强引别人。所以说,失去了"道"后才会有"德",失去了"德"后才会有"仁",失去了"仁"后才会有"义",失去了义后才会有礼。"礼"这个东西,实际上是忠信不足的产物,也是社会动乱的开端。我们所谓的"先知",不过是"道"的虚饰,而且也是邪伪的开始。因此,大丈夫应该立身敦厚,不应该轻薄;要存心朴实,不应该流于虚华。所以要舍弃轻薄虚化而采取朴实敦厚。

【解析】

《道德经》一方面是谈"道",一方面是论"德"。老子认为"上德"是完全合乎"道"的精神。他在第二十一章曾写道,"孔德之客,唯道是从";第二十八章中也曾说:"为天下溪,常德不离,复归于婴儿","为天下谷,常德乃足,复归于朴";在后面的第五十一章中提到,"生而不有,为而不恃,长而不宰,是谓玄德"。

以上所讲的"孔德""常德""玄德"都是指本章中所阐述的"上德"。从政治角度去分析和理解所谓"上德",我们会发现它与儒家所讲的"德政"并不相同。老子批判儒家"德政"不顾客观实际情况,仅凭人的主观意志加以推行,认为这不是"上德",而是"不德";而老子所认为的"上德"是"无以为""无为",它既不脱离客观的自然规律,又不会把这种思想强加于他人身上,而且这样做的结果是无为而无不为,又称为"有德"。"下德"指的是"有以为"的"无为",但其中却含有功利的目的。另外,老子还把政治分成了两个类型、五个层次。两个类型即"无为"和"有为"。五个层次是道、德、仁、义、礼。"道"和"德"属于"无为"的类型;仁、义、礼属"有为"的类型。

再者,老子在本章中使用了"大丈夫"一词,它是全书唯一使用的名词,喻指"智慧很高的人",不过其中也包含有豪爽、果敢、刚毅的内容,并说"大丈夫处其厚,不居其薄;处其实,不居其华。故去彼取此"。

【名句品读】

上德不德,是以有德;下德不失德,是以无德。

老子将"德"分为"上德"和"下德"。他认为,只有"上德"才真正符合"道"的精神。具有上德者不可以示范也不彰显德,所以才符合"德";而具有下德之人,常常刻意表现德,实际上这是不符合德的一种表现。简而言之,具有上德的人讲究的是无为而治,而具有下德的人却刻意有所作为,却终究没有任何作为。

春秋时期,鲁国贤人黔娄家境非常贫困,但却安贫乐道,一生品德端正,志向高远,视功名利禄为粪土。齐威王听说了他的品行,非常敬仰,于是想请他做齐国的卿,而鲁恭公也想请他做鲁国的相。但黔娄却坚决不受,婉言拒绝。黔娄过世之后,曾子前往吊唁,却见他的遗体被安放在窗户下面,头枕着土砖,身垫着草席,穿着没有罩面的旧絮袍子,盖着粗布被子。因为被子不够长,头和脚还不能够同时盖住。这时,曾子就建议说,"如果将被子斜着盖,应该就可以盖住了吧?"黔娄的妻子却说:"先生一生行事端正不贪邪,才会如此贫穷。既然他生前正而不邪,那么死后要他斜而不正,就不是他的本意了。"后来,东晋著名隐逸诗人陶渊明在《五柳先生传》中称赞他说:"不戚戚于贫贱,不汲汲于富贵。"可以说,黔娄是"上德不德"的典型的代表人物。

大丈夫处其厚,不居其薄;处其实,不居其华。

这句话的意思是大丈夫要敦厚处世,不拘泥于浅陋,脚踏实地,不崇尚浮华。老子认为,失去道然后才有德,失去德然后才有仁,失去仁然后才有义,失去义然后才有礼,而礼就是人性由忠诚信实趋于浅薄的表现,也是社会趋于混乱的开始。有见识之人,因为追求德、仁、义、礼,反而远离了道,成为道的末流和愚昧的本源。

所以老子提倡大丈夫为人处世时,应该保持敦厚,不拘泥于浅陋,脚踏实地、不崇尚浮华等。因为社会上的很多人都非常浮躁,根本静不下心来去做一些事情。所以我们应该做的就是去掉浮躁。老子和儒家也一直都提倡仁爱,可是奸佞的人抛弃仁爱、高明的人提倡仁爱,但要做到一个真正仁爱的人,并不是一件简单的事情。所以不如退而求其次,选择做一个敦厚朴实的人,这样距离仁爱也就不是太远了。

【经典故事】

处世之道

郑伯克段于鄢

当初,郑武公在申国(姜姓小国)娶了一名妻子,叫武姜。后来武姜生下庄公(郑国第三代君主)和共叔段。庄公分娩时脚先出来,武姜受到惊吓,因此取名叫"寤生",而且对他非常厌恶。反之,她十分偏爱共叔段,想立他为太子,屡次向武公请求,武公都不答应。

春秋时期到庄公即位的时候,姜氏请求把制这个地方作为共叔段的封邑。

庄公说:"制邑,是个险要的城邑,虢叔就死在那里。其他的城邑,我不管您怎么说我都遵命。"武姜便请求封给京邑,庄公答应让共叔段住在那里,并称之为京城太叔。后来,祭仲郑大夫发现了一个问题,就对庄公说:"大夫的都邑城墙超过三百丈,是诸侯国的祸害。先王的制度规定,王侯子弟的封邑不能超过诸侯国都的三分

之一,中都(上大夫的封邑)不得超过五分之一,小都(下大夫的封邑)不能超过九分之一。现在,京邑的城墙不合限度,不是先王规定的制度,您将不能忍受。"庄公回答说:"姜氏想要,母命不可违,我怎么避除祸害呢?"祭仲回答说:"姜氏哪有满足的时候? 不如早点给他安排个地方,如果等到蔓延开来,恐怕就难以对付了。因为蔓延的野草尚且不能除掉,更何况您的处居尊位的弟弟呢?"庄公说:"多做不合道义的事情,必定会自己摔跟头,你姑且等着瞧叔段终将垮台的后果!"

事后不久,太叔段使西边边境上的城邑和北边边境上的城邑从属(两方)于自己。郑国大夫公子吕说:"国家受不了分裂的状况,您打算怎么来对付呢? 如果打算把国家大权交给太叔段,那么就请让臣下去侍奉他;如果不给,那么就请除掉他。不要使人民产生二心。"庄公说:"我们暂且不需要任何行动,他自己将会走向灭亡。"后来,叔段又收取原先分属于自己的地方作为自己独占的城邑,其势力范围逐渐到达廪延。公子吕又一次进谏说:"现在可以动手了! 领土扩大,他将获得更多的民众。"庄公说:"多行不义,别人就不会亲近他,土地虽然庞大,早晚也会垮台。"

后来,共叔段修葺城郭,聚集民众,修缮武器,准备军队,将要偷袭新郑(郑国都城名)。武姜打算为他开城门做内应。庄公得到叔段袭郑的日期的情报,下令说:"现在可以出击了。"遂命令子封率领着二百辆战车连同配套的马匹士卒讨伐京邑。后来,京邑的士民多背叛了共叔段。共叔段无奈逃到鄢邑。庄公又讨伐叔段于鄢城。五月辛丑(隐公元年五月二十三日,即公元前 722 年),叔段出走逃向共国。

随后庄公放逐武姜于城颍(郑邑名),并且对她发誓说:"不到黄泉,不再见面!"发誓后不久,庄公又对此事感到后悔。

郑大夫颍考叔听到这件事,就来到都城,表示有东西献给郑庄公。后来庄公十分高兴,就赏赐给他酒肉,颍考叔吃饭时把肉放在一边。庄公问他为什么这样,颍考叔答道:"小人有个老娘,我吃的东西她都尝过,只是不曾品尝过君王宫中带汁的肉食,请允许我带回去给她吃。"庄公说:"你有个母亲可以孝敬,唯独我偏偏没有!"颍考叔说:"冒昧地问一下您说的是什么意思?"庄公告诉他缘故,并且告诉他后悔的心情。颍考叔答道:"您在这件事上忧虑什么呢? 如果挖掘土地达到泉水,从隧道中相见,谁会说你违背了誓言呢?"

后来,庄公就听从了他的建议,在地道中与母亲相认。从此母亲和儿子像当初一样其乐融融。

不为五斗米折腰

"不为五斗米折腰"这则成语的意思是用来比喻有骨气、清高。这个成语来源于《晋书陶潜传》:"吾不能为五斗米折腰,拳拳事乡里小人邪。"

陶渊明是东晋后期的大诗人、文学家,他的曾祖父陶侃是东晋赫赫有名的大司马、开国功臣;祖父陶茂、父亲陶逸都做过太守。但到了东晋末期,官场日益黑暗,朝政日益腐败。但生性淡泊的陶渊明在入不敷出的贫困家境中仍然坚持读书作诗。他非常关心百姓疾苦,有着"猛志逸四海,骞翮思远翥"的志向,后来怀着"大济苍生"的愿望,出任江州的祭酒。但因为难以适应官场上的那一套恶劣作风,没有多久就辞官回家了。后来,州里又希望他能够做主簿,他也婉言辞谢了。

在这以后,他也陆陆续续做过一些小官,但由于淡泊名利,为官清正,讨厌与腐败官场同流合污,就选择过时隐时仕的生活。陶渊明最后一次做官,是义熙元年(405年)。那一年,已过"不惑之年"(四十一岁)的陶渊明为了养家糊口,在亲朋好友的劝说下,再次出任彭泽县令。这年冬天,郡的太守派出一名督邮到彭泽县来督察。通常,这些督邮的品位很低,但喜欢仗势欺人,在太守面前说话好歹就凭他那张嘴。这次派来的督邮同样是个粗俗而又傲慢的人。他一到彭泽的旅舍,就吩咐县吏去叫县令来见他。陶渊明因为一直都蔑视功名富贵,不肯趋炎附势,对这种假借上司名义发号施令的人很瞧不起,但也不得不去见一见,于是他马上动身。

不料县吏拦住陶渊明说:"大人,参见督邮要穿官服,并且束上大带,不然有失体统,督邮要乘机大做文章,会对大人不利的!"听到县吏这么一说,陶渊明再也忍受不下去了。他长叹一声道:"我不能为五斗米向乡里小人折腰!"说罢,索性取出官印,把它封好,并且马上写了一封辞职信,随即离开只当了八十多天县令的彭泽。

陶渊明

陶渊明妻翟氏，也是一个安贫守节之人，"夫耕于前，妻锄于后"，朋友来访，无论贵贱，只要家中有酒，必与同饮。尽管生活非常贫困，但陶渊明始终不愿再为官受禄。宋文帝元嘉元年（424 年），江州刺史檀道济亲自到他家访问，并送了一些东西给他，但陶渊明坚拒拒绝了江州刺史送来的米和肉。朝廷曾征召他任著作郎，也被他拒绝了。

事实上，陶渊明原本可以活得舒适，荣华富贵，至少衣食不愁，但这一切都需要以人格和气节为代价，这是陶渊明所不能够给予的，于是他选择了艰苦但宁静而自由的生活。有失必有得，陶渊明获得了有尊严的人格，获得了自由的心灵，同时还写出了流传百世的诗文，为后人留下了宝贵的文学财富和弥足珍贵的精神财富。

陶渊明的一生，对人生真谛充满了渴望与追求。他的诗质朴无华，清丽自然，寓绚于素，韵味隽永，或者咏史抒怀关心时局，或者充满"性本爱丘山"的生活志趣。通过诗词，例如《归去来兮辞》，他表达了不与世俗同流合污的决心。通过散文，例如《桃花源记》《五柳先生传》等，表现了返璞归真、高远脱俗的意境。后人有"一语天然万古新，豪华落尽见真淳"之誉。而陶渊明那"不为五斗米折腰"的气节，更是勉励后人以天下苍生为重，以节义贞操为重，不趋炎附势，不阿谀奉承，保持善良纯真的本性，不为世上任何名利浮华所改变。

治国之道

庄子拜见鲁哀公

有一天，庄子前去拜见鲁哀公。鲁哀公说："我们鲁国有很多文人儒士，可是却很少有人以先生为榜样。这是什么原因呢？"庄子回答说："这是因为鲁国的真儒士太少了。"哀公问："鲁国到处可以见到穿儒服之人，怎么能够说少呢？"庄子回答说："据我所知，真正的儒士未必穿儒服，穿儒服者未必是儒士。如你发布命令，'没有真才实学的人，如穿儒服，则判死刑！'你看结果如何？"

在鲁哀公下此命令之后五日内，真的见不到有人穿儒服了，唯独一人穿儒服立在皇宫前。哀公召见，以国家政务询问，对答如流，俨然具有无穷的知识和智慧。于是庄子说："偌大一个鲁国只拥有一位儒士，能说儒士多吗？"虽然穿着儒服，却没有真正的德、仁、义、礼，不是靠嘴巴宣传就可以达到的，而须发自内心且身体力行。

敦厚朴实，远离浮华

古代历史上的很多圣人，往往都不会选择锦衣玉食，他们朴素，所以不受声色的打扰；他们敦厚，所以能够远离小人的心胸。也正是因为他们的敦厚朴实，才赢得了人们的夸赞和尊重。通常，道德高尚的人不会抱着做惊天动地的事情的决心去做事，他们只求踏踏实实、问心无愧。缺少德行的事情他们不会去做，轻薄的话语也不会去说，永远都保持敦厚、质朴的做事风格，选择的是与道同行的路。

现代社会，人们所遗失也正是这种敦厚与质朴的品质，他们可能总是念念不忘地要做个善良的人，但是却与真正的善良越来越远。而真正善良、真正有德行的人，从不强调自己多么善良，也不会吹嘘自己的德行有多高。因为他们知道，不管社会怎么发展变化，心底那份原始的实在要远远比浮华重要得多。

第三十九节　至誉无誉

【题解】

这一章讲"道"的普遍意义。前半段论述"道"的作用，天地万物都来源于"道"，或者说，"道"是构成一切事物所不可或缺的要素，如果失去"道"，天地万物就不能存在下去。后半段由此推及人间，告诫统治者从"道"的原则出发，并常要能"处下""居后""谦卑"，即贵以贱为根本，高以下为基础，没有老百姓为根本和基础，就没有高贵的侯王。因而在本章的内容中，同样包含有辩证法的因素。

【原文】

昔之得一①者，

河上公《老子章句》：昔，往也。一，无为，道之子也。

唐玄宗《御解道德真经》：一者，道之和，谓冲气也。以其妙用在物唯一，故谓一尔。

天得一以清；地得一以宁；神得一以灵②；谷得一以盈，万物得一以生；侯王得一以为天一正③。其致之也④。

王夫之《老子衍》：谷虚而受万，故曰盈。愚者仍乎"一"，而不能"以"；智者曰"以"之，而不能"一"。"以"者失"一"也，不"一"者无"以"也。"一"含万，入万而不与万为对。"以"无事，有事而不与事为丽。而况可邀，而况可执乎？是以酒熟而酤者至，舍耳而行者休。我不"得一"，而姑守其浊，以为之筐橐，而后"一"可"致"而不拒。

谓⑤天无以清⑥，将恐裂；地无以宁，将恐废⑦；神无以灵，将恐歇⑧；谷无以盈，将恐竭⑨；万物无以生，将恐灭；侯王无以正⑩，将恐蹶⑪。

王弼《道德真经注》：用一以致清儿，非用清以清也。守一则清不失，用清则恐裂也。故为功之母，不可舍也。是以皆无用其功，恐丧其本也。清不能为清，盈不能为盈，皆有其母以存其形，故清不足贵，盈不足多，贵在其母，而母无贵形。

故贵以贱为本，高以下为基。是以侯王自称⑫孤、寡、不谷⑬。此非以贱为本邪？非乎？

王夫之《老子衍》：夫贵贱高下之与"一"均，岂有当哉？乃贵高者功名之府，而贱下者未有成也。功立而不相兼，名定而不相通，则万且不尽，而况于"一"？故天地之理亏，而王侯之道丧。

故至誉无誉⑭。是故不欲琭琭如玉⑮，珞珞如石⑯。

王夫之《老子衍》：以大"舆"载天下者，知所取舍久矣。李息斋曰：轮盖辅辋，会而为车，物物有名，而车不可名。仁义礼智，合而为道，仁义可名，而道不可名。苟有可执，使其迹外见，贵者如玉，贱者如石，可以指明，而人始得贵贱之矣。

以贱为本

【注释】

①得一：即得道。

②灵：灵性或灵妙。

③正：一本作"贞"。意为首领。

④其致之也：推而言之。

⑤谓：假如说。帛书作"胃"。

⑥天无以清：天离开道，就得不到清明。

⑦废：荒废。

⑧歇：消失、绝灭、停止。

⑨竭：干涸、枯竭。

⑩正：一本作"高贵"，一本作"贞"。

⑪蹶：跌倒、失败、挫折。

⑫自称：一本作"自谓"。

⑬孤、寡、不谷：古代帝王自称为"孤""寡人""不谷"。不谷即不善的意思。

⑭至誉无誉：最高的荣誉是无须称誉赞美的。

⑮琭琭：形容玉美的样子。

⑯珞珞：形容石坚的样子。

【译文】

  自古以来与大道统一的事物：天得到道变得清明；地得到道开始宁静；神得到道逐渐灵验；河谷得到道慢慢充盈；万物得到道逐渐有生机；而侯王得到道则会成为天下的首领。依此类推，天如果不得清明，恐怕就要崩裂；地如果不得安宁，恐怕会要震溃；神如果不能保持灵性，恐怕就会灭绝；而河谷如果不能保持流水，则必定会干涸；万物如果不能保持生长，则必定会遭到消灭；侯王如果不能保持天下首领的地位，可能则要倾覆。所以说，贵的根本是贱，而高的基础是下，那些侯王们总是自称为"孤""寡""不谷"，这难道不就是以贱为根本吗？所以说，招来过多的荣誉反而没有荣誉，不追求美玉的尊贵华丽，反而要像石头那样坚硬低贱，不张扬。

【解析】

  在《道德经》中，老子经常用"一"来代替"道"，例如第二十二章的"圣人抱一为天下?"中的"一"指的就是"道"的意思。而在本章中，老子又连续七次使用"一"字，其蕴涵的意思是非常深刻的。杨兴顺说："一切在流动着，一切在变化着，但老子认为，变化的基础是统一而不是矛盾的斗争。'天得一以清'……老子揭露了客观世界的矛盾，企图削弱矛盾，遏阻矛盾的尖锐化，为着这一目的，他把统一看成万物的基础而把它绝对化。"老子也一直都认为宇宙的本源只有一个，也只有一个宇宙的总规律，因而他突出"一"，即宇宙起源的一元论，而且是物质的。

  另外，在世界的自然万事万物之中，老子还列举了许多相互矛盾的对立体，并认为对立物相互依存、相互转化，并最终归于统一。所以，他一再使用"一"，这也表明他认为矛盾和对立总要归于统一。就人类社会而言，老子也强调统一，认为侯

王也要注重唯一的"道",才能使天下有个准绳。这个准绳是什么？老子说,"贵以贱为本,高以下为基"。侯王应该认识到"贱""下"是自己的根基,如果总是保持高高在上的姿态,一旦摔下来,就会摔得惨不忍睹。所以说,追求道的人不需要光华如玉的外表,还是保持质朴更好一些。

总而言之,本章开头就是讲道的普遍性、重要性,不论是天、地、神、谷、万物、侯王,都来源于道,如果失去了道,一切都不会再存在下去。

【名句品读】

侯王无以正,将恐蹶。

这句话的意思是统治者如果不能够给百姓一个稳定的生活环境,必将会被百姓推翻。因为普天下之人,如果不用为自己的安全、生计所担忧,他们肯定就不会产生叛逆的心理,内乱也就不会产生。而一旦遇到骄奢淫逸的统治者,他们必定会严重反抗,因为这样的统治者根本就没有把百姓们的生活放在眼里,只管自己的享乐,不管百姓的死活。其实,老百姓的要求很简单,只是吃饱穿暖而已,如果统治者能够意识到这点,就能够有效地避免内乱的产生。

《道德经》三十九章书法

通常,处于高位的人想要获得的不仅仅是生存的基本条件,而是更高的权势。而当他们不再考虑生存的底线时,他们也就脱离了人民群众。一旦脱离了人民群众,危险距离自己也就不远了。所以,老子建议统治者,平日里应该多与百姓们进行交流,关心百姓的疾苦,满足百姓的要求,就能够创造一个安定、和谐的生活环境,也更有利于巩固自己的统治地位。

贵以贱为本,高以下为基。

任何的高贵都是以低贱为根本的,同理,任何的高大也都是以低下为基础。因此,侯王将相常常自谦为"孤""寡人""不谷"等。所谓"孤"的原意是幼年丧父,"寡"的原意是老年丧妻,在这里引申为孤单的意思,是世人所不喜欢的。但是君王以此自称,主要是用来表达谦逊的意思,并用以提醒自己要时刻警惕自己不要成为一个孤家寡人。

有一次,东郭子问庄子:"道在哪里？"庄子说:"道无所不在。"东郭子又接着问："那么，请你明白指出它所处的位置。"庄子说："道就在蝼蛄和蚂蚁里面。"东郭子很奇怪："它怎么会这样低下呢？"庄子又说："道就在稻田的杂草里面。"东郭子大吃一惊："怎么越来越低下了？"这个时候，庄子说："道就在砖瓦里面。"东郭子十分不满地说："越说越低贱了。"听了东郭子的话，庄子微微一笑说："在屎尿里面。"东郭子一气之下，就没有再接着问下去。这个时候，庄子才说："你问的话，离开大道太远了，以人道来观看万物，万物没有贵贱。蝼蚁、稗梯、砖瓦、屎溺是一样的。它们如果不合乎道，或根本不能存在，所以我说道是无所不在的。"

【经典故事】

治兵之道

曹刿进兵待三鼓

公元前 684 年，齐桓公派兵进攻鲁国。鲁庄公认为齐国一再欺负他们，忍无可忍，决心跟齐国拼死一战。齐国进攻鲁国，也激起鲁国人民的愤慨。有个鲁国人曹刿，准备去见鲁庄公，要求参加抗齐的战争。有人劝曹刿说："国家大事，有当大官的操心，您何必去插手呢？"

曹刿说："当大官的目光短浅，未必有好办法。眼看国家危急，哪能不管呢？"说完，他一直到宫门前求见鲁庄公。鲁庄公正在为没有个谋士发愁，听说曹刿求见，连忙把他请进来。曹刿见了鲁庄公提出了自己的要求，并且问："请问主公凭什么去抵抗齐军？"

鲁庄公说："平时有什么好吃好穿的，我没敢独占，总是分给大家一起享用。凭这一点，我想大家会支持我。"曹刿听了直摇头，说："这种小恩小惠，得到好处的人不多，百姓不会为这个支持您。"

鲁庄公说："我在祭祀的时候，倒是挺虔诚的。"曹刿笑笑说："这种虔诚也算不了什么，神帮不了您的忙。"

鲁庄公想了一下，说："遇到百姓吃官司的时候，我虽然不能一件件查得很清楚，但是尽可能处理得合情合理。"曹刿才点头说："这倒是件得民心的事，我看凭这一点可以和齐国打上一仗。"

曹刿请求跟鲁庄公一起上阵，鲁庄公看曹刿这种胸有成竹的样子，也巴不得他

一起去。两人坐着一辆兵车，带领人马出发。

齐鲁两军在长勺（今山东莱芜东北）摆开阵势。齐军仗着人多，一开始就擂响了战鼓，发动进攻。鲁庄公也准备下令反击，曹刿连忙阻止，说："且慢，还不到时候呢！"

当齐军擂响第二通战鼓的时候，曹刿还是叫鲁庄公按兵不动。鲁军将士看到齐军张牙舞爪的样子，气得摩拳擦掌，但是没有主帅的命令，只好憋着气等待。齐军主帅看鲁军毫无动静，又下令击第三通鼓。齐军兵士以为鲁军胆怯怕战，耀武扬威地杀过来。曹刿这才对鲁庄公说："现在可以下令反攻了。"

鲁军阵地上响起了进军鼓，兵士士气高涨，像猛虎下山般扑了过去。齐军兵士没防到这一招，招架不住鲁军的凌厉攻势，败下阵来。鲁庄公看到齐军败退，忙不迭要下令追击，曹刿又拉住他说："别着急！"说着，他跳下战车，低下头观察齐军战车留下的车辙；接着，又上车爬到车杆子上，望了望敌方撤退的队形，才说："请主公下令追击吧！"鲁军兵士听到追击的命令，个个奋勇当先，乘胜追击，终于把齐军赶出鲁国国境。

鲁军取得反攻的胜利，鲁庄公对曹刿镇静自若的指挥，暗暗佩服，但是心里总还有个没打开的闷葫芦。回到宫里，他先向曹刿慰劳了几句，就问："头两回齐军击鼓，你为什么不让我反击？"曹刿说："打仗这件事，全凭士气。对方擂第一通鼓的时候，士气最足；第二通鼓，气就松了一些，到第三通鼓，气已经泄了。对方泄气的时候，我们的兵士却鼓足士气，哪有不打赢的道理？"

鲁庄公接着又问为什么不立刻追击。曹刿说："齐军虽然败退，但齐国是个大国，兵力强大，说不定他们假装败退，在什么地方设下埋伏，我们不能不防着点儿。后来我看到他们的旗帜东倒西歪，车辙也乱七八糟，才相信他们阵势全乱了，所以才请您下令追击。"鲁庄公这才恍然大悟，称赞曹刿想得周到，亲自赐给曹刿一杯胜利酒。

在曹刿的指挥下，鲁国击退了齐军，局势才稳定了下来。

在这个故事中，曹刿用了水道以静待哗的谋略，使敌人处于困难的境地。不是直接出兵攻打，而是采取损刚益柔的办法，令敌由盛转衰，由强变弱。

福特以不变应万变

在现代商战中,面对错综复杂的市场,商战决策者就需要静观其变,研究相应的对策,才能控制局势的发展,赢得最大的利润。

美国汽车大王福特,面对市场上各个竞争对手以新型汽车为武器发起的挑战,并没有直接应战,而是养精蓄锐,扬长避短,抓住质量、价格这两个关键做充分准备,一旦成熟,就将新产品迅速推入市场,形成了福特公司第二次起飞的辉煌局面。

20世纪20年代初,福特面临又一次打击,汽车销量急剧下降,出现了不景气的现象。当时,正值美国汽车工业全面起飞的时期,各大公司纷纷推出色彩明快鲜艳的汽车,满足消费者的不同需要,因而销路大畅,唯有黑色的福特车保持不变,显得严肃呆板,销路自然大受影响。

但是,无论对各地要求福特供应花色汽车的代理商,还是对公司内部的建议者,福特总是坚决顶回:"福特车只有黑色的,我看不出黑色有什么不好,至少比其他色耐旧些。"

生产逐渐艰难了,福特开始裁员,部分设备停工,将夜班调成白班以节省电灯费,公司内外人心浮动,连福特夫人也沉不住气了。

福特却笑着说:"这是我的袖里乾坤,先不告诉你,等以后再说。"福特了解夫人的担忧,信心十足地说:"我们公司的待遇高于任何企业,他们不会生异心,同时他们知道我是绝不服输的人,相信我不跟别人生产浅色车,一定另有计划。"

有人建议说,至少我们应该有新车在市面上销售,不至于让人说我们快倒闭了呀。福特诡谲地一笑:"让他们去说吧,谣言越多对我们越有利!"人们感到很奇怪,问公司是不是正在设计新车,是不是跟别人一样,会有各种颜色的车子。

福特回答说:"不是正在设计,是已经定型了!也不是跟别人一样,而是我们自己的,而且我们的新车比别人的都便宜!"这是福特一生中最得意的"杰作"之一——购买废船拆卸后炼钢,从而大大降低了钢铁的成本,为即将推出的A型汽车奠定了胜利的基础。

1927年5月,福特突然宣布生产T型车的工厂全部停工,这是公司成立24年来第一次停止新车出厂,市面上所卖的都是存货。

消息一出，举世震惊，猜测蜂起，除了几个主管领导外，谁也摸不清福特打的什么算盘，让人奇怪的是，工厂停工后工人并没有被解雇。每天仍然上下班。这一情况引起新闻界的极大兴趣，报上经常刊登出有关福特的新闻，助长了人们的好奇心。

两个月后，福特终于透露，新的 A 型汽车将于 12 月应市。这比宣布工厂停工引起的震动更大。

年底，色彩华丽、典雅轻便而价格低廉的福特 A 型车终于在人们长期翘首等待中源源上市，果然盛况空前，它形成了福特公司第二次起飞的辉煌的局面。

福特公司由于 T 型车的开发，早已确定了它在美国汽车工业中的地位。这次面对各公司以色彩、外形为武器发起的挑战，福特并没有直接应战，而是养精蓄锐，扬长避短，抓住质量、价格这两个关键做充分准备，一旦成熟，就使对手由强变弱，由优变劣了。

这就是老福特的锦囊妙计——水道的以静待哗。

治国之道

水能载舟，亦能覆舟

唐太宗李世民是历史上少有的明君，由于唐朝是在隋朝灭亡的基础上建立起来的，而唐太宗又亲眼目睹了隋朝灭亡的全过程，亲身感受到隋末农民起义的强大的威慑力，因而在很大程度上吸取了隋朝灭亡的教训。

有一次，唐太宗李世民与魏征探讨国事。于是问魏征说："隋朝为什么会在那么短的时间内就灭亡了呢？"魏征回答说："这是因为皇帝失去了民心。"唐太宗接着问道："那么百姓和皇帝之间应该是怎样的关系呢？"魏征回答说："皇帝就像一只大船，天下的百姓就好比汪洋大水。船只有在水中才能够乘风破浪；但是水能载舟，亦能覆舟。就好像百姓能够拥戴皇帝，同时也有力量将他推翻。太上皇（李渊）高举义旗推翻隋朝暴虐统治就说明了这个道理。所以，作为帝王就要时刻记住这一点。"

公元 1636 年，皇太极即皇帝位，改国号为大清。他擅长骑射，喜欢阅读汉族典籍，尤其是中国历代兵书。长年征战的过程中，他对将士备极关怀，注意"恩养"归附。由于关怀将士，深得将士之心，士气高昂，战斗力强；由于"恩养"归附，愿归附的日多,势力日益扩大。

《清太宗实录》中曾经有这样的记载:有一次,他到文馆,拿达海先生所译的《武经》来读。这本书中有一段是说:"古代有良将,别人送给他一坛美酒,便使人倾倒入河里,与士卒同流而饮。当然一坛酒倒入河中,不能有什么酒味,但三军之士因主将有美酒倒入使大家得饮,因而无限感激,乐于效死。"皇太极读了顿有所悟:"读了古史这段记载。使我认识到将帅必须体恤士卒。如我国顾三台驸马,与敌人作战,对作战而死的士卒,却用绳系其脚拖回。主将轻蔑士卒如此,哪能使士卒乐于效死呢?"

清朝开国皇帝皇太极

正是由于他悟出了"水能载舟,亦能覆舟"的道理,因此他十分关怀士卒。

公元 1630 年的一天,皇太极告谕群臣说:"昨天攻取水平城的副将阿山、叶臣与勇士二十四人,冒着炮火奋力攀登敌城,可以说是我国第一等的骁勇人。蒙上天保佑,他们都平安无恙。召见他们时,朕深为感动不禁悲伤,这样的勇士,我们应按以前的旨意办,以后攻城,只令他们在诸贝勒、固山额真的左右,不应再登城;对敌作战时,一起前进,如果他们要攻城,也当制止。以后有一两次率先登城立功的士卒,亦不可再令攻城,以示朕爱惜勇士之意。"

除此之外,皇太极还实行了满汉联盟优俘抚降的政策,这对一个落后的民族终于统治偌大的中国,起了极其重要的作用。早在公元 1630 年左右,皇太极便注意优俘抚降。例如,皇太极在永平俘获明郎中陈此心,但此人投降后又开始反叛,后秘密使他的儿子先逃走,然后叫家人携资潜逃,被守门者抓获,按照律法,应该予以斩首。但皇太极说:"放他回原籍算了。"于是,赐给陈此心马二匹、驴四头、银二十两,让他带上妻儿前往。皇太极对降而复叛的明官员如此宽待,不仅消除了降者的恐惧,对瓦解明军也起了重要的作用。

公元 1641 年,清军破松山时,擒洪承畴归。洪承畴非常感谢皇太极的知遇之恩,但开始时仍誓死不屈,日夜蓬头跣足,破口大骂。皇太极命诸文臣劝降,洪承畴仍不答一语。于是,皇太极亲至洪承畴的住所,解貂裘给洪承畴穿,并真诚地说:"先生冷了?"洪承畴注视了皇太极很久,然后叹气说:"真命世之主!"便叩头请降。

皇太极大喜,即日赏赐无数,摆百戏以贺。

在敌我相争中,能否正确对待降者,是关系到能否削弱敌人和迅速壮大自己队伍的大事。残暴而鼠目寸光的将帅,往往大肆屠杀俘虏和降者,使得敌将士即使战败也不愿意选择投降,因为同样被杀,倒不如在战斗中杀个酣畅淋漓,这实是为敌方帮大忙,提高其士气与己相争,结果是搬起石头砸自己的脚。而有远见的将帅,无不优俘抚降,为己所用,自己队伍日益壮大,终于取得战争的胜利。所以说,皇太极确实是历史上著名的极善于利用水道载舟覆舟谋略的政治家。

【古为今用】

强调竞争时不忘营造稳定

现代社会,竞争非常激烈,这是一个不可否认的事实。但即使如此,现代管理者也不应该一味地强调竞争的残酷性,进而忽略了为员工营造一个安稳、舒适的环境。不可否认,让员工意识到社会现状固然很重要,但如果让他们感觉到危机重重,就会激发他们离开此工作单位的念头。这样未免就有些得不偿失了。

因此,聪明的管理者在管理的过程中,会在强调社会竞争激烈的同时,为员工加油、鼓劲,同时应尽自己最大的能力为员工创造一个好的工作、生活环境。从而让员工感觉到,自己所处的工作环境是多么富于人性化,又是多么的安定。这个时候,他们必定会对管理者抱有一种感激的心理,进而更加努力地工作。

第四十节　有生于无

【题解】

在第一、第四、第五、第六、第十四、第二十一、第二十五、第三十二、第三十四、第三十五和第三十七章里,老子从"道"的各个方面阐述了其理论。在本章里,老子用极其简练的文字,讲述了"道"产生天下万物的作用和"道"的运动变化法则。本章虽然只有两句话,但言简意赅,含义十分丰富。再者,"有"和"无"也是老子在《道德经》中经常提到的哲学概念。天地万物属于有形的物质,所以老子归其为

"天下万物生于有",而"道"是恍恍惚惚、无声无形的,因为老子认为"道"是世界的本源,所以据此又可以理解为"有生于无"。

【原文】

反者道之动[①]**,弱者**[②]**道之用。**

河上公《老子章句》:反,本也。本者,道之所以动,动生万物,背之则亡也。柔弱者,道之所常用,故能久也。

王弼《道德真经注》:高以下为基,贵以贱为本,有以无为用,此其反也。动皆知其所无,则物通矣。故曰,反者道之动也。柔弱同通,不可穷极。

天下万物生于有[③]**,有生于无**[④]**。**

王弼《道德真经注》:天下之物皆以有为生,有之所始,以无为本,将欲全有,必反于无也。

王夫之《老子衍》:消息于无,非反乎?迭上者,非动乎?赵志坚曰:物虽未形,已有是气。天地万物从一气而生,一气从道而生。

【注释】

①反者:循环往复。一说意为相反,对立面。

②弱者:柔弱、渺小。

③有:这里指道的有形质,与第一章中"有名万物之母"的"有"相同。但不是有无相生的"有"字。

④无:与第一章中的"无名天地之始"的"无"相同。但不同于"有无相生"的"无"。此处的"无"指超现实世界的形而上之道。

【译文】

循环往复的运动变化,是道在进行运动。而道的作用是微妙、柔弱的。天下的万物产生于看得见的有形之物,而有形之物又产生于不可见的无形之物。

【解析】

老子的《道德经》,篇幅短小精悍,但内容却丰富深刻。而在极其精短的《道德经》中,本章可以说是各个篇章之中更为短小的。

《道德经》中,多次涉及"事物的矛盾和对立转化是永恒不变的规律",概括了自然和人类社会的现象与本质,这是十分光辉和精辟的见解。"反者道之动",一个"反"字就涵盖了多层的意思,包括与"正"相对的相反,另外还有归还、返回等的意思,引申一下还有往返重复的意思。

一般而言,关于这句话的解释主要有两种观点:一种观点是说矛盾的两个对立向各自对立面的转化;另一种观点是事物运动变化的规律是循环往复。其实这两种观点是相同的。因为老子一直都承认运功,承认运动循环往复、周而复始。而对立面的互相转化,必须在一定的条件下才能够实现。

"弱者道之用",意思是说"道"在发挥作用的时候,使用的是柔弱的方法。老子认为"道"的表象和作用应该是微妙而柔弱的。而弱的对立面是强。通常,人们总是善于利用自己的长处和优势地位,压倒性地实现自己的目标。但老子的观点是,强不是长久之道,"弱者道之用"是在强调"道"易被人们忽视的"弱"的一面的影响,他认为柔弱最终能够战胜刚强。

用弱和用强,也是"无为"和"有为"的区别。"天下万物生于有,有生于无"。我们甚至可以概括出"无——有——万物"的公式,并说万物毕竟是从"无"而来的。其实,老子讲"有"和"无",并不曾把"无"当作第一性的东西,而把"有"当作第二性的东西,他是把有与无当成相互对立的两个哲学范畴,有与无都是道的属性,是道产生天地万物时由无形质落向有形质的活动过程。在《道德经》中,老子开宗明义地讲过有、无两者"同出而异名,同谓之玄"。"玄"者,即奇妙变化,也是自然的不同表现,看上去高深莫测、虚而不实,但完全符合对于宇宙物质演变的推演。

【名句品读】

反者道之动,弱者道之用。

我们可以将这两句话理解为:道的运行是反复循环的,道的作用柔弱谦下。天下万物都是从"有"产生的,而"有"是从"无"产生的。这就要求我们顺应天道,懂得时常抱有一颗谦下柔弱的心,以免因满盈而招致失败,这就是老子所说的"反者道之动,弱者道之用"。

汉文帝有一天做了一个梦,梦中想要升天,但是气力不够。这个时候有一个头戴黄巾的人在身后推他,然后他居然很顺利地就升到了天上。这个时候,他回头一看,刚才那个人所穿衣服的后腰部分竟然破了一大块。他醒来之后,对这个梦记忆深刻。后来有一天,他发现了邓通,最奇怪的是邓通的衣着打扮和梦中所见的那个人相同。文帝为此十分高兴,以后便处处照顾他。

邓通并非有才之人,但文帝却经常赏赐给他很多金钱。有一次,一个相士告诉文帝说："邓通早晚会饿死。"文帝对此话不以为然,他说:"我是皇帝,我想要谁富谁就会富的。现在我想让邓通富裕,他怎么可能会贫穷呢?"于是,便把四川严道县北面三里处的一座铜山赐给邓通,并准许他可以自行铸造铜币。一时之间,"邓通钱"遍行天下,而邓通也成了最为有钱的人。

后来文帝过世,景帝即位。景帝对邓通的富裕十分不满,便借机革了他的官职,抄了他的家。于是邓通变得一文不名,甚至靠举债过日。馆陶公主十分可怜邓通,于是派人拿钱去接济他,可这些钱又被小吏私吞,最后邓通果真因贫穷而饿死了。所以说,天道循环,天下没有永远的富贵,也没有永远的权势。

【经典故事】

治兵之道

火牛阵

牛不仅是农民耕田的得力帮手,还曾在战场上立过奇功。

据传在公元前 284 年,秦、楚、燕、赵、韩五国协同燕国上将军乐毅率大军进攻齐国。齐国势单力孤,在战争进行的短短半年时间内,便连续失去七十多座城池,最后只剩下莒城和即墨两座城池了。乐毅随即派兵攻打即墨,由于即墨城守将已死,群龙无首,差点乱成一锅粥。在国家危急的存亡时刻,齐国满朝文武力荐田单为将军挂帅保国。田单智勇双全、誓死守卫即墨。

火牛阵

田单跟士卒们同甘共苦,甚至还把家人和族人都编在军队里。即墨城内所有人都对他非常钦佩,军队的士气也因此高涨起来。就这样,三年都过去,乐毅也没有把这两座城池攻打下来。这个时候,田单巧使反间计。于是就有人在燕昭王面前谗言:"乐

毅围城不攻,并非能力不够,实在是想收买齐国民心,好自己日后当齐王。"燕昭王对这一说法并不相信,于是狠狠训斥了进谗言的人,还狠责五十大板,以示惩戒。可不久之后,乐毅就接到昭王要封他齐王的信息。乐毅对此感激不尽,于是加紧了对齐国的进攻,但坚决表示不能接受加封齐王的赏赐。

此计不成田单又生一计。就在燕昭王去世,燕惠王即位之际,加紧了离间和挑拨活动。惠王听心腹大臣骑劫进言,调乐毅回国声称另有封赏。乐毅知道这其中必有蹊跷,担心回去后遭到陷害,便逃往赵国去了。骑劫接替他任燕国上将军,再次进攻即墨。

这时,田单下令城里居民把祭祀先人的食品全部都挂在屋檐上,以祈求祖宗保佑平安。这一举动引来了成群结队的麻雀从城外飞进城里。如此一来,燕国士兵以为飞鸟都去朝拜神灵,保护齐国老百姓。一时之间,军心涣散,士兵们都不愿意拼死攻城了。于是,田单又派人混入燕国兵营,散布齐国战俘最怕割鼻子示众的谣言。骑劫信以为真,反倒变本加厉地割齐国士兵鼻子去阵前羞辱……齐国守城军民看到这种情况,恨得咬牙切齿,纷纷发誓击败强敌以雪耻报仇。

田单看到反攻时机将要成熟了,就把城中近千头黄牛都集中起来,在牛身披上花被单,牛角上绑牢尖刀,牛尾拴好一束浸过油的茅草。另外又选出五百勇士,使其每个人都戴上奇形怪状的鬼脸面具,悄悄埋伏在城头准备行动。

这时,燕国上将军骑劫发出要田单投降的最后命令:如不投降便血洗即墨,一律斩尽杀绝。田单派人去燕军阵前,表示愿意按约定时间出城投降。骑劫大喜,以为大获全胜在望,更加轻敌和骄傲了。

到了受降时刻,燕国上将军及全体将士整装阵前,喜形于色。但见即墨城门大开,一声炮响处,五百鬼脸勇士和屁股着火的神牛一起冲了出来。即墨城里,无数百姓都拿着锅壶、铜器,一起到城头,拼命敲打起来。在风力鼓动下,鼓声、铜器的敲击声中,火牛受不住剧痛拼死闯入敌阵。燕国将士被冲杀得晕头转向。田单指挥大军奋勇作战,连骑劫也被火牛践踏而死。齐兵大获全胜,燕军溃不成阵。这个时候,田单率领齐军趁势反攻,一鼓作气乘胜追击,很快就收复了被燕国攻占的全部领土。

为了庆祝田单巧布火牛阵的丰功伟绩,齐国百姓制作一千个彩色"面牛"食品,既为犒劳胜利之师,也作祭奠亡牛之灵。

置之死地而后生

隋朝末年,隋炀帝生活奢华,荒淫残暴,黎民百姓处于水深火热之中。在这种情况下,各地农民纷纷爆发起义,而有些具有实权的人,也拥兵自重,纷纷自立为王。当时还曾经流传这样的谣言,说是:"杨氏当灭,李氏当兴。"

这虽然只是谣言,但疑心较重的隋炀帝也心怀疑虑,于是将朝中大臣李密罢职削官。无奈之下,李密只好投奔瓦岗寨义军。少了一个姓李的将军,炀帝又怀疑到另一名姓李的大臣李浑身上,于是就借机将他处死。此时,身为重臣的李渊也开始坐卧不安。害怕隋炀帝怀疑到自己头上,事实上,李渊并无丝毫反叛之意。到了隋炀帝十三年,多地反叛有数十起,炀帝江山岌岌可危。此时李渊任太原留守,也时常哀叹,不知如何是好。

大臣裴寂是一个极有战略眼光的人,他私下悄悄结交李渊的儿子李世民,试图密谋反叛。而想要反叛,就必须动员有忠心的李渊一起行动,如此才能借助他掌握的兵权。但如果直言劝告李渊,很有可能会弄巧成拙,招来杀身之祸,裴寂于是与李世民密谋,趁机行事,采用"置之死地"的方法,割断李渊的退路,逼迫李渊谋反。

有一次,裴寂在晋阳宫设下宴席,邀请李渊饮酒,二人相交颇深,李渊丝毫未怀疑,就兴高采烈地过去了。晋阳宫是炀帝的行宫之一,宫中设有外监,正副各一人。李渊为太原留守,兼领晋阳宫监,裴寂为副宫监。裴寂与李渊坐定,宫女依次献上美酒佳肴,二人边喝边谈,十分畅快,李渊一连喝了几大杯,已然有了几分醉意。这个时候,他忽然听到门帘一动,环佩声响,定睛一看,竟发现走进两个长得十分俏丽的美人,宛如姊妹,如花似玉,美不胜收,眼泛春波,恋恋勾人。俗话说得好:"酒不醉人人自醉,色不迷人人自迷。"只见这两个美人婷婷袅袅,走到席前向李渊见礼。裴寂于是指引她们分坐在李渊的左右,重新劝酒。李渊已经酒醉糊涂,便不问来历,一味乱喝。

战国时淳于髡曾经说过:"他要是有一如漂亮的美女陪着他畅饮,他的兴致就能达到极点,一次能喝一石酒,畅快淋漓,醉眼蒙眬,不知东西南北,但十分快乐。"李渊真是如同淳于髡所说,看见了美女,就忘乎所以,恨不得一口将她们两人吞进去,美女娇声娇气,连连劝酒,李渊来者不拒,一杯杯倒入肚中,酒醉人胆大,只管由

两个美女扶着,偎玉倚香,左拥右抱。

后来,李渊醉卧晋阳宫,两个美女侍寝,三人同被,不亦乐乎。此时的李渊,只知快乐和沉睡,早就把王法抛在了脑后。酣睡多时,酒也醒了大半,李渊鼻中闻着一股奇香,再猛吸一口,似兰非兰,似麝非麝,心中觉得十分奇怪,心想自己是不是在做梦。揉开被服一看,不由大吃一惊,原来竟有两个美女相陪。而这两个美人丝毫不觉得害羞,低声柔气,娇声欲滴,给他明说道:"唐公休怪,这都是裴副监的主张。"

李渊经过询问方知二人都是宫眷。这时,他不由倒吸一口冷气,立即披衣跃起说:"宫闱贵人,哪得同枕共寝,这是我该死的了。"两个美人却连忙劝慰:"主上失德,南幸不回,各处已乱离得很,妾等非公保护,免不得遭人污戮,所以裴副监特嘱妾等,早日托身,借保性命。"李渊知道这两位美人,长居宫中,必定受尽寂寞,因为宫人美人数万,二人难得炀帝御幸。但今日能够得到李渊的垂青,已是感激万分。李渊频频摇头说:"这事岂可行得?"一面说,一面走出寝门,刚走没有几步,恰好遇着裴寂。

李渊一把拉着裴寂,非常生气地指责他说:"玄真,玄真! 你难道想要害死我吗?"

裴寂不慌不忙,笑着说道:"唐公! 你为什么这般胆小? 收纳一两个宫人,很是小事,就是那隋室江山,亦是唾手可得。"

裴寂又说道:"识时务者为俊杰,今隋主无道,百姓穷困,四方已经逐鹿,连晋阳城外差不多要做战场。明公手握重兵,令郎暗储士马,何不乘时起义,吊民伐罪,经营帝业呢。"

李渊道:"我李家世受皇恩,不敢变志。"李渊口说不敢变志,奈何现在退路已经被割断,即使不谋反也会被处死,他与宫眷同寝的罪名是何等严重。再说,炀帝早就已经对李姓人心怀疑虑,如果他知道这件事,必定会借口杀死自己,甚至诛灭九族。思来想去,李渊只有反叛一条出路。后来,裴寂、李世民又给他分析了天下的形势,讲清了其中的利弊,李渊终于坚定了反叛的决心。后来,李渊举起义旗,天下归心,横扫中原,得以建立大唐江山。

裴寂等人采用的方法,就是断绝后路的方法。李渊淫了宫女,犯了王法,不反即死,因此只有硬着头皮造反,寻一条生路。

从零开始,一切皆有可能

  道使万物产生,并在无形中制约着万物的发展。它在整个时空中有不同的表现形式,但都离不开宇宙的基本特性。在这种特性的作用下,天地万物循环往复,繁衍生息。老子在阐释"有无相生"的同时并没有忘记回归到根本的"无",也正是这个可以衍生出无限的"无"让这个世界成为可能。其实人生也一样,当你一无所有时,也可以从头开始,就会有无数种可能。

  现实生活中,很多人都在抱怨自己的出身不好,既没有美丽的容貌,也没有显赫的背景,好像在起点上就输了。其实,天生拥有得少,并没有输,抱怨这些的人才是真正的输了。一无所有有时才是最大的资本,因为这时每得到一点都是巨大的收获。如此,在自己白发苍苍的时候,你就会发现,你这一生所拥有的要比那些生来资源就很多的人富得多。所以,请远离抱怨吧,因为我们所拥有的"无"正是生出"有"最大的资本。

第四十一节　道隐无名

【题解】

  这一章引用了十二句古人说过的话,列举了一系列构成矛盾的事物双方,表明现象与本质的矛盾统一关系,它们彼此相异,互相对立,又互相依存,彼此具有统一性,从矛盾的观点,说明相反相成是事物发展变化的规律。在《道德经》中,老子从来不直接描述"道"的概念或者定义,总是通过比较的方式,通过间接的描述来说明"道"的真谛。

  本章中,老子讲了上士、中士、下士各自"闻道"的态度:上士听了道,努力去实行;中士听了道,漠不动心、将信将疑;下士听了以后哈哈大笑。说明"下士"只见现象不见本质还要抓住一些表面现象来嘲笑"道",但"道"是不怕浅薄之人嘲笑的。同时又通过明和昧、进和退、白和辱等几组有对立统一关系的概念来界定

"道",并在最后一句,揭示了道的重要性。

【原文】

上士闻道,勤而行之;

宋徽宗《御解道德真经》:士志于道者也,上士闻道,真积力久,至诚不息。

明太祖《御解道德真经》:所以古圣人终世而行道,日夕而持之,不敢有慢。

中士闻道,若存若亡;

河上公《老子章句》:中士闻道,治身以长存,治国以太平,欣然而存之,退见财色荣誉,惑于情欲,而复亡之也。

唐玄宗《御解道德真经》:中士可上可下,故凝。凝则若存若亡。

下士闻道,大笑之。不笑,不足以为道。

河上公《老子章句》:下士贪狠多欲,见道柔弱,谓之恐惧,见道质朴,谓之鄙陋,故大笑之。不为下士所笑,不足以名为道。

唐玄宗《御解道德真经》:迷而不信,故笑。不为下士所笑,不足以为玄妙至道也。

故建言①有之:明道若昧,进道若退,夷道若纇②。

王弼《道德真经注》:建,犹立也。光而不耀。后其身而身先,外其身而身存。纇,也。大夷之道,因物之性,不执平以割物,其平不见,乃更反若纇。

王夫之《老子衍》:在牛为牛,在马为马,类也。我道大似不肖,何了;何类之有? 然唯非马非牛,而亦可马可牛,何不类之有。

上德若谷;大白若辱③;广德若不足;建德若偷④;质真若渝⑤。

王弼《道德真经注》:不德其德,无所怀也。知其白,守其黑,大白然后乃得。广德不盈,廓然无形,不可满也。偷,匹也。建德者,因物自然,不立不施,故若偷匹。质真者,不矜其真,故渝。

大方无隅⑥;大器晚成;大音希声;大象无形;

河上公《老子章句》:大方正之人,无委屈廉隅。大器之人,若九鼎瑚琏,不可卒成也。大音犹雷霆待时而动,喻当爱气希言也。大法象之人,质朴无形容。

唐玄宗《御解道德真经》:不小立圭角。且无仅功。不饰小言说。故能应万类也。

道隐无名。夫唯道,善贷且成^⑦。

河上公《老子章句》:道潜隐,使人无能指名也。成,就也。言道善禀贷人精气,且成就之也。

陈致虚《道德经转语偈》:大象无形道隐名,形名总不向人呈。如今闻者皆应笑,夫唯道善贷且成。

【注释】

①建言:立言。

②夷:平坦;纇,崎岖不平、坎坷曲折。

③辱:黑垢。

④偷:意为惰。

⑤渝:变污。

⑥隅:角落、墙角。

⑦贷:施与、给予。引申为帮助、辅助之意。

【译文】

上等悟道之人听了道的理论之后,就会努力实行;而中等悟道之人听了道的理论之后,总是保持将信将疑的态度;下等之人听了道的理论之后,则会哈哈大

大器晚成

笑。如果不被嘲笑,就不足以称其为道了。所以古人立言说:光明的道好似暗昧;前进的道好像在后退;而平坦的道好像崎岖不平;崇高的德就好像是峡谷,最洁白的东西,反而会含有一些污垢;广大的德又总觉得略有不足;刚健的德好似怠惰;质朴而纯真则好像是浑浊未开。最方正的东西,通常都没有棱角;最大的器物,是最晚完成的;最大的声响,听起来反而无声无息;最大的形象,则是没有任何形状的。道幽隐而默默无闻,无名无状。只有"道",才会能使万物善始善终,善于给予万物并且成全万物。

【解析】

本章前面先讲了"上士""中士""下士"对道的反应。在这里,"上士"主要说的是高明的小奴隶主贵族,这类人悟性很高,"中士"讲的是平庸的贵族,这类人悟性一般;"下士"指的是浅薄的贵族,悟性非常低。而"道"是先天地而生,无为而无不为,没有高低贵贱之分。正如高高在上的统治者未必能够领悟到"道"的真谛,而市井平民也未必不能认识到"道"的内涵。因此,在老子的认识里,人并没有地

位高低之分,只有悟性高低之分。

在这里,上、中、下不是就政治上的等级制度而言,而是就其思想认识水平、悟性的高低而言。通常,悟性高的人能够深刻体会到"道"然后就会积极努力地去实践"道";而悟性一般的人听了"道"以后,并不会有深刻的理解,所以时而会怀疑,时而会实践;而悟性很低的人根本就无法理解"道"的,因此就不会相信"道"。而且,老子认为,如果是大家都相信、都认为是正确的道理,就不能够称为"道"了。

在本章后面所引用的十二句成语中,前六句是就"道""德"而言的。后六句的"质真""大白""大方""大器""大音""大象"指"道"或道的形象,或道的性质。所以引完这十二句格言以后,用一句话加以归纳:"道"是幽隐无名的,它的本质是前者,而表象是后者。这十二句,从有形与无形、存在与意识、自然与社会各个领域多种事物的本质和现象中,论证了矛盾的普遍性,揭示出辩证法的真谛。

【名句品读】

道隐无名。

这句话的意思很明显,与之前的"道可道,非常道"同出一源。意思是说,可以被明确表达出来的不是道,真正的道是没有名称的。就好像"大方无隅;大器晚成;大音希声;大象无形"一样,道也是无形、无声、无色的。

事实上,老子在讲述为人处世的道理时,并没有希望每个人都能够出世讲道,如果每个人都能够讲道的话就不是真正的道。因为"无"也是道的一部分,而且其中也包含"有"。做人也应该如此。圣人之所以被后人敬仰,是因为他们一生都不曾想要追求功名利禄,无私便能成就所有的私,他们把自己放在浩瀚的大自然中,就不再狭隘;无名英雄之所以能够赢得他人的尊重和爱戴,正是因为他们无私的奉献。

【经典故事】

处世之道

任公子钓大鱼

古代有一位任公子,胸怀大志,为人宽厚潇洒。任公子做了一个硕大的钓鱼钩,用很粗很结实的黑绳子把鱼钩系牢,然后用十五头阉过的肥牛做鱼饵,挂在鱼钩上去钓鱼。

任公子蹲在高高的会稽山上,他把钓钩甩进阔大的东海里。一天一天过去了,没见什么动静,任公子不急不躁,一心只等大鱼上钩。一个月过去了,又一个月也过去了,毫无成效,任公子依然不慌不忙,十分耐心地守候着大鱼上钩。一年过去了,任公子没有钓到一条鱼,可他还是毫不气馁地蹲在会稽山上,任凭风吹雨打,任公子信心依旧。

又过了一段时间,突然有一天,一条大鱼游过来,一口吞下了钓饵。这条大鱼即刻牵着鱼钩一头沉入水底,它咬住大鱼钩只疼得狂跳乱奔,一会儿钻出水面,一会儿沉入水底,只见海面上掀起了一阵阵巨浪,如同白色山峰,海水摇撼震荡,啸声如排山倒海,大鱼发出的惊叫如鬼哭狼嚎,那巨大的威势让千里之外的人听了都心惊肉跳、惶恐不安。

任公子最后终于征服了这条筋疲力尽的大鱼,他将这条鱼剖开,切成块,然后晒成肉干。任公子把这些肉干分给大家共享,东海沿岸一带的人,全都品尝过任公子用这条大鱼制作的鱼干。

多少年以后,一些既没本事又爱道听途说、评头品足的人,都以惊奇的口气互相传说着这件事情,似乎还大大表示怀疑。因为这些眼光短浅、只会按常规做事的人,只知道拿普通的鱼竿,到一些小水沟或河塘去,眼睛盯着鲵鲋一类的小鱼,他们要想象任公子那样钓到大鱼,当然是不可能的。

为人之道

列子学射明事理

列御寇喜好打猎,经常邀请朋友一块儿到深山密林中捕猎野兽。可是朋友们每次都委婉谢绝了他的邀请,原因就是御寇虽然爱好打猎,而射箭技术却十分糟糕。御寇自己也十分着急,于是决心从头开始练好箭术。经过一段时间苦练,列御寇的箭术突飞猛进。

他为自己的进步而得意不已,同时也想去向朋友们显示自己箭术的精妙。为了增强说服力,他决定先找个精通箭术的人来给自己射箭的技术做个权威性的结论。

他想到了伯昏无人。伯昏无人是著名的箭术专家,曾经培养了许多优秀射手。

列御寇向伯昏无人说明了自己的意图,就在自己的后院中立好箭靶开始射箭。

列御寇拉满弦,把装满水的杯子放在肘上,凝神一处,目不斜视,耳不旁听,接连发了好几箭,后箭箭头和前箭箭尾紧紧相连,形成一条线,所有的箭都射到同一点上。

然而伯昏无人却像个木头人似的,面无表情地站在那里,嘴里连一句赞美的话也没有。

伯昏无人说:"你是为了向人展示你的箭术而射的,还没有达到那种不射之射的境界。只有那种看似不经意的射箭,才是真正的好箭术。如果我和你登上高山,脚踩不断摇动的石头,前面又是万丈悬崖和幽深的瀑布,你还能射吗?"

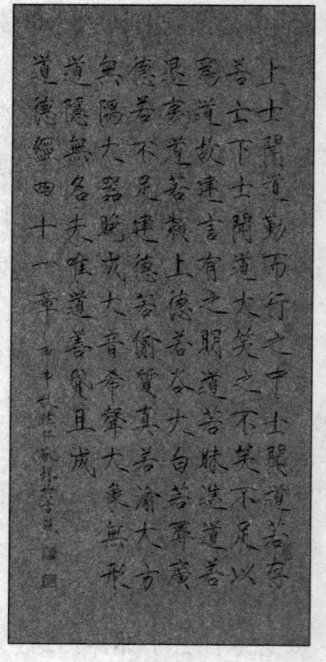

于是伯昏无人带列御寇登上高山,脚踩摇动的石头,面临无底的深渊,背后高低不平,脚面的一半露在山巅之外。

列御寇好像患了恐高症一样,趴在地上,汗水流到脚跟,哪里还有勇气再敢站起来射箭呢?

伯昏无人说:"最有修养的人,上可以望青天,下可以入黄泉,技穷八荒,收放自如。现在你战战兢兢,生死得失之心表现于眼神和心态,你内心的害怕就可想而知了。"

《道德经》四十一章书法

古语云:"大本领者日不见其有奇异出,真学问人终生无所谓满足时。"民谚亦云:满壶全不浪,半壶响叮当;真人不露相,露相不真人。唯有虚怀若谷、大智若愚、求教不懈者,才能获得大自在。

成功之道

肯德基之父的创业之路

哈伦德·山德士五岁的时候就失去了父亲。从十四岁开始,他就从格林伍德学校逃学,开始了几近一生的流浪生涯。后来的日子里,他曾经去过农场干活,但干得很不开心;也当过电车售票员,但也很不开心。十六岁的时候,他谎报年龄参军入伍,但依旧不是他想象中的日子。一年服役期满后,他就去了亚拉巴马州,在那里开了个铁匠铺,不幸的是,没有多久,这个铁匠铺就倒闭了。

随后,经济他终于找到了一份自己喜欢的工作,在南方铁路公司当上了机车司炉工,他以为终于找到了属于自己的位置,以后就不会再改变工作了。

十八岁的时候,他就结了婚。婚后的几个月,他过着非常幸福的生活。不幸的是,在得知妻子怀孕的那一天,他又被解雇了。接下来的日子里,他又开始到处奔波,希望找到一份能够维持生计的工作。而当他在外面忙于找工作时,他的妻子变卖了他们所有的财产,逃回了娘家。

随后,经济大萧条开始了,但哈伦德·山德士经历了一次又一次的失败,但他没有因为总是失败而放弃。对于这点,他身边的人也都见识了这一点,他确确实实是非常努力的。例如,他曾通过函授学习法律,但后来因生计所迫,不得不放弃。他卖过保险,还卖过轮胎,经营过一条渡船,也开过一家加油站……但最终都失败了。

这个时候,有人对他说:"认命吧,你永远也不会成功的。"

还有一次,他躲在弗吉尼亚州若阿诺克郊外的草丛中,谋划着一次绑架行动。因为他曾仔细观察过一位小女孩的习惯,知道她下午什么时候会出来玩。于是他就静静地躲藏在草丛里,思索着,他知道她会在下午两三点钟从外公的家里出来玩。尽管日子一直都过得一塌糊涂,可他从来没有过绑架这种残酷的念头。然而此刻他却借着屋外草丛的掩护,躲在草丛中,等待着一个天真无邪的小女孩。幸运的是,这一天,小女孩并没有出来玩,因此哈伦德·山德士没有突破一连串的失败。

后来他成了考宾一家餐馆的主厨。但是,一条新的公路正好穿过那家餐馆,本来能够取得一定成就的他也没有取得任何的成就。接着,他就到了退休的年龄。当然,他并不是第一个,也不会是最后一个到了晚年还无以为荣的人。

时光飞逝,眼看一辈子都过去了,而他却一无所有。有一天,邮递员给他送来了他的第一份社会保险支票,他终于意识到自己已经老了。

那天,他身上的某种东西愤怒了,觉醒了,爆发了。不过,他最终还是收下了那一百零五美元的支票,并用它开创了新的事业。

历尽了千难万险,如今,他的事业欣欣向荣。而他,也终于在八十八岁高龄时大获成功。这个到该结束时才开始的人就是哈伦德·山德士,肯德基的创始人。他用他的第一笔社会保险金创办的崭新事业正是肯德基。

【古为今用】

无私奉献，无名也尊

不管是圣人还是普通的百姓，在为他人考虑的同时，自己也会受利。例如一些贤明的君王，他们能够以百姓的利益为根本利益，进而将自己的国家治理得井井有条，国泰民安。无私之人，不是不考虑自己的利益，而是不仅仅考虑自己的利益，这样往往不为自己做事，也会美化自己的声誉。

人生在世，并不一定只做对自己有利的事情，应该经常去参加一些公益活动，这样不至于满腹追名逐利，也会让自己的心性安定下来。一个人，不管他是贫穷还是富有，也不管他是高尚还是猥琐，都应该由自己的心决定；如果能够抱有一颗无私的心来面对一切就能够自在地游走于天地之间。当然，现在社会的很多人都汲汲于蝇头小利，这个时候只要放下它，不争取，也是一种奉献。用无私的心做无私的事，或许会达到事半功倍的效果，因为无私奉献，无名也尊。

第四十二节 万物之始

【题解】

从内容上，我们可以将本章人为地分为前、后两部分。前半部分主要论述了宇宙是如何形成的这样一个问题，老子认为，天地万物的本源是"道"，由道生出"一"，然后有"二"，再有了"三"，进而有了世间万物。

后半部分则是《道德经》中辩证法的典型体现，事物的好坏、损益都是相对的，但是，这些相对的两个方面又是互相衬托的，在一定的条件下又是可以相互转化的。就像帝王们都喜欢用人们所厌恶的"孤、寡、不谷"等来称呼自己一样，他们这样做可以说是一种自谦的做法，但是他们也是为了获得"不孤""不寡"，是为了获得更高的人气。

最后，老子指出，他将把"强梁者不得其死"作为教导人的最基本的道理，由此我们也能看出老子对那些强势之人的厌恶。

【原文】

道生一①，一生二②，二生三③，三生万物。

河上公《老子章句》：道使所生者一也。一生阴与阳也。阴阳生和、清、浊三气,分为天地人也。天地人共生万物也,天施地化,人长养之也。

　　王夫之《老子衍》:冲气为和,既为和矣,遂以有阴阳。冲气与阴阳为二,阴阳复二而为三。当其为道也,函"三"以为"一",则生之盛者不可窥,而其极至少。

　　万物负阴而抱阳④,冲气以为和⑤。

　　河上公《老子章句》:万物无不负阴而向阳,回心而就日。万物中皆有元气,得以和柔,若胸中有藏,骨中有髓,草木中有空虚与气通,故得久生也。

　　王弼《道德真经注》:过此以往,非道之流,故万物之生,吾知其主,虽有万形,冲气一焉。

　　人之所恶,唯孤、寡、不谷,而王公以为称⑥。

　　河上公《老子章句》:孤寡不毂者,不祥之名,而王公以为称者,处谦卑,法空虚和柔。

　　王弼《道德真经注》:百姓有心,异国殊风,而得一者,王侯主焉。

　　故物或损之而益⑦,或益之而损。

　　唐玄宗《御解道德真经》:自损者,人益之。自益者,人损之。

　　明太祖《御解道德真经》:又以盛衰以比损益,云常道也。

　　人之所教⑧,我亦教之。

　　河上公《老子章句》:谓众人所教,去弱为强,去柔为刚。言我教众人,使去强为弱,去柔为刚。

　　宋徽宗《御解道德真经》:以强制弱,以刚胜柔,人之所教也。我之所教,则异乎此。

　　强梁者不得其死⑨!吾将以为教父⑩。

　　王弼《道德真经注》:强梁则必不得其死。人相教为强梁,则必如我之教人不当为强梁也。举其强梁不得其死以教邪。若云顺吾教之必吉也,故得其违教之徒,适可以为教父也。

损之而益

【注释】

①一:指"道"。

②二:指阴、阳二气。

③二生三：有了阴阳，很多东西就产生出来了。三，有几种解释：第一种，指阴阳二气；第二种，指由阴、阳二气相合而形成的一种匀调和谐的状态；第三种，是虚指，表示多数的意思。

④负阴而抱阳：背阴而向阳。负，在背后。抱，在胸前。

⑤冲气以为和：阴阳二气相互激荡交流而成为一种匀调和谐的状态。冲，激荡、交流的意思。和，指阴阳相合的和谐匀调状态；还有一种说法，和，指阴阳相激荡而产生的另一种气。

⑥以为称：用这些字眼作为自称。

⑦故物或损之而益：或，有时。损之而益，意即损害它，它却反而得到增益。

⑧人之所教：人们用来教人的话。

⑨强梁者不得其死：太过强悍的人不得好死。强梁者，强悍的人。不得其死，不得好死的意思。

⑩教父：教首、教的开头，亦即教人的头一条。父，一家之首叫父。

【译文】

　　"道"，先天地而生，是一个统一的整体。"道"这个统一的整体再生出阴、阳二气，阴、阳二气相合而形成更多的事物，这些事物再推演开来，形成世间的万事万物。万物皆背阴而向阳，再由阴阳二气相互激荡交流而形成一种新的和谐的统一体。人们最厌恶的无非就是沦为"孤家""寡人""不谷"这一类的状态，但是地位很高的王公却喜欢用这些名字来称呼自己。所以说，这世上的一切事物，有时贬低它，反而能够抬高它，有时抬高它，反而会伤害它。别人用这样的道理教导我，我也拿来教导别人。强悍的人将不能寿终正寝，我将把它当作教人的最基本的道理。

【解析】

　　本章首先论述了天地万物的生成过程，也被视为是老子的万物生成论。万物生成论是哲学上的专有名称，也就是所谓的宇宙生成论。在此，老子用自己的方式阐述了万物的生成过程。

　　各家各派学者历来对"道"的内涵给出了形式各异的解释，因此，"道"也被蒙上了一层神秘的面纱，但是"道"本身却是一种非常平常的东西。正如老子所分析的那样，他将"道"具体化为"道生一，一生二，二生三，三生万物。"即说明了"道"是万物之始的道理。

　　《易经·系辞传》中对"道"也有一段描述，它说："太极生两仪，两仪生四象，四象生八卦"，其中的太极就是我们所说的"道"，它在混沌未开时浑然一体，那时无所谓两仪，更无所谓阴阳。而阴阳是相对立的，又是相互统一和融合的，它们的对立表现在二者的相互排斥上，表现在它们是"道"分裂裂变后的产物；它们融合的表现则是，它们本是同一个物体，都来自同

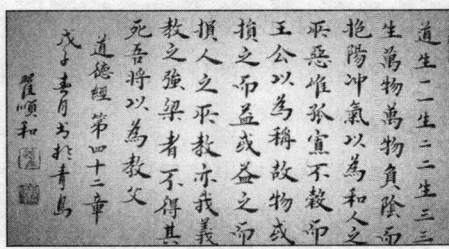

《道德经》四十二章书法

一种物质：太极，也就是道，就是道生出的一，因此我们才能将二者糅合到一起而成为"和气"。和气使万物得以安宁和生生不息。

因此我们说，"道"是一个统一的整体，是万物推演之根基，万物应该是一个和谐统一的整体。道无所为而又无所不为。

后半段与前半段从形式上来看是没有什么关联，但既然放在同一章来讨论定是有其关联之处。

生活中，人们总喜欢风和日丽的天气，憎恶阴雨潮湿的天气，也就是人们总趋阳避阴。但是王公们却喜欢用别人厌恶的"孤家""寡人""不谷"等一些"阴"性的词来称呼自己，这是为什么呢？其实，这是一种自谦的说法，他们本身并没有排斥"阳"，也没有脱离"和气"，他们越是自谦，越是能放低身段，越是能得到众人的拥护和尊敬，也就是所谓的损之有益，就是以"和气"带来"人气"。"人气旺，事事旺"，让自己的万世万代都能独享天下，这也是王公们所希望的，这就照应了前半段的"世间万物因和气而安宁和生生不息"的道理。

最后老子提出的"强梁者不得其死"的道理着实让人深思。现实中很多人把这种思想看作是遁隐山林、消极避世的处世态度；实际上，老子的意思是劝诫人们不要把自己放在首当其冲的位置，以免受到伤害而不能更好地"有所为"，退后一步是为了跨出更大的一步，是为了保持一种"和"的状态。这是老子思想中辩证法的典型体现。

【名句品读】

万物负阴而抱阳，冲气以为和。

万事万物都是在负阴而抱阳的环境中繁衍生息的，但万事万物存在和发展的根本却是这阴阳二气相互作用生成的一团和气。

阴阳学家认为，阴阳二气的相互作用，是自然界一切事物发生、发展、变化和灭

亡的根本原因,我们可以说阴阳二气相互矛盾对立统一的规律是自然界一切事物运动变化最为根本的规律,所以说,阴阳二气对立之中存在的统一是一切事物运动变化的根源。

人也是这一切事物之中的一分子,人与人的和平相处所要取得的更是万物存在、发生、发展、灭亡的这团和气。俗话说"万事和为贵""家和万事兴""和气生财""和衷共济",这些都说明在人与人相处的过程中,"和"字的重要性。所以,做人,没有必要为了一点小小的事情而与他人争个面红耳赤,拼个你死我活,其实,做人还是和气点好。

强梁者不得其死!吾将以为教父。

在此,老子尽管表述的是生与死的问题,但其中也渗透着"大道"的智慧。在这里,老子用的是朴实的语言为人们讲述着道,道虽无形,但却能参透生死,人的死亡与刚愎自用、自以为是有很大关系,无数的事实都能够证明,逞一时之强,发一时之气往往会招来杀身之祸。因此,老子说"'强悍的人将不能寿终正寝',我将把它当作教人的最基本的道理。"

纵观历史,我们可以发现,每一次的纷争与战乱中,到最后明哲保身的都是那些安分守己、看似傻瓜、不会逞强的人。生逢乱世的人,争强好胜往往会引来祸患,给自己招来祸患无数,然而在如今这个太平盛世之中,若想在激烈的竞争中生存并发展下去,懂得含蓄、糊涂、隐藏锋芒尤为重要。也许有人会说这种观点与当今社会需要的自我表现是相矛盾的,是啊,我们不能否定必要的表现,但是过分地表现就是强出风头,这样往往会把自己推到风口浪尖上,所谓树大招风也不无道理。所以在表现之余的隐藏还是必需的。

【经典故事】

处世之道

尉迟恭"和而不流",三方受益

《说唐》中大名鼎鼎的尉迟恭以一名莽勇的将军而被世人所知,殊不知在唐史里他也是一位以"和而不流"著称于世的君子。

与尉迟恭一同在朝为官的吏部尚书唐俭,是个直性子的人,平时不善逢迎,又好逞强。有一次,唐俭与唐太宗李世民下棋,在刚直好强性格支配下的唐俭完全忘记了自己的下棋对象是谁,于是,在下棋的时候,他使出了浑身解数,最后把唐太宗打了个落花流水。

尉迟恭画像

输得一塌糊涂的唐太宗心想,竟然遇到这么一个不知让步的臣子,真是岂有此理? 然后又想到了唐俭平时的种种不敬,心中怒火更是越烧越旺,于是便立即下令贬唐俭为潭州刺史。这样做后,唐太宗还不解恨。后来又找来尉迟恭让他去唐俭家一次,探听探听唐俭对自己的处理是否有怨言,若有,即可以此定他的死罪。尉迟恭得知太宗的意思后,觉得太宗这种张网杀人的做法实在是太过分了,但又不能当面指出他这样做的不足之处,否则会让他的火气更大,甚至会有惹火上身的可能,还是等太宗的气消消再说吧。所以当第二天太宗召问他唐俭的情况时,尉迟恭迟迟不肯回答,然后劝太宗说:"陛下,还是请您好好考虑考虑这件事,到底该怎样处理。"听得此言,唐太宗气愤至极,转身就走,尉迟恭见状,也只好退下。

唐太宗回去后,慢慢冷静下来,然后想想尉迟恭的话,再想想自己的言行自觉无理,但是总不能让皇帝公开道歉吧。后来他想到了大开宴会,一方面为了道歉,另一方面为了巧妙地挽回面子,于是召三品官入席,自己主宴。席间太宗宣布道:"今天请大家来,是为了表彰尉迟恭的品行。由于尉迟恭的劝谏,唐俭得以免死,我也由此免了枉杀的罪名,并加我以知过即改的品德,尉迟恭自己也免去了说假话冤屈人的罪过,得到了忠直的荣誉,现在朕予尉迟恭绸缎千匹之赐。"

在太宗的气头上提出劝谏的话,尉迟恭可谓是冒着生命危险的。本来他完全可以听从太宗的吩咐去探听唐俭的"抱怨",在太宗面前讨个忠诚听话的好名声,但是他也深知在治理国家中"和"字的重要性,因此,在可能会给自己带来祸患的情况下,提出了自己的意见。由此可见尉迟恭"和而不流"的优秀品德。

经商之道

李嘉诚家和万事兴

作为 Forbase 排名全球十大富豪、华人首富的李嘉诚,国人对他并不算陌生,李嘉诚捐资筹办汕头大学和长江商学院,同为商界精英和社会所熟悉;也不乏以"李

嘉诚学"为名的商业管理书籍陈列书摊,但这些都不是李嘉诚最真实的原貌。其实,在其所有的管理理念中,坚守持久的就是"和"的原则。家和万事兴,以和为贵,是李嘉诚的商道之一。

每天忙碌于商务的李嘉诚,总要定期参拜高堂,聆听教诲。母亲因病重须住院治疗,李嘉诚亲自抱母亲上下救护车。在母亲住院治疗期间,即使每日商务缠身,他也要日夜守护在母亲床前。

李嘉诚的表妹庄月明,是他日后的妻子。两人从小青梅竹马,在李嘉诚最无助、最困难的时候,他的表妹一直陪伴他左右。当时的李嘉诚一无所有,只是初中毕业,而庄月明是香港大学的毕业生,还留学日本。他们两个的这门亲事遭到了所有人的反对,但是两个人却坚持走了下来,他们对爱情的执着终于感动了长辈,同意两人结婚。到1989年,庄月明因心脏病猝发去世,当时李嘉诚才六十岁出头,身体硬朗,又是富豪,因此不乏主动示爱的美女,香港不少富商以绯闻为荣,但李嘉诚始终如一块白璧。

家和,使李嘉诚解除了工作之外的后顾之忧,能够全身心投入到事业当中,这也是他之所以能成为华人首富的最主要的原因。

从政之道

狄仁杰和气为官成大器

武则天善谋心计、心狠手辣是出了名的,对于反对她掌权的人,她都会进行无情地残害,但她却又十分重视任用贤才。她经常派人到各地去物色人才。只要发现才能之士,她总是不计较门第出身、资格深浅,破格提拔,大胆任用。所以,在她的手下,涌现出一批有才能的大臣。其中最著名的是宰相狄仁杰。

狄仁杰当豫州刺史的时候,办事公平,执法严明,受到当地百姓的称赞。武则天听说他有才能,就把他调到京城当宰相。

武则天的鹰犬来俊臣得势的时候,曾诬告狄仁杰谋反,结果狄仁杰被打进了监牢。在"服刑"期间,来俊臣

狄仁杰画像

曾逼他招供,还诱骗他说:"只要你招认了,就可以免你死罪。"

狄仁杰坦然说:"如今太后建立周朝,什么事都重新开始。像我这种唐朝旧臣,理当被杀。我招认就是了。"

另一个走狗官员也偷偷告诉狄仁杰说:"你如果供出别人来,还可以从宽。"

狄仁杰这下可生了气,说:"上有天,下有地,叫我狄仁杰干这号事,我可干不出来!"说着,气得用头猛撞监牢里的柱子,撞得满面流血。那个官员害怕起来,连忙把他劝住了。

来俊臣根据逼供的材料,胡乱定了狄仁杰的案,对他的防范也就不那么严密了。狄仁杰趁狱卒不防备,偷偷地扯碎被子,用碎帛写了封申诉状,又把它缝在棉衣里。

那时候,正是开春季节。狄仁杰对狱官说:"天气暖了,这套棉衣我也用不上,请通知我家里人把它拿回去吧。"

狱官也不怀疑,就让前来探监的狄家人把棉衣带回家去。狄仁杰的儿子拆开棉衣,发现父亲写的申诉状,就托人送给武则天。

武则天看了狄仁杰的申诉状,才下令把狄仁杰从监牢里放了出来。武则天召见狄仁杰,说:"你既然申诉冤枉,为什么要招供呢?"

狄仁杰说:"要是我不招,早就被他们拷打死了。"

武则天免了狄仁杰死罪,但还是把他的宰相职务撤了,降职到外地做县令。直到来俊臣被杀以后,才又把他调回来做宰相。

重做宰相的狄仁杰并没有因为这件事而怨恨任何人,对待武皇仍旧是忠心耿耿,对人仍旧是"和"字当先。

一天,武则天召见他,告诉他说:"听说你在豫州的时候,名声很好,但是也有人在我面前揭你的短。你想知道他们是谁吗?"

狄仁杰说:"别人说我不好,如果确是我的过错,我应该改正;如果陛下弄清楚不是我的过错,这是我的幸运。至于谁在背后说我的不是,我并不想知道。"

武则天听了,觉得狄仁杰器量大,更加赏识他。一天,武则天问狄仁杰:"我想物色一个人才,你看谁行?"狄仁杰试探性地询问道:"不知陛下要的是什么样的人才?"武则天说:"我想要找个能当宰相的。"

狄仁杰早就知道荆州地方有个官员叫张柬之,年纪虽然老了一些,但办事干练,是个宰相的人选,就向武则天推荐了。武则天听了狄仁杰的推荐,提拔张柬之担任洛州(治所在洛阳)司马。

过了几天,狄仁杰上朝,武则天又向他提起推荐人才的事。狄仁杰说:"上次我推荐的张柬之,陛下还没用呢!"武则天说:"我不是已经把他任用了吗?"狄仁杰说:"我向陛下推荐的,是一个宰相的人选,不是让他当司马的啊。"武则天这才把张柬之提拔为侍郎,后来,又任命他为宰相。像张柬之那样,狄仁杰前前后后一共推荐了几十个人,后来都成为当时有名的大臣。这些大臣都十分钦佩狄仁杰,把狄仁杰看作他们的老前辈。有人对狄仁杰说:"天下桃李,都出在狄公的门下了。"

狄仁杰谦逊地说:"这算得上什么,推荐人才是为了国家,不是为了我个人的私利啊!"

狄仁杰一直活到九十三岁。武则天很敬重狄仁杰,把他称作"国老"。他多次要求告老,武则天总是不准。他死去后,武则天常常叹息说:"老天为什么这样早夺走我的国老啊?"

【古为今用】

"家"和万事兴

《二十年目睹之怪状》第八十七回中说道:"大凡一家人家,过日子,总得要和和气气。从来说:'家和万事兴'。"一个家庭幸福与否与"和"气与否是息息相关的,通过观察我们可以发现,一个"战争"频繁爆发的家庭,其家庭幸福指数是和战争爆发的次数成反比的。《论语》中也曾讲到"礼之用,和为贵",这也说明了"和"的重要性。

人活在世间,不可能离开家庭,不可能离开集体,更不可能离开社会而独立生存,而家庭的氛围又在很大程度上决定着每个家庭成员做事的心情,因此,家和则成了万事兴的至关重要的因素。

从小家来看,亲人之间无所谓谁对谁错,因此,不要为一些小事争吵,只要坚守"和"的原则,必定会出现"家和万事兴"的盛况。从家的大的范围来看,人生活在世间,不能离开社会,不能离开群众而独立生存。与社会大众相处,同样要讲求一个"和"字。集体能和,劲才能朝一个方向使,才能创造出更大的业绩;国家能和,再强的敌人也不敢轻易地欺侮我们,我们才能将所有的精力都用在建设我们的国家上。

释迦牟尼与弟子们制定僧团的戒律时,提出了"六和敬",这也是现在的我们人人都必须遵守的,因为"家和万事兴"。

第四十三节　不言为教

【题解】

本章和第三十六章一样，讲的都是人的尊严的问题，都体现了"柔之胜刚，弱之胜强"的"是谓微明"的思想，也讲了柔弱可以战胜刚强的道理，还讲了"不言"的教诲、"无为"的益处，可以说，柔弱、不言、无为的思想贯穿于《道德经》的始末。

老子认为，最柔弱的东西里面往往蓄积着人们看不见的巨大力量，它们的这种力量是世间最坚强的东西都无法抵挡的，柔弱只是它们的一种外在表现。那么，如何发挥"柔弱"的力量呢？老子认为，"无为"是至关重要的。水是很柔的东西，但是却有"水滴石穿"的事实。

老子在此提出的"无为"的思想，正是为了"无不为"，其实是另一种提出"有为"思想的方法。只有体会到老子"'无为'是为了'无不为'"的思想，我们才能真正体会到老子思想中的精髓。

【原文】

天下之至柔①，驰骋天下之至坚②。

河上公《老子章句》：至柔者，水也。至坚者，金石也。水能贯坚入刚，无所不通。

王弼《道德真经注》：气无所不入，水无所不出于经。

无有入无间③，吾是以知无为之有益④。

河上公《老子章句》：无有谓道也。道无形质，故能出入无间，通神明济群生也。吾见道无为而万物自化成，是以知无为之有益于人也。

王弼《道德真经注》：虚无柔弱，无所不通，无有不可穷，至柔不可折，以此推之，故知无所为之有益也。

不言之教⑤，无为之益，天下希⑥及之。

河上公《老子章句》：法道不言，师之以身。法道无为，治身则有益于精神，治国则有益于万民，不劳烦也。天下，人主也。希能有及道无为之治身治国也。

陈致虚《道德经转语偈》：炼气凝神入至圣，紫阳留下悟真篇。原来三教同门

户,先要参皮可漏禅。

【注释】

①天下之至柔:天下最柔弱的东西。

②驰骋天下之至坚:在天下最坚硬的东西中自由地穿来穿去。驰骋,形容马奔跑的样子。

③无有入无间:无形的力量能穿透没有间隙的东西。无有,指不见形象的东西。无间,指没有间隙。

④吾是以知无为之有益:我因此知道了"无为"是有好处的。是以,即"以是",因为这个、由于这个的意思。无为之有益,"无为"的好处。

⑤不言之教:不说出来、不发号训诫的教导。它与"无为"所指是一样的。

⑥希:本作"稀",即稀少的意思。

【译文】

天下最柔弱的东西,往往能腾跃穿行于天下最坚硬的东西之中。无形的力量可以穿透于没有间隙的东西。我因此认识到"无为"的益处。"不言"的教诲、"无为"的好处,普天之下,很少有人能够做到它的了。

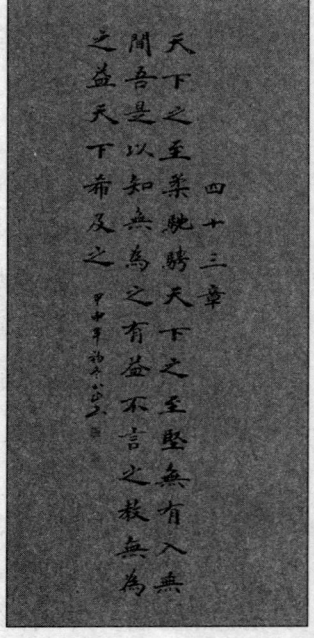

《道德经》四十三章书法

【解析】

"贵柔"是《道德经》的基本观念之一。本章主要论述了,表面柔弱的东西,其本身所蕴含的能量往往是最大的这样一个道理;同时,老子还指出,有形有象的东西必然会遭到毁坏,而无形无象的东西却可以长存人间。因此,修行的最高境界不是追其"有",而是回返于生命的"无","无"才是世间万物的本源。现实中,"说"能起一定的作用,但"不说"有时作用会更大更强。因此,"说"与"不说"之间,"为"与"不为"之间一定要权衡而视之,另外,我们在判断"说"与"不说""为"与"不为"的益处的时候一定不要被表面的东西所迷惑。从内容上来说,此章紧承上一章的万物之存在于"和"的道理的论述,继续阐述了柔和无为的妙处。

通过生活观察我们已经知道,天底下最柔的事物,无非是将其放入器皿中,它仍旧泰然自若、无欲无求的水,但水所具有的巨大能量却是无法想象的,这些内容在前面的章节中已经有所论述。

老子也强调,看起来柔弱的东西,并不意味着它柔弱可欺,因为其内部往往蕴涵着巨大的能量。例如水,表面看来,它几乎柔弱到近乎虚无,但是它却有让人无法想象到的能量。我们都听说过"水滴石穿"的故事,仅就水的形状来说,它的力量是那么的微不足道,但是随着日月的积累,随着双方力量的角逐,随着水的持之以恒的精神的巨大发挥,再硬的石头也有被凿成孔、穿成洞的可能。可以说,石头的密度是很大的,没有任何的空隙可供侵袭,但是水却能在不占有任何空间的情况下侵入到石头的内部。再如种子,它们被称为世界上力气最大的东西,仅看外表,它们的力气往往被人忽视,但是,它们却能将生物学家和解剖学家用尽了办法都无法完整地分开的人的头盖骨完整地分开。这是多么柔弱而又神奇的力量啊!

按照此法,我们完全可以总结出为人处世的一种策略,即"以柔克刚"。"以柔克刚"的为人处世之道是有效的,并且被无数事实证明了的,我国古人利用此法成就一番事业的就不在少数。"韬光养晦"一词就能够恰当地指出此法的具体应用,即隐藏才能,不使外显。事实证明,真正的强者,不是外表的勇猛,而是内心的坚守,是一种策略,一种精神。

另外,柔弱的一方不要因为自己在形势上处于弱势地位而惧怕了对方,不敢去做,甚至是畏首畏尾,而是要巧于做,勤于做,只有这样才能开启新的格局。因此,柔弱的一方如果想赢得坚硬的一方,以硬碰硬,绝对是不行的,这就要求柔弱的一方必须要有坚持不懈的精神,要持之以恒,只有这样才能达到以柔克刚的目的,才能体现弱能胜强的真理。

【名句品读】

天下之至柔,驰骋天下之至坚。

天下最柔弱的东西,往往能够征服天下最坚硬的东西,从这层意义上来说,至柔的东西也是行遍天下无所不克的最坚硬的东西。这句话充分体现了老子所说的柔能克刚的朴素辩证法思想。

一般来看,刚与强是矛盾的主要方面,能够战胜柔和弱,但事物也不是绝对的,越是柔的弱的事物越有无法估量的力量。关于这一点,不论是在自然界中还是在为人处世中,都有很多活生生的例子。自然界中,水滴穿石的故事是我们大家都耳熟能详的了;生活中,当"勇往直前"的精神不能帮助我们达到目的时,我们如果稍微改变一下,采用迂回的战术,或者韬光养晦的谋略,往往能取得意想不到的效果。

以柔克刚的处世态度是我们传统文化中的核心部分之一,是中国人固有的民

图文珍藏版

族性格中很重要的一部分。当然,柔想克刚,还必须要有坚定的信念,有持之以恒的精神,因为硬是柔和软的缺点,用自己的缺点去碰硬或刚的优点,结果肯定是失败,而软克硬又是需要时间的。

【经典故事】

从政之道

春居以柔劝谏宣王

春秋时期,齐宣王有一位聪明的大臣叫春居,关于春居的聪明,曾有一个这样的小故事:

有一年,齐宣王下令修建一座豪华宫殿,要求宫殿占地大约一百亩、据说大堂上还要设置三百座门,可以说,这是一个劳民伤财的大工程,由于工程十分浩大,一连修建了三年也没有完成。面对这种情况,很多大臣即使心有意见也都不敢劝阻。春居对此也忧心忡忡,感觉这样下去定会影响国泰民安,于是,他总想找个合适的机会劝谏齐宣王。

在一次朝会上,齐宣王和大臣们谈论君主的贤明问题。春居见劝谏宣王的时机终于到了,于是便抓住机会问齐宣王说:"楚王抛弃了他们先王的礼乐,因而,楚国的音乐现在变得轻浮了,请问宣王,楚王能算贤明的君主吗?"

问题如此简单,齐宣王不假思索地就回答道:"当然不能算了!"

春居又问:"楚国朝廷有数以千计的大臣,却没有为此而劝谏楚王的。您说,楚国还有算得上贤臣的人吗?"

齐宣王不知这是春居设下的圈套,于是又一次回答道:"当然没有了。"

有了前面问题的铺垫,春居又接着问:"现在大王您要修建的大宫殿,三年未成,但大臣中没有一个人敢劝阻。请问大王,您还算拥有贤臣吗?"

齐宣王闻听后面露羞愧之色,稍微停顿了一下,说:"当然也没有了!"

听到齐宣王的回答,春居拱手做出告辞之状,说:"那好! 请允许我离开吧!"说完就头也不回地快步往外走。很显然,春居是在表达自己也不是正直的大臣,齐宣王也不是贤君的意思。

然后幡然醒悟的齐宣王,立刻追上去,对春居说:"春子! 春子! 请回来! 你为什么这么晚才劝阻我呢？我现在就把工程停下来。"

齐宣王把春居召回来后，又召来记事的史官，对他说："把此事记录下来：我不贤德，喜欢建大宫殿，是春居先生劝阻了我。"

后来，齐宣王果然下令停止了这项劳民伤财的工程。

春居之所以能成功劝谏刚硬的齐宣王，就是凭着"柔"的手段和"曲"的智慧。在当时的情况下，如果春居直接劝谏，肯定会招来齐宣王的不满，其建议不但不会被听取，在盛怒之下，还有被罢免官职的可能。所以，聪明的春居采取了柔和的手段最后说服了齐宣王。

为人之道

李忱装傻助成皇帝

中国历史上的怪事儿实在是太多了。就拿唐宣宗李忱来说吧，装傻竟然装成了皇帝，你说怪不怪？听起来，这确实是挺怪的。然而，从李忱当时的处境来看，说怪也不怪。

装傻，顾名思义，肯定不是真傻，真傻的人何需装傻，又怎么会装傻呢？所以，按照常理，装傻应该是聪明人耍的把戏，这种把戏，文绉绉地讲就是行韬晦之计，而说白了呢，其实就是玩儿的"障眼法"。综观唐宣宗当皇帝前的所作所为，很显然，他的装傻，玩儿的恰恰就是这种"障眼法"。

当时，宣宗的父亲李纯死后，他的第三个儿子即宣宗的三哥穆宗李恒即位。穆宗之后、宣宗之前的敬宗、文宗、武宗三朝，相继坐庄的都是穆宗的三个儿子。在一个哥哥、三个侄子的眼皮子底下，一装就是二十多年，宣宗的这个"障眼法"做起来，真的很不容易，概括地讲他做到了两点：夹紧尾巴，闭紧嘴巴。有句话说，就是要做一个没有尊严的人。从当时的形势来看，宣宗认为让他们觉得自己越窝囊、越傻帽儿越好。

不过，穆宗在位时，宣宗还小，也就是十几岁左右，还谈不上装。而且，穆宗比宣宗大15岁，对这个排行十三的小弟弟偏爱有加，宣宗也没必要装。有一件事足以说明这个问题。有一次，宣宗梦见自己骑着龙飞上了天，便把这个梦告诉了母亲郑后，吓得郑后赶紧叮嘱他："这样的事儿不能让别人知道，可别再讲了！"穆宗听说后，则大加赞叹："此吾家英物也。"并赐给宣宗玉如意、御马、金带，以示厚爱和期望。但是皇室之内，争夺皇位的战争仍是非常激烈的，即使你没有夺皇位的心思，也会被某些企图夺位之人陷害的。为了保全自己宣宗就开始了一下的"装傻"。

宣宗的三个侄子完全不像穆宗那样对他厚爱有加，他们对宣宗这个叔叔非但没有一点尊敬的意思，反而极尽侮辱之能事。有一次，文宗、武宗在宣宗所住的"十六宅"举行宴会，几杯酒下肚，文宗、武宗非得逼着宣宗说话，以作笑料。又因为宣宗被穆宗封为光王，于是便戏称宣宗为"光叔"，这样的称谓显然大不敬。但不管你怎么捉弄、戏耍、取笑，宣宗始终一个劲儿：听而不闻，视而无睹，不急不躁，坦然受之。就这样，久而久之，宫里上上下下的人还真就把宣宗当成了缺心眼的傻子了。

其实宣宗的装傻，也就是他玩"障眼法"的目的并不复杂，就是迷惑他人，保护自己。因为常识告诉人们，傻子是没有野心的，不会对他人的地位、利益构成威胁，所以，他人也就不会把傻子放在心上，因此宣宗能在激烈的皇位竞争中生存下来。有说法认为，至于装傻装成了皇帝，那并不是宣宗的初衷，只不过歪打正着而已。不管怎么说，宣宗当初装傻首先保住了自己的性命，然后才有了成为皇帝的条件，对于宣宗来说，这都是装傻带来的福。

处世之道

司马懿装疯卖傻后发制人

魏明帝曹芳时期，跟司马懿同时掌握朝政的，主要是大都督曹真的长子曹爽。算起来曹爽是司马懿的后辈，因为司马懿跟曹真是同僚。所以一开始，曹爽"尊懿如父"，把他视为长辈，凡事都尊重他，一应大事必先启知。但是几年以后，曹爽受到门客何晏等人不断的蛊惑，说：你是世族大家，司马懿算什么？你是曹家的人，司马懿又是什么人？你不能轻易放权给他。

曹爽为了争夺权力，就奏请曹芳，加司马懿为太傅，明升暗降，剥夺了他的兵权，兵权由曹爽来掌握。于是在有兵权的曹爽和没有兵权的司马懿之间，就构成了一场明争暗斗。

处于此种境况下的司马懿在这个时候采取了什么办法呢？他没有跟曹爽抗争到底，而是采取了以退为进的政治策略。不论是在战场上也好，在官场上也罢，司马懿屡屡采用以退为进的策略，而且屡屡奏效。

现在既然曹爽已经大权在握了，曹爽一家在朝中势头太盛，暂时无法与之抗衡，司马懿干脆就装疯卖傻，诈称中风——中风本来就是老人爱得的病——不理政事。而且，他还让他的两个儿子司马师、司马昭也退职闲住，父子三人在家一住就是一年多。

像司马懿这样的高级官僚，要他一年多不问朝事，这是很难做到的，但是司马懿偏偏做到了。他善于等待，善于以静制动，在对待曹爽上，司马懿的政治对策简单得不能再简单了，他认为，对付曹爽这一智商极低的货色，只要静观其变，等他们恶贯满盈，自取灭亡就足够了，不需要太费劲去对付他们。

司马懿吃准了，像曹爽这班纨绔子弟的当权者，貌似强大，实质上却不堪一击。他不怕他们陷害，也不在乎他们陷害，而且也知道他们不敢强加陷害。因为他从本质上看透了这班纨绔子弟的当权者，除了吃喝嫖赌以外，没有什么真本事，他们不过是纸老虎。所以，他有恃无恐，放心装作中风，等待时机的到来。

大权在握后的曹爽完全变了个人似的，他开始了为所欲为，忘乎所以，根本不把司马懿放在眼里。但是在对待司马懿上，他却出奇的谨慎，专门派他的心腹李胜，去探视司马懿的病，看司马懿到底是真病还是假病……

据正史记载，司马懿身体非常健康，一辈子没有吃药打针，不像曹操经常犯头疼，诸葛亮不时爱吐血，但是司马懿装起中风来却很像那么回事儿。当李胜来到司马懿家的时候，司马懿去冠散发，躺在病榻上，捂着被子，奄奄一息，说话装聋打岔，并且做出很多不雅的表情。李胜说要去"荆州"，他故意听成是"并州"，一通胡说。侍婢喂他喝汤，他装成颤巍巍的样子，一口汤也喝不下去，稀里哗啦地洒得满身全是汤水，湿漉漉的。

最后，司马懿还做出老泪纵横的样子，哭哭啼啼地握着李胜的手，说他将于不久离开人世，并且将两个儿子拜托给李胜照顾。当时的李胜被蒙得一愣一愣的，以为他真的病得很可怜。这么一位在战场上叱咤风云的一代名将，居然病到这个地步，李胜不禁伤心得一把鼻涕一把眼泪，陪司马懿痛哭不已。

李胜回来跟曹爽一汇报，曹爽果然相信司马懿是病入膏肓了。这样他对司马懿就毫无顾忌，没有任何防备了，他认为司马懿"形色已离，乃泉下之人，不足虑哉"。这就为后来的高平陵事变提供了可能。

事发当天，曹爽带着自己的御林军，带着自己的心腹，陪着皇帝曹芳，到高平陵去祭祀明帝坟墓，顺便热热闹闹地去打猎。其实主要是因为他在城里头憋得太久了，想去郊外打猎。为什么老在城里头待着呢？因为他一直怕司马懿还有势力，不得不防。现在看司马懿果然没有势力了,他就放心大胆地想去玩儿了。他的谋臣劝他,不要大伙儿都离开都城,以防兵变,这话他只当耳旁风。

能够使曹操、诸葛亮警惧而未敢小视的司马懿,对付这小字辈的曹爽,还不是举手之劳。司马懿听说曹爽出城,当即率领司马师、司马昭及手下将士一千多人,先是占据了武器库和城门,接着去永宁宫奏请对曹爽不满的郭太后,下诏诛杀曹爽,不费吹灰之力,便夺回大权了。

这时曹爽正在郊外飞鹰走犬,玩得正高兴,听说城内有变,司马懿还上表了皇帝,要罢免自己的兵权,曹爽就吓得手足无措,只会哭泣,"自黄昏只流泪到晓,兄弟三人决疑不定"。直到最后,曹爽还抱着一线希望,"不愿做官,只作富家翁足矣",于是乖乖地束手就擒。

心存一线希望的曹爽根本没有想到,司马懿绝不是一个心慈手软的人物,哪会有好果子让你吃?非但没有像曹爽希望的那样,而且是赶尽杀绝,将曹爽灭其三族。曹爽兄弟死到临头,悔之晚矣!

这么一场事变,可以说是以迅雷不及掩耳之势而告终。在这场事变中,双方力量的对比悬殊。因为在曹爽一方,皇帝和御林军都在他手上,而且朝中还有很多的军队;而司马懿这一方,只有自己的一千多子弟兵,没有兵权。那么,为什么司马懿轻而易举地就击败了曹爽呢?其中最重要的因素还是知己知彼。司马懿看透了曹爽没有多大本事,这表现在两个方面:一方面他骄奢淫逸;另一方面他没有政治头脑。而自己则蓄意已久,并且有城中空空的有利条件,因此,他能将大权手到擒来。

当司马懿在高平陵兵围曹爽的时候,曹爽的谋臣桓范就对曹爽建议:"将军何不请天子幸许都,调外兵以讨司马懿耶?"现在皇帝在你手上,你完全可以"挟天子以令诸侯",让皇帝直接下诏书,调兵遣将灭掉司马懿就是了。这是上策,桓范还献了一招中策:军队在你手上,御林军在你手上,你还有兵权,有"大司马之印",你下命令调动军队来讨伐司马懿,也是可以奏效的。但是曹爽毫无政治头脑,他看司马懿替郭太后写的诏书中,只是说自己的兵权太大,权高震主,应该削去兵权,仅此而已。司马懿的这个措辞非常巧妙,骗过了无知的曹爽。曹爽以为司马懿不会拿他怎么样,反正不就是把兵权交给他就完了吗?最后即使再不成,我不当官了,回老家去,做一个富家翁足矣。都死到临头了,还想着人家会饶了你,让你回家过着富裕的日子,真是太天真了!

正是在长期的观察中,在退职以后一整年的观察中,司马懿对曹爽的能耐已经了如指掌了,所以才能轻而易举地灭掉曹爽。

一个人不可能不犯错误。任何人碰上这样有耐性地等待你犯错误的对手，你算是倒霉透了。

　　有一句谚语："天才加时机等于成功。"司马懿有天才，这没问题，他又非常善于抓住时机。司马懿诈病是手段，等待时机是目的。时机一到，在曹爽最容易麻痹的时候，他就乘势而发，一举成功。可见，即使是天才，时机不到，也不会成功。所以天才也要等待时机，而且要耐心等待。

　　司马懿是个什么样的人呢？我们可以肯定地说，司马懿是个很有"能耐"的人，既有能力，又有耐力，耐力更是不同寻常。他甚至在小字辈面前，在曹爽这种不堪一击的鼠辈面前，都能等待，也善于等待，做到忍辱负重，装疯卖傻，要我干什么都行，但是最后我要达到我的目的。还是那句话：谁笑到最后，谁笑得最好。我不着急笑，但是我要最后笑，最后笑的肯定是我，这就是司马懿。

　　【古为今用】

以柔克刚

　　纵观历史，我们不难发现，表面上刚烈之人往往被表面上柔和的人征服和利用，这是为什么呢？

　　我们可以从性格的角度来分析，因为刚烈之人，其情绪大多易于激动，而激动的情绪又往往会使人失去理智，做出错误的事情，这便是刚烈之人的特点，也是其致命的弱点。而柔弱之人的细心、柔慢则恰好弥补了刚烈之人的这一缺点，成为可以致刚烈之人于死地的重型杀手。

　　老子在第八章中所举水的例子是人们日常生活中常见的。水最为柔弱，但柔弱的水却可以穿透坚硬的岩石。水表面上软弱无力，却有任何表面坚硬的东西都不能抵挡的力量。这就清楚地说明，老子所讲的软弱、柔弱，并不是通常人们所说的软弱无力的意思，而

儒释道三圣图

是巨大力量的一种含蓄的表现形式。此外,由于水性趋下居卑,因而老子又阐扬卑下屈辱的观念,实际上,那些甘愿趋下的事物反而能够保持高高在上的地位,具有坚强的力量。

老子提到,"承担全国的屈辱,才能成为国家的君主,承担全天下的祸灾,才能成为天下的君王"。那么,现实中的我们,如果遇到刚烈的对手,只有甘于低下高贵的头,采取迂回的战略战术,处世柔韧有余,才能战胜他们,这便是将以柔克刚的真谛运用到实际的智者。

第四十四节　知止不辱

【题解】

本章主要讲述了名利与自身孰轻孰重的话题。在老子看来,人们追求的名声、货利这些东西都是身外之物,和生命相比,它们的价值就无所谓价值,因此,人一定要注意自重、自爱。其实,这是老子宣传的一种人生观:人们不要过分地追求名利,而是要贵生重己,在追逐名利的时候一定要做到适可而止,知足常乐。只有这样才可以避免遇到危害;反之,如果为了名利而奋不顾身,争名逐利的话,那么,必然会落个身败名裂的可悲下场。

【原文】

名与身孰亲[①]？ 身与货孰多[②]？ 得与亡孰病[③]？

王夫之《老子衍》:然而以"身"捷得其售而受其"名",则不如无居之为愈也。故谓之善爱"名"而善居"货",善袭"得"而善遣"亡"。"得"之于"身",听然以消阴阳之沴;得之于天下,泮然以毙虎兕之威。

是故甚爱必大费[④],多藏必厚亡[⑤]。

河上公《老子章句》:甚爱色,费精神。甚爱财,遇祸患。所爱者少,所亡者多,故言大费。生多藏于府库,死多藏于丘墓。生有攻劫之忧,死有掘冢探柩之患。

王弼《道德真经注》:甚爱不与物通,多藏不与物散,求之者多,攻之者众,为物所并,故大费厚亡也。

知足不辱⑥，知止不殆⑦，可以长久。

王夫之《老子衍》：薛君采曰，乐今有之已多、无求冀辱？惧后益之有损，知几奚殆。所谓至人者，岂果其距物以孤处哉？而坐视其变，知我之终无如物何，而物亦终无如我何也。故"辱"有自来，而"辱"或无自来；"殆"有自召，而"殆"或不召而至。

【注释】

①名与身孰亲：名，名声，荣誉。身，身体，生命。孰，哪一个。亲，亲切。

②身与货孰多：货，财货，财富。多，尊重，重视，在这里相当于"重"的意思。

③得与亡孰病：得，获得名誉，获得财产。亡，失去名誉，失去财产。病，有害。

④甚爱必大费：过分地爱惜（功名、虚名）必定会导致更大的付出。甚爱，一说指过分地爱惜虚名，一说指过分地喜爱虚名。大费，即很大的破费，更大的付出。

⑤多藏必厚亡：丰富的储藏必定会招致惨重的损失。厚，形容损失非常大。

⑥知足不辱：足，足够，满足。辱，屈辱：

⑦知止不殆：止，适可而止。殆，危险。

【译文】

名声与生命相比哪一个与我们更为亲近？生命与财产比起来哪一个更为贵重？获取（名利）和丢失（生命）相比哪一个更为有害？过分地爱惜功名必然要付出更多的代价；过于积敛财富必定会招致更为惨重的损失。所以说，懂得知足的道理，就不会受到屈辱；懂得适可而止，就不会遇到危险，明白这些道理，才能保持住长久（的平安）。

老子授经图（清·任伯年绘）

【解析】

在本章中，老子主要论述了应该如何看待人生追求的问题。虚名和人的生命、名利与人的价值哪一个更可贵？争夺名利与重视人的价值，哪一个更重要呢？这是老子在本章中向人们提出的很尖锐的问题，也是每个人都会遇到的很现实的问题。

在老子看来，人的最大的财富应该是宝贵的生命，而不是身外之物；人的最高追求应该是健康长寿，而不是对名利财物的疯狂占有。过分地追求名利地位和财富只会消耗大量的精力，而人的精力是有限的，过分地耗费精力对生命有百害而无一利。

当然，老子在此也并不是宣扬不要追求名利，对待名利不是不能"爱"，也不是不能"藏"，而是告诫我们，可以"爱"，但不要"甚"，可以"藏"，但不要"多"。做到这一点的关键就是要把握好"度"，要学会知足。

本章中讲到"知足不辱，知止不殆"，这是老子处世为人的精辟见解和高度概括。"知足"与我们所说的"物极必反"似乎有异曲同工之妙，从某一层面都有这样一个意思，即任何事物都有自己的发展极限，超出这个极限，事物必然向它的反面发展，因而，每个人都应该对自己的言行举止有清醒的准确的认识，凡事不可责备求全。贪求的名利越多，付出的代价也就越大，积敛的财富越多，失去的也就越多。他希望人们，尤其是手中握有权柄的人，对财富的占有欲要适可而止，要知足，只有这样才可以做到"不辱"。

"多藏"，就是指对物质生活的过度追求，一个对物质利益片面追求的人，必定会采取各种手段来满足自己的欲望，有人甚至会以身试法。"多藏必厚亡"，意思是说丰厚的储藏必有严重的损失。这个损失并不仅仅指物质方面的有形的损失，而且指人的精神、人格、品质等方面的无形的损失。可以说，"知足不辱，知止不殆"这句话是老子处世观的高度浓缩和最确切的表达。

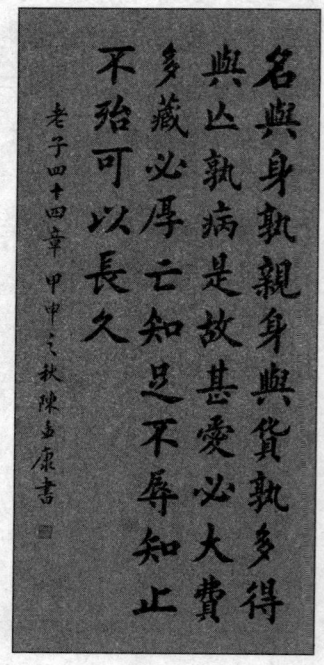

《道德经》四十四章书法

然而常人却不懂得珍惜拥有、不懂得知足，有人甚至对那些常乐之人的知足报以轻蔑地一笑，并附言："安于现状，是不会有什么大的作为的。"然而他们不知道，自己越是没有节制地过度追求，内心越是苦恼。俗人输给圣人的就在于他们内心无休止的欲望。

人自身的不知足、不适可而止是人类的劣根性之一，加之现实社会的各种诱惑，让有些自制力不强的人，深陷于无止境的欲望之中，得到了这样东西，还想着那样东西，哪怕东西不是自己的，也会想尽一切办法巧取豪夺，据为己有，殊不知，他们在这个过程中很可能伤害到他人利益，损害到集体或国家利益，挑战了法律的极限，最终只能自食其果。老子的这种思想是对此种情况最好的劝说，所以说，不论社会如何变化，不论外界充满了多大的诱惑，不论他人的东西有多好，还是稳当知足点好，因为知足常乐。

老子的思想是一个完整的体系，各章节之间有着密切的联系，这一章与前面的第十三章有相似之处，都是讲人的尊严的问题，不同的是第十三章拿宠辱荣患和人的生命相比，这一章拿的是名利和财富与人的生命相比，但是两者都是为了说明人应该自重自爱这样一个问题。

【名句品读】

是故甚爱必大费，多藏必厚亡。

此句意为，爱惜过多必然会带来更大的浪费，过多持有必然导致沉重的损失。这也是《道德经》中体现出来的适中的思想，反映的也是一种适度的原则。

其实，《道德经》中体现出来的这种适中思想可以应用到生活中的各个方面，不论是治国、治家还是修身养性，若能把握住度，掌握适中的原则，定会给我们的生活带来意想不到的好处，然而不知足，贪心太大则会给我们带来有形和无形的损失。

所以，不论是多么珍贵的东西都不要过分爱惜，爱惜过度不仅会演变为吝啬，甚至会伤害到自身。另外，别人再好的东西自己都不要艳羡不已，有些东西不是自己的，持有之后损失反而会更大。

知足不辱，知止不殆，可以长久。

在这句话中，老子强调了"知足常乐""适可而止"的道理："懂得知足的道理，就不会受到屈辱；懂得适可而止，就不会遇到危险，明白这些道理，才能保持住长久（的平安）。"而这也是圣人之所以是圣人，常人不同于圣人的最重要的一点。

现实中，人们经常羡慕求道之人或者说圣人们的潇洒、羡慕圣人们的快乐，殊不知他们拥有的东西是我们常人都已拥有的,有的只是我们常人所拥有的一小部分,但是他们在拥有那么少、那么普通的情况下依然能够"笑口常开";然而常人呢,在得到了很多的东西后,还是不珍惜拥有、不懂得知足,依然渴望获得更多的东西,哪管这些东西能不能得到,是不是属于自己,因此,他们在苦苦追寻利益的过程中无法体会到得到的快乐,于是,整日闷闷不乐。由此可见,圣人与常人的快乐与否的最根本的区别就在于是否知足,是否知止。圣人的知止与知足正是我们常人应该学习的。

【经典故事】

经商之道

李嘉诚知止建伟业

在《李嘉诚与长江商学院 EMBA 学员对话实录》中有这样两组对话:

学员:听人讲,您的办公室有两个字"知止",外界传得很神,能给大家分享这两个字的含义吗?

李嘉诚:得止两个字是出自春秋的老子,经营企业,"知止"两个字是最重要的。我从十二岁就开始打工了,到二十二岁过了十年非常刻苦的生活,到今天我已工作六十多年了,"知止"两个字没有写在办公室,但一直写在脑子里。

在香港我看到人家成功容易,但是掉下去也非常快,是什么原因呢?"知止"是非常重要的。全世界失败的企业中,至少一半都是贪婪的。

学员问:请问李先生管理之道与我们中国传统文化的儒家之道、道家之道,是不是有相通之处?

李嘉诚:儒家精神最简单地来讲就是"过犹不及",这是孔子讲的。还有老子讲的"知止不败",这两个哲学是非常有用的。"过犹不及",你过度地扩张,容易出毛病;你过度地保守就不容易跟人家竞争。任何企业,任何一个行业,过度扩张是不好的,所以什么时候应该止,什么时候应该扩张,就是我刚刚讲的"四两拨千斤"。假如从头建立一个大企业,今天可能都不够时间讲,这就是"支点",不是"四两拨千斤"。而怎么样从小型企业到中型企业,怎么样从中型企业再扩大一点,扩大百分之五十而不影响你的资金,这是一个学问,在座的教授都会和你讲清楚的。

商人之财,多败在不知止上,总想以贪欲之心占得天下大小之利,大有满盘皆收的冲动。这是可悲的。在李嘉诚看来,世上之事,皆有物极必反之理,过度的行为都会导致失败的结局,所以真正的大商人应当明白"知止"的重要性。此等经商止学之要义,是李嘉诚一生的商道!

关于"利"的认识,李嘉诚似乎更是超人一等,例如他对"止己之利"的观点是:"宁亏自己之利,也不亏大家之利""舍小利才可取大利",都是非常成熟的商业运作策略,正是因为这种知止的高度豁达精神,李嘉诚才能够恪守诚信经商、止己之利以回报社会、奉献社会的无私精神,大为可嘉!

上述都体现了李嘉诚不同一般的经商止学,而止学又帮助李嘉诚建立了现在的伟业。

为人之道

李斯利心太盛,终丢性命

李斯是楚国上蔡人,后为秦朝著名的政治家、文学家和书法家,协助秦始皇统一天下,后为秦朝丞相,参与制定了法律,统一车轨、文字、度量衡制度。但李斯却是一个见利不知止的人,为了获得更大的名利,在秦始皇死后又与赵高共谋与赵高立少子胡亥为二世皇帝,但后来却为赵高所忌,最终腰斩于市。

《史记·李斯列传》中有这样的记载,有一次,李斯在厕所里看到一个老鼠吃人粪,一见到人就吓跑了。后来,他看到仓库的老鼠吃粮食,而没人管。他发出感叹:"人之贤不肖,譬如鼠矣,在所处耳?"这句感叹,反映了李斯争名逐利的思想,李斯想做的是粮仓中的老鼠,不想做厕所中的老鼠。当时,李斯在楚国做的是一个管文书的官,这样的官职根本没什么出路可言。于是,他辞去了小官,到齐国去求学,当时齐国的荀况很有名,他就向荀况求学。

李斯

学成之后,李斯要到秦国去,荀况问他为什么要到秦国去,李斯说:"干事业要待时机,今日各国争雄,正是建立功名的好时机。秦国称雄天下,想一统大业,到那里可以干一番大的事业。一个人地位卑贱而不思进取,就等于禽兽只能享受到自然界现成的食物,而永远陷于贫困,这将是最大的耻辱和悲哀。长久地处在这种境

国学经典文库

《道德经》译解

图文珍藏版

一五一

地，一味地埋怨世道，鄙薄功利而自己又无所作为，这绝不是读书人所希望的，所以我要到秦国去。"荀子同意他到秦国去，但却告诫李斯要注意节制，在成功的时候要想想"物极太盛"的话，凡事都要给自己留条后路。

李斯到秦国后，走的是当时很多士人都走的路——到权臣门下当门客。当时吕不韦权力很大，被秦王倚重，他就投靠了吕不韦，时间不长他就显露了自己的才华，受到吕不韦的器重，当了一个小官，后来又被推荐给秦王。一见秦王李斯就把自己的学问发挥出来，叙说了抓住时机，统一天下，消灭六国的理论。此番言论正合秦王的心意，李斯马上被提拔为长史。同时秦王依李斯之计，派谋士刺客到各国去，用金玉收买六国的大臣，离间君臣关系，收买不了的就刺杀。同时又派出勇将率重兵以武力威胁，迫使六国就范。在十年时间内，李斯就帮助秦王登上始皇帝之位，完成了统一天下之大业，他也因此为秦始皇所器重，官位升至丞相。

秦始皇死后，本应由长子扶苏继承皇位，但李斯却附从了赵高的阴谋，篡改了诏书，立胡亥为皇帝。后来，赵高控制了朝中大权，但由于李斯是丞相，颇觉碍手碍脚，于是赵高便以阴谋之计陷害李斯。在狱中，李斯忍受不了酷刑，被迫承认谋反，自取灭亡。公元前208年冬，秦丞相李斯被腰斩于咸阳，夷灭三族。当李斯踏出监狱时，他回头对次子李由说："我想和你再牵着黄犬出上蔡东门去打兔子，这样的机会还有吗？"

李斯为官四十年，辅佐了秦始皇取得过巨大的成就，为秦统一后国家制度的建立提出过很多正确的主张，可以说他对历史的发展做出过贡献。但他贪恋权势富贵，未能记得老师荀况说的"物极太盛"的话，不知急流勇退。试想，若李斯能够识时务，秉持"知足"和"知止"的终极原则，在秦始皇死后退出权力斗争的中心，照样可以牵着黄犬出上蔡东门去打兔子。然而正是因为他把地位和权势看得太重，不懂知足的重要内涵，不知见好就收，以致最后落了个可悲的下场。这样的可悲下场又能怪谁呢？

【古为今用】

知止是一种从容

在现实中，我们都常常被无止境的欲望包围着，得到了这样东西，还想要那样东西，"既得陇，又望蜀"，不知足，不知止，结果，在欲望的旋涡中越陷越深，难以自拔。

官场上，很多贪官就是在这种心态下收受巨额贿赂而落马的；生意场上，很多英年早逝的企业家因为太贪图事业做大而身心不支;职场上,很多猝死者也是由于不懂得"知止不殆"而劳累致死,像这样的例子可谓是不胜枚举,总起来说,这都是欲望太盛,不"知止"所导致的。

当然,我们在此所说的知止不是教给大家停止追求,安于现状,而是"知止有定"。就是知道自己应该停止在什么地方,就会给自己进行准确的定位,而不至于越雷池;知道自己无论在家中还是在社会上,无论是面对亲人还是面对其他人,都能够清楚自己扮演的角色,并实现好;知道什么是自己应该获得的,什么是自己不应该拥有的;知道自己的擅长所在,兴趣所在,只有遵从它们的导引,才能走出一条属于自己的路。

所以说,"知止"是一种素质、一种境界、一种修养,其中蕴藏着很大的智慧,做事懂得适可而止、恰到好处,心中自然会多了一份清醒和从容。就做人而言,知止,就是始终保持一颗平常心,不以物喜,不以己悲,淡泊明志,宁静致远。当然,"知止"不仅要从心灵出发,还要付诸行动,让行动说话。如果有了这样的理念.工作起来就会信心十足,待人接物就会拿捏得当,生活就会轻松自在,心情就会豁达开朗。

第四十五节　大成若缺

【题解】

这一章不论是在内容还是论证方法上,都可以说是第四十一章的继续,是从内容和形式、本质和现象上更能充分体现老子辩证思想的章节。第四十一章讲的是"道",而本章讲的却是遵循"道"的"人格"应该是什么样子的。

缺、冲、屈、拙、讷这些在一般人看来带有负面色彩的状态,在老子看来,却成了"大成""大盈"的人格特征的外在表现形式,更可以说是一种人生的智慧。因此说,一个完美的人格,不在外形的表露上,而在生命的含蓄内敛,清静无为才能真正地顺应历史的潮流。

【原文】

大成若缺①,**其用不弊**②。

河上公《老子章句》:大成者谓道德大成之君也。若缺者,灭名藏誉,如毁缺不备也。其用心如是,则无敝尽时也。

王弼《道德真经注》：随物而成，不为一象，故若缺也。

大盈若冲③，其用不穷。

河上公《老子章句》：大盈这，谓道德大盈满之君也。若冲者，贵不敢骄也，富不敢奢也。其用心如是，则无穷尽时也。

王弼《道德真经注》：大盈冲足，随物而与，无所爱矜，故若冲也。

大直若屈④，大巧若拙，大辩若讷⑤。

王弼《道德真经注》：随物而直，直不在一，故若屈也。大巧，因自然以成器，不造为异端，故若拙也。大辩因物而言，已无所造，故若讷也。

唐玄宗《御解道德真经》：直而不肆，故若屈。巧不伤于分外，故若拙。不饰小说，故若讷。

躁胜寒，静胜热⑥。清静为天下正⑦。

王弼《道德真经注》：躁罢然后胜寒，静无为以胜热，以此推之，则清静为天下正也。静则全物之真，躁则犯物之性，故惟清静乃得如上诸大也。

大成若缺

陈致虚《道德经转语偈》：大成若缺直而屈，唯好观光与上国。有时做个大闲人，清静之中无一物。

【注释】

①大成若缺：大成，最圆满的东西。若缺，好像有所欠缺一样。

②其用不弊：它的作用不会破败。弊，破败。

③大盈若冲：盈，满。冲，古字为"盅"，虚，空虚的意思。

④大直若屈：屈，即曲。

⑤大辩若讷：最有辩论才能的(人)却好像不善言辞。大辩，最善雄辩、最有口才。讷，拙嘴笨舌，说话迟钝。

⑥躁胜寒，静胜热：扰动克服寒冷，清静克服暑热。

⑦正：通"贞""政"，首领、君长的意思。

【译文】

最完美的东西，好像都有残缺一样，但是它们的作用却是永远不会衰竭的；最充盈的东西,好像都有空虚一样,但是它的作用是不会穷尽的。最正直的东西。好似都有弯曲一样;最灵巧的东西,好似是最笨拙的;最卓越的辩才,好似不善言辞有些木讷一样。扰动能克服寒冷,清静能克服暑热。清静无为才能统治天下。

【解析】

老子说:最完美的东西,好像都有残缺一样,但是它们的作用却永远不会衰竭;最充盈的东西,好像都有空虚一样,但是它的作用是不会穷尽的;最正直的东西,好似有弯曲一样。最灵巧的东西,好似是笨拙的;最卓越的辩才,好似不善言辞有些木讷一样。这就是老子所提倡的大成若缺。

那么,整体来说,什么才是老子所谓的大成若缺呢? 我们完全可以这样理解,一个获得了极大成就的人一定要表现得有所欠缺,做事也一定要留有余地,因为这样不但能够表现出自己谦虚的优秀品德,还能给自己取得更大的成功提供发展的空间,归结起来,我们可以说,这是糊涂的智慧,因此,做人做事要学会难得糊涂。

难得糊涂,不是真的迟钝、糊涂,而是一种对周围的一切都排除干扰、勇往直前的态度。难得糊涂是对琐碎小事的迟钝,对高远目标的敏锐与执着。如果拥有这种迟钝而坚强的生活态度,就不会因为一些琐碎小事而情绪波动。这样的精神反映在事业上,就是集中精力办大事;反映在生活上,就是睁一只眼闭一只眼,就是在人间潇洒走一回。

很多在事业上取得成功的人,其内心深处都隐藏着聪明支配下的迟钝与糊涂。诺贝尔生理和医学奖得主利根川博士说过:"我带有某种迟钝,只能依稀看到对大家来说显而易见的东西。"并以此来证明"迟钝"恰恰能够摆脱世间常识的羁绊,出人意料地取得"世界性的发现"。美国夏威夷大学一位心理学家也指出,"有限度"的糊涂对于引发个人的创造力、导致事业成功,以及建立良好的人际关系等都有益处。实际上,不论是事业、家庭、人际关系都很成功的很多人,他们取得成功的重要秘诀就是"难得糊涂",就是"大智若愚""大巧若拙"。

《道德经》四十五章书法

当然,我们也可以从聪明人的角度来讨论,聪明绝顶、毫不谦虚的弊端。提起聪明人的代表,《红楼梦》里的王熙凤不能不算是一个代表。《红楼梦曲·聪明累》说王熙凤"机关算尽太聪明,反误了卿卿性命"。这"机关算尽"主要就是指王熙凤的贪婪。而王熙凤聪明指引下的贪婪,不仅造成了自己的身败名裂,同时也成了导致贾府被抄家的主要原因之一。

其实,老子在前面的一些章节里也已经论述过自己对灵巧和聪明的看法,我们也能稍做总结,他憎恶机巧,在他看来,是机巧把人类从朴素引向了奢华的歪门邪道,使人类原本的单纯变得繁复多变。当然这也并不是完全否定了机巧,而肯定了拙劣,其实,老子这样认为,主要是和他的无为无不为的思想相吻合的,机巧的实质内涵没有变化,变的只是换上了一件笨拙的外衣,而这件外衣正是保护自己的最好的盾牌。

所以我们可以说,老子在此章中讲的也是个人生存与发展的谋略,其主要特点就是,将自己高明和聪明的一面掩藏起来,装出一副低能、愚笨、木讷的样子。尤其是在竞争对手面前,你的木讷不但会避免引火上身的危险的发生,还能给自己制造韬光养晦的机会,等待时机,实现自己的理想。

当然,直、巧、辩与屈、拙、讷在运用时还是要有一定分寸的,具体而言,就是在大事上把握好方向,绝对不能出现差错;在小事上不妨傻乎乎地宽容一点。因为这样做,对方心安,自己才能理得。

【名句品读】

大直若屈,大巧若拙,大辩若讷。

此句仅就字面意思来解释就是,最正直的东西,好似有弯曲一样;最灵巧的东西,好似最笨拙的;最卓越的辩才,好似不善言辞有些木讷一样。而这句话又充分体现了《道德经》中的辩证的观点。

综观《道德经》我们可以懂得,对任何事物都要辩证地看待,就像这里的直和屈、巧和拙、辩和讷等,它们本身是一对反义词,但是从老子的这句话中我们完全可以悟出看似对立的元素也是能够相互转化的道理。"屈"是为了更"直","拙"是为了更好地"巧",木讷是为了更好地表现自己的辩才。

这样的道理在普通人看来可能是不容易理解的,或许他们会想,有聪明谁想表现自己的傻呢?因此,他们不能准确地理解"大直若屈,大巧若拙,大辩若讷"的道理,这主要是因为只有真正的智者才能掌握这样的"大道"。在得"道"的圣人眼里，是没有直和屈、巧和拙、辩和讷的区别的，虽然普通人看来，那些被称为圣人的"傻瓜"是委屈的，是笨拙的，更是木讷的，但是他们的内心却有着常人所没有的"大直""大巧""大辩"。

"天下本无事，庸人自扰之"。在现实中，只要不是原则性的，都可以睁一只眼闭一只眼，当作没看见、没发生，结果，大家都会高兴。如果一味揪着不放，你不但得不到好处，还可能会惹一身麻烦，与人结怨。所以，为人处世，当屈则屈，当拙则拙，当木讷当木讷，即运用我们平时所说的"难得糊涂"的智慧。

【经典故事】

处世之道

罗斯福糊涂处世，将计就计

第二次世界大战期间，美军同日军大战，日军在海上的作战部署甚是精密，然而，让日军没有想到的是，他们的作战密码却被美军破译了，因此，美军对日军在海上的作战部署了如指掌。但此时一个消息非常灵通的记者知道这件事后，为了提高新闻的"点击率"便作为独家新闻做了报道。这样一登报，可以说是闯了大祸。

得知这一消息的罗斯福不但没有生气，反而将计就计，来了个"糊涂计"，对这次泄密事件既不派人调查，也不将那个记者逮捕下狱，并且还表现得很平静，好像没有任何事情发生。这则新闻虽然也被日军高层看到了，但是当得知美国对此事若无其事时，日军方面便误认为是美国使用的"迷惑计"，也对这则报道不以为意，甚至嘲笑美军的自作聪明。这就是"假作真来真亦假"。

就这样，罗斯福骗过了日本人。罗斯福对日军行动了如指掌，但是日本人还继续使用原来的密码，并且还沉浸在即将获胜的喜悦当中，他们的密码却又不断地被美军破译。所以美军在中途岛战役中大获全胜。

徐阶装聋作哑斗严嵩

徐阶（1503~1583年），汉族，明松江府华亭县人（今上海松江区）。嘉靖三十一年（1552年），徐阶入阁，开始了他长达十七年的内阁大学士任职，可以说徐阶的整个政治生涯中的最大亮点就是他斗倒了权势熏天的严嵩。徐阶的装聋作哑是其政治权谋斗争中的杀手锏，"徐阶曲意事严嵩"也成了权谋术中的经典案例。

严嵩和徐阶同任内阁大学士共事近十年，但徐阶因与严嵩的政敌夏言的关系不疏，且夏言曾举荐过徐阶，因而严嵩对徐阶不免有些提防，严嵩多次设计陷害徐阶，徐阶装聋作哑，从不与严嵩争执，甚至把自己的孙女嫁给严嵩的孙子，表面上十分恭顺。严世蕃对他多行无礼，他也忍气吞声。经过几次小小的试探，但徐阶终不敢公然与严嵩为敌，只是谨慎处事，严嵩也就逐渐放松了对徐阶的防备。严嵩父子的为非作歹、结党营私、贪赃枉法使徐阶也有心替国除奸，但他也亲眼目睹严嵩斗倒了夏言和杨继盛、沈练直言上谏的悲剧，深沉老到如徐阶者是不会轻易放出自己的杀招的，他唯一的选择只有忍耐和等待机会。

徐阶画像

深沉机变的张居正也会在年轻时按捺不住自己，上疏谏言，但得到的结果则是告病假回乡，沉寂三年后才重新步入政治中心的角逐。张居正的复出，正是因为从他的官场导师徐阶那里在政治权谋方面获益匪浅，才使他最后能挤走政敌并施展自己的政治抱负。

嘉靖四十一年（1562年），通过万寿宫失火事件，严嵩逐渐失去了世宗皇帝的宠眷，徐阶也逐渐得到了世宗的信任，此时御史林润、邹应龙在徐阶的支持下告发严嵩父子，皇帝逮捕严世蕃，勒令严嵩退休。

为人之道

孙膑装疯智斗庞涓

孙膑，战国中期齐国人。少时孤苦，年长后从师于鬼谷子，显示了惊人的军事才能，不料，他却因此遭到同门师弟庞涓的暗算。

庞涓与孙膑一起从师于鬼谷子学习兵法。庞涓的天资虽较好，但和孙膑差很多，他为人奸猾，善弄小权术，又轻易不被察觉。他与孙膑同学时，心里很是忌妒孙膑的才能,可在嘴上从未流露过,一再表示将来有了出头之日,一定要举荐师兄,同享富贵。心地善良的孙膑,与庞涓兄弟相称,如同亲兄弟一样,对其更是没有任何的防备之心。

转眼过去了几年,孙膑、庞涓两人,经过鬼谷子的精心调教,兵法、韬略大有长进。这时,传来了魏惠王招贤纳士的消息。本是魏国人的庞涓,觉得机会来了,于是,决定下山应招。临别时,他向孙膑保证,此行一旦顺利,马上引荐师兄下山,共同做一番事业。孙膑自然深表谢意,嘱咐他要多加保重,两人洒泪告别。

庞涓到魏国做了一番准备工作,又是送礼,又是托人说情后,很快见到了魏惠王。庞涓毕竟也有些本领,很快得到了魏惠王的赏识,被封为将军。随后,庞涓指挥军队同卫国和宋国开战,打了几个胜仗后,庞涓成了魏国上下皆知的人物,从此更得魏惠王的宠信。

春风得意中的庞涓高兴了好一阵子后,又突然沉寂下来。原来他有了心病:论天下的用兵之法,除了孙膑之外没人能赶上自己。一想到孙膑,他心里就有一种说不出来的滋味。按照当初的诺言办吧,就得把孙膑推荐给魏惠王,孙膑的声名、威望很快就会超过自己;不去履行当初的诺言吧,孙膑一旦去了别的国家,施展起才能来自己同样不是对手。庞涓寝食不安,日夜思谋着对策……

一天,正在山上攻读兵书的孙膑,接到庞涓差人秘密送来的一封信。信上庞涓先叙述了他在魏国受到的礼待重用,然后又说,他向魏惠王极力推荐了师兄的盖世才能,到底把惠王说动,请师兄来魏国就任将军之职。孙膑看了来信,想到自己就要有大显身手的机会了,深觉自己的师弟挺讲义气,根本没有多想,立即随同来人赶往魏国的都城大梁。

孙膑来后,庞涓大摆筵席,盛情款待。几天过去了,就是没有魏惠王的消息,庞涓也不提此事。孙膑自然不便多问,只好耐心等待。

这天,孙膑闲得难受,找到一本书读起来。忽然,屋外传来一阵吵嚷声,他还没有弄清是怎么回事,就被闯进屋子的士兵捆绑起来,推推搡搡带到一个地方。那里的一个当官模样的人,立即宣布孙膑犯有私通齐国之罪,奉魏惠王之命对其施以膑足、黥脸之刑。孙膑被这突如其来的事情惊呆了,随即醒悟过来,高声为自己辩白。然而,一切都晚了,那些如狼似虎的士兵七手八脚扒去孙膑的衣裤,砍掉了孙膑双脚,并在他的脸上刺上犯罪的标志。孙膑倒卧在血泊之中。

原来,这庞涓把孙膑骗来之后,即在魏惠王面前巧言诬陷,使孙膑遭此伤身之祸。庞涓以为,受刑后的孙膑成了一个残疾人,他纵有天大的本事,也难以和自己

较量了。

孙膑的伤口渐渐愈合，但他再也站不起来了，而且，还有人时时刻刻监视着他。他知道庞涓在陷害他，他恨得咬牙切齿，可老这样也不行，总得想个脱身之法才是。不久，孙膑疯了，他一会儿哭，一会儿笑，叫闹个不停。送饭的人拿来吃的，他竟连碗带饭扔出好远。庞涓听说了这些，并不相信孙膑会疯，便叫人把他扔到猪圈去，又偷偷派人观察。孙膑披头散发地倒在猪圈里，弄得满身是猪粪，甚至把粪塞到嘴里大嚼起来。至此，庞涓才认为孙膑是真的疯了，从此，对孙膑的看管逐渐松懈下来。

孙膑装疯产生了作用，他暗中加紧了寻找逃离虎口的机会。一天，他听说齐国有个使臣来到大梁，便找了个间隙，偷偷前去拜访。齐国的使臣听了孙膑的叙述，从谈吐中认定他是一个很了不起的人才，十分钦佩，遂答应帮他逃走。这样，孙膑便藏身于齐国使臣的车子里，秘密地回到了齐国。

这个时候，正值齐、魏争霸，交战不断的年代。孙膑回国后，很快见到齐国的大将田忌。田忌十分赏识孙膑的才干，便将他留在府中，以接待上宾的礼节殷勤加以款待。

【古为今用】

藏巧于拙，用晦而明

日常生活中，我们也常常可以看到这样的人，在利益面前，他们从不与人钩心斗角，也不去算计他人，而是整日乐呵呵地与人相处。不知情者，可能会以为他们是十足的傻瓜，并相信自己在与他们的争斗中获得了胜利，赚得了大便宜，其实不然。

那些看似傻乎乎的人，其实，他们是最明白的聪明人，他们胸怀之坦荡，胸襟之豁达是那些自认为得了大便宜的人所无法比拟的。他们对身边的小事不屑一顾，更是不会去绞尽脑汁地思考身外之物的得与失。因此，他们心中是最轻松的，行为是最超脱的，生活是最安逸的。

明朝的洪应明在《菜根谭》中也说道："藏巧于拙，用晦而明，寓清于浊……真涉世之一壶藏身之三窟也。"这即告诫人们一定要学会不过分显露自己的才能，不要为了彰显自己的聪明而滥耍心计，否则，你只会"藏拙于巧，用明而晦，寓浊于清"了。

所以,为人处世应该尽力做到聪明不显,才华不露,不计较个人得失,只有这样你才能让自己活得更洒脱,才能得到真正的成功。但是若想做到这些,心态是一个非常重要的因素。所以,能否达到"藏巧于拙,用晦而明"的境界,关键在于是否有一种超脱的心态。

第四十六节　知足常足

【题解】

本章主要反映了老子的反战思想。春秋时期,诸侯争霸,兼并和掠夺战争连年不断,给社会生产和人民群众的生活带来了深重的灾难。但是,在这里老子仍然不直接描述战争的残酷,而是用战马的处境来间接表达自己的观点,他分析了战争的起因,认为是统治者贪欲太强所致。那么,解决问题的关键就是要求统治者知足常乐,这也是本章最后所强调的"知足"的论点:懂得知足的富足,才是长久的富足。这种观点对于春秋时代贪得无厌的统治者来说无疑是一种劝诫,或者可以说是一种抗议。

【原文】

天下有道,却走马以粪[①]。

韩非子《喻老》:天下有道,无急患,则曰静,遽传不用。

王弼《道德真经注》:天下有道,知足知止,无求于外,各修其内而已,故却走马以治田粪也。

天下无道,戎马生于郊[②]。

韩非子《喻老》:天下无道,攻击不休,相守数年不已,甲胄生虮虱,燕雀处帷幄,而兵不归。

王弼《道德真经注》:贪欲无厌,不修其内,各求于外,故戎马生于郊也。

罪莫大于可欲。

河上公《老子章句》:好淫色也。

唐玄宗《御解道德真经》:心见可欲,为罪大矣。

祸莫大于不知足；

王夫之《老子衍》：祸发于方寸，福隐于无名。一机之动如蚁穿，而万杀之争如河决。故有道者，不为福先，而天下无祸。岂强窒之哉？明于阴阳之亢害，而乐游鱼大同至圃，安能以己之已知，犯物之必害者乎？

咎莫大于欲得③。

韩非子《喻老》：虞君欲屈产之乘与垂棘之璧，不听宫之奇，故邦亡身死。

河上公《老子章句》：欲得人物，利且贪也。

故知足之足，常足矣④。

唐玄宗《御解道德真经》：物足者，非知足。心足者，乃知足。心若知足，此足则常足矣。

陈致虚《道德经转语偈》：天下有道马不走，天下无道物不夭。过犹不及岂忘言，到此一了一切了。

【注释】

①却走马以粪：却，屏去，退回，退却。走马，善跑的马，指战马。粪，耕种，播种。此句意为用战马耕种田地。

②天下无道，戎马生于郊：由于连年战争，马匹征用太多，战场上公马不够用，就把怀孕的母马也用上了，以至于母马将小马产在了战场上。戎马，即战马。生于郊，指牝马生驹于战地的郊外。

③欲得：贪得无厌。

④故知足之足，常足矣：因此，知道满足的这种满足，是永远满足的。

【译文】

当治理天下合乎"道"时，就可以做到太平安定，国家就可以把战马退还到田间给老百姓用来耕种之用。而当治理天下无"道"之时，连怀胎的母马都要送上战场，在战场的郊外生下马驹。天底下，最大的祸害就是不知足，最大的过失就是贪得的欲望。所以，只有懂得到什么地步就该满足，那才是最长久的满足。

【解析】

在本章中，老子再次表述了自己的反战思想。在老子生活的那个时代，各诸侯之间的纷争连年起伏，战争给老百姓的生产和生活带来了很大的影响，处于社会最底层的广大劳动人民深受着战争之苦。

老子站在人民大众的立场上,对统治者接连不断发起的战争表达了自己的不满。老子分析了战争的起因,他认为战争是由于统治阶级的贪婪和永不知足导致的,要想彻底消灭战争就必须从统治阶级的思想上下功夫,要让他们清醒地认识到战争不但不能使国家强大,反而会削弱自己的统治。统治者如果能认识到这一点,就能收束自己的欲望,减少不必要的战争,实行无为而治。无为而治是合乎大道的,合乎道就会让天下太平,人民安居乐业,否则就会战争频发,老百姓战死沙场、苦不堪言。这也是老子所深恶痛绝的。

　　尽管老子是从当时统治者贪婪而给劳动人民带来疾苦的角度提出此观点的,但是我们同样可以将此用于现实中每个人的身上。

　　"罪莫大于可欲。祸莫大于不知足,咎莫大于欲得。"人一旦有了欲得之心,就很容易使人类跨越人兽之间的巨大间隔,在巨大的诱惑面前,人的欲望被强烈地激发出来,以至于做出一些于情、于理、于法皆不容的事情,即表现出了人类兽性的一面。同时,不知足带动着人类走出了漫长的原始蛮荒时代,不知足鼓动着人类逐渐脱离了无知无识的愚昧状态,促使社会向前发展,所以,可以直接地说,不知足是人类蓬勃野心的反映,亦是人类勃勃欲望的反映。

　　而这个欲得之心,就是贪心的起源,正是因为这一个"贪"字,因为自我的不可控制而做出了事后让自己后悔的事情。"不知足"也是由人性中的欲望所引起,所谓"欲壑难填"就是这个道理。

　　自懂事起,我们每个人都有自己的理想。上学以至成人、独立后,我们也都在为心中的理想而奋斗。有理想、有抱负,这是积极的人生态度。但是我们在追求中往往会迷失自己,渐渐与当初的理想离远,而背负起许多欲望。"欲壑难填",当我们挣扎在欲望中时,就难免心累、神疲、身衰。

　　经商的人,赚到百万,梦想着千万;从政的人,当了县长,还想当市长;赌博的人,赢了这次,还想赢下一次……结果越想得到更多,越是难以找到知足的快乐,最终反而会失去更多。

　　有时候,我们之所以心情不好,是因为我们总感觉自己拥有的东西太少;我们之所以太忙,是我们总想获得更多的东西;我们太累,是因为我们想象着自己本可以获得更多的东西,但却劳而无获。

　　这时候就应该选择适当地放下,学会知足。放下身外之物,放下负重,满足于当前得到的一切,生命当下就会得到解脱、喜乐与平静。放下不是放弃,不是贪图安逸,是权衡与取舍;是让你一切随缘,一切莫强求;是让你脚踏实地,一步一个脚

印地生活、工作。只要把那些不符合我们本性的东西放下，我们也一样可以快乐，可以从容，可以轻松。

从客观意义上来说，"不知足"是人类进步的动力，社会发展的推动器，人类正是由于有了各种各样的欲望，才使人类社会不断地向前发展，但是如果这种"不知足"发展到极致，甚至到了不可控制的地步，就会成为人性的缺点，成为大罪，大祸，成为大咎。因此，"知足常乐"应是当今生活在这个物欲横流社会中的我们所牢记的。

【名句品读】

知足之足，常足矣。

在老子眼中，知足可以解决很多事情，只有懂得到什么地步该满足的人，才能得到最长久的满足，才能获得真正的快乐。而懂道的人都懂得知足，他们都安于现状，心态都很平和，从来不被欲望缠身。正是因为这些，得道的人都能切身感受到"富莫大于知足"的深刻寓意。其实，老子对于财富的认识也与是否知足有着密切的联系。

祸莫大于不知足；咎莫大于欲得。

此句中，老子明确指出，人生最大的祸患莫大于不知足，人生最大的过错莫大于想要得到。

一个人要生存，要发展就不能没有欲望，但是如果一个人的欲望大到无法满足的地步的话，就会产生很多难以处理的事情。《孟子》中也说道："鱼，我所欲也，熊掌，亦我所欲也，二者不可得兼，舍鱼而取熊掌者也。生，我所欲也，义，亦我所欲也。二者不可得兼，舍生而取义者也。"这即告诉我们，按照自然规律的话，有些东西是不可能得此又拥彼的，但是，现实中的我们却想将那些不可能得到的东西兼得，那么，这样做能不累吗？能不出现问题吗？况且，世间的资源是有限的，按照自然的分配原则来分析，事情不可能让一个人占尽便宜，有所得必有所失。

所以，作为一个理性的人，不能太贪心，要适当地控制自己的欲望，使欲望不超过自己的能力范围，这样的欲望就是进步的动力；如果无限地扩张自己的欲望，不懂知止，那么，他只能陷入贪欲的深渊，谁都不能将其救出。

为人之道

常乐知足感动抚台

明末清初,杭州有个秀才叫常乐,年已三十,在多年考取举人的历程中,屡考屡败。父母双亡,孤身一人,家中一贫如洗。他靠卖字画为生,字画卖不出去时,只得沿街乞讨。

一个寒冬的夜晚,衣衫单薄的常乐行乞回家,冻得直打哆嗦,他实在熬不住了,正好路过一座石桥,就钻到桥洞下避风。

桥洞下有一堆刚熄了火还冒着青烟的灰堆,散发着热气。常乐喜出望外,把冻僵的双手插进灰堆,身子立刻暖和起来,他高兴地自言自语:"满足乎?满足哉,常乐我知足矣!"

这时,恰巧有一位告老还乡的抚台大人骑马路过,听桥洞下有人吟"满足、知足",心想:我在官场多年,贪得无厌者多矣,知足的极少,便下马去桥下观看。

常乐不知来者的身份,见其慈眉善目,衣着华丽,便施礼叩见。抚台问常乐这么冷的天,为何在此咏诵"知足"。常乐当即吟诗——十年寒窗苦读书,名不成来功不就;家境贫寒无奢求,天寒见灰亦知足!

抚台被他"知足常乐"的精神所感动,便聘他做塾师教膝下一对子女读书。后来流传下来"知足常乐"的故事。

胡九韶知足感悟清福

明朝江西金溪人胡九韶,是以自己的言行,诠释了"知足"与"清福"的真正含义。

胡九韶是明代大儒康斋的学生。康斋是王阳明的师太爷,是继孔子之后"述而不作、信而好古"的少数几位儒家大家之一。读书、做圣贤功夫、行走江湖、亲耕、修养心性,是康斋一生的主要内容。据说有一次割水稻,康斋的手不慎被镰刀划破了,但他并没停下来包扎止血,而是继续埋头劳作,其"不动心"和"不为外物所胜"

的修养境界,为学界称颂。

而胡九韶得其师真传,他的家境很贫困,一面教书,一面努力耕作,仅仅可以衣食温饱,过了一辈子的清苦生活,但他却安贫守道,自得其乐。每天申时,即下午三点到五点的时候,胡九韶都要焚香磕头,感谢上天又赐给自家一天清福。妻子笑着说:"我们一日三餐吃的都是菜粥,怎么能算清福?"九韶说:"我首先很庆幸生在太平盛世,没有战争兵祸。又庆幸我们全家人都能有饭吃,有衣穿,不至于挨饿受冻。第三庆幸的是家里床上没有病人,监狱中没有囚犯,这不是清福是什么呢?"

经商之道

贪大不一定获利就多

有这样一个故事:一个青年去向一位富翁请教经商的成功之道。这位青年本来经营的是一项非常红火的小生意,看到一个朋友在经营大产业的时候挣到了大钱,心里也痒了起来,于是放弃了他的小生意,也去做了大老板,但结果不但没有像他的朋友一样挣到大钱,就连以前做小生意攒下的一些积蓄也赔个精光。因此,他非常苦恼。

见到青年的富翁得知他此来的目的后,什么都没说,而是拿了三块大小不等,但差别也不算大的西瓜放在青年面前,面带微笑地说:"如果每块西瓜代表一定程度的利益,你会选哪块?"

"当然是最大的那块了!"青年毫不犹豫地回答道。富翁笑了笑说:"那好,请吧!"

富翁把那块最大的西瓜递给了青年,自己吃起最小的那块。

很快富翁就吃完了那块最小的,吃完后,他就随手拿起书桌上的最后一块西瓜得意地在青年面前晃了晃,大口大口地吃了起来。

见此情景,青年马上明白了富翁的意思:富翁第一次吃的瓜虽然不比我的瓜大,但却比我吃得多。如果每块西瓜代表一定程度的利益,那么富翁占的利益自然就更多。

吃完,富翁就让青年讲述他的一点感悟,青年说完后,富翁总结性地说:"年轻人,经商如吃西瓜一样,不要被眼前的一点小利所迷惑,更不要看着别人在某个行业挣到了大钱就随波逐流,小生意不一定挣钱就少。最后请你记住:贪大不一定就获利最多。"

【古为今用】

知足常乐

知道到什么程度应该满足,其实是我们做人的一种智慧,也正是生活在这个物欲横流的社会中的我们所需要的。

像胡九韶对幸福底线的概括真是简单至极:天下太平,衣食无忧,全家健康,社会和谐。在我们现在这个相对稳定的社会中,这些应当说是不难实现的,但是我们总是怨天尤人,不知足。当然,争取更大的幸福,为了更高的追求而不愿停下追逐的脚步,是人的天性,更是社会进步的动力。靠勤劳智慧去争取,我们应该鼓励,但问题是,有的人总是心术不正,"君子爱财,取之无道,用之无度",结果到手的幸福也随着不知足而流失殆尽。所以,知足的人才能常乐,知足的人才能感受到真正的幸福。

然而现实中,我们常常可以看到这样的事情:有人认为有了钱就会拥有一切,钱多才能拥有幸福,因此,他们就不择手段,甚至采取违法犯罪的行为去攫取财富,一旦东窗事发,银铛入狱之后才意识到钱多不一定是好事,拥有自由才是最大的幸福;有的人,总嫌自己的官职太小,为了达到升迁的目的更是使尽浑身解数,最后,虽然如愿以偿得到想要的官职,但是由于能力有限,做起事来力不从心,结果身心疲惫,整日郁郁寡欢,当静下心来仔细思考的时候,竟然发现低官职的珍贵之处。所以,人生在世一定要学会知足。

"知足"是一种素质、一种境界、一种修养、一种从容。知足常乐,能忍恒安;知足常足,终身不辱;知止常止,终身不齿。世间万物行止各有其时,亏足各有其度,当行则行,当止则止,当足则足。做人、做事也一样,只有"知止""知足",行止得当,亏足有度,才能生活安然,业有所成。

第四十七节　不为而成

【题解】

在这一章中,主要谈论的是哲学上的认识论,即感性认识和理性认识的问题。在老子看来,人们看到的东西也不一定是真实的东西,在认识上仅凭感觉和经验是靠不住的,因为这样做无法深入事物的内部,可能会被一些表面的东西所迷惑,从而遮住事物的本来面目,让人无法真正认识事物的本质。因而,看到的事物越多,懂得的道理也就会越少。而所谓的"圣人"就是那些能够洞彻宇宙人生,掌握万事万物变化规律的人,他们认识事物的方式就是一种不受感性认识干扰的理性认识。

对此,学术界在讨论老子的哲学认识论时,出现了分歧,有的说,老子是一个纯粹的唯心主义先验论者,而有的却说,老子并没有轻视实践所获得的感性知识,只是夸大了理性认识的作用。争论孰是孰非,不是我们这里讨论的问题。

不为而成

【原文】

不出户,知天下;不窥牖①,见天道②。

唐玄宗《御解道德真经》:垂拱无为,不出教令于户外,是知治天下之道,人事和则天象顺,故不烦窥牖而天道可知。

王夫之《老子衍》:章安曰:出户则离此而有知,窥牖则即彼而有见。

其出弥远,其知弥少③。

河上公《老子章句》:谓去其家观人家,去其身观人身,所观益远,所见益少也。

王弼《道德正经注》:无在于一而求之于众也,道视之不可见,听之不可闻,搏之不可得,如其知之,不须出户,若其不知,出愈远愈迷也。

是以圣人不行而知④,不见而明⑤,不为而成⑥。

王夫之《老子衍》:道盈于向背之间。有所向,斯有所背矣。无所向,无所背,可名之中。乃使人贸贸然终日求中而不得,为天下笑。无已,姑试而反之。反非中也,而渐见其际。有欸乎,如光之投隙;有约乎,如丝之就络。物授我知而我不勤,乃知昔之遂亡子儿追奔马者,劳而愚矣。非然,则天下岂有"不行而知,不见而名,不为而成"者哉?

【注释】

①不窥牖:窥,从小孔隙里看;牖,窗户。

②天道:指自然万物运行的自然规律。

③其出弥远,其知弥少:有人走出去越远,他知道的东西就越少。出,走出门外。弥,即越、愈的意思。

④不行而知:不用亲自出去经历就能知道(外面的情况)。行,出行、出门走动;行动、实践。

⑤不见而明:本作"不见而名"。意为不必亲自观察就能明了天道。

⑥不为而成:不盲目行动就能获得大的成功。不为,无为、不妄为、不盲目行动。

【译文】

足不出户,就能通晓天下的事理;不望窗外,就可以了解自然万物运行的自然规律。很多人向外走得越远,他所知道的道理反而就越少。所以,有"道"的圣人不出行却能够知道外面的事情,不观察就能明了天道,不盲目行动就可以有所成就。

【解析】

在前面的一些章节里,我们已经体悟到老子在本书中一再强调的道的德行,即无欲无求无争的思想。得道之人做到了不争、无为,合乎了大道的德行:大道无为,天道无为,人道、物道也无为,所以他们能够"不出户,知天下;不窥牖,见天道","不行而知,不见而明,不为而成",所以他们被称为圣人。

同时,老子也指出,人类行动的跨度越大,其目的性越不强,盲目性越大,那么,所获得的真知就会越少,而真正的智者都能掌握事物发展的客观规律,他们都能在不用行动,无须招摇过市的情况下获得正确的知识。

老子本身就是一位博学多才的人,他曾担任过收藏史,相当于现代国家图书馆馆长。在那里，老子饱读诗书，吸收了丰富的文化知识，形成了丰富的理性认识，借此，他不但能见普通人所能见，也能悟普通人所未见，最后用短短五千言说尽了人间万象，道出了古今短长。从老子的身上我们也可以看出，能够不出户而知天下者，除了需要掌握丰富的客观规律，还要有正确的分析和判断。

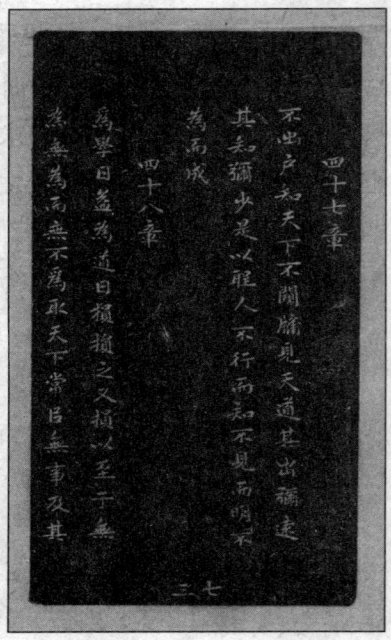

《道德经》四十七章石刻

《淮南子》中有"见一叶落而知岁之将暮"，唐诗中也有"一叶落而知天下秋"的诗句，它们讲的都是"不出户，知天下"的道理，然而在理解这些话的过程中，不能完全地仅读字面意思，因为事物的现象包括真相和假象，单纯的感觉经验是靠不住的，如果被事物的假象遮住了双眼，就无法看到事物的本质，就无法做到"不出户，知天下；不窥牖，见天道"和"不行而知，不见而明，不为而成"。所以，在进行一个判断之前，一定要先掌握事物发展的客观规律，真正做到使自己的主观认识与客观情况相统一。

综上所述，若想全面正确地了解一个事物，就要掌握事物发展的客观规律，让主观与客观相符合；若想获得真知，掌握事物的变化规律，做成自己想做的事情，就要有一个明确的目标，并为此制定一个切实可行的计划，只有这样才能在做事的过程中少走弯路，才能在有限的时间内做成无限的事情。

【名句品读】

其出弥远，其知弥少。

老子认为，人走出去越远，知道的东西可能就越少。这里的向外出行，不是单一、纯粹地追求，而是杂乱无章、没有目标地胡乱追求。而大道的获得需要的则是无心旁骛地遵循自然规律，而不是杂念重重，胡思乱想。

有些人总觉得自己潜力无限，别人能做到的事情他同样也能做到，然后给自己制定了各种各样的计划，在具体的做事过程中，做着这件事想着那件事，结果一事无成。然而有些人，却简单到足以令那些自认为潜力无穷的人嘲笑一番的地步，他们一生只有一个理想，他们一生都在为这一个理想而奋斗，如果最终能够实现这个理想,就会感到成功的幸福;即使终生都没有完成这个梦想,他们也能从奋斗的过程中寻找到点滴的快乐。这样的幸福与快乐,是那些计划太多的人所无法体会到的,所以说,他们"走"得越远,深切的体会就越少。

不出户,知天下;不窥牖,见天道。

了解大道的人足不出户,就能够推知天下的事理;眼不望窗外,就能够了解大自然的法则。而"道"正是了解大道之人推知这些事理的依据。

因为"道"是世间万物发展变化的规律,在老子看来,只有真正掌握了事物的本质规律,才能体察万物,洞察天下;只有真正领悟到"道"的人才能够知小、知大,才能够知近、知远,才能够既看到事物的表面现象,又能够了解事物的本质,才能既观察到事物的局部,也能够体察事物的全貌。但在现实中,我们在认识事物的过程中总会有一些片面的外部因素影响着我们对事物本质的客观判断,有的会对我们有帮助,而有的则会有负面作用,那么,对于这些事情我们就要采取舍取的态度。

因此,若想不出户就知天下,不窥牖就见天道,我们必须在掌握事物的客观发展规律的基础上,对于一些表面现象要根据其合理与否进行取舍,以达到更好的认识效果。

【经典故事】

李开复成功三部曲

生于 1961 年的李开复,是一位信息产业的执行官和计算机科学的研究者。1998 年,李开复加盟微软公司,并随后创立了微软中国研究院(现微软亚洲研究院)。2005 年 7 月 20 日加入 Google(谷歌)公司,并担任 Google(谷歌)全球副总裁兼中国区总裁一职。2009 年 9 月 4 日,宣布离职并创办创新工场,任董事长兼首席执行官。

李开复之所以能取得这样的成就,其关键在于,他有明确的目标,用他自己的话来说就是,他的成功一共分为三步:

第一步:把握人生目标,做一个主动的人

有人问我的人生目标是什么时,我是这么回答的:"人生只有一次,我认为最重要的就是要有最大的影响力(impact),能够帮助自己、帮助家庭、帮助国家、帮助世界、帮助后人,能够让他们的日子过得更好、更有效率,能够为他们带来幸福和快

乐。"我回答这个问题时丝毫不需要思考,因为我从大学二年级起就把"影响力"当作自己的人生目标。

对我来说,人生目标不是一个口号,而是我最好的智囊,它曾多次帮我解决工作和生活中的难题。我当初放弃在美国的工作,只身来到中国创立微软中国研究院,就是因为我觉得后一项工作有更大的影响力,和我的人生目标更加吻合。

所以,一旦确定了人生目标,你就可以像我一样在人生目标的指引下,果断地做出人生中的重大决定。每个人的人生目标都是独特的。最重要的是,你要主动把握自己的人生目标。但你千万不能操之过急,更不要为了追求所谓的"崇高",或为了模仿他人而随便确定自己的目标。

那么,该怎么去发现自己的目标呢?

其实只有一个人能告诉你人生的目标是什么,那个人就是你自己。只有一个地方你能找到你的目标,那就是你心里。

我建议你闭上眼睛,把第一个浮现在你脑海里的理想记录下来,因为不经过思考的答案是最真诚的。或者,你也可以回顾过去,在你最快乐、最有成就感的时光里,是否存在某些共同点?它们很可能就是最能激励你的人生目标了。再者,你也可以想象一下,十五年后,当你达到完美的人生状态时,你将会处在何种环境下?从事什么工作?其中最快乐的事情是什么?当然,你也不妨多和亲友谈谈,听听他们的意见。

第二步:尝试新的领域、发掘你的兴趣

为了成为最好的你自己,最重要的是要发挥自己所有的潜力,追逐最感兴趣和最有激情的事情。当你对某个领域感兴趣时,你会在走路、上课或洗澡时都对它念念不忘,你在该领域内就更容易取得成功。更进一步,如果你对该领域有激情,你就可能为它废寝忘食,连睡觉时想起一个主意,都会跳起来。这时候,你已经不是为了成功而工作,而是为了"享受"而工作了。毫无疑问,你将会从此得到成功。

相对来说,做自己没有兴趣的事情只会事倍功半,有可能一事无成。即便你靠着资质或才华可以把它做好,你也绝对没有释放出所有的潜力。因此,我不赞同每个人都追逐最热门的专业,我认为,每个人都应了解自己的兴趣、激情和能力(也就是情商中所说的"自觉"),并在自己热爱的领域里充分发挥自己的潜力。

我刚进入大学时,想从事法律或政治工作。一年多后我才发现自己对它没有兴趣,学习成绩也只在中游。但我爱上了计算机,每天疯狂地编程,很快就引起了老师、同学的重视。终于,大二的一天,我做了一个重大的决定:放弃此前一年多在全美前三名的哥伦比亚大学法律系已经修成的学分，转入哥伦比亚大学默默无闻的计算机系。我告诉自己，人生只有一次，不应浪费在没有快乐、没有成就感的领域。

当时也有朋友对我说，改变专业会付出很多代价，但我对他们说，做一个没有激情的工作将付出更大的代价。那一天，我心花怒放、精神振奋，我对自己承诺，大学后三年每一门功课都要拿 A。若不是那天的决定，今天我就不会拥有在计算机领域所取得的成就，而我很可能只是在美国某个小镇上做一个既不成功又不快乐的律师。

那么，如何寻找兴趣和激情呢？首先，你要把兴趣和才华分开。做自己有才华的事容易出成果，但不要因为自己做得好就认为那是你的兴趣所在。为了找到真正的兴趣和激情，你可以问自己：对于某件事，你是否十分渴望重复它，是否能愉快地、成功地完成它？你过去是不是一直向往它？是否总能很快地学习它？它是否总能让你满足？你是否由衷地从心里（而不只是从脑海里）喜爱它？你的人生中最快乐的事情是不是和它有关？当你这样问自己时，注意不要把他人的期望、社会的价值观和朋友的影响融入你的答案。

有一个建议：给自己最多的机会去接触最多的选择。记得我刚进卡内基·梅隆的博士班时，学校有一个机制，允许学生挑老师。在第一个月里，每个老师都使尽浑身解数吸引学生。正因为有了这个机制，我才幸运地碰到了我的恩师瑞迪教授，选择了我的博士题目"语音识别"。

虽然并不是所有学校都有这样的机制，但你完全可以自己去了解不同的学校、专业、课题和老师，然后从中挑选你的兴趣。你也可以通过图书馆、网络、讲座、社团活动、朋友交流、电子邮件等方式寻找兴趣爱好。唯有接触你才能尝试，唯有尝试你才能找到你的最爱。

第三步：针对兴趣，定阶段性目标，一步步迈进

找到了你的兴趣，下一步该做的就是制定具体的阶段性目标，一步步向自己的理想迈进。

首先，你应客观地评估距离自己的兴趣和理想还差些什么？是需要学习一门课、读一本书、做一个更合群的人、控制自己的脾气还是成为更好的演讲者？十五年后成为最好的自己和今天的自己会有什么差别？还是其他方面？你应尽力弥补这些差距。例如，当我决定我一生的目的是要让我的影响力最大化时，我发现我最欠缺的是演讲和沟通能力。我以前是一个和人交谈都会脸红，上台演讲就会恐惧

的学生。我做助教时表现特别差,学生甚至给我取了个"开复剧场"的绰号。因此,为了实现我的理想,我给自己设定了多个提高演讲和沟通技巧的具体目标。

其次,你应定阶段性的、具体的目标,再充分发挥中国人的传统美德——勤奋、向上和毅力,努力完成目标。比如,我要求自己每个月做两次演讲,而且每次都要我的同学或朋友去旁听,给我反馈意见。我对自己承诺,不排练三次,决不上台演讲。我要求自己每个月去听演讲,并向优秀的演讲者求教。当我反复练习演讲技巧后,我自己又发现了许多秘诀,比如:不用讲稿,通过讲故事的方式来表达时,我会表现得更好,于是,我仍准备讲稿但只在排练时使用;我发现我回答问题的能力超过了我演讲的能力,于是,我一般要求多留时间回答问题;我发现自己不感兴趣的东西就无法讲好,于是,我就不再答应讲那些我没有兴趣的题目。几年后,我周围的人都夸我演讲得好,甚至有人认为我是个天生的好演说家,其实,我只是实践了中国人勤奋、向上和毅力等传统美德而已。

老子讲道图

任何目标都必须是实际的、可衡量的目标,不能只是停留在思想上的口号或空话。制定目标的目的是为了进步,不去衡量你就无法知道自己是否取得了进步。所以,你必须把抽象的、无法实施的、不可衡量的大目标简化成为实际的、可衡量的小目标。举例来说,几年前,我有一个目标是扩大我在公司里的人际关系网,但"多认识人"或"增加影响力"的目标是无法衡量和实施的,我需要找一个实际的、可衡量的目标。于是,我要求自己"每周和一位有影响力的人吃饭,在吃饭的过程,要这个人再介绍一个有影响的人给我"。衡量这个目标的标准是"每周与一人吃一餐、餐后再认识一人"。当然,我不会满足于这些基本的"指标"。扩大人际关系网的目的是使工作更成功,所以,我还会衡量从"每周一餐"中得到了多少信息,有多少我的部门雇用的人是在这样的人际网中认识的。一年后,我的确从这些衡量标准中,看到了自己的关系网有了显著的扩大。

制定具体目标时必须了解自己的能力。目标设定过高固然不切实际,但目标也不可定得太低。对目标还要做及时地调整：如果超出自己的期望，可以把期望提高；如果未达到自己的期望，可以把期望调低。达成了一个目标后，可以再制定更有挑战性的目标；失败时要坦然接受，认真总结教训。

【古为今用】

贵在坚持守规律

成功是每个人都渴望得到的，成功的途径可能多种多样，但是如果想找到通往成功的捷径，想让成功成为一份免费的午餐，就应该从事物的规律开始下手。

真正智慧的人，足不出户，就能掌握一切与自己有关的资源，帮助自己一步步走向成功，而有些人虽然忙碌了一辈子，却不知道自己天天在做些什么，只是一味地低头往前赶路，结果迷了路却没有发现，当然最后也就无法得到他想要的东西，陪伴他一起成长的只有自己的年龄。

因此，不论做什么事情，都要细心钻研，理清事物的思路，踏踏实实归纳出事物发展的内在规律，那么，你就会达到"一叶落而知天下秋"的理想境界。在做事的具体过程中，掌握了多少并不重要，关键是要懂得触类旁通，学会举一反三，做个活学活用的聪明人。

另外，坚持不懈、目标专一的精神也是做大事所必需的，因为，只有时刻记得自己的初衷，处处想着自己的理想，就不至于迷失方向，失去自我，遇到再大的困难，也会咬咬牙挺过去。如果心里没有追求，没有目标，那么，不论走多远都是盲目而行，都是在做无用之功。

宋·罗大经在《鹤林玉露》中提道："乖崖援笔判云：'一日一钱，千日千钱；绳锯木断，水滴石穿。'"即讲了在目标明确的情况下，只要坚持不懈，细微之理也能做出很难办的事情的道理；战国时期著名思想家荀子在他的《劝学》一文中也说道："蚓无爪牙之力，筋骨之强，而上食埃土，下饮黄泉，用心一也；蟹六跪而二螯，非蛇鳝之穴无可寄托者，用心躁也！"

所有的这一切都揭示了这样一个道理：只有目标专一，方法得当，并且不断努力，才能心想事成。

第四十八节　为道日损

【题解】

本章主要讲述了"为学"和"为道"的区别问题。开篇，老子就讲了"为学"，是在求外在的经验知识，经验知识越积越多，而欲念也会越来越多。

但是"为道"和"为学"就不同了，它是通过直观的体悟来把握事物的本来面目和自我内心感受的，它能够不断地除去人的私欲，使人日益返璞归真，最终达到"无为"的境界。老子认为，只有没有私欲，"清静无为"的人才有资格治理国家，因此，老子希望人们都走"为道"的路子。

【原文】

为学日益①，为道日损②。

王弼《道德真经注》：务欲进其所能，益其所习。务欲反虚无也。

王夫之《老子衍》：损于有者，益于无。去其所去，全其未有取。未有取，则未有失。故宾百为，而天下来宾。犹且詹詹然以前识之得为墨守，则日见益而所失者积矣。

损之又损，以至于无为。无为而无不为③。

河上公《老子章句》：损之者，损情欲也。又损之者，所以渐去之也。当恬淡如婴儿，无所造为也。情欲断绝，德于道合，则无所不施，无所不为也。

王弼《道德真经注》：有为则有所失，故无为乃无所不为也。

取天下常以无事④，及有其事⑤，不足以取天下。

王夫之《老子衍》：天下不可取，繇天下之于我谓之取尔。故月取明于日，明日生二真月日死。安能舍此无尽藏，以取恩遇天下之耳目哉？夫天下无穷，取者恩

为学日益

而失者怨,取者得而失者丧,此上礼之不免于攘臂,而致数舆之无舆也。

【注释】

①为学日益:为学,指反映探求外物的知识。学,指的是政教礼乐之类的学问,范围较窄。日益,即一天比一天增加。

②为道日损:为道,指通过冥想或体验的途径,领悟事物未分化状态的"道"。此处的"道",指自然之道,无为之道。日损,指所学到的知识日益减少。

③无为而无不为:不盲目做事,就没有什么事情做不成。

④取天下常以无事:治理天下常常用清静无为的方法。取,治理、摄化、掌握之意。常,经常。以,介词,用。无事,即无扰攘之事,清静无为。

⑤有事:即有所为,指繁苛政举。

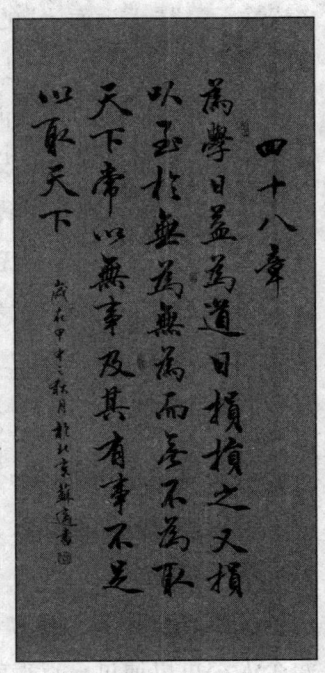

《道德经》四十八章书法

【译文】

研究一般性学问的人,其所学的知识会一天比一天增加;而研究"道"的学问的人,欲念会一天比一天减少。逐渐地减少,到最后以至于就到了道法自然的"无为"境界。如果能够做到不盲目行动,那么任何事情都可以有所作为。治理国家,最好采用清静的、无为的方法,如果经常采用繁杂的措施治理,那么就不足以取得天下了。

【解析】

在本章中,老子主要论述了"为学"与"为道"的区别。"为学"就是不断地探索新知,丰富自己的知识,知识是永无止境的,因此,对知识的探求是没有尽头的。正所谓"活到老,学到老""吾生也有涯,而知也无涯。"因此,要想在有限的生命时间内获得更多的对自己有益的知识的话,就要采取有取有舍的方法,绝对不可贪多而消化不良。关于这一点,老子比我们更早而且更清醒地认识到了,因此,他理智地将对外界事物的追求转变为自身素质的追求上,即凡事都保持一颗平常心,"无为而治"。

修道之人在修道的过程中,其欲念在一天天地减少,直到最后达到无为的

"道"的最高境界。当然,老子在这里所述的无为并不是真正意义上的无所作为,而是不妄为,不盲目而为,做到了不妄为,不盲目而为,也就合乎了道的德性,只有合乎了自然规律的不妄为、不盲为才是无所不为了。

在《庄子·知北游》中记录了这样一段话:"为道者日损,损之又损之,以至于无为,无为而无不为也",从中我们也可以看出老子思想的痕迹,即治理国家要采用"清静无为""无为而治"的方法,尽量保证事物按其发展变化规律来自由发展,不要采用繁杂的措施来治理,否则,受到伤害的终会是自己。

表面看来,"无为"是消极的,是倒退的,当时它的实质却是避开事物的矛盾方面,使其畅通无阻地向前发展,变被动为主动,从而达到无为无不为的境界。

那么,具体到现实中我们每一个人,一定要时刻记得剔除自己心中的杂念,对于一些取之不尽,甚至是无法取到的东西要舍得放弃,对于外界的有些诱惑要时刻保持一颗平常心,努力提高自己的修养,只有这样,我们才能成为一个乐活的人,一个有希望成就大事的人。

【名句品读】

为学日益,为道日损。

研究一般性学问的人,其所学的知识会越来越多;而研究"道"的学问的人,其欲念会越来越少。

多数人在探求学问的开始,都是为了获得更多的知识,让自己变得博学起来。每个人都可以通过一点点的学习,慢慢积累、吸收、融化掉各个门类的多种知识,扩大自己的知识面,丰富自己的知识。而求道之人,在求道的过程中,逐渐将以前自己或者常人看重的东西,例如名声、利益等一点一点地过滤掉,即得道越多,欲望就越少。

所以说,单纯的求知和悟道是不完全相同的,不能将二者混同起来。

取天下常以无事,及有其事,不足以取天下。

在治理天下上,老子一再强调"无为而治""无为而无不为"。在宇宙出现之前,世界上只有一个"道",道没有具体的形态,甚至可以说是一种虚无的东西,然而正是这种虚无,却造就了现在这个多姿多彩、变化万端的世界,即"无中有有""无就是有"。

根据老子的思想我们可以说,无为能够帮助我们打下江山,而打下来的江山要守住也不是一件容易的事情,正所谓"打江山容易,坐江山难"。同样的道理,治理国家,最好也采用清静的、无为的方法,用一种客观平和的心态去面对所有的事情,不苛求,让事物顺其发展,这样往往能取得很好地做事效果;如果经常附加一些额外的有悖事物发展规律的方法,采用繁杂的措施治理,那么就不足以取得天下。

从古至今,好像只有"无为的为道者"才可"取天下",圣人往往自称没有得道,但是他们却以无事取得了天下。所以老子强调"以无事取天下"。

【经典故事】

为政之道

"郁林石"与"挂胡床"

据史料记载:三国时,一位名叫陆绩的郁林太守,为官清廉刚正,稍有家私,当他离任时,从水路经南海回家乡吴郡,由于行李太少,归舟太轻,海上行船不稳,难以越海,于是,便命人搬一块巨石上船,增加船身质量,以助航行,最终,他们安全抵达苏州老家。这块石头随陆绩到了家乡,成了陆绩清廉的象征,后来人们将这块石头称为"郁林石",以此来表达对陆绩的敬仰。

三国时还有一个廉洁的代名词,叫作"挂胡床"。这是赞美廉吏裴潜的,李白有诗曰:"去时无一物,东壁挂胡床"。裴潜曾在曹操帐下参与军事谋划,然后出任兖州刺史。曹丕时又任散骑常侍、荆州刺史,赐爵"关内侯"。曹睿时更升到尚书令的高位,被封为"清阳亭侯"。但是,就这么一位"三朝元老",其为官却清廉过人。他在任兖州刺史时,曾经做了一个叫"胡床"的可折叠的轻便坐具,一直陪伴在他左右,到他离任时已经破烂不堪,在看着实在无法带走的情况下,只好将"胡床"挂在了柱子上。这件事也为人们所传颂,"挂胡床"也成为裴潜清廉正直的象征。

包拯廉洁奉公美名扬

历代清官都是有口皆碑的。宋代的包拯,更是老百姓心目中清官的典范。他任地方官,就以清正爱民而获誉官场。

任职端州时,对当地所产名贵端砚,前任多以进贡为由,或中饱私囊,或馈送朝中权贵,以为敲门砖。包拯却只要百姓做足上贡数目,多一个也不要。他任知谏院期间,不畏权贵,甘冒触犯皇帝的危险,屡次上章弹奏贪官。他任职的京城开封府,是达官贵戚聚居之地,历来很难治理。而包拯到任后,威震上下,贵戚宦官不敢轻易触犯律条。包拯宦海数十年"清心为治本,直道是身谋"。为官俭朴节约,严于律己,对亲戚族属严加管束,立下家法:后世子孙当官有贪赃枉法的,不得回到老家,死后不得葬入祖宗坟地。不听我的话,就不是包家的子孙。并刻石立碑,以戒后人。

包拯以其清正廉洁的高风亮节名垂史册,成了老百姓心目中的清官榜样,甚至名扬海外。

唐太宗廉政治国得天下

海外华人曾经被称为唐人,其主要原因得益于唐朝的强大与繁荣。作为中国最鼎盛的一个朝代之一,唐朝在长达289年的统治历史中,其强大也是有一定原因的,其中最主要的贡献应该是唐太宗统治时期的卓越的治国韬略,即令后人景仰的"贞观之治"。

唐太宗李世民即位后,一方面改革了政治和经济制度,繁荣文化,开拓边疆,在很短的时间内实现国富兵强;另一方面,他意识到要把"创业与守成"放在同样重要的地位来看待,并形成了独特的廉政观。

唐太宗执政以后,国力有所恢复。但他并没有贪图享乐,日日所思的是怎样长治久安。

有一次,唐太宗与众臣讨论"帝王之业,草创与守成孰难?"意思是创业与守成哪个更难一些? 房玄龄认为草创难,而魏征却认为守成难,然后唐太宗说:"今草创之难,既已往矣,守成之难者,当思与公等慎之。"

还有一次,唐太宗问魏征:"守天下难易?"魏征答:"甚难。"太宗又问:"任贤能,受谏诤即可,何谓为难?"魏征答:"观自古帝王,在于忧危之间,必任贤受谏,及至安乐,必怀宽怠,言事者惟令兢惧,日陵月替以至危亡,安而能惧,岂不为难?"因此,唐太宗对大臣们说:"今天下安危,系之于朕,故日慎一日,虽休勿休。"唐太宗认为天下安危系于他一人,作为当朝执政的国君和臣子如果没有忧患意识,沉于安乐,国家终将国不为国,家不为家,这是很深刻的思想啊。

另外,唐太宗还认为"为君之道,必须先存百姓,若损百姓以奉其身,犹割股以啖腹,腹饱而自毙。若安天下,必须先正其身,未有身正而影曲,上治而下乱者"。

从他的这句话里，我们可以看出两点：一是他重视百姓，把百姓作为国家的根本，认为损害百姓来满足自己，就像割股填腹；二是认识到统治者的垂范作用，正人从正己开始。他把统治与被统治关系比作船与水，"水能载舟，亦能覆舟"，只有处理好两者关系，才能达到长治久安。他把"民本"思想提高到前所未有的高度，并且使"民本"思想贯穿在他治理国家的整个过程。

【古为今用】

无事无欲，巧取精华

学习是一件永无止境的事情，知识是广无边际、没有范围的，学习的最高境界是"把书读薄""让未知数逐渐变少"，这样才能达到"无书可读"的状态。这种"无书可读"并不是狂妄自大，而是真正地将书读懂、读透。不论是多么冗长的书都有其精髓、多么难懂的思想都有其精华，所以说学习不能盲目，而且是要吸收所学东西的精华来提高自身的认知修养。从这层意义上来说，学习不要贪多，而要学精、学透，从已知的知识理论中去推测某些未知的事情，或许会有一些意想不到的收获。这是学习领域的一个问题，甚至可以扩大到为人处世领域中的修养层面上的问题。

生活中有很多"有意栽花花不开，无心插柳柳成荫"的事情。这里的"有意"和"无心"不仅仅是字面意思上的"有"和"无"，而且是一种心态，是一颗平常心。抛弃一切私心和杂念，抱着这颗平常心去应对身边的人和事，就会自然而然，水到渠成，有时还会有一些意想不到的收获。

"天下熙熙，皆为利来；天下攘攘，皆为利往。"凡是把名利看得很重的人，必将被名缰利锁所困扰。名利尚未得到时，他会殚精竭虑、惨淡经营；待名利到手后，还要机关算尽、如履薄冰，唯恐一个闪失而名利尽失，结果使自己身心憔悴，疲惫不堪。其实，只要想想名乃瓦上之霜，利禄如花尖之露，人生无千年之寿，花无百日之红的道理，那些无聊的烦恼也许会顷刻烟消云散。

古人云："非淡泊无以明志，非宁静无以致远。"说的就是这种生活境界。不过分追求名利，既不是没有理想、少有追求，也不是懒散和碌碌无为，而是"明志"和"致远"，是对生命的安顿，是对灵魂的升华，也是无为而无不为的最高境界。

第四十九节　善者善之

【题解】

本章阐述了老子的政治思想之一，即爱民之道。文中所讲的"圣人"，其实就是老子心目中理想的执政者。

老子认为，理想的执政者是没有私心的，而是把老百姓的意愿作为自己的意愿，使人人守信、向善。老子把以"道"治天下的希望寄托给一个理想的"圣人"，在他的治理下，老百姓又回到了婴儿般淳朴纯真的状态。尽管这是理想，而且这种理想几乎是不可能实现的，但在当时的社会背景下能提出这样的设想，还是有一定的进步意义的。

本章从文字上和内容上看，都是紧接前一章的问题来深入进行分析论证的。

【原文】

圣人无常心^①，以百姓心为心^②。

河上公《老子章句》：圣人重改更，贵因循，若自无心。百姓心之所便，圣人因而从之。

王弼《道德真经注》：动常因也。

善者，吾善之^③；不善者，吾亦善之，德善^④。信者^⑤，吾信之；不信者，吾亦信之，德信^⑥。

王弼《道德真经注》：各因其用则善不失也。无弃人也。

唐玄宗《御解道德真经》：欲善信者，吾因而善信之。不善信者，吾亦以善信教之，令百姓感吾德而善信之。

圣人在天下，歙歙焉^⑦，为天下浑其心^⑧。

河上公《老子章句》：圣人在天下怵怵常恐怖，富贵不敢骄奢。言圣人为天下百姓浑浊其心，若愚暗不通也。

明太祖《御解道德真经》：又谓君天下者心志不定，虑生妄为，则民人效之。人皆亦然。

百姓皆注其耳目⑨，圣人皆孩之⑩。

河上公《老子章句》：注，用也。百姓皆用其耳目为圣人视听也。圣人爱念百姓如婴孩赤子，长养之而不责望其报。

陈致虚《道德经转语偈》：百姓之心为我心，分明说了莫沉吟。世人怎识和山鼓，一下能当几挺金。

【注释】

①无常心：意为长久保持无私心，没有普通人的私心。

②以百姓心为心：以老百姓的意志为意志。老子在本章讲的"圣人"，是他心目中理想的有"道"的统治者形象。老子认为，理想的统治者，应当收敛自己的意欲，不以自己的主观认识作为区别是非善恶的标准，努力克服自我中心而去体认百姓的疾苦与需求。

③善者，吾善之：善良的人，我以善良对待他。一说，善者，指百姓善良的意志；吾善之，我认为善。现在比较认同前者。

④德善：有几种解释。一说，德，指整个时代的品德；德善，即整个时代的品德归于善良。一说，德是"得"的假借字，即得到的意思；德善，就是使人人都向善。一说，德善，指统治者自己得到善良的名声。现在比较认同第一种解释。

⑤信者：诚实的人。

⑥德信：整个时代的品德都归于诚实。

⑦歙歙焉：王弼本无"焉"，帛书本、傅奕本等有"焉"。歙，合、收敛的意思，一说歙歙为和谐、和顺的样子，今不从。歙歙，指统治者收敛自己的意欲。

⑧浑其心：使人的心思归于混沌、淳朴。

⑨百姓皆注其耳目：百姓都专注于他们自己的耳目，使用自己的智谋，生出许多事端。

⑩圣人皆孩之：有道的人应该使百姓们都回复到婴孩般纯真质朴的状态。孩，名词作动词用，意为，像孩子一样。

【译文】

圣人没有普通人的私心，(他们)总是以百姓的想法作为自己的想法。对于善良的人，我就以善良对待他；对待不善良的人，我也用善良的心去对待。这样，整个时代的品德就归于善良了。对于诚实的人，我以诚实对待他；不诚实的人，我也以诚实对待他，于是，整个时代的品德就归于诚实了。有"道"的人在统治地位上，将收敛自己的意欲,使天下人的人心都归于淳朴。虽然老百姓都专注于自己的耳目,(追求着自己的欲望),但是有"道"的人对待他们就像对待自己的孩子,使他们回复到婴孩般真纯淳朴的状态。

【解析】

"圣人无常心,以百姓心为心",圣人没有普通人的私心,他们总是以百姓的想法作为自己的想法,总是站在老百姓的立场上思考问题,因此,对于老百姓的所作所为都能持一种宽容的心态,因此,他们能做到"善者,吾善之;不善者,吾亦善之,德善。信者,吾信之;不信者,吾亦信之,德信"。

对圣人来说,善良的人他们会全力善待,不善良的人他们也会采取善待的态度,这样整个时代的品德就归于善良了;对于诚实的人,他们以诚实对待他;不诚实的人,他们也以诚实对待,于是,整个时代的品德就归于诚实了。

老子在本章中所提到的圣人指的是那些廉政为民的官员或国家领导者,如果每个领导者都能够以百姓的思想作为自己的思想,这将是一种难能可贵的精神;如果他们能够用一种和善、宽容的态度去对待百姓中的一些不正常的思想与要求,那么,他们就可以称得上是领导者中的圣人。

人生"圣经"《羊皮卷》中有这样一段话:"我的理论,他们也许反对;我的言论,他们也许怀疑;我的穿着,他们也许不赞成;我的长相,他们也许不喜欢;我廉价出售的商品甚至都可能使他们将信将疑,然而我的耐心一定能温暖他们,就想太阳的光芒能融化冻土。"

紫气东来图

这就是善,这就是宽容,这就是大爱。其实,圣人们的大爱也大都这样,他们总是以天下为重,对待苍生百姓更无任何私心,使天下的人心都归于淳朴。

尽管"百姓皆注其耳目,圣人皆孩之"。百姓们都专注于自己的耳目(专注于追求自己的欲望),但是圣人对待他们仍然像对待自己的孩子一样,努力使他们回复到婴孩般真纯淳朴的状态,因为他们的本性是单纯的,是善良的。

【名句品读】

善者,吾善之;不善者,吾亦善之,德善。

圣人能够按照大道的德性,包容天地万物,对于善良的人,他们欣然予以善待,对于不善的人,他们的依然采取对待善人的态度,不曾改变。这都是因为,圣人没有常人眼中的是非善恶标准,他们对待天地万物的态度都是一样的。

天下在圣人的指引下归于淳朴、自然,人与人之间互相关心,互相帮助,互相宽容,世间呈现一番和谐景象。人们在老子的这颗仁爱之心下逐渐变得泛爱、变得宽容、变得无私,但我们在帮助他人的同时也是在帮助我们自己,在我们泛爱无私、宽容的过程中,也是在关爱自己,善待自己。

因此,与人交往,必须坚守一个"善"字。而人与人之间的互利关系,也只有从爱人开始,才能够达到互利的理想效果。

信者,吾信之;不信者,吾亦信之,德信。

圣人之所以为圣人就在于他的无私、善良与真诚:对于诚实的人,我以诚实对待他;不诚实的人,我也以诚实对待他,于是,整个时代的品德就归于诚实了。这是圣人的心怀。

尽管身在尘世,但是圣人却不会受到尘世聪明才智的诱惑,不会放纵自己追逐名利的欲望,因此我们可以说,诚和善是宇宙的特性,也是大道的根本,如果社会中的每一个人都能以诚和善为本,那么天下就能积下大德,世间万物的生命也不会被轻易败坏,获得长存。

其实,常人与圣人并没有本质的区别,圣人的境界是我们都向往的,但是并不是遥不可及的,只要常人以圣人的标准来要求自己,坚持诚与善,那么他人就是诚人与善人,天下也就充满了诚实。

【经典故事】

处世之道

宽容友善,化敌为友

战国时期,楚、梁两国交界,为了保护本国疆域,两国都在边境上设立了界亭,每个界亭里都安排了一些亭卒,一般而言,亭卒们的工作还是很轻松的,所以,他们就在各自的地里种了西瓜。由于勤劳程度不同,他们的西瓜长势有很大的区别。

梁亭的亭卒勤劳,除草浇水,瓜秧长势很好;而楚亭的亭卒懒惰,不事瓜事,瓜秧又瘦又小,与梁亭瓜田的长势简直不能相比。楚亭的人心生忌妒,于是,在一天晚上乘着夜色偷跑过去把凉亭的瓜秧全给扯断了。

第二天,梁亭的人发现自己瓜地里的瓜秧全被人扯断了,他们气愤难平,便去报告边县的县令宋就,说我们也过去把他们的瓜秧扯断好了。宋就说:"这样做当然能解气,可是,我们明明不愿意他们扯我们的瓜秧,为什么要反过去扯别人的瓜秧?别人不对,我们再跟着学,那就太狭隘了。你们听我的话,从今天起,每天晚上去给他们的瓜秧浇水,让他们的瓜秧长得好起来。而且,一定不能让他们知道。"梁亭的人听了宋就的话觉得很有道理,于是就照办了。

渐渐地,楚亭的人发现自己的瓜秧长势一天比一天好,仔细观察后发现每天早上地都被人浇过了,而且是梁亭的人在夜里悄悄为他们浇的。楚国的边县县令听到亭卒们的报告后,感到十分惭愧和敬佩,于是把这件事报告给了楚王。

楚王听说这件事后,感于梁国人修睦边邻的诚心,特备重礼送给梁王,以示自责,也用来表示酬谢。结果这一对敌国成了友好的邻邦。

朱冲以善体谅他人困难

晋代朝廷里有一位官位很高的大臣,他名叫朱冲,尽管他的官位很高,但却待人很宽厚,而且他自幼就是这样。

朱冲出生于南安,家里生活并不富裕。因为没有钱上学读书,只好在家种地放牛。有一次,他正在野外放牛,一个邻居跑来,慌慌忙忙地东瞧瞧,西看看,然后不由分说,牵了朱冲的一头牛犊就走了。朱冲看到邻居把自己的牛牵走了,也不生气,只是说:"这一定有什么原因,等回家后再问问。"不大工夫,那个人在树林里找到了自己的牛犊。他十分惭愧,牵着朱冲家的那只牛犊,来找朱冲,不好意思地说:"真对不起!真对不起!你的牛犊,我给你牵回来了。"朱冲问明了原因,笑了笑,说:"没有什么,你家很困难,这头牛犊就送给你吧!"

村子里还有一家,平时好占便宜,曾三番五次地故意把牛放到朱冲家的地里啃吃庄稼。朱冲看到后,也不在乎。他不仅不生气,反而在收工时带一些草回来,连同那啃吃庄稼的牛,一起送回主人家中。朱冲说:"你们家人多地少,顾不上照看牲口。我家草多,给你拿了些来喂牲口吧!喂完了,我还可以再给你家送些来。"那家人一听,又羞愧,又感激。他们对朱冲说:"你太好了! 你放心,以后,我们再也不让牲口糟蹋你家的庄稼了!"待人厚道的朱冲,始终这样做,赢得了亲朋、乡邻一片赞扬。

【古为今用】

与人为善,与己为善

孟子曾经说过:"爱人者,人恒爱之;敬人者,人恒敬之。"意思就是说,爱别人的人,别人也会经常爱他;尊重别人的人,别人也会经常尊重他。所以我们可以说,在为人处世的过程中,与人为善,就是与己为善。

可以说,善良是人们最基本的品质,也是最为平常的东西,但它却可以打开一道通往幸福的门。善良的人们,外表不一定出众,也并不引人注目,但是他们的一举一动往往会显示出内心素质的丰富和高尚。善良的人们都知道,帮助别人就是帮助自己,与人为善就是与己为善,别人幸福,自己也会幸福。

有人或许会问:"明明是我去帮助别人,是别人受惠,怎么是帮助自己呢? 我受的惠在哪里呢?"其实这是一个很简单的问题,一个人在帮助别人的时候可能没有意识到,他无形之中就已经运用了感情投资。而别人对于你的帮助会永远记在心中,只要一有机会,他们会主动报答的,当你得到他们报答的时候,难道会不认为帮助别人就是帮助自己吗?

与人为善,其实就是与己为善,真正有涵养的人,在别人适逢痛苦或者遭遇不幸时,绝不会冷眼旁观,而是尽自己的力量给予同情和帮助。即使是再普通的关系也应该表现出一种友好和关爱,或许这种友好和关爱便可以成为你们友谊的起点,让你的生活之路又多了一条。

张爱玲曾经说过:"因为慈悲,所以懂得。"善良是爱心的内核,它不是一种简单的情感,而是一种习以为常的美好的心境,一种良好的待人处世的态度。而善良是一个人获得幸福生活的秘方之一,因为善良,一个人的存在无论是对自己,对他人,对社会都是一笔无形的财富。善良的人,往往最富有、最真诚、最快乐、最幸福。

第五十节　出生入死

【题解】

　　本章中,老子主要研究思考了人的生死问题,确切一点可以说是人死亡的原因问题,它就是文中所说的"十有三":长寿的,短命的,半途夭折的。每个人都有生命的厚度和长度,每个人生命或长或短的原因是多方面的,但具体而言主要有两点:一是遗传因素;二是外界因素,例如营养过剩、骄奢淫逸、不良的行为方式或生活习惯等。老子认为,人活在世,应善于避害,只有这样才能够保证生命长寿。他独特的对人为因素对人生命长短的影响的注意,要求人们不要靠着一些不良的行为习惯来保养自己,否则快速走向死亡的将是自己;若想长寿就要以清静无为的态度来生活。

【原文】

出生入死①。

　　韩非子《解老》:人始于生而卒于死。始于谓出,卒之谓入。

　　王弼《道德真经注》:出生地,入死地。

生之徒②,十有三③;死之徒④,十有三;

　　王弼《道德真经注》:十有三,犹云十分有三分,取其生道,全生之极,十分有三耳。取死之道,全死之极,亦十分有三耳。

　　宋徽宗《御解道德真经》:与生死为徒者,出入乎生死之机,固未免夫累。

人之生,动之于死地⑤,亦十有三。

　　韩非子《解老》:凡民之生生,而生者固动,动尽则损也;而动不止,是损而不止也。损而不止。则生尽;生尽之谓死,则十有三具者皆为死地也。

　　河上公《老子章句》:人知求生,动作反之十三死地也。

夫何故? 以其生生之厚⑥。

　　河上公《老子章句》:问何故动之死地也。言人所以动之死地者,以其求生活之事太厚,违道忤天,妄行失纪。

王弼《道德真经注》：而民生生之厚，更之无生之地焉，善摄生者无以生为生，故无死地也。

盖闻善摄生者⑦，陆行不遇兕虎⑧，入军不被甲兵⑨。兕无所投其角，虎无所措其爪，兵无所容其刃。夫何故？以其无死地⑩。

王夫之《老子衍》：然而摄生者其用在动，之死者其用亦动。何以效之？摄生者以得地为忧，动而离之。之死者以不得地为忧，动而即之。彼虽日往还于出入之间，而又恶知动哉？则甚矣，地之可畏也！兕虎之攫，必按地以为威；甲兵之杀，必争地以制胜。遇无地者，则皆废然而丧其杀机。杀不在彼，死去于我，御风音所以泠然善，云将所以畅言游也。

【注释】

①出生入死：出，出现于世上，也就是生。入，入于地下，也就是死。出生入死，对这句话有不同解释：一说人离开生路，就走进死路；一说人始于生而终于死；一说人出于世上就是生，入于坟墓就是死。现在多采用最后一种。

②生之徒：徒，属，类。生之徒，即属于长寿一类的人。一说，徒通"途"，指活着的途径。今采用第一种说法。

③十有三：这句话有几种说法，一说十分中占三分，即十分之三；一说指四肢与九窍，今不从。还有一说，指七情六欲，即喜、怒、哀、惧、爱、恶、欲（七情）与声、色、衣、香、味、室（六欲）这十三项，今不从。今从第一种说法。

④死之徒：属于夭折的那些人。

⑤人之生，动之于死地：人本来可以长生的，但是却意外地走向死亡之路。

⑥生生之厚：由于求生的欲望太强，而过分地享受，酒食厌饱，奢侈淫逸，奉养过厚。

⑦盖闻善摄生者：盖，用于句首的语气词。摄，调摄、养护；摄生，即养生；摄生者，即保养自己。

⑧陆行不遇兕虎：陆行，在陆地上行走。兕：犀牛。

⑨入军不被甲兵：入军，到军队中参战。被，动词，遭受；甲兵，武器、兵器；被甲兵，即指受到杀伤。

⑩无死地：没有进入死亡的地域。

【译文】

人的一生始于出世，终于入地。属于长寿一类的人占到十分之三；属于短命一类的人占到十分之三；本来可以活得长久的，自己却走向死路的，也占了十分之三。

为什么会这样呢？因为奉养得过了度。曾听说过，善于养护生命的人，在陆地上行走不会遭到兕牛和老虎的袭击，在战场上打仗不会被兵器所伤。兕牛在他面前用不上它们锐利的角，老虎在他面前用不上它们锋利的爪子，武器对其身无处刺击锋刃。为什么会这样呢？因为他没有进入死亡的危险境地。

【解析】

"生"与"死"向来是很沉重的话题，尽管与我们每一个人都息息相关，但是很多人还是会采取避而不谈的态度。"生"能够给人带来希望，而死亡带给人们的却是阴郁，很多人几乎到了"谈死色变"的地步。但是，不论我们如何讨厌死亡，如何惧怕死亡，死亡作为一种自然规律，它都不会心生怜悯而改变其运行的轨道。生死本来就是一对对立而生的矛盾体，有生就有死，所以，对待生死一定要持一种平和的心态。

老子认为，天生长命的人占十分之三，天生短命的人也占十分之三，这是天命，也是生死的自然规律，我们无法改变，有些人为的干预不但于事无补，反而会起到相反的作用。老子之所以这样说，是有原因的，他认为"人之生，动之于死地，亦十有三"，这就是说，本来可以长寿的人，由于其贪欲过多，整日沉浸在郁郁寡欢之中，进而影响到机体的正常运行，伤残到身体，违背了生命的自然规律，因此，出现了过早衰老、死亡的现象。

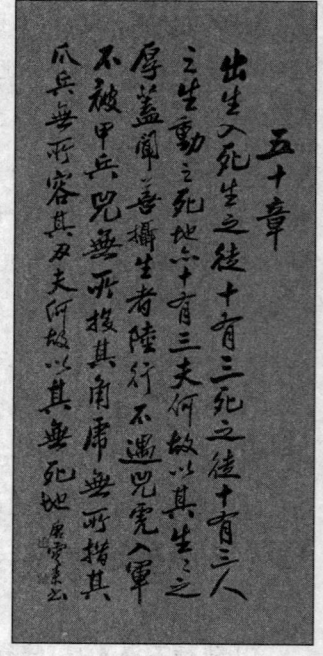

《道德经》五十章书法

接下来，老子认为只有真正懂得养生之道的人，在陆地上行走才不会遭到兕牛和老虎的袭击，在战场上打仗才不会被兵器所伤。兕牛在他面前是用不上它们锐利的角的，老虎在他面前也用不上它们锋利的爪子，武器对其身无处刺击锋刃。当然，从客观现象来看，这些懂得养生之道的人，不是不会遇到上述情况，而是因为他们对待所有的伤害都能持一种平和的心态，几乎毫无畏惧，因此，也就无所谓伤害了。接着老子也给出了答案，"夫何故？以其无死地"，为什么会这样呢？因为他还没有进入死亡的危险境地。

我们再联系老子生活的年代来做一下分析，老子生逢乱世，战火不断，人的生命随时都会有覆灭的危险，在这样的情形下，谁不害怕死亡呢？因此，老子提出了自己的主张：首先，他不主张采用你杀我夺的战争来保护自己，因为战争的胜负是无法预料的，况且会造成无谓的伤害;其次,他不主张采取过度淫逸奉养的生活方式来保养生命,因为这样很容易使事物的发展偏离其运行规律的轨道,结果伤害到生命。

因此,老子认为,善于养护自己的生命,便应做到少私寡欲、清静无为,努力培养自己恪守道的德性,过一种清静质朴、纯朴自然的生活。

另外,生死乃人之常理,是万物周而复始的一种自然规律,生死如来往,死是回归于万物,是为道之大用,生生死死,循环往复,出于道而又入于道,所以,在对待生死上,我们一定要持一种"生死如一""视死如归"的态度,只有这样我们才能活得更潇洒,不枉来世潇洒走一回。

【名句品读】

生之徒,十有三;死之徒,十有三;人之生,动之于死地,亦十有三。夫何故?以其生生之厚。

根据老子的分析,在所有的人中,属于长寿一类的人占到十分之三;属于短命一类的人占到十分之三;本来可以活得长久的,自己却走向死路的,也占了十分之三。为什么会这样呢?因为奉养得过了度,没有按照大道的规律来行事。

大道要求人们,对于任何事,都不要强求,一定要顺其自然地生活,如果能够这样做到,就会使生命发挥到淋漓尽致的最佳状态。

其实,短命的人不一定就是遭遇不幸,或者是疾病缠身,而是因为他们过于看重生命,过于追求一些浮华的违背生命发展规律的事情,殊不知,这样恰恰是反其道而行之,受到自然规律的惩罚也就成为必然。所以,凡事还是把握好度为好。

盖闻善摄生者,陆行不遇兕虎,入军不被甲兵。兕无所投其角,虎无所措其爪,兵无所容其刃。夫何故?以其无死地。

世间万物的生存状态归根结底都可以用两个字来概括,一个是"生",另一个是"死"。因此,对于生死的不同态度就决定了一个人的世界观和人生观。尽管老子说"盖闻善摄生者",曾听说过,善于养护生命的人,其实是在表述自己的真实想法,人只要不离失本分,就能够获得长久不衰。生活在这个变化万千社会中的人,总是会受到来自外界的伤害,但是各种现象表明,只有那些贵生重己、养护生命的人才能够通过自己的力量成功地抵制各种袭击,其主要原因就是,他们还没有进入死亡的境地,外界的因素是无法影响到他们的。

因此,每一个渴望长寿的人,都要爱自己、爱养生、保护好自己以求延长寿命更好地发挥自己的生命的力量,但是一定要注意养生的方法,凡事适度为最好。

【经典故事】

从政之道

汉武帝执迷不悟求长生

就功绩和能力来看,汉武帝也是一个大有作为的帝王,文治武功,颇为显赫。然而汉武帝却过分迷信长生术。上所行之,下必效之。所以,给武帝上长生之方的多达万余人。他也曾派人入海求长生之药,还把卫长公主嫁给一个方士,一次赏赐方士黄金即达万斤。

有一个叫李少君的方士,曾献给武帝"却老方",因此武帝非常器重他。

为了给武帝制造真实感,这个李少君隐瞒自己的年龄,常说自己已七八十岁。更为荒诞的是,在一次宴会时,席中有一个九十岁的老人,李少君说自己小时候曾和老人的

汉武帝刘彻

伯父在一起游玩过,致使全座大为吃惊,看来人们还都相信。

汉武帝就是这种迷信的倡导者。所谓楚王好细腰,国人多饿死。李少君对汉武帝说:丹砂可以炼化为黄金,用黄金做器皿使用可以长寿;还说自己见过蓬莱山中的仙人,如查访到仙人,就能长生。武帝深信不疑。

还有一次,武帝拿出一个铜器问李少君,李少君说这是齐桓公用的铜器。大臣们查看铜器上的铭文,果然是齐桓公用的。于是"一宫尽骇,以少君为神",是"数百岁人也"。

后来李少君病了,死了,还不能使武帝清醒,他认为是"化去了",是成仙了,因此,更派人去海上求仙人,致使"方士多相效,更言神事矣"(《史记》)。

汉文帝坦然面对生死

汉孝文皇帝刘恒对待生死的态度,令人起敬。观其一生,他没有求神服药等追求长生的行为。

他认为,"死者天地之理,物之自然者"。基于这种认识,他不去追求身体的长生,而是追求精神的长生,事业的长生,在有生之年努力而为,努力去做事。作为皇帝。他是最勤勉的一个。他在位的二十几年间,改革政事,兴利除弊,"除诽谤,去肉刑,赏赐长老,收恤孤独,以育群生,减嗜欲,不受献,不私其利"。还有重赏功臣,减免租税,重视农业,与民生息,和亲匈奴等,做了不少利国利民的事。司马迁说:"文帝在位二十三年,宫室院囿,狗马服御无所增益,有不便辄弛以利民……专务以德化民,是以海内殷富,兴于礼义。"

文帝对待死亡的态度也很坦然。他说:"盖天下万物之萌生,莫不有死。"死是自然规律,作为皇帝,也概不例外。因此,他坦然面对死亡,事先写下遗诏,安排后事。在安排丧事时,还想着国家和百姓,提出一切从简的原则和便民的原则:省财力,省精力。要求"霸陵山川因其故,毋有所改。"(霸陵是文帝的陵墓)其建筑"皆以瓦器,不得以金银铜锡为饰,不治坟"。"欲为省,不烦民。"他还顾念着臣民百姓,怕百姓"重服久临,以离寒暑之数,哀人父子,伤长幼之志,损其饮食"。令天下吏民"三日皆释服","毋禁娶妇嫁女",等等。

他的遗诏可以看作他死后的作为,虽然身故,还要有所作为,还要为国为民做一些好事,这种死不也是生吗? 这就是虽死犹生。

汉文帝这种对待生死的态度到现在还可以作为我们仿效的楷模。虽然已是两千多年后的信息时代,但看破生死的必然,生前努力工作,造福人类,努力使生得更有意义,更有益于社会,有益于人民,使生命体现出最大的价值,却是我们现代人所应该追求的。

为人之道

庄子笑看生死

庄子与其妻关系十分融洽,二人相亲相爱地过了大半辈子。但是,在他们都进

入人生暮年时,庄子的妻子却因患重病提前一步去世了。

听到这个消息,庄子的亲朋好友都很悲伤,并且对庄子深感同情。于是,大家都想前去庄子家中安慰安慰他。作为庄子朋友的惠子先于别人来到庄子的家里。

可是当他来到庄子家中的时候,却见庄子若无其事地两脚着地又开双腿坐在凳子上,一边敲盆,一边哼哼着小曲,脸上几乎没有一点悲伤的表情。看到惠子来了,还和平时一样也不起来迎接,只是面无表情地点了一下头,继续他的敲盆和歌唱。

看此情景,惠子心想,你不与我打招呼倒罢了,你妻子刚刚去世,怎么还有心敲盆唱歌呢? 于是非常生气,并且满脸不高兴地对庄子说道:"你老婆和你生活了大半辈子,为你生养子孙,操劳辛苦了一辈子,可是她死了,你不哭倒也罢了,但是你却敲盆唱歌,你这样做恐怕太过分了吧。"

听此,庄子才抬起头来,停止敲盆唱歌,然后平静地对惠子说:

"事实不是这样的,当我妻子刚刚去世的时候,我也非常难过,并且大哭了一场,但是后来一想,就停止了哭声。

其实,我的妻子,原本是没有生命的,不但没有生命,而且没有形体,不但没有形体,而且没有形体产生的气候征兆。在混沌混杂之中,逐渐酿成了产生形体的气候征兆,进而具有形体,进而具有生命,进而又有了现在的死亡。人的生生死死,如同春夏秋冬的交替运行,而我的妻子本不是我的妻子,不只她不是我的妻子,而且我自己也不为我自己所有。现在我的妻子死了,她人已经安静地回归到混沌混一的初始状态,躺在天地万物的大房子里,如同秋去冬往,等候着春天重新来临。而我却嗷嗷地在她身后痛哭,这样看来,我太不懂道理了,所以就止住不哭了。"

听了这样的话,惠子似有所悟,感觉庄子的话有一定的道理,所以脸上的怒气也逐渐消失了。

【古为今用】

笑看生死,快乐生活

生生死死,如同春夏秋冬的四季交替,来来往往,周而复始。从这个角度来说,生并不是获得,也不一定具有更大的意义,死也并不是丧失,也并不是失去了所有的意义。从某种意义上来说,倒是死比生更有意义,因为死更具有回归万物、更新再造的可能,因此,死相当于新的轮回的开始,不应该为死而悲伤。

佛家认为,生死的事实乃是生命的假象,在生死流中生了又死,死了又生。其实,生死是同一件事。表面上看起来,生命的诞生有具体的形象,有种种的欢喜;生命的结束有些许的,有种种的伤感。如果以悟者的心智来观察,则一切都是虚妄。打个比方,死亡就如同旧屋残破更替,搬个新家,而身体就好比房子,损坏了,需要更换一个健康的身体,只有这样才能保证生命的生生不息。

尽管老百姓经常说"生死由命,富贵在天",尽管这句话不乏宿命论的因素,但也能从积极的方面给我们一些启示。生老病死是自然规律,所以一些不必要的争取、过度欲念都是徒劳的,凡事顺势而行,尽力而为就好了,明白了这一点,对于生死就会变得坦然了。

不论是生活在哪个年代,不论你是一个什么样的人,过着怎样的生活,都需要一个健康的体魄和一种稳定的心态,这是健康生存于世的最根本的资本,其中,养生之道与生死观的不同则直接影响到一个人的健康与心态。因此,养生之道,一定要符合自己的生活规律,要符合事物发展的客观规律;凡事不可急于求成,急功近利换来的往往是不尽如人意。只有将健康的体魄与良好的心态融合到一起,才有机会占据有利的位置,成就自己快乐的人生。

第五十一节　玄德之德

【题解】

老子在本章中重点讲述了"德"的作用。由"道"而生的万物则由"德"来养育,在万物的发展过程中,"道"与"德"都是不加干涉的,而是顺其自然,自由发展。在此,老子再次论述了"道"以"无为"的方式生养万物的思想。

本章中,我们还可以看出"道"与"德"的伟大之处也正在于它虽然创造了万物,养育了万物,但它们在万物的发展变化中却不掺杂自己的主观因素。"道"与"德"的有机结合,才使得万事万物生生不息。这样的"道"才是大道,这样的"德",才是最大的"德",即所谓的"玄德"。

【原文】

道生之[①]，德畜之[②]，物形之[③]，势成之[④]。

河上公《老子章句》：道生万物。德，一也。一主布气儿蓄养之。一为万物设形像也。一为万物作寒暑之势以成之。

王夫之《老子衍》：道之用曰德。皆道之自然。

是以万物莫不尊道而贵德。

河上公《老子章句》：道德所为，万物无不尽惊动，而尊敬之。

王弼《道德真经注》：道者，物之所由也。德者，物之所得也。由之乃得，故曰不得不失，尊之则害，不得不贵也。

道之尊，德之贵，夫莫之命而常自然[⑤]。

河上公《老子章句》：道一不命召万物，而常自然应之如影响。

王弼《道德真经注》：命并作爵。

故道生之，德畜之，长之育之，亭之毒之[⑥]；养之覆之[⑦]。

河上公《老子章句》：道之于万物，非但生而已，乃复长养、成熟、抚育，全其性命。人君治国治身，亦当如是也。

王弼《道德真经注》：谓成其实，各得其庇荫，不伤其体矣。

生而不有，为而不恃，长而不宰。是谓玄德[⑧]。

王弼《道德真经注》：为而不有。有德而不知其主也，出乎幽冥，是以谓之玄德也。

唐玄宗《御解道德真经》：具如载营魄章所释，彼章言人修如道，此章明道用同人。

【注释】

①道生之：之，指万物。"道"，生成万物。

②德畜之：德，道分化于万物就成为"德"。"德"畜养万物。

③物形之：具体的质体使万物得到形状。

④势成之：势，有不同的解释。一说指环境，即各种自然物所处的地域、气候等。一说指事物内在的势能。一说指自然力中相互对立统一的关系，如阴阳相对、四时因等。现在多采用第一种。势成之，即环境使各物长成。

⑤莫之命而常自然：不干涉或主宰万物，而任万物自化自成。

⑥亭之毒之：亭，即成；毒，即熟。亭之毒之，便是使之成熟、结果的意思。今从后面的解释。

⑦养之覆之:养,爱养、护养;覆,覆盖、维护、保护。

⑧玄德:即,上德。它产生万物而不据为己有,养育万物而不自恃有功。

【译文】

"道"生成万事万物,"德"养育万事万物,万事万物呈现各种形状,外界的具体环境使其长成。因此,万事万物没有不尊重"道"并重视"德"的。"道"之所以受到尊崇,"德"之所以被珍重,就是由于"道"生长万物而不加干涉,"德"畜养万物而不加主宰,顺其自然。所以,"道"生成万物,"德"畜养万物,使万事万物成长、发展、成熟、结果,使其受到爱养、保护。生养了万物而不据为己有,成就了万物而不自恃有功,导引了万物而不主宰,这就是深远而奥妙的"德"。

【解析】

"道"与"德"到底有一种什么样的关系?如果将二者结合起来会产生什么样的效果呢?这是我们在阅读《道德经》时,首先会思考的问题。那么,在本章中,老子就将"道"和"德"结合起来进行了论述。

根据前面的章节,我们已经知道,万物都是顺应着自然规律来生长、发展、变化的,而这里所说的"自然规律"指的就是大道,即老子所说的"道生之"。那么,道生出的万物该如何抚养呢?这也是一个很关键的问题。紧接着,老子就提到"德畜之","德"刚好担负起了这一重任。万物由道生,由德养,"物形之,势成之"这就如同生养我们的父母,当我们长大成人以后,不论我们受到外界的什么影响,不论我们如何变化,都没有理由不去尊重他们。所以,"是以万物莫不道而贵德"。

"道"之所以被尊崇,"德"之所以被珍重,并不是谁册封的,不是任何主宰者可以命令和安排的事情,而是,确切地说应该是对自然客观规律的遵从和应用,是自然而然的事情。所以说,"道"使万物得以产生,"德"使万物得以养育、繁殖,使万物成长、发育、成熟、结果,使其受到爱养和保护,这就是万物之所以生生不息的原因。

大道生养了万物而不据为己有,成就了万物而不自恃有功,导引了万物而不主宰万物,这就是深远而奥妙的"德",大道深厚、无私。从现代社会和现代人的角度来看,这样的"精神"未免有些"傻乎乎"的,在这种精神支配下的行为也很容易吃亏,其实,现代社会和有这种想法的现代人却忽略了这样一个道理:没有付出怎么去求回报?

我们人类总是追求礼尚往来,并且还有了"来而不往非礼也"的"至理名言",其实,这和大道是相悖的。大道遵循自然规律,决不强求他人他物,其中也包括在你帮助别人之后,别人回赠你的感恩之心。而人类的上述想法却恰恰违背了这一

客观规律,在付出之前就想着得到回报,如果渴望得到满足,就会沾沾自喜,一旦回报少于自己的期望值或者慢于自己设定的回报速度,有些人就会心生怨恨,埋怨对方,甚至会由爱生恨,做出害人害己的事情。

"玄道"之人却不同,他们在付出时从来没想到会得到回报,在他们看来,付出与回报是没有什么区别的,所以,在付出没有回报的时候,他们会认为这是一种很自然的现象,如果得到回报,对他们来说那将是一笔额外的财富。

这就是凡人与圣人的重点区别之一,圣人的这种无私奉献的精神也是我们每个渴望快乐的人应该学习的。

【名句品读】

生而不有,为而不恃,长而不宰,是谓玄德。

在老子看来,所谓的"玄德",就是指那些最深远、最广大、最奥妙的"德",就是那些生养了万物而不据为己有,成就了万物而不自恃有功,导引了万物而不主宰万物的"德"。具有"玄德"的人也是具有大智慧,并且能够最终获得成功的人。可以说,具有"玄德"的人,都具有大无畏的奉献精神。

另外,生养、成就、导引本身都是积极的,都是对动作的接受者有很大启发意义的事情,如果动机不纯,那就有可能产生不可预期的后果。所谓"大爱无私"说的就是这个道理。

道之尊,德之贵,夫莫之命而常自然。

"道"之所以受到尊崇,"德"之所以被珍重,就是由于"道"生长万物而不加干涉,"德"畜养万物而不加主宰,顺其自然。

按照大道的原则,我们可以说天地万物只要存在,就会"遵道而重德"。而这种尊重与珍视是自然而然的,不是人为地强加的。大道之则认为,这世界只要还存在,就会按照生万物的"道"的大道的规律运行;只要这大道在运行,世间万物就会按照"德"的运作规则在进行。这一切都是自然而然的,没有谁下达的命令,没有任何人的强制实行,这是一种顺其自然就能达到的和谐。那么我们人类还有必要人为地去强加措施而破坏吗? 答案当然是否定的。

同样的道理,我们为人处世也应该讲求自然而然、水到渠成。没有必要为了一些身外之物而争得头破血流,真正属于你的东西不用争也能得到。所以,凡事顺其自然最好。

为人之道

最后的赤脚医生——李春燕

曾有这样一段对一名医生的解说词：

她是一位医生，虽然她从来没有机会穿上白大褂，甚至被人在医生的前面还要加上"赤脚"这两个字；她是一名医生，但不像很多医生那样，不愁自己衣食，她一个月也许能收入六百多元钱，但是买药以及买相关的一些东西却要花出九百多元钱，亏空三百多元钱，欠债也就越来越多；她是一名医生，自然被患者所需要，但是跟其他的医生比她的患者似乎对她更加需要，这该是一名怎样的医生呢？她就是被人们称作"赤脚医生"的乡村医生李春燕。

李春燕，二十七岁，是贵州省从江县大塘村的一名乡村医生。严格来讲，李春燕不能被称作医生，只能叫作"卫生员"，因为她没有编制，没有国家发放的工资，没有享受国家的其他待遇。三年前，李春燕卫校毕业后嫁给了大塘村一个苗族青年成了一名乡村卫生员，并且在自己家里开设了一间卫生室。

李春燕生活的大塘村是一个苗族村寨，全村只有她一个乡村卫生员，有两千五百多名苗族村民，人们生活极其贫穷，村里向来缺医少药。在李春燕没有到来之前，村里从来就没有过医生，过去，人们生了病，除了苦熬，就是请鬼师驱鬼辟邪，或是用土办法自己治疗，即使是死了，谁也不知道是什么原因所致。现在，大家似乎都习惯了有病去李春燕那里打针吃药。

尽管全村都支持着她的诊所，但是乡亲们来看病，没钱付药费只能记账赊欠的情况却屡有发生。2004年年初，一直赔本经营卫生室的李春燕决定关掉卫生室，随同丈夫去广东打工。但是当他们正准备出门的时候，闻讯而来的乡亲们正好赶到，看到他们真的要关掉诊所离开村寨的时候，村民们掏出皱巴巴的一元、两元钱递给李春燕，并乞求似的说："李医生，你走了，我们可怎么办？这是我们还你的账，不够的我们明天把家里的米卖了，给补上。"

被乡亲们感动了的李春燕最终没有离开。这是李春燕留在这艰苦的地方做乡村医生唯一想放弃的一次。

烛照深山，扎根悬崖小学十八年

2008 年《感动中国》十大评选人物之一的"李桂林、卢建芬夫妇"，从 1990 年到 2008 年，扎根于彝族村寨甘洛县乌史大桥乡二坪村十八年，把知识的种子播撒在彝寨，为村民走出彝寨架起了"云梯"。

李桂林，男，四十二岁，彝族村寨甘洛县乌史大桥乡二坪村教师。陆建芬，女，四十一岁，彝族村寨甘洛县乌史大桥乡二坪村代课教师。他们是悬崖小学的支教夫妻。甘洛县乌史大桥乡二坪村，是凉山北部峡谷绝壁上的彝寨，村民上下绝壁都要攀爬五架木制的云梯，进出极为艰难，村民一年难得下绝壁一次。就是在如此艰险的环境下，从汉族地区来的李桂林、陆建芬夫妻扎根这里十八年，把知识的种子播种在彝寨，为村民走出彝寨架起"云梯"。

1990 年，李桂林夫妻来到这里，村民的落后与贫苦深深地震撼了这对彝族夫妻。强烈的同情心和民族感使李桂林坚定了扎根二坪搞教育的决心，得到了妻子的大力支持。他与妻子十八年如一日地教书育人，培养了六届学生共一百四十九人，其中有二十二人是从外村慕名而来的。李桂林本人还两度被评为县优秀教师。

二坪，这个过去的"文盲村""穷山村"，现在成了"文化村"。昔日的荒凉到今天的精神巨变，与这两位老师付出的心血是分不开的。他们为偏远山区的教育事业撑起了一片蓝天。

当问起他们这样做的原因时，李桂林老师曾说，他是被触动和感动，让他有了一种神圣的使命感，所以他选择了坚守。

当他得知这个村子有十年没有办学校的历史，新的文盲在产生时；当村主任告诉他，他们二坪村人到了大城市，因为不识字，连厕所都不敢贸然进去，而是要等别人现出来以后再进去时；当他第一次到二坪村看到十多岁的孩子还赤条条地到处跑时；当他看到村里人喝牲口洗过澡的小堰坑里的水时……这一切的一切都深深地触动了他。

除了触动还有感动。他们到二坪村去的时候，村里人自己吃玉米馍，喝酸菜汤，却杀掉能换几个月盐巴钱的鸡来招待他；他往返学校的时候，村里人总是准时接送，周一在悬崖下等着护送他俩上去，周五再来护送他俩下去，让他俩深深地感动。因此，他们坚定了扎根悬崖的信念。

关于李桂林夫妇的奉献精神，阎肃曾写下过如此深情的评价：星星和月亮在一起,桂林和建芬在一起,太阳和温暖在一起,桂林和建芬了不起!

经商之道

李嘉诚布施得财富

作为香港首富的李嘉诚先生,其少年经历之忧患是我们难以想象的。

十二岁便辍学到社会谋生,深深体会健康和知识的重要,同时也认为对无助的人给予帮助是世上最有意义的事情,教育及医疗两者更是国家富强之本,他也认识到个人力量到底有限,唯有事业成功,才能对社会和国家做更大的贡献。故早年随着事业进展、心有余力的时候,便热心公益,支持内地及香港的教育医疗事业。于1980年,成立李嘉诚基金会,借以对教育、医疗、文化、公益事业作更有系统的资助。历年来,捐款累计逾港币五十亿元,其中约70%通过李嘉诚基金会统筹资助,其余百分之三十则在李先生推动下由旗下企业集团捐出。2006年向世界宣布将捐出自己资产的百分之七十——大约350亿元股权!

李嘉诚先生是香港首富,也是全球最有影响力的十大富豪之一。他掌控着香港的经济命脉;经营世界上最大的港口;垄断着面向中国内地的输电线;享有着顶级地产商和零售商的美誉;以及拥有着最大的移动手机运营商的头衔……他大概是香港市场诸巨人中少有的出身贫寒者,少有的常青树,在市场和管理的各个领域和各个层面都成功过的佼佼者。

事业辉煌的李嘉诚夫妇是众所周知的大慈善家和学佛居士。他曾捐资三千多万港币建立"李嘉诚护理安老院",该院规模宏大,设备齐全,占地约一千五百平方米,可收容几百名老人在此接受护理和安养。在该院建设过程中,李先生特委派李嘉诚基金会的高级职员、计划经理、办公室经理、高级秘书等专职筹划,使该院在短时间内建成启用,许多老人在此安度晚年。

李嘉诚在香港和内地也广种福田,常常捐助上亿元的巨资,用来建佛像、修寺庙、造桥铺路、兴办教育、支援医疗、赞助科研、弘扬文化、赈济灾民等慈善布施。号称世界第一的香港大佛,李先生是一大功德主。

请记住李先生的座右铭:"人生在世,能够在自己能力所及的时候,对社会有所贡献,同时为无助的人寻求及建立较好的生活,我会感到很有意义,并视此为终生不渝的职志。"李嘉诚所关心的,并不是自己能挣多少钱,而是关心他手下的员工每

一个家庭能生活得好。

李先生的富豪佛教家庭深信布施和富贵的内在必然联系,深知慈悲喜舍的精神和举止是佛菩萨的特色。事实也证明,唯有如此,才能得天时、地利、人和;唯有如此,事业才能兴旺,社会才会祥和。

【古为今用】

奉献,是爱人也是爱自己

做好事的出发点不同,结果就可能有很大的差别。人的奉献之心不应该作为一种交易,更不能有投入与产出的联系,否则就会失去奉献的善良的本意,一旦开始计较这些,人们内心那份原本的安宁就会被打破。这就是说,奉献还是无私的好。

或许,现在我们再谈无私奉献,就会被很多人所不齿,被很多人嘲笑,说我们在炒作,其实不然,无私地付出是我们每个人取得快乐的根源。容易忘记感恩是人类的天性之一,所以,如果我们在做出一点点的付出之后就渴望得到被帮之人的感激的话,那肯定会让我们失望,苦恼也会取代快乐。

或许我们会遇到这样一些人,在他帮助别人的过程中却在想着,我帮助他,他就应该感激我,我对他帮助越大,他对我的感激之情就应该越深,给予我的回报就应该越大。如果真有这样一个人的话,那么他给予他人的帮助不论有多大,都不是付出,而是在进行一种交易,如果对方的回报未能达到他的标准的话,他定会懊恼不已,这是因为他的动机不纯。

马明·西比利亚克曾说过:"如果一个人仅仅想到自己,那么他一生中,伤心的事情一定比快乐的事情来得多。"而一个企图回报的付出者,其出发点就是为了自己的利益考虑的,所以他永远体会不到付出的快乐。亚里士多德也说过:"理想的人以施惠于人为乐,但却会因别人施惠于他而感到羞愧。因为能表现仁慈就是高人一等,而接受别人的恩惠,却代表低人一等。"所以,不管现实如何,也不要管结果怎样,如果我们想获得快乐,那就不要在付出之前就考虑着自己能得到多大的回报,当我们确实这样做的时候,生活或许会赠予我们一些意外的收获。

第五十二节　是为袭常

【题解】

本章是继第四十七章之后在此讲述认识论的相关问题。老子认为，天下万物的生长和发展都有一个总的根源，即道。由道推演开来，万事万物都按照其自然规律自然而然地繁衍生息，这也就是老子经常提到的道与万物的关系的问题。本章中的"母"与"子"的关系问题，其实就是"道"与"万物"的关系问题。所以，人们若想真正认识天下万物就不能离开总的根源，认识了万事万物也不要忘记道，因为万物都是遵循"道"的。

同时，老子也提到，若想认识道，还要摒弃私心杂念，不要向外无限制地奔波追求，否则将会越走越远，无法真正把握事物的本质和规律。

【原文】

天下有始①，以为天下母②。

王弼《道德真经注》：善始之则善养畜之矣，故天下有始则可以为天下母矣。

王夫之《老子衍》：言"始"者有三：君子之言始、言其主持也；释氏之言始，言其涵合也；此之言"始"，言其生动也。

既得其母，以知其子③；既知其子，复守其母④，没身不殆⑤。

河上公《老子章句》：子，一也。既知道已，当复知一也。已知一，当复守道反无为也。不危殆也。

王弼《道德真经注》：母，本也，子，末也。得本以知末，不舍本以逐末也。

塞其兑，闭其门⑥，终身不勤⑦。

河上公《老子章句》：兑，目也。使母不妄视也。门，口也。使口不妄言。人当塞目不妄视，闭口不妄言，则终生不勤苦。

王弼《道德真经注》：兑，事欲之所由生；门，事欲之所由从也。无事永逸，故终身不勤也。

开其兑,济其事⑧,终身不救。

河上公《老子章句》:开目视情欲也。济,益也。益情欲之事。祸乱成也。

王弼《道德真经注》:不闭其原而济其事,故虽终身不救。

见小曰明⑨,

河上公《老子章句》:萌芽未动,祸乱为见为小,昭然独见为明。

王弼《道德真经注》:为治之功不在大,见大不明,见小乃明。

守柔曰强。

王弼《道德真经注》:守强不强,守柔乃强也。

唐玄宗《御解道德真经》:守柔弱,则人不能加,可谓强矣。

用其光,复归其明⑩,

河上公《老子章句》:用其目光于外,视时世之利害。复当返其光明于内,无使精神泄也。

明太祖《御解道德真经》:如此者,所守者暗,所用者有,大光其明,复为我有。

无遗身殃⑪,是为袭常⑫。

王夫之《老子衍》:生息无穷,机漾于渺。欲执之而已逝矣,预审之而已迁矣,欻忽萧散,何所为"常"?于其不"常",而阴尸其"常",岂复在"子""母"之涯涘邪?不然,以己之知与力,有涯之用,追随"子""母"之变,未见其免于殃也。

【注释】

①始:本始、起始,此处指"道"。

②母:根源,亦指"道"。"道"生天下万物,故为天下万物之母。

③既得其母,以知其子:子指天下万物。天下万物由"道"产生,故为"道"的儿子。既得其母,以知其子,是指已经掌握了万物的根源——"道",从而认识了"道"的儿子——万物。

④既知其子,复守其母:已经了解了万物,还必须坚守着万物的根本。

⑤没身不殆:没身,指死亡。没身不殆,是指到死都没有危险。

⑥塞其兑,闭其门:其,指人民;兑、门,都指窍穴。塞住他们嗜欲的孔窍,关闭他们嗜欲的门径。

⑦勤:勤,即勤劳之义,含有劳扰的意思。

⑧开其兑,济其事:打开他们嗜欲的窍穴,助成他们求知逞欲的事。

⑨见小曰明:能察见微小的事情,才叫作"明"。

⑩用其光,复归其明:"光"是向外照耀;"明"是向内透亮。运用智慧的光,返照内在的"明"。

⑪无遗身殃:遗,招致;殃,灾祸。无遗身殃,是指不给自己带来灾祸。

⑫袭常:承袭常"道",也就是因循永恒的自然规律。

【译文】

天下万物都有本始,(人们)把这个始作为天地万物的根源(母)。能够认识这个根源(母),就能继而认识万物(子);已经认识了万物,还需要坚守住万物的根本,这样做,终身都不会有危险。塞住欲念的孔穴,闭起欲念的门径,终身都不会有劳扰的事情。如果打开欲念的孔穴,就会增添纷杂的事情,终身都不可救药。能够察见细微的事情,才叫作"明";能够保持柔弱。才叫作"强"。运用其光芒,返照内在的明,不会给自己带来灾难,这就叫作万世不绝的"常道"。

【解析】

这一章几乎没有比较具体的表象,都是一些深奥、抽象的理论,因此,理解起来有点困难,但我们却能从其中最根本的一点去寻找突破点,那就是"道",因为"道"乃万物之始,是天下万物之母。

在本章开始,老子也提到了天下万物皆有原始,即都有自己的"母亲"。老子也曾多次提到万物皆始于"道",因此我们可以说道是生养万事万物的母亲,万事万物都是道的孩子,可见万物与道的关系之密切。现实中,我们也明白"能够认识母亲,就能够认识万物"的道理,但是在本章中,老子还提出了这样一个相对的观点,认识了万物以后还不能算是完成了认识论上的全部工作,因为万物的发展还会受到母亲的影响,反过来也会影响母亲,事实证明,一个不孝敬父母的孩子,是会受到道德的谴责的。所以,为了不做那个"娶了媳妇忘了娘"的白眼狼,就要做到,认识了万物,还要坚守万物的根本,即还要反过来"孝敬"母亲,只有这样,万物终身都不会有危险。

"孝敬母亲"是在遵循道的基本原则,但是过度燃起欲望的火焰,过分追求他物,也是有损道的客观规律的。所以要做到"塞其兑,闭其门",这句话可以理解为将自己的感觉器官都关闭起来,将自己的心门也封闭起来,不要受外界的干扰,这样终身都不会有劳烦之事。老子在前面的一些章节里讲到过"五色""五味""五音"对人的危害,它们直接导致目盲、耳聋、口爽,"开其兑,济其事,终身不救",归结起来,这都是欲念惹的祸,因此,我们一定要堵住"五色""五味""五音"进入我们的身体,控制住自己产生欲念。一切顺其自然,不要贪多才是与大道相吻合的为人处世之道。在此,老子怀着一颗无比诚挚的善良之心告诫世人,一定要"塞其兑,闭其门,终身不勤"。

接着,老子又提到了细节的重要性,"见小曰明,守弱曰强"。能够察见细微的事情,才叫作"明";能够保持柔弱而充满韧性,才叫作"强"。所以,细节也是一个不容忽视的问题。最后,老子又回到"道"上,与本章开头相呼应,运用其光芒,返照内在的明,不会给自己带来灾难,这就叫作万世不绝的"常道",大道母亲的怀抱是最安全最温暖的。

【名句品读】

塞其兑,闭其门,终身不勤。

"堵塞嗜欲的孔窍,关闭欲望的心门,终身都不会有劳烦之事。"即没有欲念,就不会有烦扰之事,正所谓"五色令人盲;五音令人耳聋;五味令人口爽。"在此,老子将道的法则演绎为"无为无欲"。

或许,人们一生都在追求一些所谓的真理,追求至高无上的东西,但是向外的追求是永无止境,没有终点的,对功名和利益的追求也是如此,所以,老子借圣人的行为来提醒世人一定要舍得塞住欲念的孔穴,闭起欲念的门径。

一个人要快乐地立身处世,摆正自己的位置很重要,看清身外之物的本质同样重要。欲望的旺盛,但现实对其的不能满足,是一个人心情郁闷的根源,更是一个涉足违道违法之境的直接原因。而人平常都是靠感官与外界接触的,生活中的每一件事情都能给人带来感官的触动,当看到、听到、触到一些东西即产生欲望的时候,就很难让自己追寻外物的双脚停歇下来。

所以老子也曾经说过,一旦打开感官的出口,欲望就成了一个难以填平的沟壑,最终终身都不可救治。

既得其母,以知其子;既知其子,复守其母,没身不殆。

老子认为"道"生万物,所以世间万物都有本源,而来源之处便如人母。

"能够认识这个根源(母),就能继而认识万物(子);已经认识了万物,还需要坚守万物的根本,这样做,终身都不会有危险。"只有这样做,万物才会生生不息,永生不灭。

而渴望走向成功的现实中的每一个人,其言行可以说都是受最初、最根本的理想支配的,在坚信这个理想不动摇的情况下,才能使我们前进的脚步永不停歇下来。

因此,我们一定要谨记大道乃是天下万物之母,不要忘记大道的重要作用,同理,我们不能忘记引导我们向前的最根本的理想。

见小曰明,守柔曰强。

能够察见细微的事情,才叫作明;能够保持柔弱,才叫作强。老子在此是在强调细节的重要性。老子本人并不是一个谨小慎微的人,但是他在《道德经》中却经常提到细节的重要性,例如,"图难于其易,为大于其细;天下难事必作于易,天下大事必作于细"等,这都是在强调细节的重要性。

细节固然很重要,但能够体察到细节才是关键。大道在正常的运行过程中是不会忽略任何一个小小的细节的,否则也不会恒久地运行下去,生生不息的。

【经典故事】

为人之道

甄宇失小得大

东汉时期,有一个名叫甄宇的在朝官吏,时任太学博士。他不仅有较强的治国才能,也以为人忠厚、遇事谦让而闻名。

有一次,外藩向光武帝进贡了一群活羊,考虑到官吏们的辛苦,皇上就将这些活羊赐给了在朝的官吏,要他们每人得一只。

在分配活羊时,负责分羊的官吏犯了愁:这群羊大小不一,肥瘦不均,怎么分群臣才没有异议呢?

这时,大臣们纷纷献计献策。

有人说:"把羊全部杀掉吧,然后肥瘦搭配,人均一份。"

也有人说:"干脆抓阄分羊,好不好全凭运气。"

就在大家七嘴八舌争论不休时,甄宇站出来了,他说:"分羊不是很简单吗?依我看,大家随便牵一只羊走不就可以了吗?"说着,他就牵了一只最瘦小的羊走了。

看到甄宇牵了最瘦小的羊走,其他的大臣也不好意思专牵最肥壮的羊,于是,大家都捡最小的羊牵,很快,羊都被牵光了。尽管大臣们得到的羊肥瘦不均,但是每个人都没有怨言。

后来,这事传到了光武帝耳中,皇帝对甄宇的这一做法非常满意,于是授予甄宇"瘦羊博士"的美誉,甄宇也因此事称颂朝野。

不久,在群臣的推举下,甄宇又被朝廷提拔为太学博士院院长。

在当时的情况下,几乎每个人都想要一只较肥的羊,这是欲望驱使下的心理表现,然而,甄宇却能抵制这种欲望的诱惑选择了一只最为瘦小的羊。在分羊的过程中,看似甄宇是吃了大亏,但是他却因此得到了难得的美誉,称颂朝野,最后做了大官,可以说,甄宇失了小但却得了大。

从政之道

子罕抵制诱惑,巧拒玉

子罕是春秋时期宋国的一位贤臣。他在位期间,清正廉洁是出了名的,他能抵制住各种诱惑是其清正廉洁的最根本的前提。

一次,有个宋国人得到了一块价值连城的美玉,这个宋国人很想把它献给子罕,以讨好子罕。

当宋国人将美玉呈递到子罕面前的时候,子罕看都不看,甩手以示让他拿回,当时,宋国人以为是子罕嫌美玉不够贵重,所以才不肯接受呢。于是,他就面带笑容地向子罕解释说:"大人,我已经拿给玉工看过了,玉工认为它是一件价值连城的宝物,所以我才敢进献给您呀!不信,您看看这形态,还有这色泽……"

子罕的宝物

不等宋国人说完,子罕就开口说话了:"我把不贪婪当作宝物,你把美玉当作宝物。如果把玉给了我,那么我们两个人都丧失了宝物,不如各人保有自己的宝物吧。"

听得此言,献玉的人只好叩头,但是献玉的目的没有达到,他还是不满足,然后就对子罕说:"小人怀中藏着宝玉,到哪里都不安全,还是把它送给您吧。这样就可以免于被人谋财害命了。"

从献玉之人的安全角度出发,子罕就把美玉放在了自己住的地方。然后让玉工雕琢它,然后又将雕琢成形的成品卖了出去,把卖得的钱给了献玉的人,让他成

公仪休拒鱼常吃鱼

春秋时期,鲁国宰相公仪休,非常喜欢吃鱼,他的这一嗜好很多人都知道,因此,一些有求于他的人便络绎不绝地送鱼给他。送鱼之人一般都是兴高采烈而来,垂头丧气而归。要说为什么会这样,那就要看公仪休的态度了,对于所送之鱼,不但严词拒绝,还要对送鱼之人严加批评。

对于他的这一行为,很多人都不能理解。一天,有个人终于忍不住问他这样做的原意了:"既然您那么喜欢吃鱼,为什么不收别人送的鱼呢?"公仪休满脸笑容地答道:"正是因为我喜欢吃鱼,所以才不能接受你们所送的鱼。你们看,我现在担任宰相,完全可以用俸禄去买鱼的;如果收了人家的鱼,就要给人家办事,那么难免会触犯国家的法律,如果做了这样的事,我的宰相官位就会被撤销。到那时候,我就没有俸禄可以买鱼了,也就不会再有人给我送鱼了,这样想来,我是决不能接受你们送的鱼的,即使再怎么爱吃鱼,我还是自己买吧,如果这样做的话,我就可以一直有鱼吃了。"

公仪休的话,听起来朴实直白,也让那些不理解他的言行的人受到了一些启发。尽管公仪休的话算不上什么至理名言,但却也不失明智,发人深省,尤其是他的控制欲望的精神更是可嘉。从此,公仪休拒鱼的故事就成了抵制诱惑、清正廉洁的代名词。

经商之道

商人贪心失万金

1956年,俄亥俄州的亚历山大商场发生了一起盗窃案,商场丢失八只金表,造成六万美元的损失,在当时这是个非常庞大的数目,因此引起社会各界的广泛关注。

就在案子还在侦破之时,一个名叫罗森的纽约商人到此批货,他随身携带有万元美金。经过多日奔波,他来到下榻的酒店后,先办理了贵重物品的保存手续,然

后将现金存进了酒店的保险柜里,一切都办好之后就出门吃早餐去了。

在咖啡厅里,他选了一个较安静的位子,但是当他吃到一半的时候,邻桌上坐过来几位附近居民模样的中年人。他们一落座就开始谈论不休,不经意间,罗森听到了他们的谈话内容,原来在谈论前几天的盗窃案件,这并没有引起罗森的任何注意和兴趣。

但是,吃午饭时,他又听见有其他的人也在谈及此事。其中一人说:"有人花一万美元买了两只金表,转手把金表卖掉净赚三万美元。"其他人听着都不无羡慕地说:"要是我能遇上,不知道有多幸福!"到了晚餐的时候,金表的话题竟然又被人提起,听话间,罗森渐渐心动了起来,并且不时地朝谈论人的方向看去,似乎试图与他们交谈一下,但是由于各方面的原因,他没有那样做,吃饱饭后就离开了餐厅。

他回到房间,收拾妥当后,突然接到一个神秘的电话:"先生,您是否对金表感兴趣? 我们这里有正宗的金表。如果怀疑,可以到金店鉴定。怎么样?"

罗森听后,大为心动,他思量着做成这笔生意可得到的利润要比一般生意优厚几倍。于是他答应和对方当面商谈,接下来用四万美元买下了传说中八只被盗金表的其中三只。

可是第二天,他仔细观察金表,总感觉有些不对劲,于是他把金表拿到熟人那里做鉴定。结果三只金表都是赝品,全部价值不过两千美元。直到这群骗子落网后,罗森才明白,从他进入酒店起就被这伙骗子盯上了。他一整天听到的关于金表的话题,也都是他们设计的圈套。

【古为今用】

想得到的越多,失去的越多

曾有人说,人类史,就是一部欲望牵引着人类不断进化、不断发展的历史,满足人类的欲望是人类文明的表现。然而,也有人说,欲望,一半是天使,一半是魔鬼,欲望一旦失控,就会把人们从天堂引向地狱。

"夺泥燕口,削铁针头,刮金佛面细搜求,无中觅有。"这是一首元曲中对过度欲望的描写。在现实生活中,有的人"贪心不足蛇吞象""既得陇,又望蜀",永远不会有满足的时候,而且越来越变本加厉,甚至铤而走险。这不仅会危及他人的利益,让人厌恶、憎恨,而且对自己也有害无益。

正如托尔斯泰所说："欲望越少,人生就越幸福。"古往今来,很多人欲壑难填,从而被贪欲灼伤。可以说,欲望越多,就越容易导致祸端。我们应该明白:在生活中,就算你可以拥有整个世界,一天也不过只吃三餐。只要知足常乐,就会过得轻松,活得自在,睡得安稳,回首往事也不会存有遗憾。

"人为财死,鸟为食亡。"从本质上说,金钱、名利仅仅是一种工具,当有人将其作为目的时,他的厄运就开始了。一旦人性中的贪婪被强烈地激发出来,就会把金钱当成自己的目的,也就开始牢牢地被贪婪控制。

有时候,喜欢一件东西未必就一定要拥有它。有人为了得到喜欢的东西费尽心机、不择手段,也许最后得到了,但是在追逐的过程中,他同样也会失去很多,付出的代价更是无法弥补的。

想想看,现实中我们拥有的东西并不少,仅仅因为永不满足的欲望而使自己变得更加贪婪了。我们憎恨别人所拥有的一切,我们只为不比别人拥有得更多,心理不平衡,甚至忧愁、愤怒。

颜回在"陋巷,一箪食,一瓢饮,不改其乐"。不论是喜欢一样东西也好,或是喜欢一个位置也罢,与其让自己负累,倒不如轻松去面对,即使放弃或者离开,也会使你学会平静。

第五十三节　唯施是畏

【题解】

在本章中,老子尖锐地揭露了当时社会的矛盾现象,描述了黑暗社会下,统治阶级给人们带来的深重灾难,尤其是统治阶级借助手中的权势和武力,对老百姓恣意搜刮,榨取钱财,终日荒淫奢侈,过着腐朽腐烂的生活,而下层民众却陷于饥饿状态,农田荒芜、仓储空虚,正如老子所说,这不是一个有道的统治者的行为,而是强盗头子的强抢霸权行为。这一章的内容也可以说是老子为无道的执政者们所画的肖像画。

【原文】

使我①介然有知②,行于大道③,唯施是畏④。

韩非子《解老》:书之所谓"大道"也者,端道也。所谓貌"施"也者,邪道也。

王弼《道德真经注》：言若使我可介然有知，行大道于天下，唯施为之是畏也。

大道甚夷⑤，而人⑥好径⑦。

韩非子《解老》：所谓"径"大也者，佳丽也。佳丽也者，邪道之分也。

河上公《老子章句》：夷，平易也。径，邪、不平正也。大道甚平易，而民好从邪径也。

朝甚除⑧，田甚芜⑨，仓甚虚⑩；

河上公《老子章句》：高台榭，宫室修。农事废，不耕治。五谷伤害，国无储也。

王弼《道德真经注》：朝，宫室也。除，洁好也。朝甚除，则田甚芜，仓甚虚，设一而众害生也。

服文彩⑪，带利剑，厌⑫饮食，财货有余，是为盗夸⑬。非道也哉！

王弼《道德真经注》：凡物不以其道得之则皆邪也，邪则盗也。夸而不以其道得之，窃位也，故举非道以明非道，则皆盗夸也。

陈致虚《道德经转语偈》：盗夸盗出自家珍，覆水难收费苦辛。只为良田荒秽了，如何做的太平民。

【注释】

①我：指有道的执政者。

②介然有知：介，微小的意思。介然有知，即稍有知识。

③行于大道：走在大路上。

④唯施是畏：施，读为"迤"，邪、斜行之义。唯施是畏，意思是只害怕走入邪路。

⑤夷：平坦。

⑥人：指人君，即统治者。

⑦好径：径，斜径、小路。好径，是指喜欢走斜径。

⑧朝甚除：朝，朝廷；除，废弛、颓败。朝甚除，即朝廷非常腐败。

⑨田甚芜：农田非常荒芜。

⑩仓甚虚：仓库非常空虚。

⑪服文彩：服，动词，穿（衣服）。文彩，指华丽的衣裳。

⑫厌：饱足。

⑬是为盗夸：是，代词，这。盗夸，相当于盗魁、强盗头子的意思。帛书乙本夸作"杅"，《韩非子·解老篇》作"盗竽"，古时夸、竽、杅通用。竽是古代合奏音乐中的主导乐器，竽先奏，其他乐器便相随进入；竽奏主调，其他乐器配合奏出和声。因

此"盗夸"相当于说"盗魁"。

【译文】

假如我稍微有点知识的话,我就在大道上行走,唯独害怕的就是走入邪路。大道很平坦,而有的人却喜欢走小路。朝廷已经非常腐败,农田荒芜至极,仓库空虚到顶点,可有人(统治者)却穿着华丽的衣裳,佩着锋利的宝剑,享用着精美的佳肴,即使钱财剩余很多,这也叫作强盗头子,这是多么无道啊!

【解析】

本章中,老子站在人民的立场上,对统治阶级的昏庸行为进行了无情的揭露,同时,对处于被统治阶层的广大人民群众报以深切的了解和同情。

"使我介然有知,行于大道,唯施是畏。大道甚夷,而人好径。"意思是说,假如我稍微有点知识的话,我就会选择在大道上行走。人走路,唯独害怕的就是走入邪路。大道上很平坦,而有的人却喜欢走小路,走那些所谓的捷径。殊不知,捷径没有走成,反迷失了原来的大道的方向,结果离自己的目标越来越远。有人对此也做过这样的理解,在宽阔平坦的大道上行走,由于道路太宽,可活动的区域太大,所以很难把握一条直线行进,这样就要走很多的冤枉路,不利于快速到达目的地。而小路,正是由于其窄的特点,所以才便于人把握,便于走直线,少走冤枉路,这样达到成功的那头也就越来越快了。其实,这种想法,不是老子的初衷,他提倡的是,要走大道,尤其是当道的统治者们。

老子出关图

对此最好的解释就是下面的几句话:

"朝甚除,田甚芜,仓甚虚;服文彩,带利剑,厌饮食,财货有余,是为盗夸。非道也哉!"老子生活的春秋时期,当时的社会境况是,老百姓越来越贫穷,农田越来越荒芜,仓储越来越空虚,统治者越来越腐败,他们仍旧穿着锦绣的衣服、佩着代表威慑的宝剑,饱食美食、搜刮民财,老子认为,这些人不能被称为人民的主仆,不配做统治者,而应该被称作强盗头子,因为他们的所作所为是天理不容的,与大道是背道而驰的。

强盗的所作所为就是不按常规出牌,不走正道,不走大道,搜刮民财,从这个角度来说,统治者与强盗是一样的。所以说,老子在此章中提倡的还是呼吁统治者们要站在人民的立场上思考问题,要走大道。

本章中,老子以犀利的笔墨对统治阶级的行为做了无情的揭露,同时,对他们也进行了重重的警告,如果他们仍旧不走大道的话,后果会如何只有让事实去告诉他们。

【名句品读】

大道甚夷,而人好径。

人人皆知大道平坦,而有人却总喜欢走小路,这是为什么呢? 本章开头老子就说了,稍微有些常识的人都知道,大道是最安全的,因此,走路一定要在人道上行走,唯恐走入邪路。

我们可以根据老子所处的社会来分析这句话中所包含的深层含义,当时的社会,已经是混乱不堪,统治阶级忘记了普通人或者自己走上统治阶级地位之前所走的勤俭节约、爱民护民的大道,而是走向了沉湎于物质的追求与享受的偏僻的羊肠小道,因此,老子提到了"大道甚夷,而人好径"的话。这是当时腐朽之人背离大道的真实写照。

在老子看来,治理国家,坐稳江山并不难,也不需要你做出什么轰轰烈烈的事情,只要能坚守住几条最基本的原则就够了,其中走常人都走的大道是其中的一条原则,但是当时的统治者却偏偏放弃大道,而"好径",使得百姓遭殃,长此以往,国将不国。

【经典故事】

为人之道

胡质清正,影民响子

胡质,字文德,淮南寿春人,少于蒋济、朱绩知名江、淮间。蒋济为别驾,推荐与曹操,召为顿丘令。魏文帝时,官至东莞太守。在东莞九年,政通人和,上下称颂;后迁至荆州任刺史,政绩依然卓著。他为官清廉,不经营家产私业,家中没有多余财产。胡质在魏国任州郡长官近三年,死后家无余财,只有朝廷赏赐的衣服和数箱书籍而已。其行为受到民众的好评。

胡质在荆州任刺史时,其家眷都在京都。胡质有个儿子,叫胡威,自小志向远大,砥砺名节,品格高尚,一次胡威到荆州去看望胡质,由于家里贫穷,没有车马僮仆伺候,胡威就骑驴独自去拜见父亲。等回家时,胡质拿出一匹绢给他,让他路上做盘缠。胡威跪在父亲面前说:"爹爹为官一向清正,不知此绢从何而来?"胡质说:"吾儿不必怀疑,此绢是我的俸禄所余。"胡威谢过父亲的赏赐,遂骑驴上路。一路上,他在打尖、住店时都是自己放驴,自己砍柴做饭。

胡质帐下的一名都督,与胡威素不相识,在胡威告辞回家之前,就请假回家,暗中准备盘缠,在百里之外的路上迎候他,然后很巧合地和他结为伴侣,帮助他料理路途中所有的事情,他做事很多,但是吃饭却很少,这引起了胡威的疑心,通过诱导,知道了他是父亲帐下的一名都督,于是拿出父亲先前给自己的绢答谢他,并把他打发走了。后来胡威将此事告知父亲胡质,胡质打了那个都督一百杖,并撤了他的官职。

他们父子就是这样的清廉谨慎,从此胡威与父亲一样声名卓著,清名遐迩。

后来胡威也官任刺史,一直担任官职。入晋以后,晋武帝接见了他,谈论边关之事,谈到平生。晋武帝对胡质的生平事迹赞叹不已,遂向胡威道:"你的清廉和你的父亲比起来怎样?"胡威答道:"不如吾父。"晋武帝问:"为什么呢?"胡威说:"我父亲清廉担心别人知道,我清廉担心别人不知道,在这一点上我是远远比不上父亲的。"胡威官职做到前将军、青州刺史。太康元年去世,朝廷追赠他振东将军的称号。

以胡质和他儿子的官职来看,走下小道,谋点小利,发笔小财还是不成问题的,但他却宁愿忍贫受穷也要坚持走大道,坚持明明白白做人,踏踏实实求财。

经商之道

田文华一世英名毁于三聚氰胺

2008年9月的"毒奶粉"事件在整个中国掀起轩然大波。当时有消息人士透露,三鹿集团近期彻底暴露了许多问题,为此,三鹿原高管多个被抓,三鹿集团原董事长、总经理田文华有可能被判重刑。审判结果告诉我们,凡是涉及此案的犯罪嫌疑人都受到了法律的制裁,其中,田文华被判无期徒刑。可以说,她的一世英名毁在了她企图以之做强企业的三聚氰胺上。

在2006年全国政协会议上,食品安全问题就备受委员们的关注。其中,有位委员说:"面对近年来屡屡出现的苏丹红、劣质奶粉等事件,食品安全的警钟一次次

敲响,必须尽快制定、颁布、实施食品安全法,进一步加强食品安全监管。"她还提出要让"企业法人代表作为食品安全第一责任人"的解决方案。这个发言人就是三鹿集团董事长、全国政协委员田文华。

田文华于 1966 年 8 月毕业于张家口农业专科学校,1968 年进入三鹿集团前身石家庄市牛奶场,职务是兽医。1987 年,晋升为这家企业的当家人。人们都说她"有干大事的魄力",这话一点都不假。在她的带领下,三鹿集团走过的二十一年中,婴幼儿奶粉连续十五年全国销量第一,三鹿跃升为全国奶粉业的名牌,田文华成为这个大型企业和乳品业的领军人物,成为全国政协委员。

田文华很"重视"产品的质量。她在厂里经常说,不重视质量的员工不是好员工,不重视质量的领导不是好领导,不重视质量的员工不能当管理者。听听,说得多好,讲得多到位,可是自己又是如何做的呢?

据检方调查,曾一度宣扬重视产品质量的三鹿集团在 2007 年 12 月,已经收到婴儿服用奶粉后有不良反应的投诉;2008 年 5 月 17 日,三鹿集团客服部向田文华等人提交有关投诉的书面汇报;8 月 1 日,田文华已经知道送检奶粉中含有三聚氰胺。这时三鹿的领导仍未停止问题奶粉的生产、销售,而是决定逐步用三聚氰胺含量较低的奶粉换回三聚氰胺含量高的奶粉,以平民诉,稳住民心。从 8 月 2 日到 9 月 12 日事发的四十天里,三鹿集团在田文华的带领下继续生产含有三聚氰胺的奶粉八百多吨。

这是一个活生生的企图走捷径而毁掉自己的一个例子。左边是,关于加强食品安全监管的讲话,声犹在耳;右边是,大批病儿已经倒在床上,有的已经死亡,但是夹在中间的田文华以及她带领的团队仍然在他们的道路上大踏步前进,其实这是一场利益、道德、法律的较量,更是一场以无数婴儿的生命为代价的毁灭人类的挑战,而三鹿的倒台、田文华的垮台却已经宣告了较量的结果。

以此,我们也不难总结,经商一定要走大道,要以人民的利益为重,利人才能利己;"行径"只会害人终害己。

从政之道

西门豹治邺

西门豹,战国时期魏国人。魏文侯时任邺令。是著名的政治家、军事家、水利家。同时,他还是一个"无神论者"。

西门豹到邺县后,就召集地方上年纪大的人,
问他们有关老百姓痛苦的事情。这些人说:"苦于
给河伯娶媳妇。"西门豹不懂原因,因此让他们继
续说下去:"邺县的三老、廷掾每年都要向老百姓
征收赋税搜刮钱财,收取的这笔钱有几百万,他们
只用其中的二三十万为河伯娶媳妇,其余的就和
祝巫一同分掉。到了为河伯娶媳妇的时候,女巫
巡查看到小户人家的漂亮女子,便说'这女子适合
作河伯的媳妇'。马上下聘礼娶去。给她洗澡洗
头,给她做新的丝绸花衣,让她独自居住并沐浴斋
戒;并为此在河边上给她做好供闲居斋戒用的房

西门豹治邺

子,张挂起赤黄色和大红色的绸帐,这个女子就住在那里面,给她备办牛肉酒食。
这样经过十几天,大家又一起装饰、点缀好那个像嫁女儿一样的床铺枕席,让这个
女子坐在上面,然后把它浮到河中。起初在水面上漂浮着,漂了几十里便沉没了。
那些有漂亮女子的人家,担心大巫祝替河伯娶她们去,因此大多带着自己的女儿远
远地逃跑。也因为这个缘故,城里越来越空荡无人,以致更加贫困,这种情况从开
始以来已经很长久了。老百姓中间流传的俗语有'假如不给河伯娶媳妇,就会大水
泛滥,把那些老百姓都淹死'的说法。"西门豹说:"到了给河伯娶媳妇的时候,我也
要去送送这个女子。"

到了为河伯娶媳妇的日子,西门豹到河边与长老相会。三老、官员、有钱有势
的人、地方上的父老也都会集在此,来看热闹的老百姓也有两三千人。到达会场
后,西门豹说:"叫河伯的媳妇过来,我先看看她长得漂亮不漂亮。"西门豹看了看
这个女子,回头对三老、巫祝、父老们说:"这个女子不漂亮,麻烦大巫婆为我到河里
去禀报河伯,需要重新找过一个漂亮的女子,迟几天送她去。"就叫差役们一齐抱起
大巫婆,把她抛到河中。

过了一会儿,西门豹又说:"巫婆为什么去这么久?叫她弟子去催催她!"又把
她的一个弟子抛到河中。又过了一会儿,说:"这个弟子为什么也这么久?再派一
个人去催催她们!"又抛一个弟子到河中。总共抛了三个弟子。西门豹说:"巫婆、
弟子,这些都是女人,不能把事情说清楚。请三老替我去说明情况。"又把三老抛到
河中。

西门豹叉着手，弯着腰，恭恭敬敬，面对着河站着等了很久。长老、廷掾等在旁边看着都惊慌害怕。西门豹说："巫婆、三老都不回来，怎么办？"想再派一个廷掾或者长老到河里去催他们。看此情景，剩下的那些人都吓得在地上叩头。西门豹说："好了，暂且再等他们一会儿。"过了一会儿，西门豹说："廷掾可以起来了，看样子河伯留客要留很久，你们都离开这儿回家去吧。"邺县的官吏和老百姓都非常惊恐，从此以后，谁也不敢再提起为河伯娶媳妇的事了。

西门豹接着就征发老百姓开挖了十二条渠道，把黄河水引来灌溉农田，田地都得到灌溉。在那时，老百姓开渠稍微感到有些厌烦劳累，就不大愿意。西门豹说："老百姓可以和他们共同为成功而快乐，不可以和他们一起考虑事情的开始。现在父老子弟虽然认为因我而受害受苦，但可以预期百年以后父老子孙会想起我今天说过的话。"直到现在邺县都能得到水的便利，老百姓因此而家给户足，生活富裕。

【古为今用】

走捷径、小道是自寻无道

走捷径，无非是为了快速成功，快速获得幸福，可是这恰恰是关于完美人生最典型的误解，因为他们却忘了"欲速则不达"这么一句话。

可以说，走捷径，向来不被人们看好，《论语》里就有关于捷径的记载："子游为武城宰。子曰：'女得人焉尔乎？'曰：'有澹台灭明者，行不由径，非公事未尝至于偃之室也。'"意思即是说，子游当武城宰。先生问他："你在此访得人才了吗？"子游回答："有一位名叫澹台灭明的人，他能做到不走小道捷径，私事从来不到我居住之室啊。"而子游认定澹台灭明是人才的最根本的依据就是这两点：一、不走小道捷径，即行动必走大道；二、私事不到子游的住室，说明他能不枉己徇私。可见，走大道与清廉是一个人成为人才的最根本的条件。

不光《论语》中有认为走捷径不是什么好事，"行径"一词向来有贬义的成分。但是在现实中的我们却总想选一条最为便捷的路，以最快的速度发财致富，做出伤人害己的事情，最终等待自己的是漫漫无期的牢狱之灾。例如，为了获得更大的利益，三鹿奶粉厂家在奶粉中添加三聚氰胺；为了以最快的速度过上更奢侈的生活，重庆司法局原局长文强贪污受贿，巨额财产来源不明。

其实，那些看上去很短的路，走起来却并不是最近，也并不是最平坦的，更不是最现实的,因为它们看上去好像离成功只有一步之遥,但跨过那一步,需要的却不只是运气,所以,还不如踏踏实实地走常人都走的光明大道,尽管它们看起来似一次长途跋涉,但是当我们达到光辉顶点的时候,会发现我们一路走来,处处有风景相伴。

第五十四节　其德乃普

【题解】

本章主要讲"德"给人们带来的益处以及对是否有德所持的判断标准。从内容上来说,本章是对第四十七章和第五十二章的一种补充。因为第四十七章中说:"不出户,知天下";第五十二章说:"既得其母,以知其子;既知其子,复守其母。"而要做到前两章的这两点,还要做到"塞其兑,闭其门",在本章里,老子就紧承上文讲了修身的重要性以及修身的原则、方法和作用。他说,修身的原则是立身处世的根基,只有巩固修身这一要基,才可以修身、齐家、治国、平天下,这就是"有德"的最高境界,就是"大道"。

【原文】

善建①者不拔②,

河上公《老子章句》:建,立也。善以道立身立国者,不可得引而拔之。

王弼《道德真经注》:固其根而后营其末,故不拔也。

善抱③者不脱,

王弼《道德真经注》:不贪于多,齐其所能,故不脱也。

王夫之《老子衍》:吕吉甫曰:抱神以静。彼朋"抱",则此朋"脱"。

子孙以祭祀不辍④。

韩非子《解老》:为人子孙者,体此道以守宗庙,不灭之谓"祭祀不绝"。

王弼《道德真经注》:子孙传此道以祭祀则不辍也。

修⑤之于身,其德乃真;修之于家,其德乃余;

王弼《道德真经注》:以身及人也,修之身则真,修之家则有余,修之不废,所施转大。

王夫之《老子衍》：以善建善抱着修之。

修之于乡，其德乃长⑥；修之于国，其德乃丰⑦；修之于天下，其德乃普⑧。

河上公《老子章句》：修道于乡，尊敬长老，爱养幼少，教诲愚鄙。其德如是，乃无不覆及也。修道于国，则君信臣忠，仁义自生，礼乐自兴，政平无私。其德乃如是，乃为丰厚也。人主修道于天下，不言而化，不教而治，下之应上，信如影响。其德如是，乃为普博。

故以身观身，以家观家，以乡观乡，以邦观邦，以天下观天下⑨。

韩非子《解老》：修身者以此别君子小人，治乡治邦莅天下者各以此科适观息耗，则万不失一。

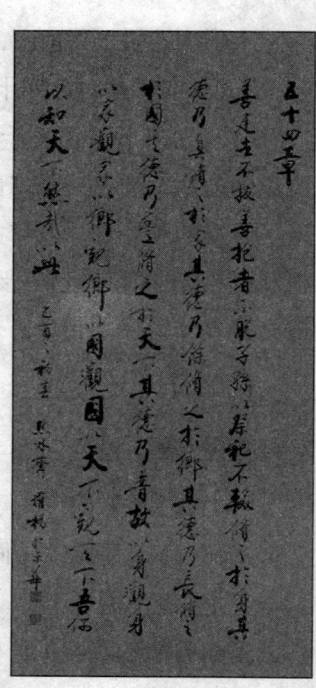

《道德经》五十四章书法

王弼《道德真经注》：彼皆然也。以天下百姓心观天下之道也，天下之道，逆顺吉凶，亦皆如人之道也。

何以知天下然⑩哉？以此⑪。

河上公《老子章句》：老子言，吾何知天下修道者昌，背道者亡。以此五事观而知之也。

陈致虚《道德经转语偈》：观乡观国观天下，积德修身道有余。善建亦知宜善抱，倚需得溥自安居。

【注释】

①建：建树，建立。

②不拔：不可拔掉、不可拔除。

③抱：抱持，有牢固的意思。

④子孙以祭祀不辍：以，因……缘故；辍，停止、断绝。（如果一个人既能建树事业、又能保持事业）子孙便会因此而祭祀不绝了。这里指他的事业长盛不衰。

⑤修：修德。老子将修德作为建立自我、处人治世的基点，而道家所谓为家为国，也是充实自我之后的自然的流泽，这与儒家不同。

⑥长：加长的意思，与上文"有余"相应。

⑦丰：广大的意思。

⑧普：普遍。

⑨以身观身，以家观家，以乡观乡，以邦观邦，以天下观天下：从自身的情形观

照(其他的)个人;从自己家的情形观照别人家的情形;从自己一乡的情形观照别乡的情形;从自己一国的情况观照别的国家的情况;从目前天下的状况关照将来天下的状况。

⑩然:这样。

⑪以此:以,用、凭。此,这些道理,指"以身观身"等。

【译文】

一个善于建功立业的人,其建树的东西不容易被拔除;一个善于抱持事业的人,其抱持的东西就不容易脱落。如果一个人既能建树事业,又能抱持事业,那么,子孙就能因此而不断地传承下去。修德于一身,他的"德"就可以纯真;修德于一家,他的"德"就会有余;修德于一乡,他的"德"就会增长;修德于一国,他的"德"就会丰厚;修德于天下,他的"德"就会普遍(修德要推己及人、见微知著)。因此,以自身的情况去观照别人的情况。以自己家的情况去观照别人家的情况,以自己乡里的情况去观照别的乡里的情况,以自己国家的情况去观照别的国家的情况,以目前天下的状况去观照未来天下的情况。我怎么知道天下的情况之所以会如此呢?就是因为我用了以上的方法和道理。

【解析】

历代打江山者都明白,江山不是一种猎物,不能在打下来以后就尽情地"享用",江山是打下来的,更是守下来的。因此,老子说"善建者不拔,善抱者不脱,子孙以祭祀不辍"。即,一个善于建功立业的人,其建树的东西不容易被拔除;一个善于抱持事业的人,其抱持的东西就不容易脱落。如果一个人既能建树事业,又能抱持事业,那么,就能将这份事业不断地传承给他的子孙。这样的人,用老子的话来说,就可以被称作是得道有德之人。

"修之于身,其德乃真;修之于家,其德乃余;修之于乡,其德乃长;修之于国,其德乃丰;修之于天下,其德乃普",是在描述"德"作用于身、家、乡、国、天下的不同表现形式:用德去修其身,那么,人人都会变得纯真自然,从而消除人心险诈;用德去齐家,那么,家庭成员就会以真诚待人,进而家和万事兴,整个家庭都会变得富裕;用德去和乡邻相处,那么,人人都会以纯真对人,从而乡邻之间就能和睦到永远;用德去治理国家,国家之德就会越来越丰厚,国家也能兴旺发达;用德去治理天下,那么,德就会普遍于天下,天下百姓就能获得自由平等。

上段中又体现了老子的"自然无为""无为而治"的思想精髓,因为使人保持纯真自然的天性是圣人无为而治的最佳状态,第四十九章中就有"百姓皆注其耳目,圣人皆孩之"的描述。

"以身观身,以家观家,以乡观乡,以邦观邦,以天下观天下。吾何以知天下之然哉?以此。"意思是说,以自身(是否有德)去观照别人(是否有德),以自己家(道德)的情况去观照别人家(道德)的情况,以自己乡里(道德)的情况去观照别的乡里(道德)的情况,以自己国家的情况去观照别的国家的情况,以目前天下的情况去观照未来天下的情况。我怎么知道天下的情况之所以会如此呢?就是因为我用了以上的方法和道理。换句话说,就是以凡事都从自身开始,逐渐展开,推己及人,进而了解整个天下德的情况。在此,我们也要结合上文的德在修身、齐家、治国、平天下中的具体表现来评价它们是否有德。

关于此段的分析,《〈道德经〉新断》中有另外一种说法,它认为此段经文断句是有误的,正确的句读应该是:"故以身观,身以家,观家以乡,观乡以邦,观邦以天下,观天下。"它认为,后四个"以"字都是"而"的意思。这句话的意思应该这样理解:通过自身来观察,由自身而推及家,观察了家再推及乡,观察了乡再推及邦,观察了邦再推及天下,由此便也观察了天下。它还讲到,既然如此,则毋庸置疑:只要我们从自身观察起,那么就必然可以洞察宇宙间一切事物变化的奥秘。然后,它又举了具体的例子,例如第四十七章的"不出户,知天下;不窥牖,见天道。其出弥远,其知弥少。是以圣人不行而知,不见而名,不为而成。"这也可以说是一种认识事物的认知方式。

不论如何分析本段,都有一个共同的部分,那就是认识外物必须先从自身开始,推己及人,由内到外。

【名句品读】

故以身观身,以家观家,以乡观乡,以邦观邦,以天下观天下。

得道之人所拥有的"德"都是真实可靠的。圣人在修道的过程中都会积德行善,所以圣人绝大多数都有良好的德性。

老子在给人们讲道论德的同时,还告诉了人们一个得道有德的好方法,那便是"以身观身",即告诉人们要修身,因为修身是立身处世的根本。

《礼记·大学》中就有"修身、齐家、治国、平天下",可见,修身对于家庭、国家、天下的重要性。而在修身的过程中,了解自己是认识他人的基础,只有对自己有了充分的了解,才能在社会中找到合适的位置,将自己置于其中。因此就有了,以自身的情况去观照别人的情况，以自己家的情况去观照别人家的情况，以自己乡里的情况去观照别的乡里的情况，以自己国家的情况去观照别的国家的情况，以目前天下的情况去观照未来天下的情况。这是道的一种境界，也是有德之人的一种真实反映。

老子还曾说过"不出户，知天下"，这里面的"天下"就将自身、家庭、乡里、国家、天下都涵盖在了其中，而不出户就能知天下的最基本的前提就是"修身"。自身的素质是一个家庭教育的反映，所以说，一个人便是一个家庭的缩影，同理，一个家庭也是一个国家的缩影，一个国家也是它所处时代的世界的缩影。因此，只有做到"以身观身"，才能做到"以家观家""以乡观乡""以邦观邦""以天下观天下"。

【经典故事】

刘邦自析大胜项羽原因

西汉五年(公元前202年)二月初三，刘邦登基，做了汉朝皇帝，他就是世称的汉高祖。先定都洛阳，后经娄婧劝说，迁都关中长安，创立了西汉王朝。

在称帝之初的一天，汉高祖在洛阳南宫大宴群臣，席间，觥筹交错，君臣共饮，其乐融融。高祖刘邦非常高兴，觥筹之余，他问群臣道："今天我们会聚一堂，讲的就是一个痛快，在座列侯诸将也不要隐瞒什么，要畅所欲言，有什么说什么。那么，我想听听大家的意见，朕何故能得天下，项羽何故失去天下呢？"

安国侯王陵答道："陛下平时待人有点粗暴无礼，在这一点上，陛下不如项羽宽仁。但是陛下在派人攻城略地之后，有封有赏，能与天下人同其利，而项王则嫉贤妒能，即使战胜也不赏功，得地也不分利，所以他手下的将士都不肯尽力，因此失掉了天下。"刘邦听了，微微一笑，道："尔等只知其一，不知其二。运筹帷幄之中，决胜千里之外，朕不如子房（即张良）；主持政务，安抚百姓，保证供应，朕不如萧何；统百万之军，战取攻守，朕不如韩信。这三人都是当今豪杰，朕能依靠他们，所以能得天下。项羽只有一个范增，且不能用，所以被我打败。"群臣听了，都表示敬服。

刘邦之所以能取得成功，就他个人分析可知，他不是靠他个人的能力，而是凭借不同人不同的才能，但是项羽在这一点上却大不如他，因此，他能大胜项羽。

为人之道

爱因斯坦自知之明拒总统

1952年11月9日,爱因斯坦的老朋友、以色列首任总统魏茨曼逝世。在此前一天,就有以色列驻美国大使向爱因斯坦转达了以色列总理本·古里安的信,正式提请爱因斯坦为以色列共和国总统候选人。

当日晚,就有记者给爱因斯坦的住所打电话,向爱因斯坦询问此事:"教授先生,听说总理要请您出任以色列共和国总统,您会接受吗?"想都没想的爱因斯坦说:"不会,我当不了总统。"

"总统没有多少具体事务可做的,他的位置是象征性的,教授先生,您是最伟大的犹太人。不不不,具体而言,您是全世界最伟大的人。由您来担任以色列总统,就是犹太民族伟大的象征,再好不过了。"

"不,我干不了……"

爱因斯坦刚挂掉记者电话,电话铃又响了。这次是驻华盛顿的以色列大使打来的。大使说:"教授先生,我是奉以色列共和国总理本·古里安的指示,想请问您,如果提名您当总统候选人,您愿意接受吗?"

爱因斯坦仍旧是以一种不紧不慢的语调回答大使先生:"大使先生,关于自然,我了解一点,但是关于人,我几乎一点也不了解。我这样的人,怎么能担任总统呢?不好意思,顺便请您向报界解释一下,帮我解解围。"

大使似乎不甘心,然后又开始了进一步劝说:"教授先生,已故总统魏茨曼也是教授呢。您一定能胜任的。"

"魏茨曼和我不是一样的,他能胜任并不能说明我能胜任,大使先生,我是真的不能的。"

"教授先生,现在每一个以色列公民,全世界每一个犹太人,都在期待您呢!"

听到这样的话,爱因斯坦真的被同胞们的诚意感动了,但他想得更多的却是如何委婉地拒绝大使和以色列政府,又不会使他们失望,不让他们窘迫。经过冥思苦想的爱因斯坦,不久后就在报上发表了正式谢绝出任以色列总统的声明。

在爱因斯坦看来,当总统可不是一件容易的事。在声明中,他还再次引用了他自己的话:"方程对我更重要些,因为政治是为当前,而方程却是一种永恒的东西。"

比尔·盖茨的自知之明

他是一个天才,十三岁便开始计算机编程,并预言自己将在二十五岁成为百万富翁;他于2001—2007年蝉联世界首富,2008年排名世界第三,2009年又一次成为世界首富;他是一个商业奇才,独特的眼光使他总是能准确看到IT行业的未来,独特的管理手段,使得不断壮大的微软能够保持活力;他的神话故事,就像夜空中耀眼的烟花,刺痛了亿万人的眼睛。他就是微软公司主席和首席软件设计师比尔·盖茨。尽管比尔·盖茨已经如此成功,但他对自我的认识还是非常清醒的,他知道自己适合做什么,不适合做什么,知道自己能做好什么,不能做什么,可以说,在认识自我方面,比尔·盖茨也同样达到了一种至高的境界。

比尔·盖茨

《东方时空》做过一期有关比尔·盖茨的专访,其中,主持人问他一个这样的问题:"您是否想过竞选美国总统?"盖茨回答:"没有。我了解我自己的,我觉得我的长处是在经营方面,而不是政治方面。我对政治并不熟悉,我缺乏政治方面的能力。"主持人又问:"你的朋友上过太空,你是否也想上去呢?"盖茨回答:"太空确实很美丽,但是走向太空是需要经过专门训练的,得花费很多时间。对于上太空这件事,我没这么去想过。"

比尔·盖茨最可贵的地方就在于他的这种自知之明,他知道自己能干什么,不能干什么,他知道自己的强项是什么,更知道自己在那些方面存在不足,所以,他未曾梦想着去当美国总统;上太空确实很美,但是那是要付出很多代价的,这犹如人生中的各种诱惑,几乎所有的诱惑都是要付出代价的,有的代价是可以承受的,而有的却是你无法承受的,盖茨明白,他不会为此付出代价,所以上太空的事他没去想过。

比尔·盖茨也是一个普通人,他一样有工作的压力,一样有家庭的负载,一样有必须尽到的责任,一样有他的长处也有自身的不足,一样……他明白自己该做什

么,不该做什么,应该先做哪些事,后做哪些事。他自己是不缺钱了,但是微软的大门仍旧大开着,他不是为了自己,而是为了给更多的人提供更多的就业机会;做总统能够给自己的生涯写上带有权威色彩的"政治"二字,但是他知道自己不适合,所以没有想过去竞选美国总统;上太空是对自己的经历给予锦上添花的事情,有它不多,没它不少,所以不曾去想,更不会去做。显然,比尔·盖茨是能认清自己、分得清轻重缓急的。

或许很多人都非常羡慕比尔·盖茨,羡慕他拥有一笔常人难以拥有的财富,但是很少人知道他成功的关键所在,正是因为这一点,所以他能成为世界首富,而我们不能。所以,自知之明也能算作是成功的一个重要因素。

【古为今用】

自知是知他的前提

《孙子·谋攻篇》中说:"知己知彼,百战不殆;不知彼而知己,一胜一负;不知彼,不知己,每战必殆。"意思是说,在军事纷争中,既了解敌人,又了解自己,百战都不会失败;不了解敌人而只了解自己,胜败的可能性各占一半;既不了解敌人,又不了解自己,那么,必定每战必败。

"知己知彼,百战不殆"的军事战略思想,作为一种智慧,一种决策制胜方略,同样适用于社会生活的各个方面,结合老子在本章中所论述的内容,我们不妨这样说,只有了解自己,才能有条件了解天下人,才能有机会了解社会,才能在各种"战役"中取胜。

但是,在现实中,真正能做到这一点的人又有几个呢? 很多稍有点成绩的人,就开始翘起骄傲的尾巴,把自己看得越来越高,好高骛远,不切实际,我们完全可以将这样一些人称为自负之人。这些人往往看不到自己身上的缺点,不能虚心地向别人学习,整日沉浸在对自己的不正确的迷恋中,即使自己的观点与真理之间有天壤之别,他们也会坚持己见,最终使自己迷失了方向。所以,正确认识自己则成了不会迷途的关键。

事实证明,只有能正确认识自己的人,才能够明确自己的目标、看清自己前行的路,才能客观地看待他人他物。即使半路陷入了迷途,他们也能够认清时局,迷途知返,重新找回自己,继续前进。

第五十五节　不道早已

【题解】

本章讲的是"德"在一个人身上的具体体现形式。前半部分用的是一个形象的比喻，用"赤子"来比喻具有深厚道德涵养的人，这样的人具有纯真柔和、柔中带刚的特点，"骨弱筋柔而握固"。"精之至"是形容精神充实饱满的状态，"和之至"是心灵凝聚和谐的状态。在本章中，老子主张用这样的办法来防止外界的各种伤害和免遭不幸。

后半部分讲的是抽象的道理，懂得纯和的道理就叫作"常"，知道"常"的道理就叫作"明"。贪生纵欲就会遭殃，纵气逞强就会倒霉，过于壮盛的事物容易变衰老，之所以会这样就是因为它们不合于"道"，事实证明，不合于"道"的事物总是会过早地灭亡。所以凡事还是要以"道"作为活动的准则。

【原文】

含德之厚，比于赤子①。毒虫不螫②，猛兽不据③，攫鸟④不搏⑤。

王弼《道德真经注》：赤子无求无欲，不犯众物，故毒虫之物无犯之人也。舍德之厚者，不犯于物，故无物以损其全也。

骨弱筋柔而握固⑥。未知牝牡之合而全作⑦，精之至也。

河上公《老子章句》：赤子筋骨柔弱而持物坚固，以其意专而心不移也。赤子未知男女会合而阴阳作怒者，由精气多之所致也。

终日号而不嗄⑧，和⑨之至也。

河上公《老子章句》：赤子从朝至暮啼号声不变易者，和气多之所至也。

王弼《道德真经注》：无争欲之心，故终日出声而不嗄也。

唐玄宗《御解道德真经》：终日啼号而声不嘶嗄，犹纯和之至，此赤子之全和也。

知和曰常⑩，知常曰明。益生⑪曰祥⑫，心使气⑬曰强⑭。

王弼《道德真经注》：物以和为常，故知和则得常也。不皦不昧，不温不凉，此常也。无形不可得而见，曰明也。生不可益，益之则夭也。心宜无有，使气则强。

王夫之《老子衍》：求益其生，是为灾祥。气自精和，使之刚躁。

物壮[15]则老，谓之不道，不道早已[16]。

唐玄宗《御解道德真经》：凡物壮极则衰老，故戒云矜壮恃强，是谓不合于道，当须早已。

陈致虚《道德经转语偈》：赤子何知鸟不攫，未知牝牡而朘作。益生使气要长存，岂但筋柔而固握。

【注释】

①含德之厚，比于赤子：含有深厚的"德"的人，比得上初生的婴儿。赤子，指初生的婴儿。老子经常用婴儿的概念，比喻人的品性复归自然，达到纯真浑朴的状态。

②毒虫不螫：毒虫，是指蜂、蝎、毒蛇之类。螫，毒虫用尾端刺人。

③据：兽类用足爪抓物。

④攫鸟：用脚爪取物如鹰隼一类的鸟。"攫"字的用法与"毒虫"的"毒"的用法一样，形容凶恶的物类。下面"猛兽"的"猛"亦如此。

⑤搏：鹰隼用爪和翅击物。

⑥握固：把握得很牢固。

⑦未知牝牡之合而全作：牝牡之合，指男女的交合。全作，王弼本如是，帛书甲本作"腹怒"、乙本作"朘作"。朘，婴孩的生殖器；作，挺举、勃起，这句的意思是，婴孩不知道什么是男女交合，但他的小生殖器常常勃起。

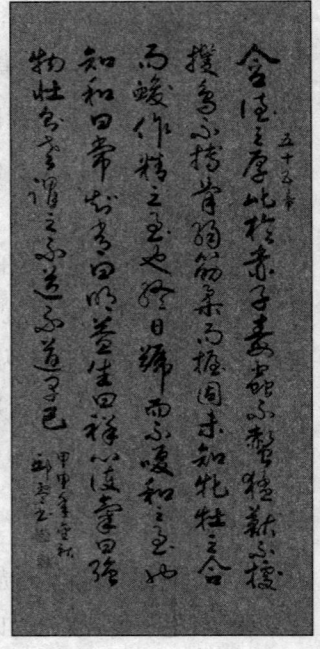

《道德经》五十五章书法

⑧嗄：嗓音沙哑。

⑨和：指阴阳调和。人的身体，阴阳调和才能健康，阴盛则生寒疾，阳盛则生热疾。

⑩常：人类天性的自然规律。

⑪益生：纵欲贪生。

⑫祥：古时用作吉祥，有时也用作妖祥、不祥。这里指灾祸、恶事。

⑬心使气：欲望支配精气。

⑭强：逞强，暴。

⑮壮：强壮。

⑯巳：完结、死亡。

【译文】

道德涵养深厚的人，就像刚出生的婴儿。毒虫不去螫他，猛兽不去伤害他，凶恶的鸟不去搏击他。刚出生的婴儿虽然骨弱筋柔，但拳头却握得很牢固；他虽然还不懂男女交合之事，但他的小生殖器却时常勃起，这是精气充足的缘故；他整天啼哭，但嗓子却不会沙哑，这是因为和气淳厚的缘故。懂得纯和的道理就叫作"常"，知道"常"的道理就叫作"明"。适宜民众的生存、生活的环境，是治理国家的好征兆，然而，强迫命令、蛮横无理、倒行逆施、一意孤行不顾民众利益就叫作"逞强"。事物过于壮盛了就会变衰老，这就是不合于"道"的缘故，不合于"道"的事物总是会过早地灭亡。

【解析】

这一章主要讲述的是一个人把无为大道修炼到什么程度才能算是真正的得道之人。用老子的思想来表述就是，只有进入到无我和忘我的赤子状态，才能称得上是得道有德之人。

本章从内容上来看，是对"德"这一话题的探讨的继续，老子在一开始用了一个极其通俗的比喻，将道德涵养深厚的人比喻为赤子，赤子纯真柔和、无我、无为、无欲，他们没有私心杂念，更没有伤害任何事物和任何人的心，所以任何事物也不会去伤害他们，"毒虫不螫，猛兽不据，攫鸟不搏"。

初生的婴儿，无知无欲，更不知道他所生活的这个世界的面目，可以说，他根本不知道自己是谁，他除了满足自己的需求之外，别无他求，从这层意义上来说，赤子们是最富有的，因为在前面的一些章节中，老子已经论述了真正的富有者应该是无欲无求者的观点。赤子们对自己富有的满足，决定了他不会去奢求更多的本不属于自己的东西，不会去伤害他人他物的利益，所以，毒虫不螫他、野兽不咬他、恶鸟不伤害他。

关于赤子不容易受到伤害这一点，我们也可以从统治者爱民，民亦爱之的角度来解释。赤子初生，整天被父母以及其他亲人保护着，毒虫蛇蝎自然无法对其进行伤害；凶猛的虎豹豺狼也无法靠近他；即使再厉害的猛兽也无法将其叼走。而现实中的德高的统治者就像赤子，他们只有生活、生存在民众（父母以及其他亲人）之

《道德经》译解

图文珍藏版

中,才能不会受到任何伤害,而民众心甘情愿这样做的前提却是需要统治者想民之所想、解民之所困、爱民之所爱。

婴儿虽然无欲无争,但是他却并不软弱,"骨弱筋柔而握固",小手虽然很柔软,但却很有劲,握东西很牢固,这就是表面柔弱的东西,其本质可能是最坚硬了,这又照应了前文的"大直若屈""无为无不为"的思想。

"未知牝牡之合而朘作,精之至也。终日号而不嗄,和之至也"。老子在此对婴孩的生殖器以及声音的特征进行了描述。老子认为,婴儿的生命力是强大的,而他之所以强大,就是因为他还处于自然无为的状态,这种状态本身虽然不具有强大的表现形式,但是老子却认为这是一种理想的生存状态,是体内中和之气充足的象征。知道了这个现象,就懂得了日常生活的"常识":知道了这个日常生活的"常识",就明白了可观事物的道理。但是这个道理并不是人人都懂的,只有潜心修炼大道的人,才能和大道同步,才能达到这种最佳的状态。

赤子状态固然很好,但是人不可能永远保持在赤子阶段,人要成长,这是一个无法改变的客观规律。随着年龄的增长,我们要踏入社会,要经历很多事情,要接触很多人和物,因此,我们会被社会同化,变得娇气、霸气,逐渐脱去赤子般的纯真与和气。这种状态下的强,只能被称作逞强,"心使气曰强"。然而,作为一个统治者,其有不可推卸的天职,那就是为民众制造适宜生存、生活的环境,而霸气在这个过程中,不但不会有任何帮助,反而会增添不祥。

章节最后,老子指出:"物壮则老,谓之下道,不道早已。"即是无发展到强壮的阶段,就会衰老,这就是不合于"道"的缘故,不合于"道"的事物总是会过早地灭亡。这是一种客观规律,任何事物发展到顶点都要跌落下来,即我们平时所说的"物极必反"的道理。这也是在告诫我们,做任何事的每一个过程都要把握好度,不然就会走向事物的反面。

【名句品读】

益生曰祥,心使气曰强。

在老子的思想中我们感触最深的就是"自然无为",那么,在治理国家之中,同样要以这一思想为指南,尊重民众的生存规律,所以,老子强调,作为一个统治者,就必须重视民众的生存、生活问题,必须做一些有益于民众生存和生活的工作。德行深厚的人都有一颗赤子之心,是顺应自然的状态而成长的,他们不贪生也不纵欲,因此,他们往往能免遭不祥。但是,人若是被欲念包围,就会让自己陷入逞强的境地让自己遭殃,因此有了"心使气曰强"的说法。

"心",在这里是指统治者不顾民众利益的主观想法。"使气",是使性子、不按民众利益的需求出发的一意孤行,另外还有感情用事的意思;"强",强迫命令、蛮横无理、倒行逆施;"心使气曰强",强迫命令、蛮横无理、倒行逆施、一意孤行不顾民众利益就叫作"逞强",是不会得到民众的认可,也是大道所不容的。

《道德经》中,老子始终都在强调和睦不争,对物欲具有强烈的排斥心理。同时,他也提出了他独特的摒弃"功利"的途径,那就是"无为",也是老子所提出的修身之道。

【经典故事】

从政之道

张良功成身退明哲保身

汉高祖刘邦的重要谋士张良,素来体弱多病,这也成了他后来功成身退的直接原因,也为他的明哲保身做出了重要贡献。

自从汉高祖入都关中,天下初定后,他就托辞多病,闭门不出。随着刘邦皇位的渐次稳固,张良逐步从"帝者师"退居"帝者宾"的地位,遵循着可有可无、时进时退的处世原则。

天下初定后,刘邦定都关中。张良知道刘邦的为人,在困难时会认真听取和采纳他的计策,一旦天下安定,就是另一个样子,而且疑忌心较强,要想与这样的君主共安乐是很困难的。于是在论功行封时,张良辞谢了刘邦给他的三万户封赏,只选留了一万户为封邑,便在家养颐身体,修仙学道,并说:"……我现在的心愿就是摒弃人间一切烦琐事务,跟着仙人赤松子去云游天下。"

其实,张良辞封的理由很简单:他韩灭家败后沦为布衣,布衣得封万户、位列侯,应该满足;看到汉朝政权日益巩固,国家大事有人筹划,自己"为韩报仇强秦"的政治目的和"封万户、位列侯"的个人目标都已经达到,一生的凤愿基本满足;自身病魔缠身,体弱多病,又目睹彭越、韩信等有功之臣的悲惨结局,联想范蠡、文种兴越后的不同下场,深悟"狡兔死,走狗烹;飞鸟尽,良弓藏;敌国破,谋臣亡"的哲理,害怕既得利益的复失,更怕韩信等人的命运落在自己身上,于是,张良自请告退,摒弃人间万事,专心修道养精,崇信黄老之学,静居行气,欲轻身成仙。

经商之道

李嘉诚审时度势见好就收

从一个普普通通的批发推销员到华人首富,李嘉诚是不可复制的,但是他身上所展示的一些精神却是值得我们深思和学习的,尤其是他"见好就收"的策略。

李嘉诚在1998年长江集团周年晚宴上说出了他的一句至理名言:"好的时候不要看得太好,坏的时候不要看得太坏。"这句看似很平常的话,却是他多年以来"见好就收"策略的最好解释,也是他做生意的最高境界。李嘉诚正是能够掌握住这句话中的精髓,所以才使他在商战中百战百胜。

李嘉诚靠生产塑胶花得到了他人生的第一桶金,并有了"塑胶花大王"的美称。然而,李嘉诚在预测或在深切体验塑胶花良好的市场前景时,他就预见了塑胶花终究会跟不上时代发展的脚步,塑胶花固然有一定的优势,但人类对自然的崇尚之情是无法改变的,所以,塑胶花无法取代有生命的植物之花,它只会风行一段时间,而不是永远。

到1972年,塑胶业的从业人员就达到了香港劳工总数的13.2%,塑胶企业达到了3359家。李嘉诚还善于搜寻一些海外信息,从海外杂志上,他了解到,欧洲北美的塑胶花已经从市场上被扫地出门,国际塑胶花市场正转移向南美等中等发达国家。中国香港也出现过几次塑胶花积压的现象。

对上述现象,李嘉诚早已有了心理准备,但是又不能完全撤出塑胶花市场,于是他对长江集团采取一种无为而治的方针策略。他深知长江在塑胶业的地位和信誉是无价之宝,仅凭这一点长江就不会那么容易倒台,鉴于此,李嘉诚就让它自由发展。把这边安排妥当以后,李嘉诚又开始了新的征程,将主要精力和心血都投入到缔造以地产为龙头的商业帝国,这成为他日后走向大富豪的"高速公路"。

李嘉诚正是凭借这种"该放手时就放手""拿得起,放得下"的大无畏精神,才有了今天的巨大成就。

从李嘉诚的身上我们也可以总结这样一条经验:只有懂得放弃、知道见好就收的商人才能前进。

适合的才是最好的

有人曾讲过这样一个故事：他的姑姑一生都没有穿过合脚的鞋子。常常穿着巨大的鞋子走来走去。她的晚辈问起原因，她总会说："傻孩子，大鞋小鞋一个价，为什么不买大的呢？"

其实生活中，我们会看到很多这样的"姑姑"。他们在贪欲的推动下不断地追求所谓的"大"，结果买了一双又一双硕大的鞋子，但是不合脚，结果只能委屈自己。况且民间还流传这样一句话，"贪多嚼不烂"，意思就是说，好吃的东西，大家都喜欢，但是如果为了贪多而一味地往嘴里送，也不管自己的嘴到底能装下多少食物，结果只会把嘴塞得满满的，连翻转嚼碎的空间都没有了，最终一点美味都无法品尝到，这样的贪多还有什么意义呢？

所以，不管买什么鞋子，合脚才是关键；无论吃什么东西，贪多不一定是好事；不论追求什么，适合自己的才是最好的。当然，我们也并不是完全否定欲望的作用，有时一定程度的欲望是能助人成功的。地产商冯仑曾说过："地主的生活最愉快，企业家的生活最有成就感，奴隶主的生活最有权威。地主地里能打多少粮食，预期很清楚，一旦预期清楚，欲望就会被自然约束，也就用不着再努力，所以，会过得很愉快。企业家不同，企业家的预期和他的努力相互作用，预期越高努力越大，努力越大预期越高，这两个作用力交替起作用，逼着企业家往前冲。"

可见，欲望能够帮助一个人成功，但是欲望过强，则成了贪婪。所以，在拥有欲望或使用欲望的时候，一定要把握住"度"，要找到适合自己的尺度，更要见好就收，只有这样，欲望才会成为人类的朋友。

第五十六节　知者不言

【题解】

从内容上来说，本章是第四十二章和第五十五章的继续，因为它们都是讲的

"和"。第四十二章讲的是"冲气以为和",即矛盾着的事物双方,经过斗争而达到的和谐与统一;第五十五章讲的"知和曰常",认为和是事物的常态;而本章是继第五十五章讲述了怎么做才可以保持常态的和。可以说,这三章之间是层层深入的关系,最终向人们讲述了"和"所能达到的最高境界。

但是本章的"和"所指代的对象从范围上大于前两者,它不仅是指统治者,还包括世间人们为人处世的人生哲理。它要求人们要学着做一个不露锋芒的智者,要排除私欲,超脱纷争,混同尘世,超脱亲疏、利害、贵贱的世俗范围。如此,天下便可以大治了。

【原文】

知者不言,言者不知①。

王弼《道德真经》:因自然也。造事端也。

王夫之《老子衍》:非特不使人窥其喜怒,亦且使道无间于合离。

塞其兑,闭其门②,挫其锐,解其纷,和其光,同其尘③,是谓玄同④。

王弼《道德真经注》:含守质也。除争原也。无所特显则物无所偏争也。无所特贱则物无所偏耻也。

明太祖《御解道德真经》:又塞、闭、挫、解、和、同,此六字,前三字言不张声势,后三字言谦下也。所以谓之玄同,言此几事皆属玄也。

故不可得而亲,不可得而疏;不可得而利,不可得而害;不可得而贵,不可得而贱⑤。故为天下贵⑥。

王弼《道德真经注》:可得而亲,则可得而疏也。可得而利,则可得而害也。可得而贵,则可得而贱也。无物可以加之也。

陈致虚《道德经转语偈》:闭门塞兑得赢金,电掣星飞何处寻。便遣那咤千手眼,不知佛殿有观音。

【注释】

①知者不言,言者不知:此句是说,真正聪明的人从来不多说话,总是到处说长论短的人不是真正的智者。

②塞其兑,闭其门:此句见于第五十二章。其,指人民;兑、门,都指窍穴。塞住他们嗜欲的孔窍,关闭他们嗜欲的门径。

③挫其锐,解其纷,和其光,同其尘:这四句重见于第四章中。其意思是指,挫去其锐气,解除其纷扰,平和其光耀,混同其尘世。

④玄同：玄妙齐同的境界，也就是"道"的境界。

⑤不可得而亲，不可得而疏；不可得而利，不可得而害；不可得而贵，不可得而贱：这几句是说"玄同"的境界已经超出了亲疏、利害、贵贱等世俗的范畴。

⑥贵：动词，尊重的意思。

【译文】

真正聪明的智者是不多说话的，而到处说长论短的人则不是聪明的智者。塞住他们嗜欲的孔窍，关闭他们嗜欲的门径，挫去其锐气，解除其纷扰，平和其光耀，混同其尘世，这就是深奥玄妙的同一境界。正是因为不能进入这种境界，所以才会产生亲疏，才会有利害，才会有贵贱。因此，只有真正的智者才是天下最尊贵的人。

【解析】

老子的智者形象我们无须怀疑了，《道德经》中每一句精辟简短的话语都是他的智慧的充分体现，尽管他有不寻常的智慧，但是他却没有夸夸其谈，更没有大肆炫耀他的才能和睿智，就像本章中所写的"知者不言"。事实证明，真正有智慧、有知识的人是不会随便

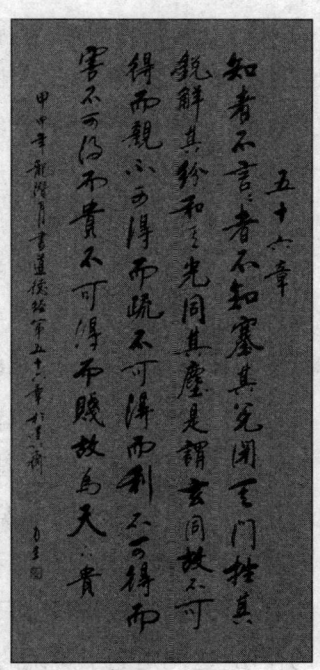

《道德经》五十六章书法

高谈阔论的，他们常常保持谦虚缄默的状态，少言寡语，不显山不露水。他们总是站在低处仰望他人，总感觉自己在某些方面不如他人，需要向他人学习。为了丰富自己，为了向他人学到更多的知识，他们是谦逊的，是随和的。老子也指出，只有那些毫无知识和没有头脑的人才会夸夸其谈，口无遮拦，甚至是知道一丁点的事情也要炫耀出来，恐怕他的这点"能力"被埋没。但是结果去恰恰相反，这种急于表现的谈论恰恰反映了他的无知和愚笨。在本章中，老子不只是在批评统治者的这种愚蠢行为，也给普通的世人敲响了警钟。

老子不仅指出了现实中存在的一些问题，他还给我们说出了几条最根本的解决问题的办法，即："塞其兑，闭其门，挫其锐，解其纷，和其光，同其尘。"这几句话在《道德经》中重复出现于第四章之中，可见其重要性有多大。这可以看作是统治者治民的原则，也可以理解为老子是在为理想人格形态所进行的一种描述。综观世间很多因贪婪而自伤的例子，我们发现，浓重的欲望是一个人走向灭亡的最直接

的诱因,因此一定要"塞其兑,闭其门";老子在前面的一些章节中也反复强调了若想让自己成为一个有理想的人,就要委曲、和气、恍惚、无为,也就是,做人如果锋芒外露,就容易被摧折,而"挫其锐"就会避免伤人和自伤,就能顺利地保全自己;只有将心中的纷乱的思绪都解除了,将现实中的一些

知者不言,言者不知

纷争都解决掉,我们的心灵才能做到无牵无挂,自由自在,我们才能活得自然洒脱,所以,老子告诫我们要"解其纷";有阳光照射到的光亮的地方,也有照不到的阴暗的地方,只有懂得"负阴与抱阳"对立统一的人,才能懂得"用其光,复归其明"的道理;宇宙之中到处充满尘埃,这就如同人世间所存在的一些纷繁复杂的情形,它们的客观存在性以及我们的不能超脱现实性,决定了我们不可能完全抛开它们,为了让自己与它们和谐相处,只有尊重它们的客观性,因势利导,让它们都能发挥应有的作用,这便是老子所说的"同其尘"。

上述几个方面是得道之人所能达到的最高境界,即达到"玄同"的境界,因此,我们可以说,老子所推崇的理想的人格形态就是"挫锐""解纷""和光""同尘",最终达到"玄同"的最高境界。

尽管老子与我们所生活的时代不同,人们的观念也存在一定程度的差异,但是老子的上述观点却是值得当今的我们每一个人所深思的。人的欲望的本质是相同的,人都很难控制住自己的欲望也是相同的,渴望借助各种措施把自己推销出去的想法也有一定的相同点。于是,老子站在智慧的最前沿告诫我们,为了不让欲望毁掉自己,就要采取克制的方法,为了不让自己愚笨无知的一面完全地暴露在他人面前,就要学会含蓄一点,不要让过多的言语犯下本不该犯下的错。最后,请现实中的我们每一个人都能记住,"欲望过胜,伤人害己","病从口入,祸从口出"。

【名句品读】

知者不言,言者不知。

这句话中的"不言"并不是真正意义上的不说,而是"不多说""不乱说";句中的"不知"也不是真的没有智慧,而是"无上智""无大智"。这句话可以称得上是为人处世中一条必须谨记的真理。

现实中,那些越是没有太多知识的人,越是喜欢大侃特侃,而真正的智者、真正有修养的人,他们是不会这么急于炫耀自己的,他们会将自己的学识慢慢地贯穿在自己的一言一行之中。所以我们说,真正聪明的智者是不多说话的,而到处说长论短的人则不是聪明的智者。

孔子也曾经说过"巧言令色,鲜矣仁",句中虽然说的是善于花言巧语的人是很少有仁德的,但也可以看出圣人对于言语的研究与要求还是非常多的。什么时候该说话,什么时候应该说什么话,对他们来说,都是一门很深的学问,也是我们的一门必修课。所以,只有当我们真正地懂得了这个道理,才能成为心中崇拜的对象——真正的智者。

不可得而亲,不可得而疏;不可得而利,不可得而害;不可得而贵,不可得而贱。故为天下贵。

老子是一位智慧的哲人,这已经无须怀疑,但是他的智慧最突出的表现应该在什么地方呢?此句话就给了一个明确的答案,那就是他能够始终辩证地看问题。

这句话中提到的"亲与疏、利与害、贵与贱"都是一一相对的关系。世人都知道有亲就有疏,有利就有害,有贵就有贱,但却不知道它们之间潜在的一种互相转化的关系,而老子却在此话中明确地表达了出来。

老子说,人们不与他人接近就无法表现出对这个人与另外的人的疏远。这是因为当人们总觉得自己高高在上而不与他接近时,那么就不会了解他人的缺点,所以也就没有疏远之说;不与某些人接近,也就显示不出对另外一些人的疏远,所以说,亲近与疏远是相对又相辅的两个概念。同样的道理,你不让他人得利,也就不会在不能让其得利的情况下让其受到伤害。这是因为他本身就能够自给自足,不会受到外物的影响,而是与大道同在。无得利,也就没有失利可言,所以也就不会受到所谓的伤害。没有高贵,就不会有所谓的卑贱。大道无处不在,贯穿于人们所能说出的人和高贵与卑贱之间,所以大道本身的态度就没有高低贵贱之分,包容一切。作为一个智慧的大道之人,老子对大道的呼吁之声永远不会降低。

所以老子说,"不能进入(大道)这种境界,所以才会产生亲疏,才会有利害,才会有贵贱。因此,只有真正的智者才是天下最尊贵的人"。

【经典故事】

为人之道

王先生大智若愚助龚遂

汉宣帝时代有一名叫龚遂的能干官吏。当时渤海一带灾害连年,百姓饥饿难耐,由于不堪忍受饥饿,百姓纷纷聚起而造反。但是当地官员多次镇压仍不见效果,他们也到了束手无策的地步,于是向宣帝奏请派遣一名有经验的官员来此治理。在再三思度之后,宣帝决定派年已七十余岁的龚遂去任渤海太守。

龚遂轻车简从到任后,没有像以前的官员那样用武力镇压百姓,而是先稳定民心,安抚百姓,生活休息在百姓之中,鼓励农民垦田种桑,他还规定农家每口种一株榆树、100 棵薤白、50 棵葱、一畦韭菜,养两口母猪、五只鸡等。对于那些心存戒备,依然带剑准备随时对抗朝廷的人,他没有强制缴获器械,而是劝谕道:"不如把剑卖掉去买头牛好好过日子"。经过龚遂的几年治理,渤海一带社会逐渐稳定下来,百姓安居乐业,龚遂的名声也因此大振。

等一切稳定下来以后,汉宣帝即召龚遂还朝。当时龚遂的一个属吏王先生,也请求随他一同去长安,并对龚遂说:"我对你会有好处的!"其他属吏却不同意,因为王先生一天到晚与酒为伴,又好说大话。但是龚遂却说:"他想去就让他去吧!"

到了长安后,这位王先生没有丝毫的改变,还是终日沉溺狂欢,既不关心外事外物,也不见龚遂。可是有一天,当他听说皇帝要召见龚遂时,他便对看门人说:"去将我的主人叫到我的住处来,我有话要对他说!"看门人很是不屑,然而让人想不到的是,龚遂还真来了。然后王先生问:"天子如果问大人如何治理渤海,大人当如何回答?"

龚遂说:"我就说任用贤才,使人各尽其能,严格执法,赏罚分明。"

王先生连连摇头道:"不好! 不好! 这么说岂不是自夸其功吗? 请大人这么回答:'这不是微臣的功劳,而是天子的神灵威武所感化!'"

龚遂接受了他的建议,按他的话回答了汉宣帝,宣帝果然十分高兴,便将龚遂留在身边,任以显要而又轻闲的官职。

王先生看似是一个不务正业的酒鬼,其实他内心对朝野的一些潜规则却比谁都清楚,这就是他的高明之处,而龚遂的善良之于王先生则是他得到好处的关键。

从政之道

司马懿身怀绝技,静中爆发

司马懿也是被曹操访问了三次后才答应出山的,这与诸葛亮的三顾茅庐出山很相似!

刚加入曹营的"智囊团"时,初来乍到的司马懿不可能在里面有什么大的作为。他一开始做的是抄抄写写的一类官员。这对于在军事和政治上有卓越天才的司马懿来说,确实有点儿大材小用。但司马懿并没有在乎这些,他在这时一直都是"静"着的。即使在整个曹操时期,司马懿都是"静"着的。虽然他后来也做到了丞相府主簿,但始终没有带兵作战的机会,他的作为也只是作为谋士提出过两个重要的谋略:一是在取下汉中后,劝曹操乘势进攻刘备立足未稳的西川;二是献计联合东吴共同对付得到汉中的刘备。

司马懿的两个计策,曹操只用了后者,而这个策略也让不可一世的西蜀大将关羽命丧建业,说关羽是间接死于司马懿之手也说得过去。但司马懿的才能绝不只是作为一个普通的谋士。当孟达响应诸葛亮北伐时,身为荆州都督的司马懿干脆利索地粉碎了孟达的叛乱。而这一仗也让司马懿在魏明帝曹睿心中的地位得到了很大的提升。

在魏都督曹真病逝后,司马懿继任成为魏都督,他终于有了和诸葛亮亲自交锋的机会。在与诸葛亮的交锋中,司马懿采取了"静"的战术,这就是坚守不战。因为他也受到了诸葛亮的种种侮辱,但司马懿"不为所动",仍旧"静"着,直至诸葛亮死去。

此后,他开始"动"了,带兵迅速平定了公孙渊的叛乱,这一仗也让他在魏明帝心中的地位上升到了极点。但魏明帝一死,执政的曹爽想方设法打压司马懿,于是司马懿又"静"了下去,甚至不惜在曹爽的使者面前"出洋相"。所谓"君子报仇,十年不晚",从魏明帝病逝到著名的"高平陵事件",正好是十年。其间,司马懿果断消灭了曹爽的势力,拉开了晋代的序幕。

司马懿藏锋避芒地"静"恰恰是他寻找时机全身"动"起来的最巧妙的方法。可以说,司马懿将"以静制动"策略的精髓发挥到了极致。

谢安一言不发暗思度

距今一千六百多年的东晋时代,爆发了一场以少胜多的著名战争,那就是淝水之战。东晋以八万人马,打败了号称百万人马的前秦八十万大军。

公元383年,前秦的力量空前强大起来,于是发兵百万攻打东晋,并扬言要扫平江南。

听得此消息,东晋的皇帝晋孝武帝司马曜,急召宰相谢安进宫商讨御敌大计。谢安从容启奏道:"苻坚倾国出师后方空虚,战线过长,兵力分散,军需粮草接应困难,内部又分离不团结。臣早将淮北流散之民迁往淮南,坚壁清野断其供给,另其势难立足。"晋孝武帝大喜,令其统领八万人马抗击秦军。

谢安

在国家存亡的危急时刻,谢安在大军压境之际仍然是一如既往,照样下棋、弹琴、饮酒、作诗,闭口不谈大战之事,似乎有一种国家存亡与他无关的感觉。领军大将谢玄是他的侄儿,看到叔叔如此,不禁心中焦急万分,急到谢安的帐中询问叔叔的破敌计划。谢安只是随便说了句"到时再说吧",就什么都不说了。谢玄回去后坐立不安,又不敢再三追问,可又放不下心,就和大都督谢石(谢安的弟弟)、辅国将军谢琰(谢安的儿子)一同去看望谢安,想从他口中得到点什么风声,或者能说服他紧张起来,一同抗敌。

三人进得府来,谢安就知三人是为大战之事而来。然而谢安却闭口不谈御敌之事,依旧是从从容容,好像没事一样。然后,他又吩咐家人,一同去游山玩水。山林间、小溪旁摆下了棋盘,谢安与兄弟和子侄轮流下棋,开始了车轮大战。谢安不慌不忙,行棋如行云流水,下得潇洒自如,得心应手。而谢石、谢琰和谢玄这些人,一个个心事重重,心不在焉,心神不安,心里惦记着战事,棋下得前后矛盾,不是昏招败招,就是漏招臭棋,一个个就都败下阵去。直到日落西山谢安尽兴才提回家之事。

三人从谢安的镇定之中似乎感受到些许的吉祥气息,知道谢安定是胸有成竹了,然后也深受谢安的感染,回去后,都各司其职,各练其兵。兵民们看到首领的祥和之态,也是人不慌,国不乱。军民上下,严阵以待。

最终,经过激烈的角逐,晋军彻底打败了秦军,获得了淝水之战的最后胜利。

消息传到晋朝，谢安正在和宾客下棋，家人送上谢石、谢玄的手书，他略瞟了一眼，心里就已经知道了里面要说的事情，然后就随手把它放在旁边，继续下棋。客人问信里说些什么，谢安若无其事地答道：子侄之辈已经破敌了。

等棋下完了送走客人之后，谢安高兴得手舞足蹈，转身过门时，一脚踢在门槛上，把木屐的齿都碰断了！

谢安自始至终都没有多说一句话，但这并不代表他胸无想法，不关心国家大事。他的沉默恰恰是他经过深思熟虑、客观分析后的胸有成竹的必然表现。

【古为今用】

有时沉默比黄金还贵重

大多数情况下，有大智慧的人都不是夸夸其谈的，而总喜欢夸夸其谈的人往往没有什么真才实学，尤其是那些爱胡说，爱传是非的人，不但显出自身没有素质，而且会惹得别人厌烦。

现实中的我们都懂得"祸从口出"的道理，但有些人就是不能管住自己的嘴巴，想说什么就说什么，想怎么说就怎么说，结果成了"八婆族""穷摆族"中的重要一员。

研究表明，爱传是非、爱高谈阔论的人，其内心是空虚的，甚至有一种害怕被别人说自己无知的心理，他们的内心缺乏一种叫作平衡的东西，而传是非、高谈阔论则恰好补充了这一空缺，让他们的内心获得满足的快感。

但是满足之后留给自己的又是什么呢？"瘟神""笑柄"之类的名字或许是送给他们的最好的礼物吧。因为人们对于这种人，都有一种避之唯恐不及的心理，甚至会成为大家集体攻击的对象，结果使他们无法融入任何一种氛围之中。我们可以想象，这样一个人在社会上将会怎么生存呢？

因此，对于别人的事情一定要把住牙关，对于自己不是很清楚不是很专业的东西一定不要胡乱发表演说，切记"病从口入，祸从口出"这句话，或者你可以采取一只耳朵进，一只耳朵出的策略，不让是非在自己的脑中存留一分一秒；采取对自己不太清楚的事情不发表意见的策略。如果有人问起你对某件事的看法，你也最好闭口不答，一笑而过。

"无事才会生非"在这里同样适用，所以，为了不生非，尽量多找事做，让自己

忙碌起来,然后就没有过多的时间和精力去关注别人的"新闻"、去用愚笨的演讲来暴露自己的缺点了。

当然我们不否定现代社会的需要自我表现的现实,有时积极主动一些往往能给自己争取到很多难得的机会,但是有些时候"知无不言,言无不尽"并不见得是一件好事,例如上面的爱传是非。所以,一个希望在集体中茁壮成长的现代人,一定要学会具体问题具体分析,该说的时候就说,不该说的时候一定要闭紧自己的嘴巴;要谨记"有时沉默比黄金还贵重"的为人处世之训诫,只有这样,我们才能在竞争激烈的现代社会中游刃有余。

第五十七节　以正治国

【题解】

在本章,老子再次提到了"无为而治"的思想。章节一开始,老子就先陈述了一些客观事实,然后又用了一个设问句"吾何以知其然哉? 以此;天下多忌讳,而民弥贫;民多利器,国家滋昏;人多伎巧,奇物滋起;法令滋彰,盗贼多有"来反证应该以"无事取天下"的道理。

本章是老子对"无为"的社会政治观点的概括,他的这一思想在当时看来是充满幻想成分的,但是对于那些有清醒头脑的统治者来说,还是有很大益处的。

【原文】

以正①治国,以奇②用兵,以无事③取天下④。

王夫之《老子衍》:天下有所不治,及其治之,非"正"不为功。以"正"正其不正,恶知正者之固将不正邪? 故"正"必至于"奇",而治国必至于"用兵"。夫无事者,正所正而我不治,则虽有欲为奇者,以无猜而自阻,我乃得坐而取之。

吾何以知其然哉? 以此⑤;天下多忌讳⑥,而民弥⑦贫;

河上公《老子章句》:此,今也。老子言,我何以知天意然哉,以今日所见知之也。天下谓人主也。忌讳者防禁也。今烦则奸生,禁多则下诈,相殆故贫。

民多利器⑧,国家滋⑨昏;

河上公《老子章句》:利器者,权也。民多权责视者眩于目,听者惑于耳,上下不亲,故国家昏乱。

王弼《道德真经注》:利器,凡所以利己之器也。民强则国家弱。

人多伎巧⑩,奇物⑪滋起;

宋徽宗《御解道德真经》:伎巧胜则人趋末,而异服奇器出以乱俗。

明太祖《御解道德真经》:王昏多尚技巧,务虚不务国之正实,则献奇物朝朝。

法令滋彰⑫,盗贼多有。

王弼《道德真经注》:立正欲以息邪,而奇兵用多;忌讳欲以耻贫,而民弥贫;利器欲以强国者也,而国愈昏多。皆舍本以治末,故以致此也。

王夫之《老子衍》:彼多动多事者则不然,曰:"治者物之当然,而用兵者我之不得已也。"

故圣人云:"我无为而民自化⑬;我好静而民自正;我无事⑭而民自富;我无欲⑮而民自朴。"

王弼《道德真经注》:上之所欲,民从之速也。我之所欲,唯无欲而民亦无欲自朴也。此四者,崇本以息末也。

王夫之《老子衍》:方与天下共居其安平之富,而曰不得已,是谁诒之戚哉?故无名无器,无器无利,无礼无巧,无巧则法无所试。故欲弭兵者先去治。

【注释】

①正:正常平易的方法,也就是"清静"之道。

②奇:出奇诡秘的计谋。

③无事:即无为。

④取天下:治理天下。

⑤以此:根据这些。指下面一段文字。

⑥忌讳:禁令。

⑦弥:越,更加。

⑧利器:指武器。

⑨滋:越,更加。

⑩伎巧:技巧智慧。

⑪奇物:邪恶的事。

⑫彰:明白。

⑬自化:自我化育,自然顺化。

⑭无事：无所事事，此主要指不去搅扰、干涉百姓。

⑮无欲：不贪，没有贪欲。

【译文】

以无为、清静之道去治理国家，以奇巧、诡秘的办法去用兵，以不扰乱人民的方法去治理天下。我根据什么知道应该是这样的呢？根据就在于此：天下的禁忌越多，老百姓就越贫困；人民的武器越多，国家就越混乱；人民的技巧越多，邪恶的事情就会越多；法令越森严，盗贼就越来越多。所以有"道"的圣人说："我无为，人民就自我化育；我好静，人民就自然富足；我无事，人民就自然殷实；我无欲，人民就自然淳朴。"

【解析】

这一章阐述的仍然是老子"无为"的政治思想，老子反对一切工艺技巧、一切聪明智慧、一切法制禁令，他提倡统治者要做到"无欲""无为而治"，让老百姓"自化"，如此这般，整个社会就会在一种清静无为的状态中继续发展壮大。

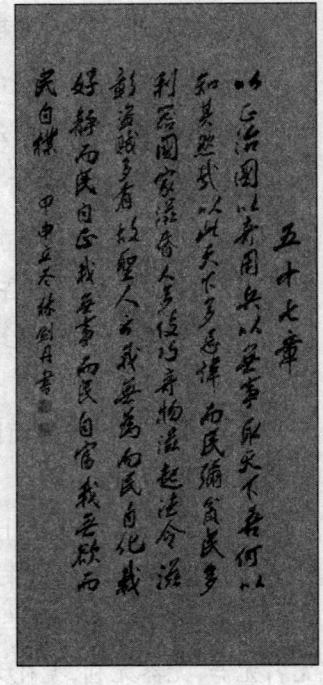

《道德经》五十七章书法

从整个篇章来看，本章所表达的意思我们可以人为地分为两层，即"用兵"和"治国"。

《道德经》不是兵书，但是其中也包含有很多打仗用兵的思想在里面。在前面的一些章节已经有所涉及。例如本章的"以奇用兵"就可以说，讲的是纯军事的道理。在老子的观念中，用兵就应该用非常规的方法，并且贵在一个"奇"字，即要想奇法、出奇谋、用奇技来迷惑对方，让对方钻入自己设下的圈套，从而取得全面的胜利。

表面看来，这种思想与老子所提倡的"以正治国"的思想是相矛盾的，甚至会给人一种老子在这里教给统治者如何用兵，如何发动战争，其实不然。战争是老子反对的事物之一，但是老子也看到了战争的不可避免性，尤其是他生活的时代的战争的频发性。因此，出于战争本身的多变性、不确定性的考虑，从为国家的存在和发展的角度来思考，老子不得不为弱者、为正义的统治者提供了"以奇治兵"之计。

"无为而治"是老子在本章中提到的第二层意思。开篇老子就提出了"以正治国"的思想，这也是老子一贯的主张，以无为、清静之道去治理国家是老子对他生活的时代的统治者的告诫，也是对现在统治者的一种提醒。

"天下多忌讳，而民弥贫。民多利器，国家滋昏。人多伎巧，奇物滋起。法令滋彰，盗贼多有。"从形式上来看，是对前文的一种解释，实则是罗列的一些社会现象，也是老子对国计民生的具体思考，其中也包含老子对社会现状的焦虑和担忧。老子自始至终都相信，人民的本性是善良的，如果不是万不得已绝对不会惹是生非的，即使发生民众叛乱，也是与统治阶级的不合理的统治有直接联系的。所以老子说，天下的禁忌越多，老百姓就越贫困；人民的武器越多，国家就越混乱；人民的技巧越多，邪恶的事情就会越多；法令越森严，盗贼就越来越多。

最终老子借圣人之口说出了真正无为的统治者该如何做："我无为，人民就自我化育；我好静，人民就自然富足；我无事，人民就自然殷实；我无欲，人民就自然淳朴。"

【名句品读】

以正治国，以奇用兵，以无事取天下。

俗话说"水能载舟，亦能覆舟"，老百姓对于统治者也是如此。那么，统治者该如何与老百姓建立起良好的关系呢？老子认为，统治者要用诚实的态度去对待他们，不要用阴谋诡计去欺骗他们，不要用严酷的制度去控制他们，更不要用武力镇压他们，统治者的一切言行都要以老百姓的切身利益作为出发点。这就是正道，就是老子所提倡的"以正治国"。

几乎每一个战场上的人都渴望己方能够获胜，如果没有胜利，自己的生存条件将会丢失，自己的国家或许就会灭亡，人们或许就会沦为别国的奴隶，甚至会出现种族灭亡的惨况。所以，为了能在战争中取得胜利，我们可以绞尽脑汁，用尽一切办法去整治敌人，甚至采取奇巧、诡秘的方法，这在战场上也无可厚非。因为在战场上有"胜者为王，败者为寇"的说法。

老子雕塑

作为统治者，对于不同的对象要采取不同的治理手段，只有这样才能让被统治者对自己的统治心服口服。当然，统治者也是社会的一分子，不要以为自己身份特殊就对其他人或物的自然发展横加干涉，实际上，干

涉往往会带来更大的不快。所以,"无为而治"的思想应该是统治者最该铭记在心的。

我无为而民自化。

很多统治者,总认为自己位居高层,就能以贤能自居,还天真地认为自己的就是对的,老百姓的一举一动都要受到自己的控制,所以,他们就大肆进攻老百姓的生活领域,随意干涉老百姓的生活。其实,他们却犯了这么一个错误,每个人做出自己的选择都是有他的理由的,老百姓选择这样的方式也是有自己的道理的,并且他们的选择都是从实际出发的,都是自己生活经验的积累和总结,是最实用的,而统治者所指定的一些条条框框,很多都是教条化的东西,是不能完全切合老百姓的生活实际的,所以说,只要没有什么天灾人祸,老百姓自己就能过得很好,是不需要统治者的教化的。即老子从一个道德高尚的统治者的角度这样说,"我无事,人们就自然殷实;我无欲,人民就自然纯朴"。

【经典故事】

从政之道

唐太宗虚心纳谏,尊民爱民

唐太宗李世民,是唐朝的第二个皇帝。生于 599 年,病死于 649 年,终年五十岁。唐太宗是中国历史上著名的好皇帝,也是一个很高明的政治家。

李世民之所以把国家治理得很好,主要是由于他善于听取各种不同的意见。他深知,兼听则明,偏信则暗;明君兼听,昏君偏信。这是大臣魏征跟他讲的。有一次,太宗虚心地问魏征,明君和昏君怎样才能区分开?魏征郑重地答道,国君之所以圣明,是因为他能广泛地听取不同的意见;国君之所以昏庸,是因为他偏听偏信。说完这句话之后,他又举了历史上正反两方面的例子加以论证。他说,古代尧、舜是圣君,就是因为他们能广开言路,善于听取不同意见,小人就不能蒙蔽他。而像秦二世、梁武帝、隋炀帝这些昏君,住在深宫之中,隔离朝臣,疏远百姓,听不到百姓的真正声音。直到天下崩溃、百姓背叛了,他们还冥蒙不知。采纳臣下的建议,百姓的呼声就能够上达了。魏征的这些至理名言,深深地铭刻在唐太宗的心里。从此,唐太宗便格外注意虚心纳谏。他不管是什么人,也不管提意见的态度如何,只要意见是正确的,他都能虚心接受。

唐太宗知人善任,且胸怀大志。在民族政策上,他把少数民族和汉族看成一家,对少数民族采取了安抚、和亲的正确政策。少数民族对唐太宗的政策措施,心悦诚服。唐太宗便具有了很大的向心力,他们纷纷来归,并尊称唐太宗为“天可汗”。

唐太宗把文成公主嫁给了吐蕃王松赞干布。这是汉藏民族关系史上的一件大事。作为嫁妆,文成公主带去了大批珍宝、经典、医书、宝器、金银、金鞍、佩饰、锦缎、药品,还有食物、饮料、种子、树木。文成公主带去的是中原地区的先进文明。松赞干布对这桩婚事非常满意。他对唐太宗自称女婿,上表祝贺唐太宗远征的成功。这次联姻加强了汉藏民族之间的团结,也促进了藏族经济的发展。

由于用人得当、政策对路、轻徭薄赋、宽刑轻法,使得唐太宗时期的经济、政治、文化都得到了空前的发展。唐太宗的贞观时期,政治清明,经济繁荣,社会稳定,文化昌盛,史称“贞观之治”。

总之,唐太宗是一个宽厚的领导人,他能在政策的拟定上极少出现错误,其主要原因就是他能够站在人民的立场上思考问题,能不刚愎自用,对臣子们的建议能够做到虚心纳谏,能够做到民主从事。

宋太祖分析问题,集权有术

宋太祖赵匡胤,是宋朝的开国皇帝。他三十四岁登基,在位近十六年,是一个很有作为的皇帝。宋太祖最大的历史贡献,就是结束了自安史之乱以来全国上下二百多年的分裂割据的局面。从而,实现了全国的大统一。这是民心所向、众望所归的事情。为了实现全国统一,他高瞻远瞩,采取了很多有力的措施。

这要从唐朝的藩镇割据说起。藩镇的出现,与节度使的设置有关。唐朝先在沿边地区设立节度使。节度使的权限很大,总揽各州的军政大权。安史之乱以后,唐朝对投降的叛乱分子,立即授以节度使名号,仍令其照旧统领旧部、旧地。他们的属地逐渐变成了一个个小独立王国,被称作藩镇。

宋太祖赵匡胤

藩镇权势渐大,不听中央指挥,各自独立。这就是"藩镇割据"。"藩镇割据"是从唐代宗时,即公元762年开始的。自此以后,中国陷入了长达二百多年的分裂局面。这种分裂局面,都是节度使专权,从而导致藩镇割据造成的。赵匡胤即位之后,曾同政治家赵普谈了一次话。他虚心地问道,我想平定天下长久不息的战乱,你有什么好办法吗?赵普诚恳地回答,有一个好办法,就是针对藩镇的节度使,逐渐削夺他们的权力,限制他们的钱粮,收回他们的精兵。真是"听君一席话,胜读十年书"。宋太祖豁然开朗。

"杯酒释兵权",是他实施的第一个步骤。有一天,他专门宴请几位重臣。酒酣耳热之际,他说道,人生在世,无非是享受荣华富贵,并使子孙过上好日子。你们何不交出兵权,购置田宅,饮酒作乐,安度晚年呢?大臣们一听,全都明白了。第二天,他们就都老老实实地交出了兵权。宋太祖授给他们有职无权的高官,让他们安享晚年。就这样,宋太祖不费一刀一枪,就收回了兵权。

为了使军权高度集中,宋太祖又创造了行之有效的"更戍法"。所谓"更戍法",就是中央的禁军,要按期轮流到各地戍守。将领也要经常调换,使"兵无常帅,帅无常兵"。这也造成了"兵无常将,将无常兵"的局面。将兵之间生疏,有利于防止军队叛变。历史证明,这一方法,是防止军阀割据的成功举措。

宋太祖又针对当时的周边形势,提出了"先南后北"的统一全国的战略方针。南,指的是荆湖、后蜀、南汉、南唐等割据政权。赵匡胤对他们采取了刚柔相济、软硬兼施的政策,收到了显著的效果。他实施各个击破的策略,迅速地灭掉了几个小朝廷,实现了南方一统。而对投降的国主,一律封以有名无实的高官,使他们享受荣华富贵,而换来的却是国家的统一,社会的安定。

经过十六年艰苦的南征北战,宋太祖终于实现了全国统一的愿望。他结束了从安史之乱到十国纷争的二百余年的割据局面。这是他对中国多民族国家的一个重要贡献。

宋太祖不仅善于组织内部变革,对个人利益关系处理也有独到之处。表面看来,宋太祖是将权力集中于一身,实际上他针对的是内部利益纷争带来的战乱、内耗、百姓的民不聊生,针对的是一个个封闭的独立"小王国"削弱国家整体实力的不良现象。总之,还是为了人民安居乐业才集权的。

管理要立足人性化

　　一个想要取得大成功的领导者，必定有很多追随自己的下属，如何管理这些下属，是每个领导者都会遇到的问题。当然，我们也不否定几乎每位领导都有自身独特的比较高明的管理方法，也有很多领导不乏出奇制胜之道。但是从无数的成功领导者的身上我们却能总结出一条不成文的、重要的领导法则，那就是"信民、尊民、爱民、用民"。

　　有些时候，对待特殊的人就要用特殊的管理方法，真正懂得领导之道的领导者都是善于针对不同的应付对象采取不同的手段的。例如，对待难管的员工就要用一些"小伎俩"来对付他；对待本来老实本分偶尔又会犯下一点错误的员工就要采用暗示或正面劝说的方式来管理。

　　为了使员工在有限的时间内有最大化的劳动成果，为了将公司管理得"井井有条"，有些公司制定了严格苛刻的规章制度，表面看来，员工们是老实了，但是他们心中的压抑又有几个领导能够感受得到呢？在这种高强度的压力之下，他们没有在沉默中灭亡，而是爆发，具体表现可能会有工作中创新难现；无数次地工作出错；精神的崩溃；对领导的极度不满等。严格的规章制度产出了愤怒的员工，最终受损失的还是公司利益。所以说，只要是不影响他人的正常工作、不给公司带来负面影响的行为，都可以在规定中给予适当地放宽。

　　管理人的方法和手段可谓是多种多样，但是一些"小伎俩""硬手段"还是少用为妙，因为没有一个人乐意与爱耍小聪明的人共事，更没有人喜欢一直工作在高强度的环境之下。事实证明，只有那些顺应民意的大众化的管理方法，才会让下属觉得自然，舒适，工作起来也会更有状态。美国前总统林肯曾说："管理的本质在于用人，统治的根本在于治人，而领导的精髓则在于御人。领导的才干，就是长于识人善用。"所以作为领导，一定要懂得管理下属的技巧，要从人性化的角度去思考管理的方法。

第五十八节　福祸倚伏

【题解】

与前面几章不同，本章主要从辩证法的角度来谈政治，谈社会，谈人生。

从内容上来说，本章与前面的一些章节还是一脉相承的，第一句"无为而治"的思想就是一个很好的相承的例子。

然后老子提出了一个能充分证明世间万物辩证存在的观点，那就是"祸兮福之所倚；福兮祸之所伏"。这句话充分体现了老子的辩证法思想和他对人生的深刻思考。

最后，老子又用了他常用的句式来说明"圣人"都是如何来处世的："方而不割，廉而不刿，直而不肆，光而不耀。"其实，老子在此提出的"圣人"的处世方法与我们今天所说的"做人要低调"的处世态度是相吻合的。

【原文】

其政闷闷①，其民淳淳②；

河上公《老子章句》：其政教宽大，闷闷昧昧，似若不明也。政教宽大，故民醇醇富厚，相亲睦也。

王弼《道德真经注》：言善治政者，无形无名，无事无政可举，闷闷然，卒至于大治，故曰，其政闷闷也。其民无所争竞，宽大淳淳，故曰，其民淳淳也。

其政察察③，其民缺缺④。

唐玄宗《御解道德真经》：政教察察，有为苛急，人则应之缺缺然而凋敝矣。

明太祖《御解道德真经》：亦言察察，谓苛政也。民多不足，此君之祸也。

祸兮福之所倚⑤；福兮祸之所伏⑥。孰知其极⑦？其无正⑧。

王弼《道德真经注》：言谁知善治之极乎！唯无可正举，无可形名，闷闷然而天下大化，是其极也。

王夫之《老子衍》：尝试周旋回翔于理数之交，而知其无正邪，彼察察然迓福尔避祸者，则以为有正。

正复为奇，善复为妖⑨。

河上公《老子章句》：奇，诈也。人君不正，下虽正，复化上为诈也。善人皆复化上为妖详也。

王弼《道德真经注》：以正治国，则便复以奇用兵矣。故曰，正复为奇。立善以和万物，则便复有妖之患也。

人之迷⑩，**其日固久**⑪。

河上公《老子章句》：言人君迷惑失正以来，其日一固久。

王弼《道德真经注》：言人之迷惑失道，固久矣。不可便正善治以责。

是以圣人方而不割⑫，**廉而不刿**⑬，**直而不肆**⑭，**光而不耀**⑮。

唐玄宗《御解道德真经》：圣人善化，不割彼而为方，不刿彼而为廉，不申彼而为直，不耀彼而为光，修之身而天下自化矣。肆，申也。

陈致虚《道德经转语偈》：直而不肆极希夷，百尺竿头未是危。识得圣贤心地用，早应臭腐化神奇。

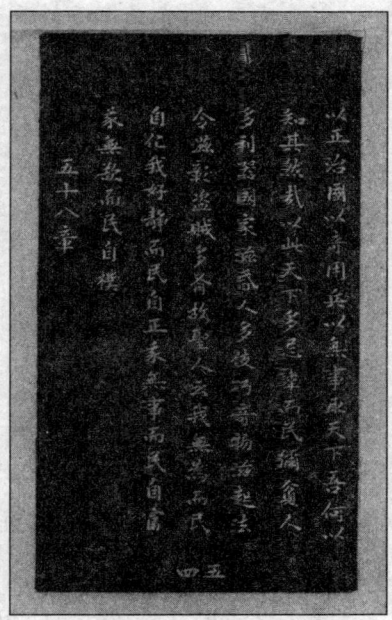

《道德经》五十八章石刻

【注释】

①其政闷闷：国家的政治宽容。闷闷，昏昏昧昧，这里是宽容的意思。

②淳淳：淳厚质朴。

③察察：严密、苛酷。

④缺缺：狡诈的意思。

⑤祸兮福之所倚：灾祸呵，幸福正依傍在它旁边。倚，依傍。

⑥福兮祸之所伏：幸福呵，灾祸正潜藏在它里面。伏，潜藏。

⑦极：极限、最后。

⑧无正：即无定，没有定准。

⑨正复为奇，善复为妖：正再转变为邪，善再转变为恶。

⑩人之迷：人们的迷惑。

⑪其日固久：时间实在是很久了。

⑫方而不割：方正但不会伤害人。割，用刀刃伤害人。

⑬廉而不刿：廉，棱边，形容锐利。刿，用刀尖刺伤。

⑭直而不肆：直率而不放肆。

⑮光而不耀：光亮但不刺眼。耀，过分明亮。

【译文】

国家的政治宽容不严苛，人民就淳朴忠诚；国家的政治严苛黑暗，人民就会狡黠抱怨。灾祸啊，幸福正依傍在它的旁边；幸福啊，灾祸正隐藏在它的深处。谁能知道究竟是灾祸还是幸福呢？它们并没有固定的标准。正的随时都可能转变为邪的，善的随时都可能转变为恶的。人们的迷惑，已经由来已久了。因此，有道的圣人方正但不伤人。有棱角但不刺人，直率但不放肆，光亮但不刺眼。

【解析】

老子在本章中所提到的"祸兮福之所倚；福兮祸之所伏"一句，可以说是一个很重要的哲学命题，往往被很多学者们引来用以说明老子的辩证法思想。意思是说，灾难和幸福是相依相随的，谁也无法脱离谁而单独存在，并且在一定的条件下，它们又是可以相互转化的。

著名学者冯友兰在分析此句时说："老子哲学中的辩证法思想是春秋战国时期社会的剧烈的变革在人们思想中的反映。在中国哲学史上，从《周易》以降，即有辩证法的思想，但用一般的规律的形式把它表达出来，这还是老子的贡献。但是，老子还没有把客观辩证法作为自然界和社会中的最一般的规律提出来。除此之外，老子的辩证法思想还有很多严重的缺点，对形而上学思想作了很大的让步。第一，老子虽然认识到宇宙间的事物都在运动变化之中，但是认为这些运动变化，基本上是循环的，不是上升和前进的过程。它所谓'周行'，就有循环的意义。第二，关于运动和静止，是哲学中的重要问题，'动'与'静'也是中国哲学中的重要范畴。老子承认事物经常在变化之中，但是他也说，'万物芸芸，各复归其根，归根曰静'（第十六章）。万物的'根'是道，'归根曰静'。他认为'道'也有其'静'的一方面；而且专就这一句话说，'静'又是主要的。因此，他

老子讲道

在实践中特别强调清静无为,认为'重为轻根,静为躁君'(第二十六章),'牝常以静胜牡,以静为下'(第六十一章),实际上表示对事物变化运动的厌弃。第三,对立面必须在一定的条件下,才互相转化,不具备一定的条件,是不能转化的。祸可以转化为福,福也可以转化为祸,但都是在一定的条件下才是如此,例如,主观的努力或不努力等,都是条件。照老子所讲的,好像不必有主观的努力,祸也可以自动转化为福;虽然有主观的努力,福也必然转化为祸。这是不合事实的。老子的这种思想,也是没落奴隶主阶级的意识的表现。他们失去了过去的一切,自以为是处在祸中,但又无力反抗,只希望它自动地会转化为福。老子认为对立面既然互相转化,因此就很难确定哪一方面是正,哪一方面是负。这样的'其无正'的思想,就对相对主义开了一个大门。后来庄子即由此落入相对主义。"(《中国哲学史新编》第272页)"老子的辩证法思想是非常重要的,冯友兰先生的批评十分中肯,指出了其中的要害问题,但我们的看法又与冯先生略有不同。我们感到,老子的辩证法已经具备了矛盾对立统一的规律的性质,相反的东西可以相成,同时,他又知道相反的东西可以互相转化,这种观察事物、认识的事物辩证方法,是老子哲学上的最大贡献。"

不论怎么说,老子的这一思想还是值得当今的我们深思的,幸福的背后总是潜伏着灾祸,但灾害并不是永久的,它在一定的条件下也会转化为幸福的,所以我们要以一颗平静的心态来面对灾难和幸福,努力做到"不以物喜,不以己悲",只有这样,我们才能活得更加洒脱。

这一章仍然是顺承前面的内容,讲述"无为而治"的思想,老子认为宽容(即"无为")的政治可以使社会风气淳朴,人民才可以过上幸福宁静的生活,"其政闷闷,其民淳淳"。与此相反,如果统治者实行严苛的政治,超出了人民的承受能力的话,人民就会起来反抗,而反抗的过程更是人与人心智的较量。在这场较量中,如果人民不够狡黠,就难以应付残暴、贪婪的统治者,即"其政察察,其民缺缺"。

灾祸与幸福、正与邪的相互转化的道理,人民对此的迷惑已经由来已久,到底该如何把握住幸福向灾祸、邪恶向正直的转化呢,老子认为只有那些有道的圣人,才能够做到方正但不伤人,有棱角但不刺人,直率但不放肆,光亮但不刺眼。只有他们才能以"道"自守,保持行为的正确而适中。

【名句品读】

其政闷闷,其民淳淳;其政察察,其民缺缺。

老子认为,统治者的统治方式与民众的民风之间是有直接联系的,如果统治者

为政清明、廉洁奉公,待人宽容,那么其治下的百姓就会形成一种淳朴的民风,不会违反纪律,自由自在地生活;如果统治者对人民进行黑暗统治,刑罚苛刻,那么百姓的内心就会生出不满与反抗,狡诈之意也会充满内心,那么必然会影响到社会治安。

可以说,在这句话中,老子以天下苍生为基础、从老百姓的立场上思考,然后,从根本上解释了统治者与百姓的关系。其实,统治者与老百姓本来在地位上是平等的,但由于当权的统治者没有意识到这一点,因而将自己凌驾于百姓之上,并将统治加在对民众的压迫之上。这样做的结果必然会使百姓心生不满,以至于起来反抗,而统治者为了镇压反抗的老百姓,必然会制定更为苛刻的政治制度。如此一来,两个阶级就会更加彼此"仇视",其结果只会使矛盾不可调和,这就会形成恶性循环,最终使得二者之间爆发激烈的冲突。

所以,统治者千万不要自作聪明,不要以为百姓都应该受自己控制,自己如何指使,百姓就会如何做,其实,这样的统治者是最为愚蠢的。俗话说"上有政策,下有对策",统治者用什么样的方法对待百姓,百姓就会用什么样的手段予以反击,结果矛盾继续激化。

而让百姓返璞归真却不失为一种好的方法,采用"无为而治"这也是"大道"之人所提倡的,更是聪明的统治者的一贯做法,"无为无不为",人民就会淳厚一些,国家就会安定一些,统治者就会自得一些。

祸兮福之所倚;福兮祸之所伏。孰知其极?其无正也。

老子在此提出的"祸兮福之所倚;福兮祸之所伏"的哲学命题历来被人们称道。这种辩证的观点不但说明了世间万物都存在很多的不确定性,还说明了矛盾对立着的两个方面在一定的条件下可以相互转化的道理。

老子是在他生活的时代背景的基础上提出这句话的。老子生活的时代战乱频繁发生,战场上形势瞬息万变,战争的胜负存在很大的变数,在这种杂乱的背景下,老子对动荡的现实进行了反思。在老子看来,政治上的矛盾产生于对立双方彼此之间的争夺,当矛盾积累到一定程度之后,一定会引发二者之间的冲突。另外,在混乱的战争风云中,人们的私欲极度膨胀,为了获得物质层面的幸福,他们开始从名利到财物的疯狂的争夺,而这种无节制的疯狂的占有,是不会获得真正意义上的幸福的,况且获得的东西有可能会被他人夺去,而此时,名利与财物的得与失成了人们衡量幸福与祸患的标准,可见是不科学的,老子针对这样的情况,提出了自己的观点,即福与祸是相依相存,并且会相互转化的。

事实上,真正的圣人都是深知祸福相依相存的道理,明白祸福没有固定的标准,因此,他们一般都能做到"不以物喜,不以己悲",都能懂得今天的福祉并不意味着明天的美好生活,而今天的灾祸也不会坚持太久的道理,所以,他们是乐观的,是幸福的。这一点也是我们现代人应该学习的。

【经典故事】

为人之道

韩信转话锋,高祖转心情

自从韩信大张旗鼓攻齐地,十面埋伏围霸王,替刘邦打下天下之后,刘邦很是敬重他。但是,当了皇帝之后的刘邦,想到韩信过大的势力,不禁打了一个冷战。因为韩信的势力对自己是一个潜在的威胁,于是便借机削去了他的兵权,并在京城给他封了官,其实,这是变相地把他软禁在京城。

有一次,刘邦和韩信闲聊,谈起将领们的统帅能力时,刘邦试探性地问韩信:"依你看,像我这样的人能带多少兵?"

韩信毫不犹豫地回答说:"您能够带十万兵。"

刘邦继续又问:"那么,你能带多少兵呢?"

韩信拍拍胸脯,很自信地说:"大将带兵,多多益善!"

听得此言,刘邦觉得韩信是在轻视他这个皇帝,虽然心中有很大不悦,但还是强忍不快,然后笑着说:"你既然能力这么大,甚至比我强,可你为什么被我捉住了呢?"

韩信这才感到触犯了皇帝,但是话已说出无法收回,于是就找弥补的方法了,然后他话锋一转,说:"陛下您虽不善于带兵,却善于统率将领,这就是我被您捉住的原因。"

听到韩信的巧辩,刘邦一下子转怒为喜,哈哈大笑了起来,形势立马好转了许多。

退避三舍，轻松胜敌

《左传·僖公二十二年》中有这样一则故事：

春秋时期，晋献公听信谗言杀了太子申生，然后又派人捉拿申生同父异母的弟弟重耳。重耳闻讯后，逃出了晋国，在外流亡十多年。

经过千辛万苦，艰苦跋涉，重耳来到了楚国，当时楚国国君是楚成王，见到重耳的楚成王认为，重耳日后必有大作为，于是，就以国君之礼迎接重耳的到来，并待他如上宾。

有一天，楚成王设宴招待重耳，两人饮酒叙话，气氛十分融洽。谈话问，楚王突然问重耳："你若有一天回晋国当上国君，会怎么报答我啊？"重耳略一思索说："美女侍从、珍宝丝绸，大王您有的是，珍禽羽毛，象牙兽皮，更是楚地的盛产，晋国哪有什么珍奇物品献给大王呢？"楚王说："公子过谦了。话虽然这么说，可总该对我有所表示吧？"重耳笑笑回答道："若是托您吉言，果真能回国当政的话，我愿与贵国友好相处，假如有一天，晋楚两国之间发生战争，我一定命令军队先退避三舍（一舍等于三十里），如果还不能得到您的原谅，我再与您交战。"

四年后，重耳真的回到晋国当了国君，他就是历史上有名的晋文公。晋国在他的治理下日益强大起来。公元前633年，楚国和晋国的军队在作战时相遇。晋文公为了实现他当初给楚成王许下的诺言，就下令军队后退九十里，驻扎在城濮。楚军见晋军后退，以为对方害怕了，马上追击。晋军利用楚军骄傲轻敌的弱点，集中兵力，大破楚军，取得了城濮之战的胜利。

重耳为了实现自己的承诺，为了避免冲突而向楚军做出让步，退避三舍，表面上看，在战争中他处于劣势，楚军处于优势，但是楚军的骄傲轻敌与穷追不舍又让彼此的处境发生了转换，结果胜利的是重耳，而失败的是楚军。

陈平善言，转危为安

汉文帝刘恒登基那年，汉高祖刘邦留下的两位功臣陈平和周勃出任左、右丞相。对于这两位忠心耿耿的大臣，汉文帝非常赏识。

有一次，汉文帝把大臣仰召集到一起，谈论一些事情，谈话之余，文帝笑问丞相周勃："周爱卿，你深受先帝的信任，是先帝的托孤之臣。但你可知道，在我们大汉，一年要判多少案件吗？"

周勃被这样一个突然的问题给问住了，只好低着头小声答道："禀告陛下，臣并不知晓。"

文帝眉头一皱，又问了一个问题："那，爱卿可知道天下一年要进出多少粮食和钱币吗？"

本来就紧张的周勃，听到文帝又问了一个这样的问题，紧张更甚，于是支支吾吾答不上来，最后只好摇摇头。

汉文帝刘恒

看到右丞相的表现不容乐观，文帝心中大为不悦，既然右丞相回答不及格，那就问问左丞相吧，我就不信我大汉帝国的丞相是如此这般无能。于是，停了一下，文帝转过脸，问左丞相陈平："陈爱卿，先帝在时，常夸你聪明过人，神机妙算，那刚才我问周丞相的两个问题，你知道答案吗？"

听文帝还是问同样的问题，陈平丝毫没有紧张的意思，而是很干脆地回答道："陛下，恕臣直言。陛下要知道判刑的人事，请只管问廷尉；陛下要打听钱币粮食的大事，请只管问治粟内史。"

听到陈平竟然如此对自己说话，文帝非常生气，然后脸色大变，道："陈爱卿真是高见！既然各自有主管的官员，要你这位丞相干什么啊？"

看文帝如此生气的样子，陈平忙快步走出大臣行列，先向文帝深深地行了一个礼，然后高声回答："陛下，为臣斗胆再进一言，身为一个丞相，对上要辅佐君主处理国家大事，顺应四季天时考虑各种大事；对内要让民心归附亲如一家，使卿大夫们

各司其职;对外要威服、抚顺各路诸侯和外邦。"

听完这些话,汉文帝抚了抚龙椅,埋头陷入了沉思:这陈平不仅机智、擅长辞令,更深悟从政要诀——总理大政,把握关键! 想到这儿,汉文帝就开始对陈平赞不绝口:"爱卿的一番见解真是妙极了,让孤家茅塞顿开。有道理,太有道理了。"但是他又不能冷落了右丞相周勃,于是,文帝转过脸问周勃:"周爱卿,你认为如何?"

周勃惭愧地低下了头,心中暗自佩服陈平的才能。没过多久,周勃就称病辞去了丞相的官职。后来,丞相一职就由陈平一人担任。

俗话说"伴君如伴虎"。做丞相是让人高兴,但是整日陪伴在皇帝身边,难免会有哪句话会说错,这也是祸患所在。但是陈平却能通过他的巧言,把愤怒了的文帝说得转怒为喜,能够由被处置变为集一职于己身,这就是陈平的智慧所在,也道出了祸福共存的道理。

【古为今用】

现实面前,心态很重要

福与祸只在一念之间,得与失也只有一线之差,况且福与祸、得与失等相反的两个方面在一定的条件下是相互转化的,所以,我们要以平静的心态来面对福与祸、得与失。只有能够做到"不以物喜,不以己悲"才算达到了人生的大的境界。

在节奏快、压力大的生活里,人们变得越来越急功近利、越来越在乎得失,以至于劳心伤神、精疲力竭,虽然整日忙碌,但却得不到多少收获。也许在你最后得到了你想要的东西的时候,回过头来,一看自己失去的可能不仅仅是时间,或许还有家庭的温馨,宝贵的健康,更重要的是,你失去了内心的宁静和平和。可以说,没有这些基础层面的精神的支撑,即使再大的成功也不能算真正意义上的成功,更谈不上幸福和快乐。

现实中,我们改变不了节奏,但我们可以改变我们的心态,逐渐用一种舒缓的心态去面对生活,匆忙但不慌张,紧张但不急躁,积极但不贪婪,充实但不单调,使生活有条不紊,有张有弛,该忙碌时就忙碌,该放松时就放松,该放手时就放手,该糊涂时就糊涂,只有这样才能保持积极健康的生活态度和乐观从容的处世方式,从而以舒缓的心灵来享受生活。

"采菊东篱下，悠然见南山"，这是恬淡的心境，是淡泊的心态。在这个躁动而唯利的时代，人们若能恬淡一点，淡泊一点，就会避免变得越来越浮躁和焦虑。只有以一种平和的心态去面对福与祸，得与失，才能体味到内心的真实和生活的幸福。

第五十九节　啬治身心

【题解】

本章讲的是治国和养生的原则和方法。在此，老子阐述了一种与一般人不同的观点，也就是提倡用"啬"来治国和养生。

其实，老子所说的"啬"与我们通常意义上的"吝啬"是不同的两个概念。它不仅仅是指对财物的爱惜，更多的是当作人修身养性的重要美德加以颂扬。老子认为，"啬"就是精神上的积蓄和养护，而精神上的积蓄就是"德"的积蓄，只有拥有雄厚的"德"，才能更加接近道。作为统治者，拥有"德"就可以使国家长治久安；作为个人，拥有"德"就可以使自己长生不老。总之，"德"可以使万物根深蒂固，持续长久。

在这里，把"啬"看作节俭也是可以的，因为老子本身就是一个十分重视"俭"德的人，况且，节俭是中华民族的传统美德，也是道家处世哲学中的一个重要方面。

【原文】

治人事天^①，莫若啬^②。

王弼《道德真经注》：莫若，犹莫过也。啬，农夫，农人之治田务，去其殊类，归于齐一也。全其自然，不急其荒病，除其所以荒病，上承天命，下绥百姓，莫过于此。

夫唯啬，是谓早服^③；

河上公《老子章句》：早，先也。服，得也。夫独爱民财，爱精气，则能先得天道也。

王弼《道德真经注》：早服，常也。

早服谓之重积德^④；

河上公《老子章句》：先得天道，是谓重积德于己也。

图文珍藏版

王夫之《老子衍》:"重积德"者,天下歆其受而归我,席虚以讲天下,此"有国"之与"长久"两难并者,而并之于此。并之于此,则岂有不并与此者哉?

重积德则无不克⑤,无不克则莫知其极⑥;

河上公《老子章句》:克,胜也。重积德于己,则无不胜也。无不克胜,则莫知有知己德之穷极也。

王弼《道德真经注》:道无穷也。

莫知其极,可以有国⑦;

河上公《老子章句》:莫知己德者有极,则可以有社稷,为民致福。

王弼《道德真经注》:以有穷而莅国,非能有国也。

有国之母⑧,可以长久。

王弼《道德真经注》:国之所以安谓之母,重积德是唯图其根,然后营末,乃得其终也。

唐玄宗《御解道德真经》:有国而茂养百姓者,则其国福祚可以长久矣。

是谓根深固柢⑨,长生久视之道⑩。

唐玄宗《御解道德真经》:积德有国,则根深花蒂固矣。深固者,有国长生久视之道。

陈致虚《道德经转语偈》:有国之母重积德,深根固蒂可长生。五更早起无巴鼻,却是街头有夜行。

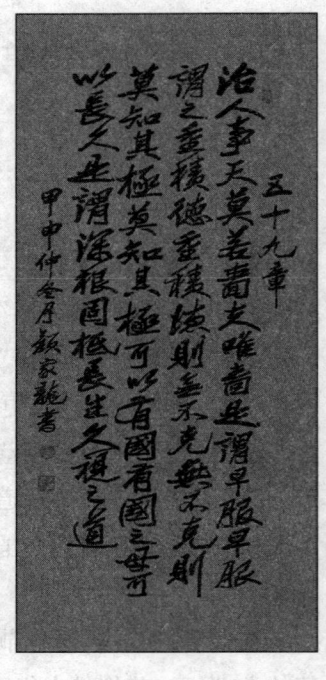

《道德经》五十九章书法

【注释】

①治人事天:治人,治理百姓;事天,保守精气、养护身心、保养天赋。

②啬:爱惜、保养。

③早服:尽早准备,服从自然规律。

④重积德:不断地积德。重,多、厚,含有不断的意思。

⑤克:战胜。

⑥莫知其极:极,最高点、顶点。没有人知道他力量的最高点。

⑦有国:保有国家,即可以担负保护国家的责任。

⑧有国之母:即"有国以母",用大"道"去保护国家。有国,含有保国的意思,

即担负保护国家的责任。母,根本、原则。

⑨深根固柢:根柢,树根向四边伸的叫作根,向下扎的叫作柢。

⑩长生久视:长久地维持、长久存在。久视,久活、久立。

【译文】

治理百姓和养护身心,最好的方法是要爱惜自己的精力。只有顺应天道、应时节俭、爱惜精力,才能够为服从天道早做准备;早做准备,就可以不断地积"德";不断地积"德",就没有什么不能攻克的;没有什么不能攻克,那他的力量就无法估量;具备了这种无法估量的力量,就可以依据"道"而担负治理国家的重任了。有了治理国家的原则和道理,国家就可以长久维持下去。这就叫作根深蒂固,符合长久维持之道的道理。

【解析】

在如何治理国家,如何养生的问题上,老子提出了"啬"的观点,他认为,"啬"是治理百姓和养护身心的最根本的方式方法。在本章中,"啬"的意义远远超过我们平常意义上的吝啬,它不仅仅是指爱惜财物,更多的是指爱惜自己的精力,保养自己的身心,也可以引申为节俭。

老子认为,不论是治理国家,还是管理百姓,或者是养生保健,都是要讲求方法的,而在所有的方法当中,没有一个能够比得上"啬"的了。即"治人事天,莫若啬",意思是说,不论是治理民众还是养护身心,没有比注重节俭、爱惜精神更为重要的了。

那么,如何才能为"啬"做准备呢?老子提出了"夫唯啬,是以早服",即只有顺天道、应时节俭、爱惜各种资源才算是为之早早做好准备。一个人如果不注重节俭,那么,他原来的储备(例如国家的各种储备,身体的健康储备等)都将会只减不增,并且在不久的将来都会消耗殆尽。其实,老子在这里是在告诫统治者一定要注重节省民财、要爱惜民力;个人要注意不要把自己原本的健康身心白白浪费掉,要学会珍惜现在所拥有的。

紧接着,老子又提出了什么才是真正意义上的"重积德","早服谓之重积德"。其实,老子是在教给我们积德需要早做准备,尤其是作为一个国家的统治者更要注重早做准备,有长远打算。统治者最根本的德行就是领导国家,而领导国家的关键就是保证人民衣食无忧,这是一个国家安定太平的最重要的基础。

然后老子又强调了"重积德"所能达到的最高境界,那就是"重积德则无不克,无不克则莫知其极；莫知其极，可以有国"。"无不克"就是无所不胜，能克服一切、战胜一切的意思。整句话的意思就是，不断地积"德"，就没有什么不能攻克的；没有什么不能攻克，那他的力量就无法估量；具备了这种无法估量的力量，就可以依据"道"而担负治理国家的重任了。事实证明，一个物质储备富足、人民安居乐业、社会秩序井然有序、领导者又精于策划、目光长远的国家，在所有的战争中，在所有的挫折与困难面前，必定能取得胜利。

只要掌握上述治国之方法或原则，就可以让国家长久地发展下去，即老子所说的"有国之母，可以长久"。母，喻指生育万物的大道（这一点前面也有论述），也喻指万物的生存的根本。整句话的意思是说，掌握上述治理国家的根本原则，就可以让国家长久地生存下去。

综观全章，我们可以总结，老子在这一章中主要是为了说明，统治者如果能够节俭，能够"啬"，那么他就可以长久地站稳他的统治地位。节俭、护身养心，不仅仅是一个统治者统治国家所必需的最根本的要素，而且是我们每一个人所必需的修身养性之原则，因为它们是和"大道"相吻合的。

【名句品读】

治人事天，莫若啬。

在《道德经》中所提到的"天"不仅仅是指一般意义上的天，有的还指广义上的"天道"。这里所指的"事天"是保守精气、养护身心、保养天赋的意思。

老子认为，治国养生的最重要的方法就是"啬"。当然，这里的"啬"与我们通常意义上的"吝啬"是有很大区别的，它不仅仅是指爱惜财物，更重要的是指保守精气、养护身心。对于一个国家来说，"啬"就是指爱惜百姓，不要拿苛刻的制度来压制百姓，"无为而治"是最好的对待百姓的方法；对个人来说，则主要是指注重节俭、养护身心。

不论是治理国家，还是管理百姓，或者是养生保健都是要讲求方法的。而在所有的方法之中，"啬"是最简单也是最实用的方法之一。用"啬"的方法，就可以省去很多的去寻找其他方法的精力，从而可以将节省下来的精力储存起来，其实，这样也是一种养生的方法。所以，老子说"治人事天，莫若啬"。

重积德则无不克。

老子认为，不断地积"德"，就没有什么不能攻克的。因为，只有按照天道来治理国家，才会得到天的保佑，做任何国家大事才会顺畅；只有顺应天道来养身护心，才能战胜各种恶魔般的疾病,才能保持身心健康。

一个重视物质储备,重视人民安定团结,重视社会井然有序,加之领导者精于策划、目光长远的国家,自然能战无不克。当然,这里的战无不克,不仅仅是指战争,还指各种困难和挫折,老子本身是反对战争的,他提出这样的观点,不是为那些恃强凌弱的强势国家欺负小国提出的,而是在为那些为正义而战的一方指引方向。

一个注重个人修养的人,定会注意个人德性,定会有一套或一些符合天道的养生之道,而"养生之道"中的"道"就是老子所说的"德"。正是这些德行与养生之道帮助他养成了一个健壮的身体,克服了心理上的困惑,为攻克各种身心上的病魔做了充分的准备。

所以说,只要不断地积"德",就没有什么不能攻克的。

是谓根深蒂固,长生久视之道。

万丈高楼平地起,如果没有坚实的根基,整座大楼就有倒塌的可能;一棵小树,只有不断地向下延伸,吸取大地中的养分,才能有长成参天大树的可能。可见基础的重要性,所以,要想让一个事物长久,就应该打好它的基础。

同样的道理,若想让一个国家长久地存在下去,就必须要有最根本的基础,而要想让一个人健康长寿,就必须要有健康的身体,因为身体是革命的本钱,而这一切基础的基础就是要有"德",要"啬"德。

这句话是对全章的一个概括,同时也点明了积德乃万物长生久视的根本,说明了"德"的重要性。

【经典故事】

为人之道

总统爱运动,得健康

做一个国家的总统活得肯定比谁都累,但是不管再累,他们也要忙于各种国家事务之中,因此有一个好身体是至关重要的。其实,有很多总统,他们不仅在治理国家毫不懈怠,对自己的身体健康也是从不放松的。例如:

南斯拉夫前总统铁托,年轻时曾在士官学校获得全团击剑冠军以及奥匈全军击剑锦标赛银牌。不仅如此,他在击剑、摔跤、滑雪、网球、钓鱼、骑马、游泳、爬山、

体操、下棋、自行车等项目中,样样都行。

美国前总统吉米·卡特,曾在 1979 年 9 月同七百五十名长跑家一起,参加戴维营所在地举办的十公里赛跑。他还经常参与地滚球、钓鱼、打猎、篮球、设计、跳水、皮划艇等运动,其中尤其喜欢网球和长跑。

德国前总统卡尔·卡尔斯滕斯,为了强健身体,激发全体国民积极开展体育活动,曾于 1979 年 10 月 11 日,从北部的弗伦斯堡开始徒步旅行,沿波罗的海海岸往东南方向前行,先后穿越二百三十八个州府和城市,于 1980 年 10 月 4 日到达慕尼黑,历时两年,行程 1129 公里。

孔子晚年的养生之道

中国儒家学派的创始人,伟大的思想家、教育家孔子,以其勤于治学,自强不息,文绩卓著而闻名于世,事实上,他不但是一个谈经论道的"圣人",而且是一个注重"修身养性"的典范。

第一,他非常注重心理上的健康,因此,他养成豁达大度乐观开朗的性格。

有一天,叶公向孔子的弟子子路问孔子的为人,子路不答。孔子对子路说:"女奚不曰,其为人也,发愤忘食,乐以忘忧,不知老之将至乃尔。"意思是说,你为什么不这样回答:他的为人,用功便忘记吃饭,快乐便忘记忧愁,不知道衰老即将到来,如此罢了。

除此之外,他还说:"君子有三戒:少之时,血气未定,戒之在色;及其壮也,血气方刚,戒之在斗;及其老也,血气既衰,戒之在得。"即:年轻时,血气未定,要警惕的是迷恋女色;壮年时,血气正旺,要警戒的是好斗;年老了,血气衰弱,要知足常乐,莫贪得无厌。

第二,他有广泛的兴趣和爱好。

孔子对音乐也有很深的研究,他善于用音乐来抒发情怀,调节情绪。他喜欢和当时的音乐家们探讨乐理。听到别人唱歌时,他必定请人再唱一遍,自己还跟着学。孔子正是通过音乐达到放松精神,到达养生目的的。

孔子还非常喜欢体育。他喜欢钓鱼和射箭,并且精通射御之术,在所有的体育项目中,他尤其喜欢登山和游泳。《吕氏春秋》说:"孔子之劲,举国门之关。"可见孔子身强力壮,力大过人。

另外,孔子也爱好山水,他说:"仁者乐山,智者乐水。"陶冶性情于山水之中,也是他豁达大度、乐观开朗的主要原因之一。

第三，在起居饮食方面，讲究"规律"二字。

孔子认为，觉应该在晚上睡，所以，他特别讨厌白天睡懒觉的人。有一次，学生宰予白天睡觉被他发现，他就骂宰予"朽木不可雕也"。

孔子在饮食上有"七不食"的原则，即"鱼馁而肉败，不食。色恶，不食。臭恶，不食。失饪，不食。不时，不食。割不正，不食。不得其酱，不食"。意思是说：食物经久变质，鱼、肉腐烂变坏，不吃。颜色不好的食物，不吃。食物气味难闻，不吃。烹饪得不好，不吃。不合时令的，不吃。割得不合规矩的肉，不吃。调味品不恰当，不吃。另外，在具体的饮食过程中还有几条准则，即席上肉食虽多，但吃的量不能超过主食。饮酒可不限量，但以不醉为宜。不吃从集市上买来的酒和熟肉。生姜可食，但勿过量。孔子一生从来不在闹市上下饭馆吃酒食，在家中坚持吃五谷杂粮和蔬菜，居住以简朴舒适为宜，反对铺张浪费。由于孔子非常注意饮食营养卫生之道，故他一生很少患病。

细品孔子的养生之道，我们不难理解他能长寿的原因，从中也能看出中华民族传统养生之道的伟大。

【古为今用】

顺应规律，养护身心

近年来，在世界卫生组织提出一个新的概念"亚健康"以后，人们似乎开始注重自身的身心健康问题，按照"亚健康"的定义和表现（身心处于健康与疾病之间的状态，又叫"慢性疲劳综合征"或"第三状态"。主要表现有：体力下降，浑身无力，容易疲劳，精力不足，出虚汗，性功能减退，容易激动，情绪不稳，头昏脑涨，视力下降，思想不集中，饥饿但食之无味，颈背坚硬、酸痛，咽喉总有异物感，夜晚睡眠不佳，清晨恋床而不愿意起，坐立不安，工作效率差，心悸、胸闷、紧张、压抑，在乎别人的看法和评价，经常为一些小事而烦恼，对生活丧失兴趣，毫无激情，对未来没有信心，总是把事情的发展往坏处想，所以遇事会不知所措）进行自检。有人甚至将"亚健康"都归罪于营养不良之上，因此，当他们发现自身出现了定义中的其中一条时，就开始大补特补，越来越多地开始注重饮食，更有甚者开始盲目地进补，以免健康问题进一步恶化。殊不知，这些不顺应自然规律的进补不但不能完全消除亚

健康状态,反而造成资源的浪费,成为一种与真正的养生之道相违背的行为,结果,"亚健康"不但存在,而且会染上现在流行的"富贵病"。

我们每个人出生的时候,体内的营养基本上都是均衡的,只是在成长的过程中对某方面有了偏重,才会出现营养不良的现象。而亚健康与体内的营养失衡存在一定的关系,但对其影响最深的还是外界的氛围、心理问题、身体素质等,因此,当发现身心存在不适,就给身体盲目增加营养的做法是完全不科学的。

要想摆脱亚健康,除了要建立合理的饮食结构,还要适当地做一些运动,制造轻松、舒适的工作生活氛围,只有这样才能够让身心都自由健康地发展。当然,每个人的身体素质也不尽相同,不要人云亦云,更不要盲目地进补,只有适合自己的才是最好的。

身体是革命的本钱,只有拥有一个健壮的身体,才有做大事的资本,所以,现实中每一个渴望成功的人,都要用正确的方法养护好自己的身体。

第六十节　治国烹鲜

【题解】

本章继续讲述老子的治国的政治主张。"治大国,若烹小鲜"是老子所说的流传很广的名言。这是一个比喻句,用"烹小鲜"来比喻治理大国,意思是说,治理大国和烹调小鲜的道理是一样的,小鱼很鲜嫩,如果用刀乱切或者在锅里频频搅动,肉就会变碎,也不好吃了,所以,烹小鱼一定不要乱翻乱搅。同样的道理,作为一个国家的统治者,要想将一个国家治理得井井有条,就不要常常翻弄。

章节的后半部分一再讲到鬼神,尽管如此,也不能证明老子就是一个有神论者,其实老子本身并不相信鬼神,并且是真正的无神论者。他之所以提到鬼神,主要是想借鬼神的问题来说明"道"的作用。老子认为,统治者如果能用"道"来治理国家,那么,各种鬼神的怪异之道就起不了作用,因此,它们也就伤不到人。在老子看来,鬼神以及统治者们能否伤到人,关键就在于是否有"道"。有则无伤,无则有伤。

【原文】

治大国,若烹小鲜①。

王弼《道德真经注》:不扰也,躁则多害,静则全真,故其国弥大,而其主弥静,然后乃能广得众心矣。

王夫之《老子衍》:动天下之形,犹余其气;动天下之气,动无余矣。"烹小鲜"而挠之,未尝伤小鲜也,而气已伤矣。伤其气,气遂逆起而报之。

以道莅天下②,其鬼不神③;

河上公《老子章句》:以道德居位治天下,则鬼不敢以其精神犯人也。

王弼《道德真经注》:治大国则若烹小鲜,以道莅天下则其鬼不神也。

非④其鬼不神,其神不伤人;

韩非子《解老》:治世之民,不与鬼神相害也。

王弼《道德真经注》:神不害自然也,物守自然则神无所加,神无所加则不知神之为神也。

非其神不伤人,圣人亦不伤人。

王夫之《老子衍》:夫天下有"鬼神",揉治乱于无形;吾身有"鬼神",燥生死于无形。杀机一动,龙蛇起陆,而生德戕焉。静则无,动则有,神则"伤人",可畏哉!

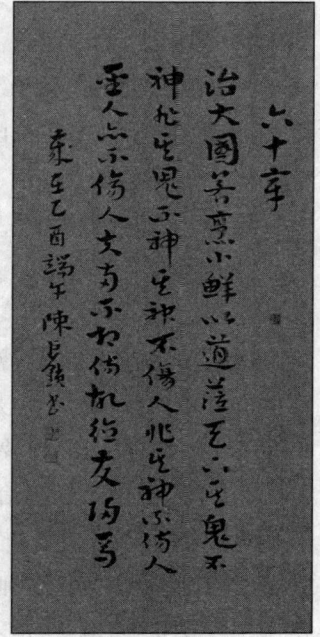

《道德经》六十章书法

夫两不相伤⑤,故德交归焉⑥。

王弼《道德真经注》:神不害人,圣人亦不伤人,圣人不伤人,神亦不伤人。故曰,两不相伤也。神圣合道,交归之也。

唐玄宗《御解道德真经》:鬼神伤民则害国亏本,圣人伤民则匮神乏祀,今两不相伤物,故德交归焉。

【注释】

①治大国,若烹小鲜:治理大国,要像煎烹小鱼一样。小鲜,小鱼。

②以道莅天下:用"道"这个原则来对待天下。莅,临。

③其鬼不神:鬼不起作用。神,灵、起作用。

④非:不唯、不仅。

⑤两不相伤:鬼神和圣人不侵越人、不伤害人。

⑥故德交归焉:让人民享受德的恩泽。

【译文】

治理大国,好像煎烹小鱼。用"道"治理天下,各种妖异就起不了作用了。不是它们不再有作用,而是即使它们能够发挥作用也难以伤人了,不但它们的作用伤害不了人,有道的圣人也不会去伤人。鬼神和有道的圣人都不伤害人,所以,就可以让人民享受到德的恩泽,天下的人就能够和谐相处了。

【解析】

可以说,老子的"无为"思想贯穿于《道德经》的始末,不论是管民治民的统治者,还是普通老百姓,在治国治民、为人处世的过程中,老子都提倡用无为的思想来经营。

"治大国,若烹小鲜",这句流传千古的话,深刻影响了中国几千年的政治家们。生活经验不够丰富的人,看到这些可能会很高兴地说:"治理一个大国,就像煎烹小鲜,这么容易啊!"其实不然,因为很多人也都知道,小鱼的身体有一个非常突出的特点,那就是骨弱肉薄,因此在烹煎的过程中经不起翻炒,如果不断翻炒就会将小鱼弄碎,所以说,小鱼是不容易烹煎的,治理国家同样如此。老子在这里用烹小鲜来比喻治理大国,主要是强调无为而治的重要性。统治者只有安静无为,不扰害百姓,才能使自己的统治地位得到稳固,否则,就会有灾祸来临。东汉河上公《老子章句》对老子"治大国,若烹小鲜"的注解是这样的:"烹小鱼不去肠,不去鳞,不敢挠,恐其糜也。治国烦则下乱,治身烦则精散。"所以,执政者若想保证国家的平安,就必须小心谨慎,一定不要将个人的主观意志强加在治国治民之上,不要对国家的法令朝定夕改,否则老百姓就会无所适从,无法安居乐业,那么国家的统治也将会处于飘摇动荡的状态。

"以道莅天下,其鬼不神。非其鬼不神,其神不伤人。非其不伤人,圣人亦不伤人"。尽管我们现代人都知道,世界上根本就不存在鬼神,但是古人在遇到他们无法解释的自然现象时往往会相信都是鬼神所致。一般来说,在一些阴气较重的地方和身体较虚弱的人身上常常会有所谓的鬼神出现,但是它们见到正气就消失得无影无踪,即我们通常所说的邪不压正,而老子在这里说的"道"就是"正气"的意思。只要有正气存在的地方,鬼神要么不会出现,要么即使出现也会失去它奇异的力量,因此,鬼神在正义的有道之人面前是不敢为非作歹的。拥有大道的圣人不会伤人这已经是被事实证明了的真理。

车载说:"这一段话就治国为政说,从'无为而治'的道理里面,提出无神论倾向的见解。无为而治的思想,是老子无为的主张在政治上的运用。老子很看重'无为',提出'为无为',提出'无为无不为',反复说明这个道理,多方运用这个道理,这是他的'道法自然'的见解的发挥。它把这个道理运用在治国为政一方面,主张'处无为之事,行不言之教',当'民忘于治,若鱼忘于水',就不需要再用宗教来辅助政治而谋之于鬼,于是鬼神无灵了。鬼神不再有任何作为,是为政的人'无为'的结果,符合于'道法自然'的无为的规律。这是它提出无神论倾向的一个方面。"

因此,我们可以说,统治者只有遵循自然大道,放弃自己的主观感受,采取无为的方式去治理国家,鬼神才会失去它们原本的威力,鬼怪不去伤人,有道的统治者也不去伤人,那么人民就可以和自然和谐相处,就可以安居乐业了。

【名句品读】

治大国,若烹小鲜。

"小鲜",即小鱼。小鱼并不一定好烹煎,因为小鱼的身体还没有长成,骨弱肉薄,如果在煎的过程中常常翻动它,就会将小鱼煎碎,所以,烹煎小鱼一定要小心。老子用烹煎小鱼来比喻治理大国,治理大国,也应该像烹煎小鱼一样,不能常常翻动它,不要常常变动政策,否则,整个国家就会像一条被煎得破烂不堪的鱼,灾祸就会来临。老子这样说,旨在强调他的无为而治的思想。统治者安静无为,制定的政策能够得到坚定不移地贯彻执行,并且不扰乱百姓,就会收到国强民安、国富民强之效。

大国,往往由于其地大、人多、事情复杂的特点,所以,在具体的执政过程中会有很多的困难。地大就有可能使一些政令行不通,或者在一些天高皇帝远的地方出现动乱;人多就可能会出现意见不统一、思想难以达成共识等情况,不利于政策的制定;而事情复杂就可能会使经济、政治、社会问题层出不穷,就可能会顾此失彼,难以保证各个事情都按照本来意愿顺利发展。若想在这样的情况下求得国家的稳定,人民的安居,统治者就必须远离人民,不去打扰人民,努力在人民中建立最可靠的信用,就会达到"无为无不为"的效果。

【经典故事】

从政之道

子产治国,宽猛相济

子产,名侨,字子产,春秋时期郑国人,他是著名的政治家和思想家,是第一个

将刑法公布于众的人,是法家的先驱者。春秋末期,子产任郑国宰相,他善于治理朝政,主张听取"国人"意见,采用"宽猛相济""刚柔交互"的治国方略,在他任职期间,国家被治理得井井有条。

子产在职期间,为了培养大批知识分子,在各地普遍设立"乡校"。"乡校"的设立尽管有助于人才的培养,但是有些对当政者不满的人就利用"乡校"传播一些反对当朝统治者的思想,许多大臣都看到了"乡校"存在的弊端,因此,都建议将其关闭。而子产却不这样认为,他认为:"如果那些人在乡校谈论政治,哪怕是反对我们当朝统治的意见,我们也可以坐在一旁默默听取,说不定其中就有很多有利于我们改良政策的好的意见呢,这样看来,'乡校'的存在应该是一件好事。"然后,子产又用了一个比喻来继续解释听取他人意见的好处,他说:"人们的言论就好比是河川里的水,如果我们限制人们的言论,就如同堵塞河川里的水一样,尽管一时得到了控制,但是不久那些因为被长期堵塞而蓄积更大能量的水就会变成洪水,冲毁堤坝和堰塘,造成更大的伤害。与其这样,还不如引导它们畅通无阻地流出来,有时还可以给我们带来一定的利益,如果能这样做不是更好吗?"

至此,再没有人提出废除"乡校"的意见了。从此以后,郑国的教育文化事业得到了很快发展,也培养了大批知识人才。由于子产的广开言路,集思广益,郑国国泰民安,全国上下也显出一派繁荣景象。

在子产的治国之道中,有一个非常重要的思想,那就是"宽猛相济",即政治措施要宽严互相补充,关于子产的这一思想《左传·昭公二十年》中有这样一段记载:

子产得病后对子太叔说:"我死了以后,你必定会代替我的职务。你主政后,请你务必记住这样一番话:道德高尚的人一般都用宽厚的政策使民众服从,除了宽厚,没有比刚猛更有效的了。比如烈火,人民看见它就害怕了,结果逃得远远的,所以很少死在其中的;但是水是柔性的,人民喜欢亲近它并乐于和它嬉戏,结果忽视了其中存在的危险,所以死在水中的人就比较多。从这点来看,宽厚的政策在实施的过程中是有一定难度的。"

数月后,子产就去世了。正如子产生前所说,他去世后,担任宰相一职的必定是太叔。太叔执政后,总是不忍心严厉,因此,他就采用宽柔的政策。由于政策的严厉性不强,郑国因此多了很多盗寇,他们肆意地从萑苻湖畔招集人手扩大自己的势力,人民安定的生活受到了威胁。见此情境,太叔后悔没有听子产的建议,说:"如果我能早些听从子产的建议,今天也不会到此地步啊。"于是,他下令发兵去剿灭萑苻一带的盗寇,盗寇才稍微被遏止了。至此,太叔才真正体会到子产"宽柔相济"治国策略的真谛。

针对这样的情形,孔子发表了自己的看法,他说:"子产宽柔相济的政策真是太好了。如果用宽厚的政策来治国,民众就会怠慢,民众怠慢就应该用刚猛的政策来纠正;政策刚猛民众就会受到伤害,民众受伤害了就施与他们宽厚的政策。治国治民就应该用宽大来调和严厉;用严厉来补充宽大,政治才会因此而调和,国家才会因此而昌盛。"

可以说,子产的广开言路与"宽柔相济"的治国策略是治理国家稳定民心的最有效的手段之一,因此,子产在职时,由于政令严明,刑罚得当,造就了郑国鼎盛发展的大好局面。

为人之道

郭橐驼种树,合乎自然而成功

唐代文学家、哲学家、唐宋八大家之一的柳宗元,曾写过一篇叫作《种树郭橐驼传》的寓言故事,文章表面上是说种树,实际上说的是统治者的管理之道。

郭橐驼,因为患了脊背弯曲的病,脊背突起而弯腰走路,就像骆驼一样,所以乡里人称呼他叫"驼"。橐驼听到这个有损他自尊的称呼后,不但没有生气,反而很高兴地说:"很好啊,给我取这个名字确实恰当。"于是,他干脆放弃了原来的名字,也自称起"橐驼"来。

他的家乡丰乐乡,在长安城的西边。郭橐驼以种树为业,他在种树上似乎有一套别样的技术,橐驼种的树,即使是移植来的,也没有不成活的,甚至长得高大茂盛,结果实早而且又多。别的种树人即使暗中观察模仿,也没有谁能比得上。因此,长安城里凡是以种树作为观赏的富豪人家和种树卖果赢利的人,都争着迎接和雇用郭橐驼。

有人问他为什么会出现这样的情况时,他总是回答说:"我橐驼在种树上其实并没有什么秘诀,我不能使树木活得长久而且长得很快,我只不过能顺应树木的天性,来实现其自身的习性罢了。我们可以总结成功种植树木的方法,例如它的根要舒展,它的培土要均匀,它的土要用旧的,给它筑土要紧密。上述准备工作做了之后,就不要再去动它了,也不必担心它了。栽种时要像对子女一样(细心),栽好后也要舍得丢弃它。那么它的天性就可以保全,它的本性就能够得到充分的发展。总结我种树的经验就是:我不妨碍它的生长,而不是有什么能使它长得高大茂盛的诀窍;我也不抑制、减少它结果,而不是有什么能使果实结得又早又多的诀窍。别的种树人之所以种树不成就在于,他们种树时树根蜷曲,又换上新土;他培土的时候,不是过紧就是过松;对种好的树不是爱得太深,就是忧得太多,早晨去看了,晚上又去摸摸,离开之后还要回过头去看看。有人还会有更过分的做法,那就是掐破树皮来观察它是死是活,摇动树干来验察土的松与紧,这样做的后果就是树的天性与实际情况一天天地逐渐相背离。这样虽说是爱它,实际上是害它;虽说是担心它,实际上是仇恨它。总的来说,我种树和他们并没有什么区别,关键就在这一点上,他们做得都不如我,所以,我种树比他们成功。"

柳宗元雕像

问的人又说:"如果把你种树的这种方法,转用到做官治民上,是不是也很适用啊?"橐驼微微一笑说:"我只知道种树的道理,至于做官治民,那就不是我的职业了。但是有一点我还是很肯定的,那就是官吏治民不要一味地发号施令,更不要一会儿让往东边,一会儿命令往西,否则百姓就无宁日。因为我住在乡里,经常看见那些当官的不断地发号施令,表面看来,他们很怜爱百姓,但是百姓最终反而因此受到祸害。不论什么时候,那些小吏都会跑来大喊:'长官命令:催促你们耕地,种植,收割,煮蚕茧抽蚕丝一定要早,为尽早织你们的布做准备,还要养好你们的小孩,喂大你们的鸡猪。'他们总是一会儿打鼓招聚大家,一会儿又敲梆召集大家,只要听到这样的吆喝,我们这些小百姓就得停止吃早、晚饭去慰劳那些小吏们,这样看来,我们是没有一点空暇的,又怎能使我们人丁兴旺,人心安定呢?所以我们既困苦又疲乏。这样看来,治国管民与我种树的行当大概也有相似的地方。"

听到郭橐驼的叙述,问的人似乎得到了珍宝似的说:"真是太好了!我问的是种树,却得到了治民的方法,真是一份意外的惊喜啊。"

其实,郭橐驼就是按照树的自然规律,采取无为而治的,因此,他种的树能够长得快,长得好,结的果子多,治国也是如此,因此《种树郭橐驼传》就成了后来每一个渴望成功的统治者必学的管理之道。

尊重信任是管理成功的基础

现实中的很多管理者,在管理之道上整日地寻寻觅觅,他们要么向高人请教,要么买来很多管理类的书籍,希望从中获得别人宝贵的经验,这样做不错,最起码能够证明他们是有学习精神的,但是反过来想想,从别人那里或者从书本上学到的东西即使再多也是别人的经验总结,如果要让这些东西在自己身上能不能发挥作用,关键还得靠自己去实践,去和人面对面交流。

总结成功管理者的管理之道,我们可以发现,他们都有一个共同的管理方法,那就是用真心与人相处,对每一位下属都给予充分的尊重与信任。每个人的心里都有一面镜子,周边的人对他如何,他都能通过镜子反射给对方,甚至会变本加厉。可以说,每一个管理者都希望自己的员工或属下能够在有限的条件下为集体创造更多的价值,做出更多的业绩,而领导对他们的态度好坏,对他们的信任与否恰恰是他们工作积极性以及能否做出业绩的最重要的影响因素,因此,作为一个管理者,一个领导者,一定不要吝啬自己的关爱与尊重,更不要减少对他们的尊重与信心,要相信自己的下属是有能力的,要尊重下属的各种新思想,也要相信他们的领悟力,这样不但会使上下级融洽的关系得到进一步发展,而且会为集体创造更多的价值。

其实,人的内心深处都有尊严,不论他的品行有多么恶劣,如何作恶多端,如何违反伦理道德,如何被人瞧不起,他都不允许任何人伤害他的自尊。或许有些不被人尊重的人会选择破罐子破摔的思想,但是此时,如果有人肯赏给他们脸面和权力让他们去管他人的恶劣行为,去做他有能力完成的事情时,他们不仅可以对他们负责的事情认真对待,他们还会恢复自尊和自信,开始把自己当作常人来看,更为重要的是,他们会心甘情愿为曾经给了他们自尊与自信的人卖力奋斗。

因此,成功的领导者或管理者都相信,尊重下属与相信下属是成功管理的重要基础。

国学经典文库

《道德经》译解

图文珍藏版

第六十一节　大国下流

【题解】

　　大国往往会凭借其强大的势力欺压弱小的国家，但是在战争的过程中，势必会造成一些伤害，针对这样的问题，一向反对战争的老子在本章中阐述了如何处理好大国与小国的关系的问题。从整篇来看，老子都是在强调国与国之间能否和谐相处，关键在于大国，所以，大国一定要端正对待小国的态度。老子认为，在这样一种关系中，大国一定要谦恭卑下，绝对不可以恃强凌弱，欺压、侵略小国。大国只有以一种大海般宽容的心态去包容小国，才能达到国与国之间和谐相处的理想效果。

【原文】

大国①者下流，天下之牝，天下之交②。

　　河上公《老子章句》：治大国者，当如江海居下流，不逆细微。大国者，天下士民之所交会。

　　王弼《道德真经注》：江海居大而处下，则百川流之，大国居大而处下，则天下流之，故曰，大国下流也。天下所归会也。

牝常以静胜牡，以静为下。

　　王弼《道德真经注》：静而不求，物自归之也。以其静故能为下也，牝，雌也。雄躁动贪欲，雌常以静，故能胜雄也。以其静复能为下，故物归之也。

故大国以下小国，则取小国③；小国以下大国，则取大国。故或下以取④，或下而取⑤。

　　王弼《道德真经注》：大国以下，犹云以大国下小国。小国则附之。大国纳之也。言唯修卑下，然后乃各得其所。

　　宋徽宗《御解道德真经》：将欲歙之，必固张之，将欲取之，必固予之。

大国不过欲兼畜人⑥，小国不过欲入事人⑦。夫两者各得其所欲⑧，大者宜为下⑨。

　　宋徽宗《御解道德真经》：天道下济而光明，故无不覆。地道卑而上行，故能承天。人法地，地法天，故大者宜为下。

陈致虚《道德经转语偈》:下流非是下流人,以静胜人要一真。牝牡之交宜处下,唯应吩咐下流人。

【注释】

①国:一本作"邦"。

②天下之牝,天下之交也:一本作天下之交,天下之牝也。意指处于天下雌柔的地位,是天下交汇的地方。交,会集、会总、交汇。

③取:取得信任、取得归顺。

④或下以取:有时大国以谦卑的态度取得小国的信任。或,有时;下,谦下。

⑤取:借为聚。

⑥兼畜人:把人聚在一起加以养护。兼,聚拢起来;畜,饲养,含占有的意思。

⑦入事人:侍奉别人,指小国侍奉大国。

⑧各得其所欲:各自都满足了自己的欲望。

⑨大者宜为下:大国还是应当处于谦和卑下的地位。

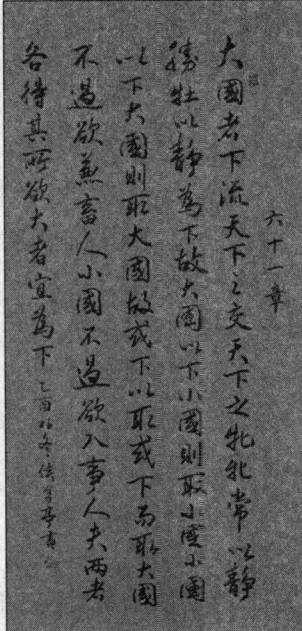

《道德经》六十一章书法

【译文】

大国如果能像居于下游的江河那样,甘居下位,处于天下雌柔的位置,定会得到天下的归附。雌柔常以安静温和,处身谦下而胜过雄性。因此,大国如果能对小国谦下忍让,就可以取得小国的信任和依赖;小国如果能对大国谦卑,就可以见容于大国。所以,或者大国对小国谦让而取得小国的信任,或者小国对大国的谦卑而容于大国。大国不过是想统治小国,小国也不过是想顺从大国。(按照上面的方式去处理二者关系)于是,二者都会得到满足,而大国特别应该处于谦和卑下的地位。

【解析】

春秋末期,诸侯国到处林立,大国争霸,小国自保,因此,战争不断发生,在这兵荒马乱的时代,受到伤害最大的就是全国的普通百姓。一向反对战争的老子,看到这样的情形,于是提出了大国与小国该如何和谐相处的论点。古今中外,人类社会能否安定,人民生活能否安稳,往往由大国、强国的政策所决定。同处一个时代的大小国各有自己的愿望,大国、强国的愿望不过是要兼并统治小国、弱国;而小国、弱国的愿望,则是为了与大国和平共处。在这层并不复杂的关系中,能否让当前局势简单稳定地发展下去的决定权就掌握在大国、强国的手中,因此,老子在本章一

图文珍藏版

开头就提出了"大国者下流"的观点。"下流",不是我们通常意义上的卑贱、龌龊,而是谦和、卑下的意思。我们都知道水往低处流的自然常识,而大海之所以能够容纳百川,就是因为它甘居下位,它的行为是合乎道德的,因此,它能够长久存在并发展下去。所以,大国若想让自己的国家永远强盛下去,就要像大海一样有一颗谦卑包容的心,不自恃强大而欺凌弱小。

接下来,老子又用雌性的安静与柔弱胜过雄性的道理来说明谦卑的重要性。他说"牝常以静胜牡,以静为下",即雌性常常用安静来胜过雄性,因为她安静温和,做事处身谦下。同样的道理,大国若想长久保持强大,就必须向雌性学习安静温和,处身卑下的处世方式。当然我们不否定,大国之所以强大有自然方面的优越条件,但是大国的长久势力的保持却取决于统治阶级的统治策略,此时,渴望与大国和平共处的小国也要注意自己的言行,大国对自己谦卑,那么自己也不要显现出高傲的神态,否则,自己能否存在下去要看大国的心情来定。所以,不论是大国对小国,还是小国对大国最好都保持一种谦虚温和的态度。即"大国以下小国,则取小国;小国以下大国,则取大国",意思是说,大国如果能对小国谦下忍让,就可以取得小国的信任和依赖;小国如果能对大国谦卑,就可以见容于大国,获得大国的支持。

然后老子也点明了同处于一个时代的大国与小国的不同心愿,即大国不过是想兼并小国,小国不过是想依附大国,通过前面的分析,我们已经知道,几乎在所有的处理大小国关系的方法中,谦卑是最好也是最实用的一种。

在老子生活的春秋末期,大国和小国并存的封建割据时代已经进入了最后阶段,尽管西周时期的几百个诸侯国都成为周边几个大国的附庸,幸存了下来,但是它们的处境却并不乐观,它们不但要向大国交纳贡品,还要承担大国的一些重大工程的劳役,在这样的形势下,若想让大国谦卑于被自己降服了的小国,那是不可能的,若想让小国心甘情愿地臣服于大国,它们更是有说不尽的委屈,但是这并不能否定谦卑的重要作用。于是,老子提出了自己的政治主张,企图唤醒大国的宽厚与仁慈,帮助小国重获自由。

【名句品读】

故大国以下小国,则取小国;小国以下大国,则取大国。

大海之所以能够纳百川,就是因为大海是博大、宽容、谦卑的,正是因为它的这些特性,百川才会欣然奔向它的怀抱,大国与小国相处同样应该如此,大国如果能对小国谦下忍让,就可以取得小国的信任和依赖;小国如果能对大国谦卑,就可以见容于大国。老子在这里是想告诉人们谦卑的重要性。

《尚书·大禹谟》中也有:"满招损,谦受益,时乃天道。"也即说自满会招致损失,谦虚可以得到益处。而老子所说的"下",与这里的"谦"意义是相同的,即谦下、谦虚、谦卑的态度。"谦下"不只是处理大小国关系的一种谋略,也是为人处世的一种品质德行,更是我们每一个社会人都要谨记的重要为人处世法则。

【经典故事】

为人之道

"茶杯在上,茶壶在下"

很久以前,有一个失意的年轻人千里迢迢来到法门寺,对住持释圆说:"我一心一意地学丹青,但至今也没有找到一位令我心满意足的老师。"

释圆笑笑说:"你走南闯北十几年,就没有找到一位自己的老师吗?"年轻人说:"唉,很多人都是徒有虚名,我见过他们的画,有的画技甚至不如我呢!"释圆听了,淡淡地一笑:"老僧虽然不懂丹青,但也颇爱收集一些名家的精品。既然施主的画技不比那些名家逊色,就烦请施主为老僧留下一幅墨宝吧。"说着,就吩咐一个小和尚拿了笔、墨、砚和一沓宣纸,释圆说:"老僧的最大嗜好,就是爱品茗,尤其喜爱那些造型流畅的茶具。施主可否为我画一个茶杯和一个茶壶?"年轻人听了,说:"这还不容易?"于是调了一砚浓墨,铺开宣纸,寥寥数笔,就画出一把倾斜的茶壶和一个造型典雅的茶杯。那茶壶的壶嘴正徐徐吐出一脉茶水来,注入那茶杯中去。年轻人问释圆:"这幅您满意吗?"

释圆微微一笑,摇了摇头。释圆说:"你画得确实不错,只是把茶壶和茶杯的位置放错了。应该是茶杯在上,茶壶在下呀。"年轻人听了,笑道:"大师为何如此糊涂,哪有茶壶往茶杯里注水,而茶杯在上茶壶在下的呀?"释圆听了,又微微一笑说:"原来你也懂得这个道理呀,你渴望自己的杯子能注入那些丹青高手的香茗,但你总把自己的杯子放得比那些茶壶还要高,香茗怎么能注入你的杯子呢?涧谷因为低下,才能纳百川入流,人要把自己放低,才能吸纳别人的智慧和经验。"

许由、唐尧比谦虚

在中华民族的历史传说中,有一位杰出的领袖叫唐尧。在唐尧的领导下,人民安居乐业。可是唐尧很谦虚,尽管他已将国家治理得井井有条,但是当他听说隐士许由很有才能的时候,还是想把领导权让给许由。

找到许由后,唐尧对许由说:"日月出来之后还不熄灭烛火,它和日月比起光亮来,不是太没有意义了吗?及时雨普降之后还去灌溉,对于润泽禾苗不是徒劳吗?您如果担任领袖,一定会把天下治理得更好,我占着这个位置还有什么意思呢?我觉得很惭愧,请允许我把天下交给您来治理吧。"

得知唐尧来意许由推辞说:"您治理天下,已经治理得很好了。如果我再来代替你,不是沽名钓誉吗?我现在自食其力,要那些虚名干什么?鹪鹩在森林里筑巢,也不过占一棵树枝;鼹鼠喝黄河里的水,不过喝饱自己的肚皮。天下对我又有什么用呢?算了吧,厨师就是不做祭祀用的饭菜,管祭祀的人也不能越位来代替他下厨房做菜。"

尽管唐尧的陈述如此谦虚,但是许由却懂得"不在其位,不谋其政",因此,他用事实说服唐尧不能接受他赋予自己的重任。这即越俎代庖的典故。

高昂之头被碰,富兰克林变谦虚

本杰明·富兰克林是十八世纪美国最伟大的科学家和发明家,同时还是一位著名的政治家、外交家以及美国独立战争的伟大领袖。曾几何时,他凭借自己出众的才华,根本不把身边的人放在眼里。后来,他去拜访一位品行高尚的老人时,由于高昂的头撞在了门框上,才恍然大悟——做人应该谦虚才对。

从此之后,他改掉了自己傲慢的个性,懂得从心理上退一步,并且给自己立了一条规矩,即决不正面提出与人相反的意见,也不准自己太过武装,甚至不允许自己在文字或语言上,用太过于肯定的措辞,比如"当然""不可以"等,取而代之以"我想""我想象""我假想"等,或者是"就目前形势来看"。

当别人发表意见时,富兰克林从不立刻反驳,或是立刻指出其错误,他会说,在某种情况和条件下，这个意见是正确的，就目前形势来看，似乎稍有两样等。

很快，富兰克林就认识到改变说话方式和态度的好处，凡是他参与的谈话，气氛都很融洽，他谦虚地表达自己的看法，不但容易被接受，而且减少了冲突。即便是在自己出错的情况下，也不会出现尴尬的局面；而在他正确的情况下，对方也会很容易地接受他的观点。

起初，对于这套规矩，富兰克林并不习惯，因为这与他的个性相违背了。但是时间一长，他就觉得这是他的习惯了。五十年来，人们没有听见他说过武断的话。

在新法案修订等重大问题上，富兰克林从未坚持己见，他总是退一步，谦虚地听取大家的意见，最终，他的意见反而得到了广泛的支持。

退一步是为了更进一步，富兰克林无疑是一位情商很高的人。

【古为今用】

满招损，谦受益

古语曰："满招损，谦受益。"意思是说骄傲使人落后，谦虚使人进步，在实际人际交往的众多法则中，毫无疑问，谦虚是其中非常重要的一条，同时谦虚也是一种美德。

谦虚不但使人进步，还能赢得他人的尊重，从而为自己营造良好的人际关系，为人脉的拓展打下坚实的基础。即使你是统领几个人，甚至是十几人、几十人职场领导，在处理上下级关系时尤其要注意谦卑在这一过程中的巧妙运用，因为，只有以一颗谦卑之心对待下属，下属才会给予你充分的信任，进而对你的工作给予最大限度的支持，从而为集体创造更多的价值。

谦虚，不只是职场领导需要具备的一种品德，我们现实中的每一个人，都应该时刻谨记这一为人处世的重要原则。

现代社会，竞争日趋激烈，要想立足，不但需要你练就一身过硬的本领，还要求你必须有谦虚的精神。当遇到一些强势对象的时候，该弯曲就要弯曲一下，该低头就低一下头。这不是懦弱的表现，而是对自己的一种善待，如此一来，才能给自己创造更多抬头的机会。

很多人，尤其是一些年轻人，总以为自己很了不起，心高气盛，恃才傲物，认为自己是一只了不起的鸿鹄，根本不把别人放在眼里。直到有一天自己撞在门框上面的时候才明白，自己的头抬得太高，总会有碰头的时候。

不管是做人还是做事,首先需要学会的便是礼让谦逊,因为任何一个人都存在各种各样的缺点和不足。如果能够在生活中保持低调,不仅可以让自己更加清醒,也会因此赢得别人甚至是命运的尊重。相比来说,那些总认为自己高人一等的人,往往看不到别人的优秀,看不到世界的美好,自己也就不会得到提高,从而深深地陷入郁闷苦恼之中。

其实,低人一头又何尝不是一种自信呢?它不是自卑,也不是怯懦,而是一种谦虚,是一种清醒中的坚定,是一种别样的自信和伟大。人往高处走,但是高处不胜寒,水向低处流,低处却能纳百川。因此,生活中,我们既要有向上走的心态,也要有敢于低头的勇气,这样才能发现世间更多美丽的风景。这也正道出了"满招损,谦受益"这句名言的内涵。

第六十二节　万物之奥

【题解】

在老子眼中,世间一切礼仪、道德、习俗的根本都是"道","道"远比各种浩荡的仪式和万人之上的荣宠更为重要。"道"令人有求可得,有罪可免。老子的这个思想已经超越了"道"单纯作为自然规律的限定,道破了"道"与人之间有着不可分的牵连。正因如此,"道"才被天下人所尊崇。"道"能赦免有罪的人,那么任何人都没有理由被抛弃了,这也正说明了"道"的博大。

【原文】

道者万物之奥①。

河上公《老子章句》:奥,藏也。道为万物之藏,无所不容也。

王弼《道德真经注》:奥,犹暖也。可得庇荫之辞。

善人之宝,不善人之所保。

王夫之《老子衍》:繇此验之,则有道者不必无求,而亦未尝讳罪耶?无求则尢,讳罪责易污,有道者不处。天下皆在道之中,善不善者其化迹,而道其橐要钥。是故无所择,而聊以之深其息。

美言可以市尊,美行可以加人。

河上公《老子章句》:美言者独可于市耳。夫市交易而退,不相宜善言美语,求者欲疾得,卖者欲疾售也。加,别也。人有尊贵之行,可以别异于凡人,斯乃为奥。

人之不善,何弃之有?

河上公《老子章句》:人虽不善良,当以道化之。盖三皇之前,无有齐民,德化淳也。

王弼《道德真经注》:不善当保道以免放。

故立天子,置三公②,虽有拱璧以先驷马③,不如坐进此道④。

河上公《老子章句》:欲使教化不善之人,虽有美璧先驷马而至,故不知坐进此道。

王夫之《老子衍》:知有所择也,是天子三公之为贵,而拱璧驷马之为问矣,岂道也哉?

古之所以贵此道者何? 不曰⑤:求以得⑥,有罪以免邪? 故为天下贵。

王弼《道德真经注》:以求则得求,以免则得免,无所而不施,故为天下贵也。

王夫之《老子衍》:时有所求,终不怀宝以自封;或欲免嘴,终不失保以孤立。和是非而休之以天钧,天下皆同乎道,而孰能贱之?

【注释】

①奥:藏,庇荫。

②置:设置。三公:周朝时所设置的三个辅弼国君的大官,即太师、太傅、太保。"三公"到汉朝以后,只有高位,没有实权。

③拱璧以先驷马:即拱璧在先,驷马在后;这是古代献奉的礼仪,较为隆重。拱璧,古代一种玉,圆镜形状,中间有圆孔,为贵重的礼品。驷马,四匹马驾的车,古代只有天子、大臣才能乘坐。

④不如坐进此道:不如用"道"作为献礼。进,古时地位低下的人送给地位高的人东西,叫"进"。

⑤不曰:岂不是说。

⑥求以得:有求就可以获得。

【译文】

"道"是深藏天下万物玄机的所在。善于遵循"道"的人懂得去珍视它,而不善遵循的人则因为它而有所依靠。合乎"道"的言语可以得到他人的尊崇,合乎"道"的行为可以令其别于世俗之人。就算人不懂得怎样遵循"道"又怎么会被抛弃呢?

因此,天子即位,三公就职,即使举行先奉拱璧,后奉车马的礼仪,我看都不如奉上"道"来作为献礼。古时之所以特别尊崇"道"的原因是什么呢?难道不是说,寻求就会得到,得罪也可以豁免吗?故而"道"才会被天下人所尊崇。

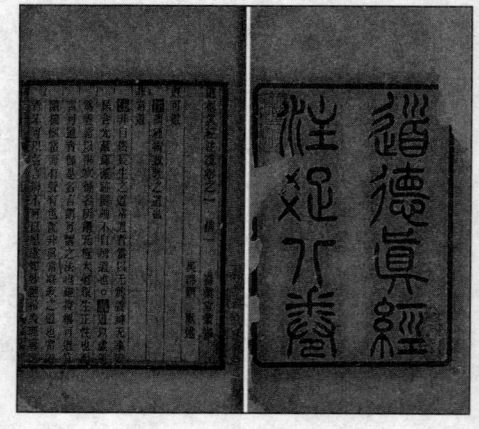

《道德真经》书影

【解析】

在老子看来,"道"是"万物之奥",也是"众妙之门",就像我们所说的自然规律,做任何事情都只能遵循它,而不能违背它。老子的哲学思想中,道既是万物的起源,也是判断是非曲直的最高标准,它不但可以区分自然万物的良莠,而且可以评判人类社会的善恶。自然之道在于无为,无为并非无所作为,而是指春风化雨一般的潜移默化,儒道都重视教化的作用。儒家的教化主要通过自我克制和推行仁德来实现。老子也说,"侯王若能守之,万物将自化",这是道家的教化方式。在老子看来,推行仁德实在算不上多么高明的做法,那就相当于强迫别人接受某种他不喜欢的东西。"克己"倒是与老子所说的"守其雌"有些相似,两者都主张使自己保持比较低调的状态,通过退让的处世方式实现自己的政治理想,这一点也是中国传统文化中"和"文化的一个方面。

大"道"是所有人的行为规范和价值标准,世间之人无论善恶贵贱,没有需要它的。儒家讲究向他人学习,"见贤思齐",强调榜样的作用。老子从另一个角度说,"美言可以饰尊,美行可以加人",美好的言论和行为都可以使自己赢得别人的尊重,从而成为别人学习的榜样。

道的可贵远非"拱璧"和"驷马"能比,规律的价值岂能用金钱来衡量?

【名句品读】

美言可以市尊,美行可以加人。

美好的言论可以换取尊重,美好的行为对人有益。美好的言行可以影响他人,感化他人,从而使周围的人都能拥有美言美行。

季文子任鲁宣公、成公的国相，但家中没有穿丝绸衣服的妾，厩中没有喂食的马。孟献子的儿子仲孙它劝季文子说："你是鲁国的上卿，做过两世君三的国相，你的妾不穿丝绸，马不吃粮食，人家可能会以为你吝啬，这样也不会给国家带来光彩啊。"

季文子说："我也希望妾穿丝绸，马吃粮食。然而，我看到老百姓，他们的父兄吃得粗穿得差的还很多，因此我不敢那样做。别人的父兄吃得粗穿得差，而我却给妾和马那么好的待遇，这恐怕不是国相该做的事！况且我听说过可用德行荣誉给国家增添光彩的，没有听说过能用妾和马来给国家添光彩的。"

季文子把这件事告诉孟献子，孟献子将仲孙它关了七天。从此以后，仲孙它的妾穿的都是粗劣的布衣，马的饲料都不过是杂草。

季文子知道这件事情之后，说："犯了错误能及时改正的人，就是人上人了。"于是让仲孙它做了上大夫。

从这个故事中，我们可以看出一个人美好的德行也是会影响到身边的其他人的。所以，在日常生活中，我们应该多做善意的行为，并且用这份善意去影响身边的人，使这种文明行为得到广泛传播。

【经典故事】

求学之道

孟母三迁

孟母三迁

孟子很小的时候，他的父亲就去世了，他的母亲守节没有改嫁。最初，母子俩住在墓地附近。孟子就经常和邻居家的小孩子一起学大人跪拜、痛哭，玩起办丧事的游戏。孟母看到这种情境，就皱起了眉头，说："我不能让我的孩子在这个地方住了！"于是，孟母就带着孟子搬到了集市旁边去住。到了集市，孟子又和邻居家的小孩子学起了商人做生意。孟母知道以后，又皱起眉头说："看来这里也不适合我的孩子居住！"于是，他们再一次搬家。这次，他们来到了学校附近。孟子就学着学校里的规矩开始做些拱让食物的礼仪游戏，这时，孟母才满意地说:"这里才是我安顿儿子的地方!"从此以后,孟子就在那里住了下来,后来终于学有所成,成为儒家的宗师。

"孟母三迁"的故事流传甚广,它所蕴涵的深刻含义就在于:环境能够影响人的发展。正因为这样,老子提出"美言可以饰尊,美行可以加人",指出了"得道"之人对于社会的积极影响。

经商之道

布卢明代尔的生意经

不同的人有不同的需求,如果随大流,就意味着往绝路上走。于是,不少公司把顾客适当地分为许多阶层,然后针对他们的不同需要来提供合适他们胃口的产品和服务。这种做法不但可以提高产品的附加值,同时可以增加公司的利润。

布卢明代尔就是一个在这方面表现突出的例子。该公司的成功之处就在于:它所开办的每一个时装用品专卖店都为顾客提供某种特别的服务,或是为迎合某种特别的顾客而专门设立。旁氏公司也是通过采取类似的战略而在化妆品市场上扶摇直上的。《福布斯》杂志在形容该公司董事长拉尔夫·沃德的战略时说:"虽然他完全可以玩一百万美元的大型促销游戏,但他却偏偏要到小市场上去捕捉那些正在'打瞌睡'的竞争者。例如,他在1987年推出这种现产品以来,他已经拥有每年可赢利一亿美元的大市场了!"接着,他进一步把各产品部门独立起来,以便加速产品的发展与更新,扩张其市场的活动范围。这是消费品业极少见的一个战略。

这些公司就通过有针对性的特别服务越做越强。

为人之道

赞美很重要

卡耐基小时候是一个公认的非常淘气的坏男孩。在他九岁的时候,父亲把继母娶进家门,父亲一边向继母介绍卡耐基,一边说:"亲爱的,希望你注意这个全县最坏的男孩,他可让我头疼死了,说不定会在明天早晨以前就拿石头扔向你,或者做出别的坏事,总之让你防不胜防。"出乎卡耐基意料的是,继母微笑着走到他面前,托起他的头看着他,接着又看着丈夫说:"你错了,他不是全县最坏的男孩子,而是最聪明但还没有找到发挥热忱的地方的男孩。"

继母说得卡耐基心里热乎乎的,眼泪几乎滚落下来。就凭着这一句话,他和继母开始建立起了深厚的感情。也就是这句话,成为激励他的一种动力,使他日后创造了成功的二十八项黄金法则,帮助千千万万的普通人走上了成功和致富的光明大道。因为在她继母来之前没有一个人称赞过他聪明。

正是继母的赞美改变了卡耐基一生的命运。谈到改变人,比尔·盖茨说:"假如你愿意激励一个人来了解他所拥有的内在宝藏,那我们所能做的就不只是改变人了,我们能彻底地改造他。"

夸张吗?威廉·詹姆斯是美国有史以来最有名、最杰出的心理学家。他说:"若与我们的潜能相比,我们只是在半醒状态。我们只利用了我们的肉体和心智能源的极小一部分而已。往大处讲,每个人离他们的极限都远得很。他们拥有各种能力,但往往习惯性地未能运用它。"

在这些习惯性地未能运用的能力之中,有一种你肯定没有发挥出来,那就是赞美别人、鼓励别人、激励人们发挥潜能的能力。

真诚赞美别人其实也是自己进步的开端。只有当自己抱着开朗、乐观的态度面对生活时,才能被别人的优点和长处所吸引;只有当心胸开阔,对人对己有足够信心的时候,才能由衷地赞美别人,才能和谐地与人相处、共事,使生活道路上少一些荆棘,多一分生命力。

【古为今用】

对待别人要少一些斥责,多一些赞美

几乎没有人喜欢那些吹毛求疵的人,因为他们总是发现除了自己之外的其他人都有这样那样的缺陷。法官的眼光是苛刻的,他们比我们更相信,罪犯都是些十恶不赦的社会垃圾,但犯罪心理学家却发现,如果不从法律的角度来看,在每一个罪犯身上都会发现一些真正值得赞赏的东西。这个道理实际上十分浅显,总是挂在我们的嘴边,那就是:"金无足赤,人无完人。"

这就是说,无论我们的交往对象是谁,是什么样的人,我们都可以找到他们的某些值得称赞的特点,可以通过赞美使他们感受到温暖和快乐。擦亮自己的眼睛——寻找他人的长处,给予由衷的称赞,就会得到更多的朋友。

国学经典文库

《道德经》译解

图文珍藏版

第六十三节　能成其大

【题解】

在老子看来,越明显的道理越容易被人忽视,世人求强好胜的心态往往会使其在行为处事之间因忽略了细节而导致全局的失败。《荀子·劝学》有言:"骐骥一跃,不能十步;驽马十驾,功在不舍。"可见成就大事必从细小处着手,这与本章"天下难事必作于易,天下大事必作于细"之言相通。老子的这一主张说明了量变与质变之间的关系,在一定程度上,也是"无为"思想的一种体现。

【原文】

为无为,事无事①,味无味②。大小多少,报怨以德。

王弼《道德真经注》:以无为为居,以不言为教,以恬淡为味。治之极也。小怨则不足以报,大怨则天下之所欲诛,顺天下之所同者,德也。

王夫之《老子衍》:吕吉甫曰:归于无物,故可以大。可以小,可以多,可以少。

图难于其易③,为大于其细④;天下难事必作于易,天下大事必作于细。

河上公《老子章句》:欲图难事,当于易时,未及成也。欲为大事,必作于小,祸乱从小来也。从易生难,从细生著。

唐太宗:肆情纵欲者,于伟无不难,于事无不大,今欲图度其难,营为其大,当须于性未散而分未越,则是于其易细也。明上文所以预图为也。

是以圣人终不为大,故能成其大。夫轻诺必寡信⑤,多易必多难。是以圣人犹难之⑥,故终无难矣。

河上公《老子章句》:处谦虚,天下共归之也。不重言也。不慎患也。圣人动作举事,犹进退,重难之,欲塞其源也。圣人终生无患难之事,犹避害深也。

王弼《道德真经注》:以圣人之才犹尚难于细易,况非圣人之才而欲忽于此乎,故曰,犹难之也。

【注释】

①事无事:将无事当作唯一的事。这是说要顺其自然。前一个"事",动词。做事、从事的意思。无事,不创新事,含有不搅扰、不干涉的意思。

②味无味：将无味当作唯一的味。意思也是顺其自然，恬淡处世。前一个"味"，动词，玩味。无味，寡淡无味。

③图难于其易：解决困难的事从它容易的地方入手。图难，处理、解决困难的事。于其易，于，介词，从；易，容易的地方。

④为大于其细：就是做大事要从细小的地方入手。为大，做大事情。细，细微的地方、小的地方。

⑤轻诺：轻易许诺，寡信：很少守信用。信，守信约、守信用。

⑥犹：均、都。

【译文】

将无为当作唯一的作为，将无事当作唯一的事，将无味当作唯一的味。以小为大，以少为多，用"德"来回报怨恨。从简单容易处入手克服困难，从细小微末处着手做大事；一切的难事必定都从简易发展而来，一切的大事必定都从细小处积蓄而成。因此圣人从来不自诩伟大，故而才成其伟大。轻易许下的承诺必然很少能够兑现，把事情看得太容易必然会遭遇很多困难。因此圣人总是把事情看得更加困难些，故而最后就不存在困难了。

【解析】

"道"的最根本规律就是自然，做事情也应该按其本源的规律任其自然而然地发展。"为无为，事无事，味无味"所阐发的也就是"无为而无不为"的道理。老子认为要想有所作为，就必须采取顺其自然的态度，必须以平淡的思想和行为对待生活。

"以德报怨"是老子的人生观，也是老子的一种处世哲学，同时这也是他顺其自然思想的体现，《论语·宪问》："或曰：'以德报怨，何如？'子曰：'何以报德？以直抱怨，以德报德。'"从中我们可以看出，老子与孔子在处理"德"与"怨"的关系时有所差别。老子以德行响应怨恨，孔子以公平正直之道来面对怨恨，不做相应的报复，但也不应曲意隐忍。

"泰山不拒细壤，故能成其高；江海不择细流，故能就其深。"所以，细节对事情的成败起着至关重要的作

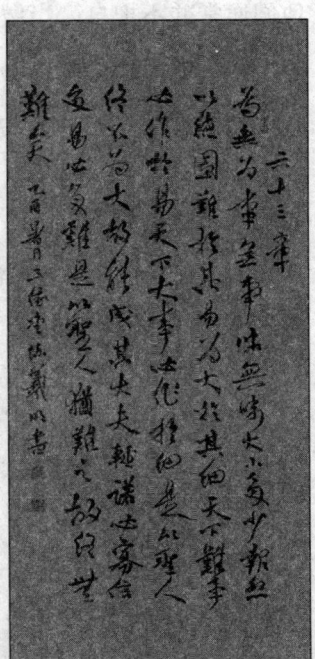

《道德经》六十三章书法

用。老子的"天下难事必作于易;天下大事必作于细"恰恰反映了这样的观点。中国有成语叫"千里之堤,溃于蚁穴"。细节往往就是这样在人们的忽视中影响到全局。要想成就一番事业必须从那些细枝末节开始,所以,有"道"的圣人,始终认为自己是在做一些微不足道的事情。

老子对许下诺言是非常慎重的,他认为不根据现实情况轻易做出承诺,必定会有很多失信的行为,因此,许诺的人可能会把某些事情看得过于简单而无法实现他的承诺。所以圣人们总会把诺言看得像"九鼎大吕"一般重,他们也会把事情看得很困难,以至于最后毫无困难。

老子认为,做任何事情都是从小到大、由少到多、由易到难的,这是事物发展的普遍规律,也是人们日常生活的行为准则。持"无为"的态度,顺应自然的发展规律,也是人们日常生活的行为准则。持"无为"的态度,顺应自然的发展规律,也是人们日常生活的行为准则。持"无为"的态度,顺应自然的发展规律,即使遇到了值得抱怨的事情,用美好的德行来感化它,不轻易给予承诺,在一开始就尽量把事情想得困难……这样往往能换得一个完满的结局。而圣人之所以是圣人,就是因为他们把这些问题看得透彻,把自己看得甚是渺小,把世界看得异常伟大,就这样他们通常并不把自己当做圣人,从而达到了"无为而无不为"的境界。

【名句品读】

天下难事必作于易,天下大事必作于细。

天下的难事必定由易事组成,天下的大事必定由小事生成。"黄帝问政"的故事就是对此最好的说明。

上古时代的一天,黄帝带着六位随从去贝茨山见大傀,向他请教治国方略。走到半途,他们迷路了,刚好遇到一个放牛的牧童,于是上前问路。

黄帝问道:"请问,你知道贝茨山怎么走吗?"

牧童用手指了指说:"知道呀,向那边走。"

黄帝又问:"你知道大傀住在哪里吗?"

他说:"知道啊!"

黄帝吃了一惊,便随口问道:"看你小小年纪,知道的不少啊!"

于是开玩笑地接着又问了一句:"你知道怎样治理国家吗?"

那牧童说:"知道,就像我放牛的方法一样,只要仔细了解它的性情,顺着它的性情去驯服它,一切都好办!治天下不也是一样吗?"

黄帝听后,大为惊讶,也不去找大傀了,打道回府按牧童的话去做。

天下难事必作于易，天下大事必作于细。讲的就是这样的道理，无论是要做多么复杂的事情都需要找到它的切入口，把复杂的事情简单化。

轻诺必寡信，多易必多难。

轻易去承诺必然很少守信，把事情想得太容易就会遇到很多困难。君子一言，驷马难追。信守承诺，才能得到同心同德的朋友；轻诺寡言，必然使身边的人与自己离心离德。"文侯践诺"的故事就是这句话很好的证明。

战国时期，魏国首任国君魏文侯诚信待人，不论达官贵人，还是普通百姓，都敬重他，所以魏国迅速强大起来。

有一次，魏文侯和管理山林的人约好第二天下午一定去山林打猎练兵。到了次日，魏文侯准备午宴一结束就去打猎。午宴后，天忽然下起了瓢泼大雨，而且越下越大。

魏文侯起身说："来人，赶快准备车马，我要到郊外去打猎练兵，那里已经有人在等我了！"众臣一见国君要冒雨出门，都上前劝阻，说大雨无法打猎。

魏文侯看看天色说："打猎是不成了，可是也得告诉那位管理山林的人哪。"重臣中有一个自告奋勇的人说："那好，我马上去。"魏文侯把手一摆，说："慢，我自己去。"

魏文侯接着说："昨天是我亲自跟人家约定的，如今失约，我要亲自向人家道歉才行。"说完大步跨出门外，顶着大雨往管林人住处去了。

君子一言，驷马难追。说的就是像魏文侯这样的君子。不轻易对别人承诺，但是承诺的事情就必须去做到。

【经典故事】

处世之道

愚公移山

《列子·汤问》中有一则愚公移山的寓言。

从前，太行、王屋两座大山位于冀州南部、黄河北岸的北边，两座大山方圆七百里，高达万仞。

北山脚下有个人叫愚公，快九十岁了，他家世世代代面对着山居住。由于大山的阻隔,北山居民进进出出都要绕很远的路,非常不方便。

有一天,愚公把全家人召集到一起商量说:"我打算和大家用尽全力铲平这两座大山,使道路一直通到豫州的南部,到达汉水的南岸,你们看怎么样?"大家都对他的建议表示赞同。可愚公的妻子提出了疑问:"凭借您的力量,恐怕连魁父这样的小土山都铲不平,又能把太行、王屋这两座大山如何呢?再说,那些土石又放到哪里去呢?"大家纷纷提议:"可以把土石运到渤海边上,或是隐土北面。"

于是,愚公带着三个身强力壮的子孙,凿山石,挖泥土,然后把土石用筐装起来运到渤海边上,邻居寡妇家有个孩子,才七八岁,也蹦蹦跳跳地去帮助他们。

有个叫智叟的人讥笑愚公说:"你实在太不聪明了。你这么大年纪了,就凭你剩下的这点力气,连山上的一根草都毁不掉,又能把两座大山怎么样呢?"愚公听了长叹一声说:"你的思想竟然如此顽固,顽固到无法改变的地步,还不如寡妇家的孩子。即便我死了,还有我的儿子在;儿子又会生孙子,孙子还会生儿子,这样看来,子子孙孙是不会穷尽的,可是这山不会再增加高度,何愁挖不平?"智叟无言以对。

操蛇之神知道了这件事情,怕愚公不停地挖下去,就向天帝做了报告,天帝被愚公的诚心所感动,便命令大力神夸娥氏的两个儿子背走了这两座大山。一个安置在朔州的东部,一座安置在雍州的南面。从此以后,冀州的南部和汉水的南面,就再也没有高山阻隔了。

愚公移山的故事说明,做事情必须有恒心,从一点一滴做起,最终必然能够实现质的飞跃。"天下大事必作于细"的意义正在于此。

为人之道

大意失荆州

三国时吴国大夫鲁肃在诸葛亮如簧之舌的煽动下,轻率地许诺作保把荆州借给刘备。岂知这一许诺,使得东吴伤透了脑筋。围绕荆州,吴蜀你争我夺,东吴是"赔了夫人又折兵",气死了周瑜,为难了鲁肃。

轻诺别人,不仅会给自己带来不守信的声誉,更会招致许多麻烦,而且有时还会严重地伤害别人。

甘茂在秦国为相,秦王却偏爱公孙衍。秦王有一次对公孙衍说:"我准备让你做相国。"

甘茂手下的官吏听到这个消息后,就去告诉甘茂。甘茂因此进宫拜见秦王说:"大王得了贤相,斗胆给大王贺喜。"

秦王说:"我把国家托付给你,哪里又得到贤相呢?"甘茂说:"大王将要立公孙衍为相。"

秦王说:"你从哪里听来的?"

甘茂回答说:"公孙衍告诉我的。"

秦王窘迫非常,于是就驱逐了公孙衍。

秦王轻诺公孙衍,事后又不兑现自己的诺言,结果成了失信于人的君主,同时也伤害了一直忠心耿耿的良臣甘茂。要做到不轻诺,除了要有自知之明外,还必须养成对客观情况做比较深入细致的了解的习惯。要做到谨慎许诺!

一旦许诺,就要做到。这样才能成为诚实、守信、靠得住的人。

经商之道

施乐公司大意失"荆州"

施乐公司现在面临着严峻的挑战,即使在自己的传统优势领域,也就是大型的超高速复印机领域,施乐公司也面临着来自德国海德堡印刷机械股份公司的强力挑战。对手通过推出以"开放式体系结构"为特征的复印机来向施乐公司发起进攻,这种复印机体积小,可以兼容多种格式的电子文件,相对于原来的复印机在性能上改进了不少。

施乐公司是美国复印机领域的巨人,在二十世纪六十年代和二十世纪七十年代初期在世界复印机市场上一直保持着垄断地位。然而,到了二十世纪七十年代中后期,复印机领域的竞争非常激烈,日本厂商尤其是佳能公司涌入复印机行业,施乐公司却对此采取漠视的态度,这直接导致了公司在市场上的节节败退,份额也从起初的百分之八十二下降到百分之三十五,从而失去了复印机市场的垄断地位。

自 1976 年以来,日本厂商一直大举入侵施乐公司原有的市场,但施乐公司并没有意识到竞争的存在,由于长时间的麻痹大意,最终导致施乐公司已逐渐失去了市场上的优势地位。那一年,日本厂商佳能、NEC 等公司,都以施乐的成本价格销售复印机,并从中获利,它们的产品开发周期和开发人员比施乐要少百分之五十。面对困境,施乐公司并没有太有效的办法来应对,只能眼看竞争对手一点一点地蚕食自己的市场份额。

尽管施乐公司以前有着很好的技术,还拥有帕洛阿尔托研究中心(PARC),很多计算机领域最具革命性的技术都是在这里产生的,例如:鼠标、激光打印机等。然而,施乐公司长期以开创者自居,以占尽先机为乐,似乎并没有想到充分运用这些技术来求进一步发展,导致公司多次丧失良机,面对新一代传真机、打印机和扫描仪的挑战,施乐公司的复印机业务正在遭遇前所未有的危机。

施乐公司因"麻痹大意"而遭受惨重的损失,竞争对手却丝毫不生怜悯之情,佳能公司在数字彩色复印机上咄咄逼人,不断在市场上获得巨大成功。尽管施乐公司收购 Tektronic 公司,以增强自己在彩色激光印刷业务上的实力。然而,事实和愿望之间的差距总是很大的,在惠普公司和利盟公司的双重夹击下,该公司在这个有利可图的市场上,所占的市场份额已经急剧下滑到百分之十一,这几乎只是原来的一半。

施乐公司失去的"荆州"能不能夺回,还是一个很大的未知数。

【古为今用】

对每一个细微之处都要留心

"成也萧何,败也萧何",做事的成败,同样决定于我们能否真正把握和了解事物的某些细微之处:一旦我们体会到这些细微之处,那就能成;倘若始终无法体会到这些细微之处,那就只有败了!

在很多时候,我们只要对事情的每一个细节稍加留心,便能感受到它的妙处。就拿现在最热门的话题——"求职、应聘"来说,关注细节同样能够带来成功。

美国福特汽车公司的创始人福特大学毕业后,去过一家汽车公司应聘。和他一同应聘的三四个人都比他学历高,当他前面几个人面试之后,连他自己都觉得自己没什么希望了。

但既来之,则安之,他壮着胆进入了董事长的办公室。他一进办公室,便发现门口的地上有一张纸,弯腰捡起来,发现是一张被弄皱了的纸,便顺手将它扔进了废纸篓里。

他走到董事长的办公桌前,自我介绍说:"我是来应聘的福特。"没有经过任何的测试,董事长便对他说:"很好,很好!福特先生,你已被我们录用了。"福特惊讶地说:"董事长,我觉得前几位的条件都比我好,你为什么把我录用了?"董事长说:

"福特先生，前三位的确学历比你高，且仪表堂堂，但是他们眼睛只能'看见'大事，而看不见小事。你的眼睛能看见小事，我认为能看见小事的人，将来自然能做大事，一个只能'看见'大事的人，会忽略很多小事，他是不会成功的。所以，我才录用你。"福特就这样进了这个公司，后来公司因其名扬天下，福特把这个公司改名为"福特汽车公司"。

老子雕塑

在这里，一个不经意的细微之处就决定了面试的成败。"一屋不扫，何以扫天下"，如果人的脑袋里总是装着如何如何的大事，对于身边的小事不屑一顾，那样是做不成大事的！

人们对微不足道的细节过于疏忽，往往会酿成令人们后悔一时或者一世的悲剧——

2003 年 2 月 1 日美国"哥伦比亚"号航天飞机返回地面途中，着陆前意外发生爆炸，飞机上的七名宇航员全部遇难，世界为之震惊。美国宇航局负责航天飞机计划的官员罗恩·迪特莫尔被迫辞职。此前，他在美国宇航局工作了二十六年，并已担任了四年的航天飞机计划主管。

事后的调查结果表明，造成这一灾难的元凶是一块脱落的隔热瓦。

"哥伦比亚"号表面覆盖着两万块隔热瓦，能抵御三千摄氏度的高温，以免航天飞机返回大气层时外壳被高温所熔化。1 月 16 日"哥伦比亚"号升空八十秒钟后，一块从燃料箱上脱落的碎片击中了飞机左翼前部的隔热系统。宇航局的高速照相机记录了这一过程。

应该说，航天飞机的整体性能等很多技术标准都是一流的，但就因为一小块脱落的隔热瓦就毁灭了价值连城的航天飞机，还有无法用价值衡量的七条宝贵的生命。可见，细小的失误会导致巨大的损失！

成就大事不能忽视细枝末节，可以说，成功是一项系统工程，任何一个环节都至关重要，对全局都有很大的影响。

保持对细节大的关注，是成功者取得胜利的重要原因。如果对细节不察不问，办事不拘小节，隐患便会越攒越多，一旦爆发，事情的性质便会发生根本性的变化。

第六十四节　无为无败

【题解】

本章可以看作是前一章的继续,老子首先强调了防微杜渐的重要性,提出"为之于未有,治之于未乱"的观点。接着列举了常见的事物,"合抱之木""九层之台","千里之行",并分析了它们各自发生质变的关键就在于积少成多,一点一滴的量变,将会引起质变。"毫末""累土""足下"虽然看起来微不足道,然而,一旦积累到一定量,必将释放出巨大的能量。

老子此言的目的,主要还是为了告诫当权者,一切事物的本质就是"道"。世人刻意想要取得的东西总是会失去,只有遵循"道"的原则,凡事从一点一滴做起,不急不躁,才不至于"常于几成而败之"。老子一直崇尚"无为",在这一章中也不例外,但那时,从字里行间,我们更能领会到"无为之道"的现实意义。

【原文】

其安易持^①,其未兆易谋^②。

河上公《老子章句》:治身治国家安静者,易守持也。情欲祸患未有行兆时,易谋止也。

王弼《道德真经注》:以其安不忘危,持之不忘亡,谋之无助之势,故曰易也。

其脆易泮^③,其微易散。

河上公《老子章句》:祸乱未动于朝,情欲未见于色,如脆弱易破除。其未彰著,微小易散去也。

明太祖《御解道德真经》:故又比云其脆微二物,人皆以为小可,将以为不然。

为之于未有^④,治之于未乱。

王弼《道德真经注》:谓其安未兆也。谓微脆也。

王夫之《老子衍》:失有道者,不为吉先,不为福赘。"未有""未乱"而泥治,其事近迎。

合抱之木,生于毫末^⑤;九层之台,起于累土^⑥;千里之行,始于足下。

河上公《老子章句》:从小成大。从卑立高。从近至远。

王夫之《老子衍》:既合抱而仍有毫末,既九成而仍资累土,虽千里不过足下。

为者败之，执者失之。

河上公《老子章句》：有为于事，废于自然；有为于义，废于仁；有为于色，废于精神也。执利遇患，执道全身，坚持不得，推让反还。

王弼《道德真经注》：当以慎终除微，慎微除乱，而以施为治之形名，执之反生事原，巧辟滋作，故败失也。

是以圣人无为故无败，无执故无失。民之从事，常于几成而败之。

王弼《道德真经注》：不慎终也。

唐玄宗《御解道德真经》：民之始从事于善者，当于近成而自败之。

慎终如始，则无败事。

河上公《老子章句》：终当如始，不当懈怠。

王夫之《老子衍》："几成"而"慎"有余，其事近随。

是以圣人欲不欲⑦，不贵难得之货。

王弼《道德真经注》：好欲虽微，争尚为之，兴难得之货虽细，贪盗为之起也。

王夫之《老子衍》：刘仲平曰：欲众人之所不欲，不欲众人之所欲。

学不学⑧，复众人之所过⑨。

王弼《道德真经注》：不学而能者，自然也。喻于学者，过也。故学不学，以复众人之过。

王夫之《老子衍》：刘仲平曰：学众人之所不学，不学众人之所学；复其过矣。

以辅万物之自然。而不敢为⑩。

河上公《老子章句》：教人反本实者，欲以辅助万物自然之性也。圣人动作因循，不敢有所造为，恐远本也。

唐玄宗《御解道德真经》：以辅自然之性，不敢为俗学与多欲也。

【注释】

①安：稳定、安定。持：维持、掌握。

②未兆：没有异象、没有征兆时。谋：图谋、谋划。

③泮：散，分解。

④为之于未有：在事情还没有发生时就把它做好。为，做、处理。未有，没有发生、没有出现。

⑤毫末：指细小的萌芽。

⑥累土：累，土笼，即盛土的筐子。累土，一筐筐的土。一说累是堆积的意思。

⑦欲不欲：即向往别人所不向往的。前一个"欲"，动词，向往。不欲，（别人所）不向往的。

⑧圣人的学习就是不学什么。前一个"学"是动词,学习。

⑨复:作"返"讲。从错误的道路上走回来,改正错误的意思。

⑩以辅:用……去辅助。

【译文】

局势稳定时容易把持,情势尚未有征兆时容易谋划。事物脆弱时容易瓦解,微小时容易消散。在尚未露出端倪时就要做好准备,在祸乱尚未滋生时就要做好防预。合抱的大树,是由细小的萌芽长成的;多层的高台,是由一筐一筐的土堆垒而成的;遥远的路途,是从脚下开始的。急功近利妄加干涉就会失败;刻意把持就会丧失。因此,圣人从不干涉,所以不会失败;无所把持,所以不会丧失。平常人做事,往往在即将成功的时候失败。自始至终毫不懈怠,就不会有衰败的事。因此,圣人想要的是没有欲求,不重视珍贵的财货。圣人以不学为学习的方法,以此来弥补世人所犯下的错误。借此以辅助万物自然发展。而不敢妄为造作。

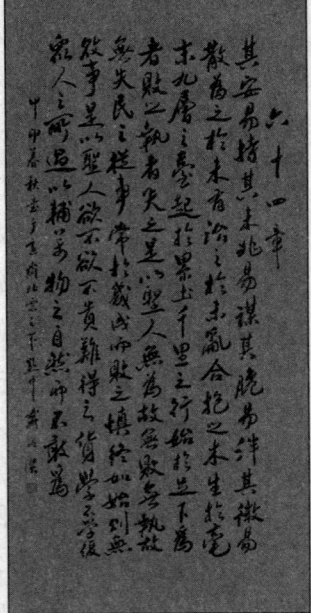

《道德经》六十四章书法

【解析】

事物的发展历程是从无到有,难以解决的问题往往由常被人忽视的小的隐患生成,这就是量的积累是质的飞跃的前提的基本道理。有太多的人在"明日复明日"的道路上徘徊不前,最终荒废了青春年华。"其安易持,其未兆易谋。其脆易泮,其微易散"说的其实就是防微杜渐的道理。如果能够在矛盾暴露之前尽早发现,未雨绸缪,就能将一切可能发生的危机扼杀在萌芽状态。荀子说:"不积跬步,无以至千里;不积小流,无以成江海。骐骥一跃,不能十步;驽马十驾,功在不舍。"这句话与老子所说的"合抱之木,生于毫末;九层之台,起于累土;千里之行,始于足下"不谋而合,通过不同的比喻阐述同样的量和质的关系,反映出中华文化的源远流长。

【名句品读】

合抱之木,生于毫末;九层之台,起于累土;千里之行,始于足下。

粗壮的大树,是从小苗成长起来的;高耸的楼台,是用泥土垒起来的;遥远的路途,是从脚下起步的。事情的成与败,必由小而生。大事都是从小事开始的,日积月累,就能成就大业。

东汉太傅陈蕃,其祖父曾任河东太守。不过到了陈蕃一辈,家道中落,不再是世家旺族。陈蕃十五岁时，曾经独处一个庭院习读诗书。一天，其父的老朋友薛勤来看他，看到院里杂草丛生、秽物满地，就对陈蕃说："你小子为什么不扫一下地，整理一下杂物来接待宾客？"

陈蕃当即回答："大丈夫为人处世，当有凌云之志，以扫除天下为目标，哪个在乎扫一间屋子？"这回答让薛勤暗自吃惊，知道此子虽少却胸怀大志。

感悟之余，薛勤劝道："一屋不扫，何以扫天下？"以激励他从小事、从身边的事情做起。陈蕃听后，甚以为然，连连对薛勤表示感谢；此后，陈蕃遵照薛勤的嘱咐，从小事做起，终于成就了一番事业。

慎终如始，则无败事。

如果结束时也像一开始那样谨慎，就不会有失败的事情。万事开头难，所以人们慎重对待开头；但往往无法坚持，越到后面越违背自己的初衷，最终导致失败。"器盈则覆"的故事就是对这句话很好的阐释。

宋朝太宗年间，苏易简知识渊博、为人正直，胸怀满腔报国热忱，经常以婉转的话语、生动直观的比喻去规劝宋太宗要居安思危、励精图治。

有一天，苏易简有意当着太宗的面玩一种叫欹器的陶罐（欹器原是一种灌溉用的陶罐，改小后成为玩赏之物）。太宗看见了，忙让他取来试试有多巧妙。他们在欹器中注水，盛水一半，欹器处于平衡，盛满清水后欹器自动倾倒。太宗觉得很巧妙，大为欣赏。苏易简语重心长地对太宗说："太阳过了正午的时候就要慢慢偏西，月亮圆满了就要亏缺，器物装满了就要倾覆，事物极盛就要衰败。恳请陛下保持谦虚的作风，一贯坚持下去，以巩固大宋的基业，这样天下苍生就有幸了。"

太宗听后深表赞同，对苏易简愈加信任，不仅各种重要仪式让他主持，还让他负责官吏的选拔和考核。

这个故事就告诉人们，无论何时取得过什么样的成绩，都要谦虚谨慎不可居功自傲、迷失自我。只有这样始终保持谦虚谨慎的作风，才能将良好的习惯坚持下去，取得最终的成功。

【经典故事】

处世之道

居安思危

春秋时期，有一次，宋、晋、齐、卫等十二国联合攻打郑国。郑国知道自己力量不足，就连忙派人向晋国求和，因为晋国是十二国中实力最强的国家，晋国国君晋悼公表示同意讲和，其余的十一国因为不愿得罪晋国，就都决定退兵，郑国因此才逃过一劫。

郑国为了表达谢意,特意送给晋国很多兵马、乐师、乐器、歌女以及大量贵重的珠宝作为谢礼。晋悼公收到礼物后非常高兴,就将这些礼物拿出一半送给他的功臣魏绛。但魏绛婉言谢绝了,他劝谏晋悼公说:"现在您能够统率各国,这是您的功德所在,也是大家同心协力的结果,我自己并没有立过什么功劳,怎么能无功受禄呢?再说,晋国现在虽然很强大,但是绝对不能因此而麻痹大意,人在安乐的时候,一定要预想到将来可能发生的危险,这样才能及早做好防范,以免日后发生灾祸。这些礼物您还是独自享用吧,我更愿意想一下以后可能发生的事。"

晋悼公听完这番话之后,知道魏绛时刻都在牵挂着国家的安危,从此以后,对他更加敬重了。

这个故事深刻地反映了居安思危的道理。老子认为,"民之从事,常于几成而败之",只有"慎终如始",才能"无败事"。历史上的很多帝王,都是在成功之后放松了警惕而遭到失败的,因此,老子的观点在任何历史时期,都有其现实意义。

成功之道

成功需要积累

《汉书·董仲舒传》记载:"聚少成多,积小致巨。"成功需要积累,没有扎实的基础,就无法实现质的飞跃。

一个想要获得成功的人,必须在日常生活中有所积累,在这个基础上,才有可能抓住机遇。那些获得成功的人都善于掌握理解并善加利用他人的宝贵经验。

二十世纪最初的几十年里,在太平洋两岸的美国和日本,有两个年轻人都在为自己的人生努力着。经过六年的拼搏,日本的藤田靠节衣缩食攒钱起家,美国的江恩靠研究 K 线理论致富。

这两个看似风马牛不相及的故事中蕴涵着一个相同的道理,那就是许多成就大事业的人,都是从一点一滴的努力中创造和积累着成功所需的条件。

人们常常希望摆脱小事的束缚,甚至不愿意去做小事,企盼着能够"一夜成名"。当然,我们并不否认有不少人是"一夜成名"的,然而这里要说的是,那毕竟需要机缘,然而那机缘又不是大多数人能碰上的。对于一般人来说,要想成就大事,就不能忽视对小事的积累。如果我们忽略小事、小物,就难以完成大事、难以取得成功。

提起我国的数学家陈景润,谁都会把他与那颗数学王冠上的明珠——"哥德巴赫猜想"联系起来。但是,你是否会因为他的成绩联想到别的,比如他是从什么时候开始,最终积攒起那十几麻袋的草稿的?我们是否会想到,在通往这座科学高峰陈景润的事例告诉我们,伟人之所以成为伟人,是因为他们曾为理想一步一个脚印地奋斗过,因此他们成功了。

在现实世界中,每个人都有梦想,都渴望成功,然而志大才疏往往是阻碍人成功的最大障碍。人们看到的只是成功人士功成名就时的辉煌,却往往忽略了他们在此前所进行的艰苦卓绝的努力,任何人只有通过不断的努力才能凝聚起改变自身命运的爆发力。老子告诫我们:只有通过不断的努力才能凝聚起改变自身命运的爆发力。老子告诫我们:成功需要积累,这永远是一条最原始也是最简单的成功智慧。

现在有些人很想成功,然而他们更关注树立怎样的理想,却对怎样实现自己的理想不感兴趣,这样的人日夜眺望着远方辉煌的目标,却不想方设法地去缩短脚下的距离,这样的理想称之为空想。古人说"读书破万卷,下笔如有神","读书破万卷"是一个积累的过程,如果没有这样的过程,就很难达到"下笔如有神"的境界。因此,有远大抱负的人应该实践"读书破万卷"的积累过程,一点点缩短现实与理想之间的距离,才能接近、实现自己的理想。

【古为今用】

行动——跨出成功的第一步

每个人都有自己的理想和目标,哪怕仅仅是微乎其微的——能吃饱饭,有衣服穿,有房子住……然而,唯有行动可能帮助我们实现这些目标;若想着吃饱饭就要去劳动、就要去工作;同理,我们如果想在人生之路上有所作为,就不要将我们心中的那份宏伟蓝图深藏于大脑之中,随着我们的老去而发霉烂掉,而要敢于迈出成功的第一步,这样的人生才更有意义,我们离成功也会越来越近。

陈涉少时,曾受人雇用,替人耕种,心中不满于这种处境,在垄上休息时,常感慨怅恨,有一回对同耕者说:"假如哪一天富贵了,彼此不要忘了拉朋友一把。"同伴嘲笑他:"你现在替人耕种,地位卑微,还说什么富贵呢?"陈涉长叹一声:"燕雀安知鸿鹄之志哉?"陈涉后来在大泽乡和吴广发动起义灭秦,做出了惊天动地的壮举,若无佣耕垄上时就存埋在心底的一段鸿鹄大志,怎能有他后来的惊天壮举?

陈涉曾说过一句话:"壮士不死则已,死即举大名耳。王侯将相,宁有种乎?"有这样的雄心壮志,有这样一种虽死不辞的精神及高度的自尊自信,则人在这种心志下所激发出来的潜能,又岂是那些连好梦都不做一个瞌睡不醒的人所能相比的?

周恩来从小就树立了为中华之崛起而读书的宏伟志愿,有了这一理想才使他成长为一名伟大的无产阶级革命家,为新中国的解放事业鞠躬尽瘁,成为深受人民爱戴的总理。

人们常说:"成功,始于心动,成于行动。"只有心动而没有行动,任何成功的渴望都将以失败告终。若想步行千里,首先要做的就是要迈出第一步,然后是第二步,第三步……直至达到千里终点。

对于那些想要"行千里"而不去"迈步"的人来说,他们只能默默承受失败的命运;任何不付出行动的等待都不会产生成功的奇迹,就像一名减肥者计划每天减掉半两肥肉,却每天和往常一样不采取任何运动或节食措施,谁都不难猜到他减肥的最终结果。

蒸汽机的发明者瓦特小时候家里很穷,他没有机会读书,只好去给邻居放牛。但一有时间,他就用黏土和空心树枝做他想象中的蒸汽机模型。到他十七岁的时候,他真的做成了一部蒸汽机,还让父亲帮他烧火做实验。瓦特虽然没有进学校读书的机会,但机器就是他的老师,而且他是非常用功的学生。当同龄人游山玩水、逛酒吧间的时候,他却在拆洗机器,仔细研究和反复做实验。当他作为一个伟大的发明家和蒸汽机的改造者闻名于世的时候,那些游手好闲的人又开始羡慕他了。

古往今来,能够在事业上取得成就的人很多。他们的成就和荣誉往往令人敬佩、羡慕,人们也常渴望着能够取得他们那样的成就。而无论是哪一个有志者,都应该记住老子的这句话:"千里之行,始于足下。"

立即开始行动是迈向成功的第一步,也是获得成功的必要条件,有了这第一步我们才能沿着这条路一步步地接近成功、接近终点。

第六十五节　善为道者

【题解】

本章与第十九章中"绝圣弃智,民利百倍"的观点相近,又一次阐述了"无为而治"的政治思想。世人总是以为聪明胜过愚蠢,强悍胜过柔弱,精明胜过憨厚,而老子却认为事实恰恰相反,天下之所以混乱,正是因为世人运用了智慧,因而巧诈百出。

老子所生活的时代烽火四起,计谋诡诈百出,危机四伏,无处苟安。而世人以诡诈求生的同时又给社会带来更多的不安,这反过来又促使人们寻求更为诡诈的计谋来求得生存。趋利避害是世人的本性,然而如此求生只会更为远离"道"。因此,老子主张天下回归淳朴,只有顺应大"道"才是天下的本质所在。

【原文】

古之善为道者①，非以明民②，将以愚之③。

河上公《老子章句》：说古之善以道治身及治国者，不以道教民明智巧诈也，将以道德教民，使质朴不诈伪。

王夫之《老子衍》：物欲出生，我止其芽，则天下全其膏润。心欲出生，我止其几，则魂魄全其常明：非故"愚之"也，"以明"者非其明也。

民之难治，以其智多。

河上公《老子章句》：民之所以难以治者，以其智多尔为巧伪。

王弼《道德真经注》：多智巧诈，故难治也。

故以智治国，国之贼④；不以智治国，国之福。

河上公《老子章句》：使智慧之人治国之政事，必远道德，妄作伟福，为国之贼也。不使智慧之人治国之政事，则民守正直，不为邪饰，上下相亲，君臣同力，故为国之福也。

知此两者亦稽式。常知稽式，是谓玄德。

王夫之《老子衍》：夫道之时有时天下也，天下不吾，而吾不天下，久矣"楷式"如斯，而未有易也。仿其"楷"，多其瓮缶而土裂于邱；学其"式"，多其斛豆乎？彼且不甘而怨贼起矣。

玄德深矣，远矣，与物反矣，然后乃至大顺⑤。

王弼《道德真经注》：玄德深矣，远矣。反其真也。

王夫之《老子衍》：顺之与天下相生，"反"之则与吾相守。生者，生智，生不智；生福，生祸；生德，生贼；莫必其生，而顺亦不长也。守者，吾守吾，天下守天下，而不相诏也。

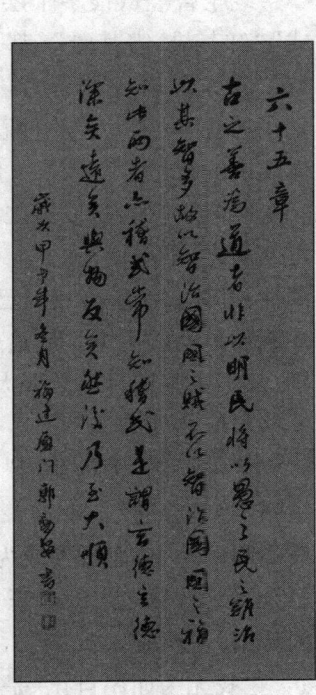

《道德经》六十五章书法

【注释】

①古之善为道者：古来善于遵循有"道"政治的人。为，执行。道，指遵循自然的无为政治。

②非以明民：不是教给民众知识使他们巧智巧伪作。以，用。明民，使人民明智、聪明；明，使之明。

③愚之：使之愚，意即使人民质朴自然。

④贼：祸害。

⑤大顺：自然。

【译文】

古时候善于为道的人，并非教给民众知识而导致其智巧伪诈，而是教导他们淳厚自然。民众之所以难以治理，是因为他们经常使用智巧心机。所以用智巧心机统治国家，就必然会使国家遭受祸害；不依靠智巧心机统治国家，才是国家的福祉。了解这两种不同的治国方式之后就会明白一个法则。万物一齐返璞归真，然后才能极大地顺应自然。

【解析】

老子曾经从很多个层面剖析过"善为道者"的含义。"善救人""抱一为天下式""知其雄，守其雌"，都是有道之人的处世原则。老子推崇的智慧是一种超智慧，"知人""善言""善结"已经属于很难得的智慧了，其实恬淡无味的大"道"才是真正的智慧，散发着一种看似暧昧的光辉。因为"道"是深邃而幽暗的，所以它所体现出的智慧并不像常人所说的聪明那么简单，通常表现为"大智若愚"。

"非以明民，将以愚之"通常被理解为老子的愚民思想，就如同孔子所说的"民可使由之，不可使知之"。其实无论是儒家还是道家，其愚民政策都带有一定的强制性，都建议统治者把自己塑造成无所不知、无所不能的"圣人"，并把权力牢牢地控制在自己的手中。从治理国家的角度来说，老子的愚民政策与儒家没有太大差别，都不主张让百姓掌握太多的文化，而从为人处世的角度看，老子的思想还是有一些可取之处的。

老子提倡"无为而治"，无论高低贵贱，人人都要遵循"道"的精神来做事，所以主张"绝圣弃智"。在这一理论的指导下，既然广大民众要"弃智"，那么统治者当然不能例外了，而且要成为人民的表率。老子认为片面强调所谓的"仁、义、礼"是不合顺其自然之道的。正如鲁迅在《狂人日记》中所言，满嘴仁义道德，其字里行间却都写着"吃人"二字。

"我无为而民自化"是老子对自己政治思想的精辟解释，因而他所说的"愚"，并非指是非不明、正邪不分的愚蠢和蒙昧，而是指在无欲无求状态下所呈现出的淳朴与自然，"弃智"，也并非真正的抛弃智慧，而是去除一切做作与浮夸。

【名句品读】

古之善为道者，非以明民，将以愚之。民之难治，以其智多。故以智治国，国之贼；不以智治国，国之福。

从前善于依循道的人，不是以道来使人民聪明巧诈，而是以道来使人民淳朴。人民所以难以治理，是因为他们智巧太多。因而用智巧来治理国家，是国家的灾祸；不用智巧来治理国家，是国家的福气。

《庄子》云："上诚好智而无道，则天下大乱矣。"意指位居上位的人，若是喜欢智巧而不循自然法则，天下就会大乱了！其后又举例说明，好比弓箭、渔网、兽笼这些利用智巧设置的机关工具太多，导致鸟在天空、鱼在水中、野兽在山泽里受到惊吓；相对地，世俗的表饰虚伪、钩心斗角、强词夺理的伎俩变化太多，百姓也会受到惊吓，以至于内心陷入迷惑，难以分辨事物的真伪。直指"好知"乃扰乱天下的罪魁祸首，提醒上位者抛弃智巧私欲，才能与自然相呼应。

尧帝塑像

另外《庄子·天地》中记载，尧帝问其师许由说："可否请您的老师啮缺担任天子呢？"许由回答："这样恐怕会危害天下啊！啮缺的为人聪明睿智，寂静敏捷，能以人力去成就自然；但要是让他担任天子的话，他将会凭恃人力而摒弃自然，以自我来区分人我，看重巧智且急于应用，容易被外物所驱使牵绊，无法保持常态，他哪里有资格担任天子呢？"最后许由给了尧帝一段话："治，乱之先率也，北面之祸，南面之贼也。"治理是引发动乱的原因，是人臣的灾祸，也是君王的祸害。由此可知，顺应自然法则，不用智巧的治国方式，足使举国上下免于祸事，利国福民，正是老子所谓"不以智治国，国之福"。

【经典故事】

从政之道

坦诚对人

唐太宗执政时期，曾有人上书给他，请求清除朝中善于谄媚的小人。唐太宗就问："可谁是善于谄媚的臣子呢？"上书的人献策说："我住在乡野，远离朝廷，所以不清楚谁是这样的人。但您可以考验他们，在与大臣谈话的时候您假装生气来试探他们，那些坚持主见而不屈服于您的权威的人，就是正直的大臣；而那些一看到您生气，就惧怕您的威严，从而依顺您的旨意的，就好似善于谄媚的大臣。"太宗听完，说："国君就好比水源，大臣好比水流。要是水源本身就浑浊，而要水流清澈，那是根本不可能的。国君自己都作假，怎么能要求他手下的大臣们正直呢？我相信，

国学经典文库

《道德经》译解

图文珍藏版

用至诚之心足以治理天下,所以我不愿意用这些诡诈的手段来对待臣下。您的办法虽然很好,可惜我却不能采用。"

诚信主要就在于不假不欺,要做到内不欺己,外不欺人。在唐太宗看来,讲诚信的人,就应当言行一致,毫不文饰,光明磊落,心胸坦荡。而一旦用欺诈的手段待人,即使是出于善意,也会为别人所效仿,从而带来负面影响。"民之难治,以其智多",正是说明了这个道理。

为人之道

赵简子放生

古时人们很注重"行善积德"。这句话是劝人多做好事,多做善事。每当遇到灾荒年景,富裕的人家为了救助那些饥寒交迫的灾民,常常会捐米赈灾。而在太平年月,人们常常将鱼、龟等放回到江河水池,将鸟放回山林,这叫作"放生",这些都是积善的行为。后来,有人在大年初一这天,把捉来的鸟雀放生,名之曰"爱生灵"。

春秋时期,晋国建都邯郸。晋国有一个势焰熏天的大臣赵简子,他就喜欢在过年时让老百姓替他捉斑鸠鸟送到他府中,让他放生。

大年初一这天,邯郸地方的老百姓能够破例地纷纷拥进赵简子的府第,他们都是来向赵简子进献斑鸠,好让赵简子放生的。赵简子非常高兴,对他们每个都发予很优厚的赏赐。初一这天,从早到晚进献斑鸠的人络绎不绝。

赵简子的门客在一旁站了很久,问他为什么要这样做,赵简子回答说:"大年初一放生,表示我对生灵的爱护,有仁慈之心嘛!"门客接着说:"您对生灵有如此的仁慈之心,这是难得的。不知大人您想到过没有:如果全国的老百姓都知道大人您要拿斑鸠去放生,从而对斑鸠争先恐后地你追我捕,那么被打死打伤的斑鸠一定是很多很多啊!您如果真的要放生,想救斑鸠一命,不如下道命令,禁止捕捉。像现在,您奖励老百姓捕捉这许多的斑鸠送给您,您再放生,那么大人您对斑鸠的仁慈确实还不能抵偿您对它们人为地造成的灾祸哩!"

赵简子听了门客的一席话,背着双手在府门里踱来踱去,仔细地思考了很长一段时间,默默地点了点头说:"你说得很对。"于是他就停止了"放生"的举措,并下令不许捕捉斑鸠。

这篇寓言揭露了某些人只讲形式,不讲效果,沽名钓誉,假仁假义的伪善行为,并不符合"大道"。

陈少游聪明反被聪明误

唐玄宗天宝年间,在长安的崇玄馆里,进行了一场激烈的辩论。一方是以期升为首的大批太学生,另一方只有陈少游一人。以前,期升在全馆是论辩高手,谁都服他。可是这一次,陈少游却不慌不忙与他展开辩论。陈少游声音朗朗、引经据典,而且他的阐释不止于文句,寓意甚深。结果,全馆的同学谁也辩不过他。

陈少游的表现,得到大学士陈希烈的赏识。从此他对陈少游总是另眼相看。不久,陈少游被任命为渝州南平(在今重庆市东)令。

为了继续升迁,陈少游花大量金钱笼络住了泽潞节度使李抱玉,李抱玉上表代宗皇帝,任命陈少游为自己的副使。永泰二年(公元 766 年),李抱玉再次上表提拔他为陇右行军司马。几经升迁调转,他做了桂州刺史桂管观察使。

但是陈少游很不满足。桂州在今天的广西,地处偏远,他希望能求得一个离京师比较近的州郡为官。他寻机回到长安,几经打听,知道现在受皇帝宠幸、掌握朝中大权的是宦官董秀,他把董秀的有关情况打听清楚后,便在董秀家附近找一家旅馆住下,单等董秀回家。

在官场混上这几年,陈少游对"交结权佞"方面早有深刻的心得体会,早有自己很"成熟"的一手。陈少游趁董秀在家,深夜来访,见面先不提自己的要求,而是像老朋友一样嘘寒问暖。

陈少游套近乎问董秀:家有几口人?日常花费怎么样?问得董秀心里痒痒的,被亲切感所包围。董秀说:"家累甚重,又属时物腾贵,一月过千余贯。"董秀话说至此,面有愧色。作为上级领导的董秀也懂得陈少游黑夜拜访的用意。陈少游也正需要自己的领导这样的叫穷。陈少游表情极为丰富。他十分同情董秀。

陈少游说:这么算下来,您的俸钱岂不是"不足支数日"?那您怎么办?董秀说:有什么办法?只好靠朋友帮忙了。

陈少游家里有的是钱。机会来了,他给董秀出主意:"倘有输诚供亿者,但留心庇覆之,固易为力耳。"明白地告诉董秀,如果有人有意帮助您,您也能用手中的权力关照一下人家,这世界真的需要互相关心、互相爱护、互相帮助。这是很简单的事情。

董秀看到时机成熟,也不客气地打开天窗说亮话了。董秀的价码没有出乎陈少游的意料。陈少游也不拐弯抹角,干脆把身上预先带来的钱全部掏了出来,毕恭毕敬地说:"少游虽不才,请以一身独供七郎之费。"这陈少游果然老到。你董秀不是每月要花千余贯吗?我一年送你五万贯,月平均下来四千多贯,这里是一大半。我

国学经典文库

《道德经》译解

图文珍藏版

陈少游并不傻,官职未到,我不可能事先全数供上的。

陈少游进一步说:"请即受纳,余到官续送。"此时的董秀,简直傻了眼,他万万没有想到陈少游会这么大方,"欣惬颇甚,因与之厚结交"。这时,轮到陈少游摊牌了。陈少游哭着说:"我要是到桂州任职,恐怕有命去没命回。"

董秀听后,也就知道自己该怎么"关照"了。赶忙安慰说:以你这样的美才,"不当远官",你就给我几天时间,一定帮你调剂一下。似这样的事情,对我董秀来说,不就是举手之劳吗?你就放心回家等着吧。果然,董秀是个讲信义的人。几天后,陈少游便"拜宣州刺史,宣歙池都团练观察使"。这出跑官交易就这样圆满完成了。陈少游跑官交易,平生并非此一次。终其一生,跑官始终是他奉行的宗旨,其结果,使他十余年间,"三总大藩",因此而"敛积宝财,累巨亿万"。他得了这些不义之财后,除了让自己挥霍享受,又使他得以"赂遗权贵",吹出不俗的"政绩",甚至使"美声达于中禁"。但是陈少游终究是聪明反被聪明误,最终还是惊恐羞愧,发病而死。

【古为今用】

智慧越多,伪诈越甚

古代懂得领导大道的人,决不教人巧诈,而是教人淳朴、天真。人民难以管理的根由就在于他们工于巧诈心计。因此,用奸诈诡谲的方法管理国家,是国家的灾难,不用奸诈诡谲的方法管理国家,是国家的福运。这两句话是管理的法则。懂得这个法则,可以说就有了远见卓识,你就胜过一般的管理者,你的事业就会发展顺利。

管理者为人忠诚;胸怀坦荡,朴实无华,然后才能引导人民淳朴、诚实,不狡诈,不虚伪。如果管理者本人私心重重,下属就会变本加厉地追求名利;如果管理者自身奸诈诡谲,下属必然"青出于蓝而胜于蓝",更加虚伪而圆滑,管理起来更加困难。因此,管理者应真心诚意、清心寡欲,见素抱朴,不玩权术,不施计谋,下属才会以诚相报,管理就会顺顺当当。

有人奉政坛上的欺诈、阴谋、背信弃义、出尔反尔、不择手段、残酷无情等为成功法则,把它们看作政治斗争中的正常手段。确实,历史上一些品格低下的政客以此取得了成功,但是他们的成功除了因为其奸诈诡谲以外,还同一定的社会背景分不开,奸诈不是他们成功的必胜法宝。如果当时的局势不是非常混乱,如果人们当初就识破其奸计,他的阴谋就会胎死腹中,失去用武之地。

多数时候群众是沉默的,但其眼睛是雪亮的,暂时的沉默是因为敢怒不敢言,一旦火山爆发,一切都将不可收拾。管理者施展诈术,下属必然起而效尤,以其人之道,还治其人之身,管理者将被搞得焦头烂额。

第六十六节　莫能与争

【题解】
　　老子在第六十一章中,指出大国与小国之间应该谦卑处下。而本章则将这种"谦卑处下"引入统治者的为政之道当中。历史上绝大部分统治者都用严刑峻法来管理人民,而老子却提出作为一个王者应该谦卑下位,像海纳百川一样宽宏地接纳一切。世人习惯向往高处,居于下流为世人所不齿。而老子却甘做百川之下流,谦和地包容,不做任何争辩。由于不用任何方式与人争强,故而没有人可与之一争高下,这也正是"道"的精妙所在。

【原文】
　　江海之所以能为百谷王者①**,以其善下之**②**,故能为百谷王。**
　　河上公《老子章句》:江海以卑,故众流归之,若民归就王。以卑下,故能为百谷王也。
　　唐玄宗《御解道德真经》:江海所以能令百川委输归往者,以其善能卑下之,故百川朝宗矣。
　　是以圣人欲上民③**,必以言下之**④**;欲先民,必以身后之。**
　　河上公《老子章句》:欲在民之上也。法江海处谦虚。欲在民之前也。显然而后已也。
　　明太祖《御解道德真经》:若不处卑而处高,物极则反,高者低,低者高,理势之必然。
　　是以圣人处上而民不重⑤**,处前而民不害**⑥**。**
　　河上公《老子章句》:圣人在民上为主,不以尊贵虐下,故民戴而不为重。圣人在民前,不以光明蔽后,民亲之若父母,无有欲害之心也。
　　王夫之《老子衍》:人不重,重仍在己也。凡上轻下重,处上而不以重授人,唯圣人为然。
　　是以天下乐推而不厌⑦**。以其不争,故天下莫能与之争。**
　　陈致虚《道德经转语偈》:圣人处下复何争,江海纳污仍太清。点着当前正法眼,抬头暗室月分明。

明太祖《御解道德真经》：若失此道而他为，将有咎焉，人或争之不解。

【注释】

①江海之所以能为百谷王者：江海之所以能成为天下河流汇注之地。为，是、成为。百谷，指百川，即众多的河流。王，指河流所归往的地方。者，……的原因。

②以：因为。善下之：善于自居低下地位。

③欲上民：想要统治人民。上，指地位处在……上面，即统治之意。

④以言下之：意即在言行上对人民表示谦下。以，用。言，言词、言语。下之，把自己摆在人民的下面。

⑤重：压迫、负担。

⑥害：妨害，灾害。

⑦乐推而不厌：天下人推崇爱戴他且永不厌弃。推，推崇、爱戴。

【译文】

江海之所以能够成为百川归流之地，是因为它善于自居低下之位，所以百川归往。所以，圣人要想得到民众的拥戴，必定要在言辞上对民众表示谦下。要引导民众，必先把自己的利益放在他们的后面。因此虽然圣人地位居于民众之上，但民众却从未感到沉重的负担，虽然走在民众的前面，但民众却从未将其视为灾祸。因此才会得

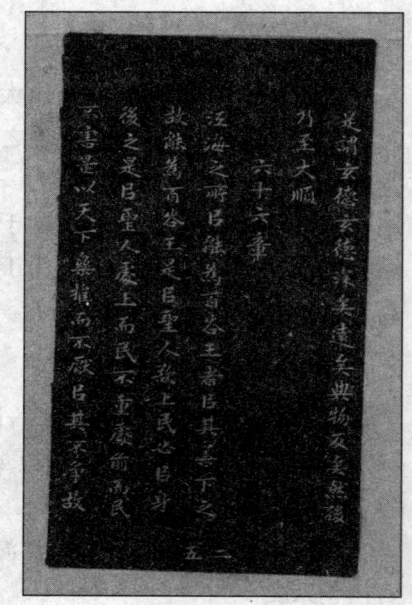

《道德经》六十六章石刻

到普天下永不厌弃的拥戴。因为他不与人相争，故而普天之下没有谁能和他相争。

【解析】

这一章探讨的仍然是老子"无为而治"的政治思想。"不尚贤，使民不争"是"无为"思想中的重要内容。老子认为，春秋时期礼崩乐坏、社会道德沦丧，完全起于人的争权夺利之心，如果所有人都能够遵循大"道"的精神，做到无知、无欲、无求，那么世间将不复有斗争。统治者如果做到无知、无欲、无求，那么"万物将自宾""万民将自化"。这一点与孔子的"克己复礼"比较相似。不过，儒家所提倡的"礼"恰恰是老子所不屑的，被他认为是争斗的根源之一。其实，孔子与老子一样反对争斗，这种"和为贵"的观念根植于中华民族的灵魂深处，因此人们常说："忍一时风平浪静，让三分海阔天空。"

面对廉颇的挑衅，蔺相如始终如一，这正如"道"始终效法自然，甘愿"为天下式""为天下溪""为天下谷"。不"处下"，何以居上？因此，江海成为百川之王就得

益于其虚怀若谷的平常心。

老子说："天之道，损有余而补不足。"无名朴素的大"道"始终默默无闻，却又无时不在关注这世间百态和天地万物。"道"常常居于低调的位置，所以四方宾服，百川归流。其实，现实中的竞争是无处不在的，然而怎样才能在竞争中永远立于不败之地，才是一个彰显大智慧的命题。这是一个竞争激烈且提倡竞争的时代，人们无时无刻不在经历与他人在形貌美丑、贫富、知识博寡、地位高低等方面的比较，这都是竞争。在各色竞争之中，有胜利者也有失败者，有得而复失者也有失而复得者。老子并不反对竞争，就像他不反对战争一样，他不在意一时一地的成败，"道"的深邃也在于如何处理眼前成与败的关系，这就好像一门艺术，非有大智大慧而不能把握。"不争"一词在《道德经》中出现了九次，出现频率仅次于"无为"，可见老子对于"不争"这门艺术的重视非同小可。"天下莫能与之争"这句话在全书中出现了两次，前有"夫惟不争，故天下莫能与之争"，这里是"以其不争，故天下莫能与之争"。前者从自我修养的角度出发，阐述以"道"作为处世指导，从而完善自身修为，以至无人能及。后者是从他人角度立论，同样强调"道"在社会生活中的巨大作用。

老子始终认为争强好胜者不能长久。战国时期，以力大闻名于诸侯的秦武王就是在举千钧巨鼎时不小心砸断了腿，失血过多而死，这就

唐代鎏金老子雕像

是老子所说的"自矜者不长"。整部《道德经》都十分重视"不争"，因为它是"清静无为"的重要环节，是老子所认为的维护社会秩序的关键，与孔子提出"复礼"用意相同。

【名句品读】

江海之所以能为百谷王者，以其善下之，故能为百谷王。

江海之所以能够汇纳百川，是因为它善于自居低处，所以能成为百川的首领。海纳百川，有容乃大；壁立千仞，无欲则刚。"空杯满怀"的故事正是对此最好的阐释。

南宋时期，临川有一位居士，读了很多佛经，还遍访名师，佛学造诣很深。有一天。他来到一座寺庙，拜访德高望重的无德禅师，想向他请教佛学大义。无德禅师自己有事抽不开身，派弟子先来接待这位居士。居士很不高兴，心想：我是佛学造

诣很深的人，一个弟子凭什么接待我？于是对接待他的人爱理不理。

无德禅师处理好事情，十分恭敬地接待了居士，并亲自为他沏茶。可在掺水时，明明杯子已经满了，老禅师还不停地倒，结果水溢了一桌子。

居士提醒："大师，杯子已经满了，不要往里倒了。"

大师回应说："是啊，既然已经满了，干吗还倒呢？"

居士瞬时羞愧地意识到，禅师是在告诉自己，既然自以为是，干吗还要到我这里求教？于是真心悔过，得到了无德禅师的指点。

空杯是一种扬弃。将我们心灵"杯子"里的水倒成一只"空杯"，我们有限的心灵就会拥有更大的空间，才能容下更多新的东西，才能使自己的灵魂得到进一步的升华。空杯是一种期待。尤其是，当我们经历过很多，走的路多了，就更应该卸下过多的负载，给生命注入新的希望，这样，我们的生命才会更有活力。

空杯是一种意境。可以想象坐在自己的庭前月下，啜一杯清茶或淡酒，漫赏天高云淡，随意花开花谢。这即是"空杯"的心态。空是完成，空是期待，空是满怀新的希望。

【经典故事】

为人之道

张良学兵

汉朝的开国功臣张良，原本是韩国人，出身贵族家庭。到了张良生活的年代，韩国已经衰落，后来被秦国灭掉。面对国破家亡，张良把所有仇恨都集中在反秦的事业上，他散尽家财，寻访刺客。后来他找到了一位力士，制造了一个大铁锥。有一次，秦始皇率大队人马外出巡游，张良趁机在博浪沙与力士锥击秦始皇，结果没有成功，于是张良不得不逃跑。

张良刺杀秦始皇未遂，被全国通缉，不得不隐姓埋名，逃亡到邳（今江苏睢宁北），躲避风声。一天，张良在沂水圯桥头闲逛，看见一位穿着古朴的老者。那老者看见张良走来，故意把自己脚上的鞋子掉到桥下，然后傲慢地对张良说："小伙子，下桥去把我的鞋子拿上来！"张良本是大家子弟，听了这话非常惊愕，但见老者气度非常，就下水把鞋子捡回来，老者又伸出脚来让张良为他穿上，张良再次强压怒火，为老者穿上了鞋。那位老者也没有道谢，站起来一笑而去，张良心里万分惊讶，呆呆地望着老者的背影。

老者走了一里多地，又转过身来，回到桥上，对张良说："孺子可教！五天之后一早在桥上等我。"张良觉得奇怪,认为这位老者肯定是个高人,于是跪下连声答应。五天之后一大早,张良就来到桥上,没想到老者已经在此等候他了。老者大怒,对张良说:"你与老人约定,为什么迟到?回去吧,五天以后早些来!"这样又过了五天,到了约定的日子,鸡一打鸣,张良就来到桥上,可老者又先在桥上等他。老者这次怒容满面地斥责张良:"你为什么又迟到?五天之后一定要早来!"五天后,张良半夜就来到桥上,过了一会儿,他看见那位老者走过来了。这次,老者高兴地说:"就应该如此!"然后拿出一部书,对张良说:"你熟读这部书,就可以辅佐帝王,十年之后定会成功。十三年后你

张良学兵

再来见我,我就是谷城下的黄石。"说完,老者就转身离去了。后人不知那位老者的姓名,就以其自称"谷城山下黄石",而称之为黄石公。

天亮之后,张良拿出书一看,原来是《太公兵法》。从此,张良日夜研读此书,俯察天下大事,后来成为一个深明韬略、文武兼备的"智囊"。秦二世元年(前209年)七月,陈胜、吴广在大泽乡起义,举兵反秦。此后,各地起义武装风起云涌。张良也聚集了一百多人,举起反秦大旗。后来因自感势单力孤,难以立足,于是率众准备投靠景驹(自立为楚假王的农民军领袖),途中正好遇到刘邦率领义军在下邳一带活动。两人一见倾心,张良屡次以《太公兵法》进说刘邦,刘邦多能领会其义,并经常采纳张良的建议。于是,张良改变了投靠景驹的打算,决定追随刘邦。

作为有志之士,精通韬略固然重要,但施展才能的前提是要有知人善任的明主。这次不期而遇,刘邦正是善于用人的领袖。从此,张良得到刘邦的重用和信赖,他的才智得以充分发挥。后来,他终于辅佐刘邦成就了帝业,建立起大汉王朝。

领兵之道

田单解裘处

周赧王三十六年(前297年),田单在即墨城用火牛阵,一举打败燕国及诸国联军,遂请齐襄王到临淄。齐襄王便封田单做了相国,并把安平城封给了他。这下惹起了那些贵族大夫的不满和忌恨。

当初,齐襄王的父亲齐湣王逃到莒城,被请来救援的楚将卓齿杀了,那些跟去

的贵族大夫,走的走,逃的逃,各自奔命,有的甚至奴颜婢膝地跪倒在卓齿面前称臣。等田单复国,请齐襄王回临淄即位以后,他们却又摆起贵族的臭架子来了,他们老觉得自己高贵,不把田单这个以前只是管理市场的小吏放在眼里。

田单当了相国,依然像从前一样关心民众疾苦,体恤百姓,所以很受人们的尊敬和爱戴。他看到由于连年战争,百姓的生活已是很艰难,然而那些贵族大夫,为了自己享乐,却不顾百姓死活,横征暴敛,搜刮民财,修建府第,整天过着花天酒地的生活。田单便上书齐襄王,限制贵族们的行动,这下更惹恼了那些贵族大夫,便暗地联合起来,千方百计找田单的茬儿,无中生有,信口雌黄,变着法儿在齐襄王面前说田单的坏话。时间久了,原来对田单十分信任的齐襄王,经不住众多的闲言碎语,渐渐对田单产生了怀疑。

严冬的一天,刚刚下过一场大雪,呼呼的西北风吹在人身上,刀割一般的疼痛,树枝"吱吱"地尖叫着,天冷得邪乎。傍晚时分,田单在朝内处理完政事,乘了车子,要赶回安平城。车子出了临淄城东门,来到淄河岸边,一阵冷风吹来,田单不由得打了个寒战,连忙裹了下衣服。忽然,他一侧脸,见河岸边有一样黑乎乎东西,像是一个人,他便下了车、到近前仔细一看,果然是一个老者,直挺挺地躺在雪地上,此人年纪在六十开外,身上的衣服破烂单薄,精瘦的脸上布满了皱纹,须发像雪一样白,两眼微闭,面色蜡黄,跟死人一般。田单急忙俯下身子,伸手到老人身上摸了摸,老人四肢已经冰凉,只有心胸处有一丝余温,口中尚有微微气息。田单心中明白,老人已经命在旦夕,必须赶紧抢救。他望望四周皆是白雪,往城里送恐也来不及了。便立时解开自己的衣服,又把老人的衣服扯开,然后抱起老人,紧紧搂在怀里。这时,狂风怒号,卷起的雪粒儿,一个劲地往身上扑,不一会儿,田单便冻得浑身发抖,四肢渐渐麻木,但他为了救老人的性命,顽强地坚持着,直到老人身上渐渐有了暖气,脸上显出淡淡的红晕,老人的性命保住了。城里的人们听说,纷纷赶来,见此情景,都感动得热泪盈眶。

田单雪地救老人的事,很快传遍了全临淄,人们都夸赞田单爱民如子。这消息自然也传到了那些贵族大夫的耳朵里,他们眼珠儿一转,便一同跑到王宫里对齐襄王故弄玄虚地说:"大王,不好了!"齐襄王正在边喝酒边看宫女们唱歌跳舞,听他们这么一咋呼,十分诧异,忙令众人退下,问是怎么回事。

"大王,事到如今,你还被蒙在鼓里呢,田单处处收买人心……"一个年纪大的还没说完,另一个胖子接着说:"现在齐国人纷纷传说田单的好处,心目中只有田单,没有你大王了。"

"听说他在安平城私自训练军队。"一个高个儿诡秘地眨巴着眼睛。

"他是想篡夺你的王位呀!"一个瘦猴儿脸上露出焦急的神色。

"可不是吗……"他们又七嘴八舌、添油加醋地说了一番。

齐襄王起初只是不作声，可是后来，听到田单要夺他的王位，不由怒从心头起，恨自胆边生，"唰"地一下拔剑在手，愤愤地说："哼！他想夺我的王位，看我不先收拾他。"

"大王，可千万要当心哪，事不宜迟，如不然，消息一旦走漏出去，田单有好多军队哩"。那些贵族大夫见目的已达到，心中暗自高兴，便辞别出宫。

齐襄王怒气未息，正盘算如何找个借口，处死田单，忽然见宫门外立着一位宦官，齐襄王生怕走漏消息，于是气冲冲地把宦官喊到面前，厉声问道："我们刚才说的话你都听到了吗？"

"我都听到了。"宦官坦率地说。

"偷听我的话，是犯死罪的，你不知道吗？"齐襄王怒目圆睁。

"我知道。"宦官从容地回答，"谁叫小人生了两只耳朵，不只是今天听了大王说的，还听了其他人说的一些我不该听到的话。"

"你还听说了什么？"齐襄王听只官话中有话，急忙问。

"我很早就听百姓说了许多赞扬相国的话。"

"还有什么？"

"我还听说相国在训练军队。"

"还有呢？"

"我还听说相国要造反。"

"这都是真话吗？"

"小人不敢有半句谎言。"

"你为什么不早说呢？"

"小人怕大王生气。"

"你快详细说说。"

"大王，小人的话，也许不中大王的意，但求大王容小人把话讲完，就是治小人的死罪，小人也心甘情愿。"宦官诚恳地请求说。

"就依你，讲吧。"齐襄王听宦官言语忠诚，怒气先自消了一半。

"相国虽然身居高位，却不以官大自居，处处为百姓着想。他知道经过几年的战争，百姓的生活很苦，所以他仍过着百姓一样俭朴的生活，而且非常爱护百姓。前些日子在雪地里解开自己的衣服，用身体暖和了一个即将冻死的老人。像他这样，百姓怎么会不夸赞呢？"齐襄王听着，不由轻轻"嗯"了一声，宦官继续说，"自从相国率兵打败了燕国及诸国联军，我们虽然胜利了，可军队也受了很大损伤，要是现在敌人再趁机攻打我们，恐就难以迎敌了，有些大夫，却只管自己享乐，横征暴敛修建私宅，哪把国家危亡放在心上，所以相国在自己的辖邑里训练军队，是为了保卫我们国家安全的。"

"你不也听说他要谋反吗?"齐襄王摇着头反问。

"那是刚才听那些大夫说的。"宦官接着说,"大王,你想,相国要是有心篡夺你的王位,何必等到现在呢? 当初他退敌复国,功劳多大呀,先王又死了,有很多人提议要他当国君,他只要一点头,国君就当上了,可他怎么也不肯,还是从莒城把您接回来,让您当国君,可见他并没有半点儿篡位之心。"齐襄王听到这里,才恍然大悟,连连点头说:"你讲得有道理,我险些错怪了相国,都怪刚才那些——"齐襄王懊悔地叹了口气,把手里的剑摔到地上。宦官见齐襄王改变了注意,趁机又说:"小人斗胆冒罪再说几句。正因为相国为民着想,限制那些贵族大夫们扩捐扩税,不准他们私自征用徭役,贵族大夫们心中不满,才千方百计诬陷相国,想让大王除掉他。如果那些贵族大夫们意愿得逞,那时,我们国家才真正危险了。"齐襄王听宦官说得有道理,忙问:"你说现在该怎么办呢?"宦官想了一下说:"要想让百姓们都忠于大王,这并不难,相国乃是大王的臣子,只要大王对相国大加封赏,国人就会知道大王是爱臣爱民的贤君,谁不拥护大王哪?"齐襄王连连称是。

第二天早朝,齐襄王免除了那些说田单坏话的贵族大夫的官职,封赏了田单,并把全国的兵权都交给了他。从此,田单整训军队,安抚百姓,国力日渐强盛,百姓们过上了安稳日子。

人们为了记住田单的好处,便把都城东淄河岸边田单救老人的地方,誉为"田单解裘处"。

【古为今用】

自我感觉不要太好

生活中总有一些人自我感觉特别好,优越感极强,总感到自己比他人强,处处、事事、时时都显示出一副盛气凌人的样子,自以为是,对他人说起话来总是一副老大的味道,不会平等待人……但是几乎每个人都喜欢被他人尊重,因此对这种高傲无礼的人会采取敬而远之的态度。这种人一般是处理不好人际关系的。

别忘了,山外青山楼外楼,强中自有强中手。

完全按自己的主意行事,与人交往合则留,不合则去;比自己强的人不接近,比自己差的人不迁就。这样高傲的人生活得一定不会快乐,自己的心灵也很寂寞,也会感到压抑。正确的做法是:比自己强的人,虚心地和他相处;比自己差的人,也谦虚地和他相处,把功利放在一边,把评价放在一边。何况功利和评价并不是一成不变的呢?

因此,谦虚自然地与人相处,别人舒服,自己也舒服。

谦虚不是抬高了别人,也不是贬低了自己。谦虚恰恰是一种容忍他人的能力,是一种成功者的胸怀。

阳子居往南方的徐州去,恰巧碰到老子向西去秦国的某地。郊外相逢,阳子居自以为有学问,态度傲慢,老子便深为阳子居惋惜,直率地当面批评阳子居:"以前我还认为你是个可以成大器的人,现在看来不可教诲呀。"

高傲的阳子居听了老子的话心里很不安,后悔自己当时那样。

回到同住旅店后,阳子居觉得自己应当做得自然一些,起码要敬重长者,敬重有道有学问的老先生,于是主动给老子拿梳洗工具,脱下鞋子放在门外,然后膝行到老子的面前,谦虚地说:

老子出关 瓷瓶

"学生刚才想请教老师,老师要行路没有空闲,因此不便说话。现在老师有空了,请您指教我的过失。"老子说:"想想看。你态度那么傲慢,表情那样庄严,一举一动又如此矜持造作,眼睛里什么都没有,这样,将来谁会和你相处呢? 人,没有他人围绕着你,行吗? 应该懂得:最洁白的东西好像总有些污秽的感觉,德行最高尚的人总认为自己远非十全十美,学问虽深切地了解了,在许多方面也是不行的。知道自己不行,你才知道自己真正行的地方;眼睛里只看到自己行,实际上,你哪个地方都不明白。"

阳子居先是吃了一惊,渐渐地脸上浮现惭愧的神色,谦虚地说:"老师的教导使我明白了道理。"

开始阳子居在去徐州的路上,旅舍客人恭敬地迎送他。他住店时,老板为他摆座位、送手巾,大家也给他让座。虽然恭敬,但彼此都不舒服。接受老子教诲后,阳子居态度平和,为人谦逊,归途住店,客人都随意地和他交谈,他也感到和大家相处很亲切。

"人外有人,天外有天",这句俗语其实很好理解。人外面自然还有人,除非这世界上只有一个人。天外面应该还有天,除非天只有你看见的那一片。

"人外有人,天外有天"的哲言告诉我们,当我们自己在某方面很出色很优秀的时候,不要骄傲、不要自满。因为这个世界很大,人非常多,一定会有人比我们在这方面更出色、更优秀。

对一个人来说,无论做什么,要想做得顺利、做得好,自信是必不可少的要素之一,但是要小心,千万不要让自信发酵成了自大!

第六十七节　我有三宝

【题解】

在这一章中,老子将"道"的作用引入到政治和军事当中。他提出了三条处世的准则(三宝):"慈""俭""不敢为天下先"。其中,"慈"是处于第一位的,柔慈处世,"以战则胜,以守则固",几乎无往而不胜。柔慈以宽容为上,因为能包容一切,就能奋不顾身,孔子也说:"仁者必有勇。"(《论语·宪问》)这是符合"道"的。老子的第二宝是"俭",因为简约,所以约束了欲望的蔓延,所以万物效用的发挥才可以没有极限。第三宝是"不敢为天下先",不慈、不俭所以世上争端并起,不遵循谦卑退让之法而争取领先,结果就只会被别人领先而导致自己的失败。总而言之,老子认为世界上一切争端皆因违背了这三条原则,世人只有努力克服自己思想上的局限,谦和无争地对待一切,才会更加透彻地理解这个世界,自身才会拥有无穷的生命力。

【原文】

天下皆谓我道大①,似不肖②。夫唯大,故似不肖。若肖,久矣其细也夫③!

王弼《道德真经注》:久己其细,犹曰其细久矣。肖则失其所以为大矣,其细也夫。

王夫之《老子衍》:曰蚕"肖"蠋,不能谓蠋之即蚕也。曰蚕"肖"蚕,不能谓此蚕之即彼蚕也。求名不得,而举其"肖",然且不可,况欲执我以求"肖"乎?

我有三宝,持而保之。一曰慈④,二曰俭⑤,三曰不敢为天下先。

河上公《老子章句》:老子言:我有三宝,抱持而保倚。爱百姓若赤子。赋敛若取之于己也。执谦退,不为倡始也。

慈故能勇⑥,

河上公《老子章句》:以慈仁,故能勇于忠孝也。

王弼《道德真经注》:夫慈,以陈则胜,以守则固,故能勇也。

俭故能广⑦。

王弼《道德真经注》:节俭爱费,财用有余,故施益广。

唐玄宗《御解道德真经》:节俭爱费,财用有余,故施益广。

不敢为天下先,故能成器长⑧。

河上公《老子章句》:不为天下首先。成器长,谓道人也。我能为得道人之长也。

王弼《道德真经注》：唯后外其身，为物所归，然后乃能立，成器为天下利，为物之长也。

今舍慈且勇⑨；舍俭且广；舍后且先；死矣！

王弼《道德真经注》：且，犹取也。

王夫之《老子衍》：终日"慈"，而非议"肖"仁；终日"俭"，而非以"肖"礼；终日"后"而非以"肖"智。

夫慈，以战则胜⑩，以守则固。

河上公《老子章句》：夫慈仁者，百姓亲附，并心一意，故以战则胜敌，以守则坚固。

王弼《道德真经注》：相愍而不避于难，故胜也。

天将救之，以慈卫之。

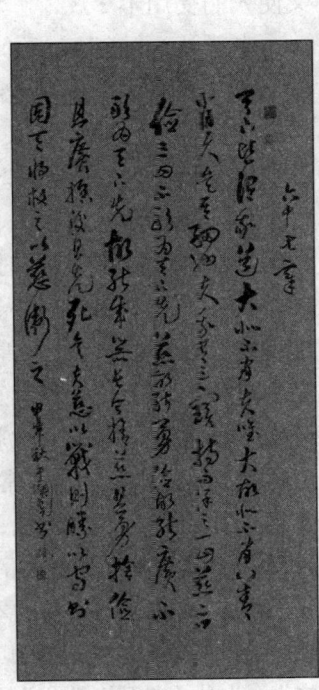

《道德经》六十七章书法

王夫之《老子衍》：善无近名，名固不可得而近矣。无已，远其刑而居于无迹，犹贤于"肖"迹以失真乎！不然，"天将救之，以慈卫之"；苻坚不忍于慕容，而不救其死，非以其求"肖"也哉？

【注释】

①天下皆谓我道大：天下的人都说我所说的"道"很大。

②似不肖：此处意为难以具体掌握。肖，像，与……相似。

③若肖，久矣其细也夫：如果能够掌握的话，它早就细碎不堪了。

④慈：慈爱，宽容。

⑤俭：节俭。

⑥慈故能勇：保持柔慈，就能全力以赴。

⑦广：宽广，广泛。

⑧器长：万物的首领。器，指物。长：首长。

⑨舍慈且勇：舍弃柔慈而妄逞勇武。且，取、求的意思。

⑩以：用，指使用慈爱。

【译文】

普天下都说我所说的"道"非常广博，好像难以具体掌握。但正因为它的广博无边，所以才难以具体掌握。如果可以掌握的话，它早就琐碎不堪了！我有三条基本的行为准则，掌握了它就可以保证大"道"的贯彻执行：第一是柔慈，第二是俭约,第三是不与世人争名夺利。保持柔慈,就会全力以赴;保持俭约,天下万物就都能广泛地为我所用;不与世人争名夺利,就能成为他们的首领。如果舍弃柔慈而妄逞勇武,舍弃俭约而大肆挥霍,舍弃谦让而争先,那就必死无疑! 慈悯,用以征战就会获胜,用以坚守就会牢固。上天要救助谁,就会用慈来护佑谁。

【解析】

"大道无名""大象无形""大音希声""大智若愚",老子追求的智慧绝不只是些小聪明,也不仅局限于解决具体事物。大"道"是包罗万象的,天地万物皆源于此,正因为这样,大"道"才"不肖"任何具体事物,也不屑于"肖"那些具体事物。所以,老子的智慧是一种超智慧,就像"道"一样,并不会轻易得到人们的认同,但却又使人们受用不尽。

老子认为"道"赋予了人类三种与生俱来的天性,即"慈""俭"和"不敢为天下先",如果具备了"慈"就会变得"勇",如果具备了"俭"就会变得"广",做到"不敢为天下先"则会成为"器长"。莎士比亚把人类称为"宇宙的精华,万物的灵长",老子在本章提出的"三宝"理论同样散发着人性的光辉,虽然老子认为人类成为"万物灵长"是有前提条件的,但在两千五百年前的春秋时代,他提出这样的思想是非常可贵的,并为后来战国时代百家争鸣局面的出现开辟了道路。孟子认为人性本善,"认知性善如水之就下",就是说人具有良知就像水具有向低处流的性质一样,是自然天性所致,人之不善才是后天造成的,所以学习就是找回失去的良知的自我完善过程。老子几乎没有直接探讨过人性善恶的问题,但是其"法自然"的主张已经表明了他遵从人的天性就是顺其自然的观点。在人性的问题上,儒家强调仁义道德是人的天性,而老子常说"天地不仁",所以道家似乎认为天性无所谓善恶,其实老子并非反对仁、义、礼,他反对的是披着文明外衣的虚伪道德,反对的是"舍慈且勇""舍俭且广"和"舍后且先"。"慈""俭"和"不敢为天下先"是"道"的本性,当然也应该是人要具备的本性。本章老子提到的"三宝"中,"慈"处于最显著的位置,"慈"能够"以战则胜,以守则固",是顺其自然的天性。所以"天将救之,以慈卫之"。为什么"天将救之"? 因为大"道"是"善人之宝,不善人之所宝"。因此,老子以"慈"为主的人性观,与儒家以"仁"为主的人性观还是有比较明显的区别的。

由此可见,"慈""俭"和"不敢为天下先"三者是密切联系相辅相成的,"慈"是其中最基本的一个准则,是"道"的直接表现,其他两个原则均可由其推演出来。

【名句品读】

我有三宝,持而保之。一曰慈,二曰俭,三曰不敢为天下先。

我有三件宝物,我要牢牢掌握他们:一是仁慈友爱,二是勤俭节约,三是不敢居于天下人之先。仁慈宽厚,勤俭克己,谦卑温和,这样的品行,能让人受用一生。

"卖狗嫁女"讲的就是这样的一个故事。

东晋时期有个官员叫吴隐之,他幼年丧父,跟母亲艰难度日,养成了勤俭朴素的习惯。做官后,他依然厌恶奢华,不肯搬进朝廷给他准备的官邸,多年来全家只住在几间茅草房里。

日子一天天过去,吴隐之的女儿长大成人了。女儿出嫁,人们想他一定会好好操办一下,谁知大喜这天,吴家仍然冷冷清清。射石将军的管家前来贺喜,看到一个仆人牵着一条狗走出来。

管家问道:"你家小姐今天出嫁,怎么一点筹办的样子都没有?"

仆人皱着眉说:"别提了,我家主人太过节俭了,小姐今天出嫁,主人咋晚才吩咐准备。我原以为这回主人该破费一下了,谁知主人竟叫我今天早晨到集市上去把这条狗卖掉,用卖狗的钱再去置办东西。您说,一条狗能卖多少钱?我看平民百姓嫁女儿也比我家主人气派啊!"

管家感叹道:"人人都说吴大人是少有的清官,看来真是名不虚传。"

勤俭节约素来是我中华民族的传统美德,吴隐之虽然贵为政府官员,但是依然能够保持勤俭节约的作风,甚至是女儿出嫁都不铺张浪费。这种境界是值得我们这些后人学习发扬的。

【经典故事】

领兵之道

吴起吮脓

古往今来高明的领导人无不通晓仁慈的奥妙,并且能够灵活地运用仁慈的手段。战国时期名将吴起就深深懂得这一点。

吴起的一个士兵在战争中受伤,伤口生了脓,痛苦不堪,日夜呻吟。吴起知道后,亲自去慰问他,并且跪下来,亲自用嘴为他吮吸伤口里的脓,好让这位士兵减轻一些痛苦,使伤口能早日痊愈。这位士兵的感受如何不言而喻。这件事很快在军中流传开来,吴起关爱士卒的行动感动了无数人,从而士气高涨,战斗力也增强了。

可是这个故事传到了这位士兵的母亲那里,母亲听罢不禁大声痛哭起来。旁人十分惊讶,问道:"你的儿子受到将军的关怀,难道你不高兴?为何要哭泣呢?"

母亲含泪答道:"你们不知道,往年吴起将军亲自为我儿的父亲吮吸伤口里的脓,我儿的父亲就甘愿为吴将军战死沙场,现在吴将军又为我的儿子吮脓,我不知我的儿子又要死在哪里了。"

这就反过来说明了慈爱的巨大威力。为了调动部下的积极性,深知领导艺术的吴起特意采用了这种特殊的示爱方式征服了部下的心,让部下自觉地产生为他献身的思想,达到了管理的最佳目标。

用人之道

太平宴

楚庄王在位时,有一次,他率兵攻打陆涫时,大臣斗越椒乘机起兵谋反。楚庄王得到报告后,立即带兵回国平叛。斗越椒武功高强,箭法超群,因此楚庄王接连打了几个败仗,还险些被斗越椒射死。后来,他手下一个善于射箭的将领一箭射死了斗越椒,这才平息了这场动乱。

楚庄王画像

平叛后,楚庄王在宫廷大摆筵席庆贺胜利,他说:"现在叛贼死了,国家平安,我们今天这个宴会就叫'太平宴',请大家尽兴!"大家一听都非常高兴,边吃边喝,有说有笑,直到日落西山,仍余兴未尽。

楚庄王看到天黑下来了,就命人点上蜡烛,还让深受自己宠爱的妃子许姬,给在座的大臣们敬酒。忽然,一阵风吹进来,蜡烛被吹灭了。这时,席中有一个人,见许姬貌美如仙,就借着酒性,在一片漆黑当中伸手拉住许姬的衣袖,许姬大惊失色,连忙把袖子扯回,同时伸手把这个人帽子上的缨花拔了下来,吓得这个人赶紧放开了手。

许姬手持缨花来到楚庄王跟前,说:"我给众大臣敬酒,没想到竟然有人对我无礼,趁黑抓我的衣袖。我已经拔下了这个人的缨花,一会儿只要蜡烛一亮,您就知道这个人是谁了。"楚庄王听完不但没有动怒,还对大臣们说:"今天晚宴,大家都把帽子摘下来,喝个痛快!"等到所有人都把帽子摘下来,楚庄王才命人把蜡烛点燃。这样,是谁拉扯许姬衣袖就不得而知了。

宴会散后,许姬责怪楚庄王没有追究那个扯他衣袖的人,庄王笑说:"酒后失态,乃人之常情。今天我就是要图个高兴,如果因为这点小事去惩罚了那个人,就会伤到大臣们的心,这也违背了我今天举办宴会的本意。你就不要介意了。"许姬听了,暗自赞叹楚庄王的胸怀宽广。

楚庄绝缨

这就是历史上有名的"绝缨会"。

后来,楚庄王又率兵攻打郑国,他任命连尹襄老为先锋。先头部队即将出发时,副将唐狡对连尹襄老说:"我愿意率领部下百名,提前一天出发,为大军开路。"连尹襄老马上答应了唐狡的请求。

唐狡率领一百多人,一直攻到郑国城下,为楚国的胜利立下了大功。楚庄王听说了此事,就把唐狡招来,要重重奖赏他,唐狡说:"大王当初有恩于我,我做的这些都是为了报答您的。"楚庄王听了感到奇怪,就问:"这话怎么讲?"唐狡回答:"当初在太平宴上,扯许姬衣袖的那个人就是我,感谢大王的不杀之恩,因此我今天舍命相报。"

庄王听了非常感动,要重重提拔唐狡。可是当天晚上,唐狡就不知去向了。楚庄王知道后,叹息道:"唐狡真是位义士啊!"

"慈"就是宽以待人。老子认为"慈"是人立身处世之本,以慈爱之心待人,必定赢得别人的尊重,也会为自己免除很多烦忧,甚至灾祸。楚庄王放过了唐狡,唐狡知恩图报为庄王立下大功,正合"天将救之,以慈卫之"之理。

做一个仁慈的管理者

慈,就是对社会公众有慈爱之心,关怀之情,宽容之度,容人之量。在一般人看来,慈善的人更多地表现为软弱。让人深感意外的是,老子却说:"慈故能勇。"也就是说,人并不因为慈爱而变得软弱无能,而是相反,变得十分勇敢、果断。因为是以"慈爱"作为心理动机,那种勇敢是非凡的勇敢,因为管理者把自己融进了社会"大家"之中,对团队充满了热爱,对人间怀着一腔爱意,那么,凡是自己认为是能为社会增进福祉的事情,就会义不容辞地去做。美德是团聚队伍、凝聚人心的"磁石",是事业的根本。

固然,正如德国思想家尼采所说,过度的美德和过度的罪恶都会毁坏事业与人生,但我们回顾人类过去的管理经验,那些丧失了美德而能保持事业长久不败的人几乎是不存在的,尼采也只是建议不要"过度的美德",好比是外国古代寓言故事讲的农夫对蛇的怜悯,确实是不应有的,因为那不叫美德,而实际上是对"恶"的祖护和纵容。

管理艺术最基本的要点,就是设法调动部下的积极性,最大限度地发挥他们的才能。中国自古以来就重视领导艺术的两个不可或缺的要素,即:仁慈与严厉。所谓仁慈,意味着宽厚温和;所谓严厉,意味着赏罚必信的严峻态度。众所周知,如果一个组织缺乏严厉的作风,组织中就会产生骄慢放纵的涣散风气,导致纪律松弛,效率低下。可是,如果只依赖严厉的手段,部下固然会对上司产生畏惧的心理,按部就班地工作,但不会心服口服,不会从内心产生主动承担工作和贡献于组织的情绪。因而,仁慈的管理是必要的。